“十三五”江苏省高等学校重点教材

普通高等教育应用型人才培养系列教材

# 现代工程图学

## （非机械类）

主　编　葛常清
副主编　李文望　程　洋
　　　　卢卫萍　姜亚南

机 械 工 业 出 版 社

本书内容分为三大部分：第一部分为第一~六章，介绍投影制图基础（画法几何与制图基础有机结合）；第二部分为第七~十二章，介绍工程图样的绘、读（包括选修的展开图等内容）；第三部分为分散在各章最后一节的计算机绘图（计算机辅助教学与辅助设计），这样安排使计算机绘图既作为知识更作为工具介绍给读者，使许多图示、图解难题得以方便快捷地解决。全书配置了大量的直观图、分步解题的图例及扩充思维的讨论，有助于培养学生独立分析问题、解决问题的能力，方便学生自学。

本书可作为普通高等院校本、专科近机械类、非机械类等专业"工程制图"课程教材，还可作为中、高等职业院校的教材及相关工程技术人员的参考书。

## 图书在版编目（CIP）数据

现代工程图学：非机械类/葛常清主编. —北京：机械工业出版社，2023.6

普通高等教育应用型人才培养系列教材 "十三五"江苏省高等学校重点教材

ISBN 978-7-111-72330-1

Ⅰ.①现… Ⅱ.①葛… Ⅲ.①工程制图-高等学校-教材 Ⅳ.①TB23

中国国家版本馆 CIP 数据核字（2023）第 107366 号

机械工业出版社（北京市百万庄大街 22 号 邮政编码 100037）
策划编辑：王勇哲　　　　　　　责任编辑：王勇哲
责任校对：郑 婕 张 薇　　　　封面设计：王 旭
责任印制：任维东
北京圣夫亚美印刷有限公司印刷
2023 年 9 月第 1 版第 1 次印刷
184mm×260mm·22.75 印张·562 千字
标准书号：ISBN 978-7-111-72330-1
定价：63.80 元

电话服务　　　　　　　　　　网络服务
客服电话：010-88361066　　机 工 官 网：www.cmpbook.com
　　　　　010-88379833　　机 工 官 博：weibo.com/cmp1952
　　　　　010-68326294　　金 书 网：www.golden-book.com
**封底无防伪标均为盗版**　　机工教育服务网：www.cmpedu.com

# 前 言

◄◄◄◄◄◄◄

随着改革开放的深入和市场经济的发展，各行业对设计及应用型人才的知识结构和能力（包括制图能力）的需求也相应地发生了改变。为顺应这个趋势，培养符合新要求的人才，有必要对传统的制图教材进行改革。本书根据教育部高等学校工程图学课程教学指导分委员会制定的《高等学校工程图学课程教学基本要求》，在对往届毕业生大量追踪调查、综合分析的基础上，结合多年的教学改革的经验，特别是近年来多媒体电子教学的实践经验编写而成。本书主要特点如下：

**1. 几何元素可视化，将"头疼几何"化难为简**

书中采用了自行开发的适用于工程图学教学的计算机图形软件 Projector，使点、线、面、体可视化，满足了学生进行二、三维高效、快速互逆转换的需求，既能使图示、图解问题化难为简，又能较好地培养和开发创新思维能力。经多年的教改实践，编者决定将此内容有机地纳入。

**2. 图学理论与工程图样比例适当，结构编排有利于教学**

从工程实际着眼，并综合考虑理论与应用相结合，从有利于培养学生空间思维能力及读图、绘图能力出发，调整投影理论与工程制图的比例，适当增大计算机绘图的分量。

**3. 图、数结合，方便学习**

用约定的符号与标记使图示和图解变得简明扼要。用简单的公式代替大段的文字叙述，使内容易懂、易记。

**4. 主要内容高度概括**

把图示、图解的原理和作图方法高度概括成经验性的口诀、表格、流程图等，方便学生抓住要领，易于掌握。

**5. 分步作图，加强讨论**

解题过程基本是一步一图，思路清晰。解题结束后用演变已知条件等方法进行各种可能情况的讨论，充分揭示其内涵和外延，起到触类旁通、举一反三的效果。

**6. 插图清晰，图例丰富**

为方便学生学习，投影图旁大部分配置了立体图（严格按轴测原理绘制）。大部分插图采用计算机绘制，图线规范标准，图形逼真。三维形体基本都进行了渲染处理，更加清晰直观。

**7. 适应面宽**

根据近年来各用人单位对设计与应用型人才在制图水平和能力方面的实际需要，以及各院校多专业基础课对制图要求的共性组织编写内容，拓宽了本书所涉及的工程专业。本书可作为普通高等院校本、专科近机械类、非机械类等专业"工程制图"课程教材，还可作为中、高等职业院校的教材及相关工程技术人员的参考书。

**8. 配套资料系列化**

除与其配套的《现代工程图学习题集》（非机械类）之外，还配有电子教案和课件、电子教学模型、习题集及参考解答指导等系列资料。

**9. 现行标准资料**

本书所涉及的相关标准资料均采用现行国家标准。

书中打上星号的内容偏深，供不同类型和专业需求的院校选用。

本书为"江苏高校品牌专业建设工程资助项目"的成果。

本书由葛常清任主编，李文望、程洋、卢卫萍、姜亚南任副主编，参编人员还有唐玉芝、查朦、朱杨杨、袁群和刘富凯。

中国工程图学学会前副理事长、清华大学童秉枢教授，上海师范大学孙昌佑教授等同行专家对于使用 AutoCAD、Projector 软件配合教学的构想给予了高度的评价，并在本书的框架拟定和内容编写方面给予了许多有益的指导。本书由同济大学洪钟德教授、东华大学王继成教授担任主审，他们对书稿提出了许多建设性的意见。本书的全部立体图由辽宁冶金职工大学李同军教授制作及优化，部分插图由南通理工学院的学生张慧莲、黄文进、庞明月等绘制和加工。本书在编写过程中得到了参编各高校领导的大力支持，以及南通理工学院机械工程学院的领导和同事们多方面的热情帮助，在此一并表示衷心的感谢！

限于编者的水平，又因时间仓促，书中错漏和欠妥之处在所难免，恳请广大读者批评指正。

编　者

# 符号与标记

**1. 三投影面体系中各投影面以专用大写拉丁字母 $H$、$V$、$W$ 表示。**

$H$——水平投影面；$V$——正立投影面；$W$——侧立投影面。

**2. 空间点用大写拉丁字母（或罗马数字）表示。**

$A$、$B$、$C$、…或 $I$、$II$、$III$、…——空间点。

点的投影用相应的小写字母（或阿拉伯数字）及在其右上角加"′""″"表示。

$a$、$b$、$c$、…或 1、2、3、…——点的 $H$ 面投影。

$a'$、$b'$、$c'$、…或 $1'$、$2'$、$3'$、…——点的 $V$ 面投影。

$a''$、$b''$、$c''$、…或 $1''$、$2''$、$3''$、…——点的 $W$ 面投影。

**3. 空间线以专用大写拉丁字母 $L$ 表示，直线也可用其上两点表示。**

$L$、$L_1$、$L_2$、…或 $AB$、$CD$、$EF$、…——空间线。

直线的投影用相应的小写字母及其右上角加"′""″"表示。

$l$、$l_1$、$l_2$、…或 $ab$、$cd$、$ef$、…——直线的 $H$ 面投影。

$l'$、$l_1'$、$l_2'$、…或 $a'b'$、$c'd'$、$e'f'$、…——直线的 $V$ 面投影。

$l''$、$l_1''$、$l_2''$、…或 $a''b''$、$c''d''$、$e''f''$、…——直线的 $W$ 面投影。

**4. 空间面用大写希腊字母表示。在不致引起误会的情况下，平面也可用大写拉丁字母表示。**

$P$、$T$、$\Pi$、$\Sigma$、$\Omega$、$\Phi$、$P_1$、$P_2$、…——空间面。

空间面的投影用相应的小写字母及在其右上角加"′""″"表示。

$\rho$、$\tau$、$\pi$、$\sigma$、$\omega$、$\varphi$、$p_1$、$p_2$、…——平面的 $H$ 面投影。

$\rho'$、$\tau'$、$\pi'$、$\sigma'$、$\omega'$、$\varphi'$、$p_1'$、$p_2'$、…——平面的 $V$ 面投影。

$\rho''$、$\tau''$、$\pi''$、$\sigma''$、$\omega''$、$\varphi''$、$p_1''$、$p_2''$、…——平面的 $W$ 面投影。

**5. 其他符号。**

=——结果"是"，相等。

≠——不相等。

≡——全等、重合。

∥——平行。

∦——不平行。

×——相交。

⋏——交叉。

⊥——垂直。

⊥̸——不垂直。

# 目 录

前言
符号与标记

绪论 ……………………………………… 1
    第一节　本课程的性质、目的、任务和学习
        方法 ……………………………… 1
    第二节　投影的方法及分类 ……………… 4
    第三节　工程上常用的投影图 …………… 5
    第四节　正投影的基本特性 ……………… 6
    第五节　物体的三视图及其投影规律 …… 7
第一章　制图的基本知识和基本技能 …… 10
    第一节　制图国家标准《技术制图》及
        《机械制图》的基本规定 ……… 10
    第二节　绘图工具、仪器和用品的使用
        方法 …………………………… 23
    第三节　几何作图的基本原理和方法 …… 28
    第四节　平面图形的尺寸标注和线段分析 … 33
    第五节　绘图方法和图样复制 …………… 34
    第六节　计算机绘图基础 ………………… 38
第二章　几何元素的投影 ……………… 64
    第一节　点的投影 ………………………… 64
    第二节　直线的投影 ……………………… 70
    第三节　平面的投影 ……………………… 80
    第四节　实长、实形、倾角的求法 ……… 87
    第五节　基本立体的投影及其表面上的点、
        线、面投影分析 ……………… 88
    第六节　AutoCAD 中几何元素的投影 …… 100
第三章　几何元素的相对位置 ………… 108
    第一节　直线与平面、平面与平面的相对
        位置 …………………………… 108
    第二节　点、线、面综合问题* ………… 122
    第三节　平面、直线与立体相交 ……… 126

    第四节　两立体相交 ……………………… 141
    第五节　相贯线的简化画法与机件表面
        交线分析 ……………………… 153
    第六节　AutoCAD 中图解几何元素相对
        位置的投影 …………………… 156
第四章　组合体 ………………………… 160
    第一节　形体分析法的概念 …………… 160
    第二节　组合体的组成形式 …………… 161
    第三节　组合体视图的画法 …………… 163
    第四节　组合体的尺寸注法 …………… 166
    第五节　读组合体视图的方法 ………… 169
    第六节　AutoCAD 中的尺寸标注 ……… 174
第五章　机件的表达方法 ……………… 185
    第一节　视图 …………………………… 185
    第二节　剖视图 ………………………… 187
    第三节　断面图 ………………………… 198
    第四节　局部放大图、简化画法和其他
        规定画法 ……………………… 199
    第五节　第三角投影简介 ……………… 202
    第六节　AutoCAD 中绘制剖视图 ……… 204
第六章　轴测图 ………………………… 209
    第一节　轴测投影的基本知识 ………… 209
    第二节　正等轴测图的画法 …………… 211
    第三节　斜二等轴测图的画法 ………… 215
    第四节　轴测图中机件表面交线的画法 … 217
    第五节　轴测剖视图的画法 …………… 219
    第六节　用 AutoCAD 绘制正等轴测图 … 221
    第七节　在 Projector 下绘制正等轴测图 … 223
第七章　零件图上的技术要求 ………… 225
    第一节　极限与配合 …………………… 225
    第二节　几何公差 ……………………… 229
    第三节　表面结构 ……………………… 232

第四节　AutoCAD 中块的创建与插入 ……… 236
第五节　用 AutoCAD 标注技术要求 ……… 238
第八章　标准件和常用件 242
第一节　螺纹的规定画法和标注 ……… 243
第二节　螺纹紧固件的连接画法 ……… 248
第三节　键和销 ……… 252
第四节　齿轮 ……… 254
第五节　弹簧 ……… 261
第六节　滚动轴承 ……… 264
第九章　零件图 268
第一节　概述 ……… 268
第二节　零件图的视图选择和尺寸标注 ……… 269
第三节　零件图上的技术要求 ……… 276
第四节　常见的零件工艺结构 ……… 276
第五节　读零件图 ……… 278
第六节　用 AutoCAD 绘制零件图 ……… 280
第十章　装配图 283
第一节　概述 ……… 283
第二节　装配图的表达方法 ……… 285
第三节　装配图中的尺寸标注和技术
　　　　要求 ……… 287
第四节　装配图中的零、部件序号与
　　　　明细栏 ……… 288
第五节　装配结构的工艺性 ……… 289
第六节　画装配图的方法和步骤 ……… 291

第七节　读装配图及由装配图拆画
　　　　零件图 ……… 293
第八节　用 AutoCAD 绘制装配图 ……… 296
第十一章　房屋建筑图 301
第一节　概述 ……… 301
第二节　建筑总平面图及施工总说明 ……… 305
第三节　建筑平面图、立面图、剖面图、
　　　　详图 ……… 306
第四节　钢筋混凝土结构图及上部结构
　　　　平面图 ……… 313
第五节　基础图 ……… 317
第十二章　展开图 320
第一节　概述 ……… 320
第二节　平面立体表面的展开 ……… 320
第三节　可展曲面的表面展开 ……… 322
第四节　变形接头的表面展开 ……… 324
第五节　不可展曲面的表面近似展开 ……… 325
附录 327
附录 A　公差与配合 ……… 327
附录 B　金属材料与热处理 ……… 335
附录 C　螺纹 ……… 337
附录 D　常用标准件 ……… 339
附录 E　常用标准件数据和标准结构 ……… 350
附录 F　房屋建筑图常用资料 ……… 352
参考文献 ……… 355

# 绪　　论

## 第一节　本课程的性质、目的、任务和学习方法

### 一、本课程的研究对象

工程图样是按一定的投影方法和技术规定绘制成的用于产品制造或工程施工等用途的图，简称为图样。用于不同工程的图样，分别有机械图样、建筑图样等。机械图样常用的是零件图和装配图。

在工业生产中人们要想生产或改进所需的各种机器、设备，总要先绘出图样，用以表达设计思想和要求，然后再根据该图样进行加工、检验、装配等工作。

例如：要制造出自行车的前轴系，如图 0-1 所示，就要用计算机或绘图仪器、工具，先设计自行车前轴系的装配图及各零件的零件图，如图 0-2 所示。然后，将工程图样（图 0-3、图 0-4）交给生产部门，制造出如图 0-1 所示的自行车前轴系成品。依此设计、生产出其他部分的零部件，最后生产出如图 0-5 所示的自行车。

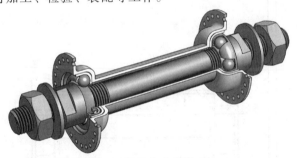

图 0-1　自行车前轴系

a) 绘制前轴系

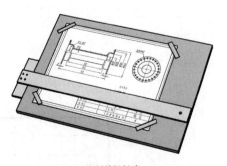

b) 绘制前轴轴壳

图 0-2　设计自行车前轴系

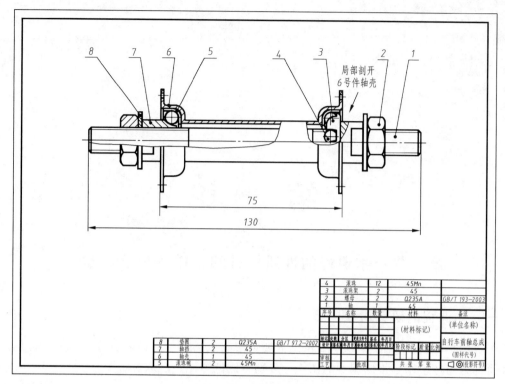

图 0-3　自行车前轴系装配图

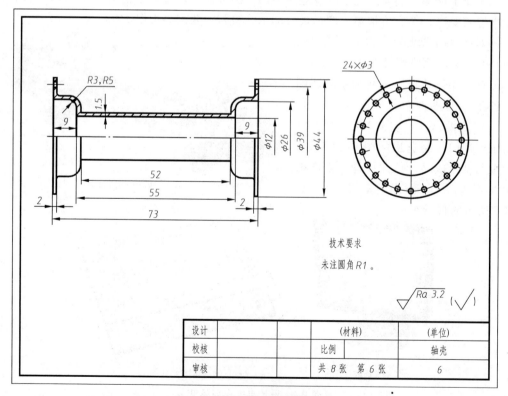

图 0-4　自行车前轴轴壳零件图

**图 0-5　自行车总成**

在使用、维修机器时，也要通过图样来帮助了解机器的结构与性能。

因此，图样是设计、制造、使用机器过程中的一种重要技术文件，也是人们进行技术交流不可缺少的工具，素有"工程界的语言"之称。

图示法用于研究空间几何元素（点、线、面、体）及其相对位置在平面上的投影原理和表示方法。

图解法用于研究在平面上用几何作图的方法来解决空间几何问题（如位置、度量、轨迹等）的原理和方法。

本课程是一门研究图示法和图解法，以及根据工程技术规定和知识来绘制、阅读工程图样的学科。

## 二、本课程的性质、学习目的和任务

由于图样与生产实践密切联系，所以本课程是一门既有系统理论，又有较强实践性的重要技术基础课。其目的是培养学生的绘制、阅读工程图样的能力和空间想象与思维能力。主要任务如下：

1）掌握正投影法的基本理论及其应用。

2）培养绘制和阅读工程图样（主要是机械图样）的能力。

3）培养空间几何问题的图解能力。

4）培养空间想象能力和空间分析能力。

5）培养计算机绘图和设计的初步能力。

6）培养一丝不苟、精益求精的学习态度和认真负责、严谨细致的工作作风。

此外，还必须重视对于学生自学能力，辩证地分析问题和解决问题的能力，以及审美能力的培养。

## 三、本课程的学习方法

本课程既有理论又有实践。学习制图基础部分时，必须运用初等几何的基础知识，认真学习投影理论，全面准确地掌握基本概念，做到融会贯通。在理解的基础上，结合大量由浅入深的绘图和读图实践，通过不断地由平面（二维图形）到空间（三维物体），由空间到平面的反复对照和联想，逐步提高空间想象能力和空间分析能力，从而掌握正投影的基本理论、作图方法及其应用。

机械制图部分，应在掌握基本理论和基本知识的基础上，遵循正确的作图方法和作图步骤，通过习题和作业（尺规绘制和计算机绘制工程图样），养成正确使用绘图工具和仪器的习惯，认真踏实地进行绘图基本技能训练。在实践中逐步掌握绘图与读图的方法，提高这方面的能力并熟悉制图国家标准和相关技术规定。

制图作业应做到投影正确，视图选择与配置恰当，尺寸齐全、清晰，字体工整，线型标准，图面整洁、美观，符合国家标准的规定，并懂得制造工艺和结构设计方面的初步知识。

通过本课程的教学，只能为学生的绘图、读图能力打下初步的基础。这方面能力的进一步提升，还有待于后续课程、生产实习、课程设计和毕业设计中的继续学习和实践。

# 第二节　投影的方法及分类

## 一、投影的方法

日常生活中，人们可以看到太阳光或灯光（如白炽灯泡光）照射物体时，在地面或墙壁上出现物体的影子，这就是一种自然的投影现象。

自然的投影现象经抽象概括后有这样几个要素：太阳、灯泡等光源称为投射中心；光线称为投射线；地面或墙面称为投影面；影子称为物体在投影面上的投影。如图 0-6 所示，过空间三角形的角点 A 作投射线与投影面 H 交于点 a，同样得三角形的角点 B、C 在 H 面上的投影 b、c，将投影 a、b、c 顺序首尾相连，则 △abc 为空间 △ABC 在 H 面上的投影。

这种用投射线通过物体在给定投影面上作出物体投影的方法称为投影法。

## 二、投影法的分类

投影法分为中心投影法和平行投影法。

1. 中心投影法

投射线从一点（投射中心）出发，在投影面上得到物体投影，如图 0-6 所示。

上述投影中，如果改变物体与投影面的距离，其投影大小也会随之变化。因此中心投影法不能真实地反映物体的形状和大小，故机械图样不采用这种投影法来绘制。但它具有立体感强的特点，工程上常用这种方法绘制建筑物的透视图，如图 0-7 所示。

2. 平行投影法

若将投射中心移到无穷远处，则所有的投射线均可视为互相平行，这种用互相平行的投射线在投影面上作出物体投影的方法称为平行投影法，如图 0-8 所示。

平行投影法因投射方向 S 的不同又可分为两种。

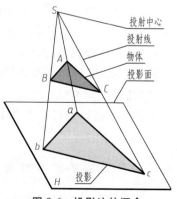

图 0-6　投影法的概念

（1）正投影法　投射线垂直于投影面，如图 0-8a 所示。

（2）斜投影法　投射线倾斜于投影面，如图 0-8b 所示。

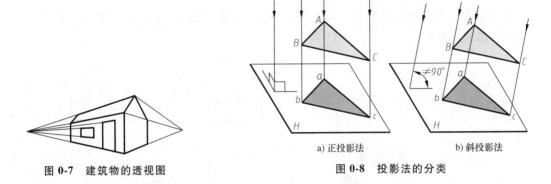

图 0-7　建筑物的透视图　　　　　　　　　　图 0-8　投影法的分类

# 第三节　工程上常用的投影图

## 一、透视投影图

用中心投影法绘出的图形称为透视投影图。建筑工程中常用中心投影法绘制建筑物透视图，以表达建筑物的概貌，如图 0-7 所示。

## 二、单面正投影图

用正投影法绘出的图形称为正投影图，根据投影面的数量不同分为单面正投影图和多面正投影图。常用的单面正投影图有以下两种。

1. 标高投影图

标高投影图是用正投影法画出的单面投影图，它由单面正投影的图线上加数字共同组成。数字称为标高，它表示相应的点、线、面距离投影面的高度，如图 0-9 所示。

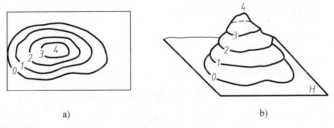

图 0-9　单面正投影图（标高投影图）

这种图的画法比较简单，但缺乏立体感，主要用于表示各种不规则曲面，以及地形图、土木建筑工程设计图和军事地图等。

2. 正轴测投影图

正轴测投影图是用正投影法画出的单面正投影图，如图 0-10 所示。它能同时反映空间物体的长、宽、高三个方向的情况。这种图的优点是立体感较强，物体形状表达得较清楚；缺点是度量性较差，作图较麻烦。因此，通常只适用于表达物体的立体形状，作为正投影图的辅助图样，如管道系统图。

## 三、多面正投影图

由于多面正投影图度量性好，作图简便，所以在机械制图中，常用多面正投影图表达空间物体的形状结构及大小，如图 0-11 所示。

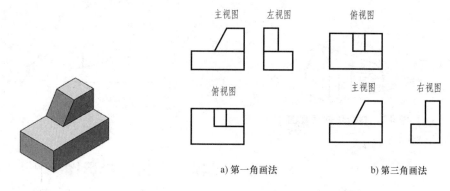

图 0-10　单面正投影图（正轴测投影图）　　　　图 0-11　多面正投影图

## 第四节　正投影的基本特性

### 一、全等性

当直线或平面与投影面平行时，直线在该投影面上的投影为实长，平面在该投影面上的投影为实形。这种投影性质称为全等性（或真实性），如图 0-12 所示。

### 二、积聚性

当直线或平面与投影面垂直时（与投射方向一致），直线的投影积聚为一点，平面的投影积聚成一条直线。这种投影性质称为积聚性，如图 0-13 所示。

### 三、类似性

当直线或平面与投影面倾斜时，直线的投影仍为一直线，但小于直线的实长，平面的投影是小于平面实形的类似形。这种投影性质称为类似性，如图 0-14 所示。

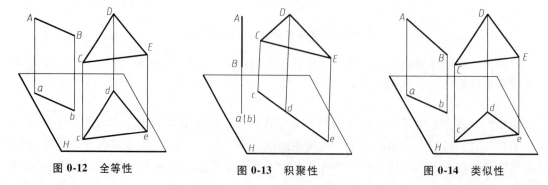

图 0-12　全等性　　　　图 0-13　积聚性　　　　图 0-14　类似性

### 四、从属性

点在直线上，则点的投影必在该直线的同面投影（几何元素在同一投影面上的投影称为同面投影）上，如图 0-15a 所示。直线在平面上，则该直线的投影必在该平面的同面投影上，如图 0-15b 所示。

### 五、定比性

直线上的点分割线段之比，投影后不变，如图 0-15b 所示。

### 六、平行性

互相平行的两直线，其同面投影仍互相平行，且两直线长度之比，投影后不变，如图 0-16 所示。

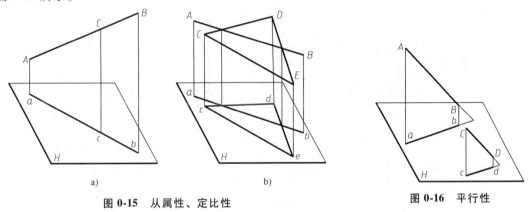

图 0-15　从属性、定比性　　　　　　　　图 0-16　平行性

# 第五节　物体的三视图及其投影规律

依据正投影原理，国家标准《机械制图》规定，物体向投影面投影所得的图形称为视图。绘制物体视图时，相当于人的视线互相平行且垂直于投影面去观察物体，并将所见的轮廓画在投影面上，如图 0-17 所示。

从图 0-18 中可以看出，一个视图只能反映物体的长度和高度，还不能反映物体的宽度。即一个视图只能反映空间三维物体中的二维画面，因而不能完全确定空间物体的形状结构，如图 0-19 所示。

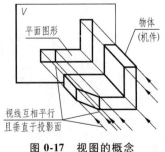

图 0-17　视图的概念

图 0-18　视图

## 一、三视图的形成

为了准确、完整地反映物体的形状，需要从多个侧面对物体进行投影，也就要求设置多个投影面。工程中最常用的是三面投影。

1. 投影面的设置

国家标准《技术制图　投影法》（GB/T 14692—2008）规定，将物体置于三个相互垂直的投影面内，分别从三个垂直于投影面的方向将物体向投影面进行投射。由这三个互相垂直的投影面构成的体系称为三投影面体系。

三个投影面分别称为正立投影面（Vertical projecting plane，简称为正面，用 V 表示）、水平投影面（Horizontal projecting plane，简称为水平面，用 H 表示）、侧立投影面（Wing projecting plane，简称为侧面，用 W 表示），如图 0-20 所示。

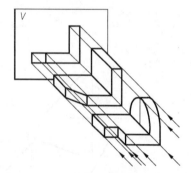

图 0-19　一个视图不能确定物体的形状结构

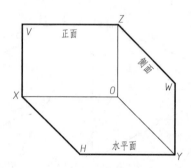

图 0-20　三投影面体系

三个投影面中，把互相垂直的两投影面的交线称为投影轴。并把 V 面与 H 面、H 面与 W 面、V 面与 W 面的交线分别称为 OX 轴、OY 轴、OZ 轴，简称为 X 轴、Y 轴、Z 轴，它们的交点 O 称为原点。

2. 三视图的形成

如图 0-21 所示，把物体正放在三投影面体系中，分别从不同方向向三个投影面投射，就得到三个视图。并做以下规定：

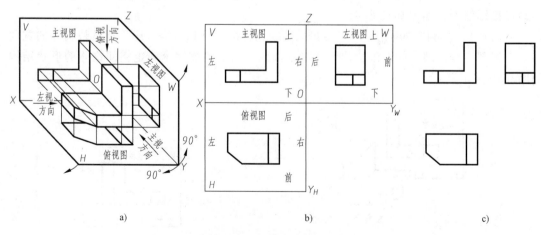

a)　　　　　　　　　　　　b)　　　　　　　　　　　　c)

图 0-21　三视图的形成

从物体的前方向后观察，在正立投影面（$V$面）上得到的视图称为主视图。

从物体的上方向下观察，在水平投影面（$H$面）上得到的视图称为俯视图。

从物体的左方向右观察，在侧立投影面（$W$面）上得到的视图称为左视图。

为了将三个视图画在同一平面内，国家标准规定，$V$面不动，$H$面绕$X$轴向下旋转$90°$，$W$面绕$Z$轴向右旋转$90°$，使它们与$V$面处于同一平面内，如图0-21b所示。略去投影的边框及三轴线，所得到的三个视图称为物体的三视图，如图0-21c所示。

## 二、三视图的投影关系

由上述方法形成的三视图之间存在着以下关系：

### 1. 三视图的位置关系

以主视图为准，俯视图在主视图的正下方，左视图在主视图正右方。画图时三个视图必须按上述位置关系配置，这称为按投影关系配置视图。

### 2. 三视图的对应关系

因为主视图和俯视图同时反映了物体的长度，所以主、俯视图"长对正"。又因主视图和左视图同时反映了物体的高度，所以主、左视图"高平齐"。同理，俯视图和左视图同时反映了物体的宽度，所以俯、左视图"宽相等"。

上述投影关系简称为主、俯视图"长对正"，主、左视图"高平齐"，俯、左视图"宽相等"。必须注意，在画图和读图时，对物体的总体和局部乃至物体上任何点、线、面之间都应遵守上述投影关系。

### 3. 物体和三视图的对应关系

物体都有长、宽、高三个方向的尺寸，以及上、下、左、右、前、后六个方位关系。在三视图中，每个视图反映物体一个方向的形状，两个方向的尺寸和四个方位关系。

主视图反映从物体前方向后看的形状，长度和高度方向的尺寸，以及上、下、左、右四个方位关系。俯视图反映从物体上方向下看的形状，长度和宽度方向的尺寸，以及前、后、左、右四个方位关系。左视图反映从物体左方向右看的形状，高度和宽度方向的尺寸，以及上、下、前、后四个方位关系。在画图和读图时要特别注意俯、左视图的前后关系，以主视图为基准，俯视图和左视图中靠近主视图的一侧是物体的后方，远离主视图的一侧是物体的前方。

# 第一章

# 制图的基本知识和基本技能

## 第一节　制图国家标准《技术制图》及《机械制图》的基本规定

国家标准《技术制图》及《机械制图》是对图样的画法、尺寸标注和技术要求等内容所做的规范化的统一规定，是工程界重要的技术基础标准，是绘制和阅读工程图样的准则和依据。国家各有关部门十分重视制图标准化工作，于 1959 年颁布了国家标准《机械制图》，该标准对统一工程语言，推广我国在生产实践中创造的行之有效的简化画法和习惯画法起到了积极作用。随着建设事业的迅速发展，标准又进行了多次的修改、试行。其中大部分标准已等同或等效于国际标准 ISO 的相关条款。

### 一、图纸幅面和格式（根据 GB/T 14689—2008）

国家标准《技术制图　图纸幅面和格式》（GB/T 14689—2008）规定了工程图样的图纸幅面和格式。其中 "GB" 为 "国标" 两字的汉语拼音首字母，T 为推荐标准中 "推" 字的汉语拼音首字母，"14689" 表示 "技术制图　图纸幅面和格式" 这一标准的编号，"2008" 表示该标准是 2008 年颁布的。

1. 图纸幅面尺寸

绘制图样时，优先采用表 1-1 中规定的基本幅面（表中 $B$ 为图纸短边，$L$ 为长边），必要时加长幅面，这些幅面的尺寸由基本幅面的短边成正整数倍增加后得出，如图 1-1 所示。图 1-1 中粗实线所示为基本幅面（第一选择），细实线所示为第二选择的加长幅面，虚线所示为第三选择的加长幅面。

表 1-1　图纸幅面尺寸　　　　　（单位：mm）

| 幅面代号 | A0 | A1 | A2 | A3 | A4 |
|---|---|---|---|---|---|
| $B×L$ | 841×1189 | 594×841 | 420×594 | 297×420 | 210×297 |
| $a$ | 20 | | | | |
| $c$ | 10 | | | 5 | |
| $e$ | 20 | | 10 | | |

2. 图框格式

在图纸上必须用粗实线画出图框，有两种格式：

（1）需留装订边的图样　其图框格式如图 1-2 所示。

（2）不留装订边的图样　其图框格式如图 1-3 所示。一般采用 A4 幅面竖装（放）或 A3 幅面横装（放）。

3. 标题栏的方位及格式

在图纸的右下角应画出标题栏。标题栏的位置应按图 1-2、图 1-3 所示的方式配置。若标题栏的长边置于水平方向并与图纸的长边平行，则称为 X 型图纸，如图 1-2b、图 1-3b 所示；若标题栏的长边垂直于图纸的长边，则称为 Y 型图纸，如图 1-2a、图 1-3a 所示。对于留有装订边的图纸来说，不管是 X 型图纸还是 Y 型图纸，标

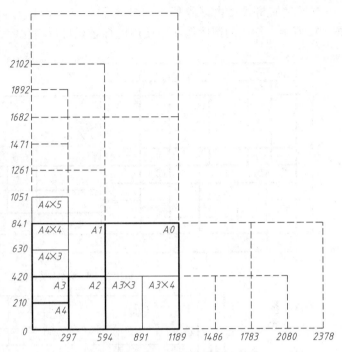

图 1-1　图纸的基本幅面及加长幅面

题栏的短边总是平行于装订边。在此情况下标题栏中的文字方向为读图方向。

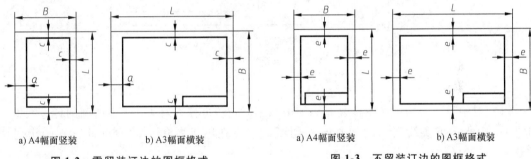

| a) A4幅面竖装 | b) A3幅面横装 |
| --- | --- |

图 1-2　需留装订边的图框格式　　　图 1-3　不留装订边的图框格式

| a) A4幅面竖装 | b) A3幅面横装 |
| --- | --- |

为了利用预先印制的图纸，允许将 X 型图纸的短边置于水平使用，如图 1-4a、b 所示；或将 Y 型图纸的长边置于水平使用，如图 1-4c 所示。

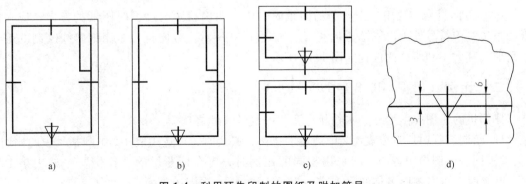

| a) | b) | c) | d) |
| --- | --- | --- | --- |

图 1-4　利用预先印制的图纸及附加符号

标题栏的格式已由国家标准《技术制图　标题栏》（GB/T 10609.1—2008）规定，如图 1-5a 所示。学校的制图作业中使用的标题栏可以简化，建议采用如图 1-5b 所示的方式。

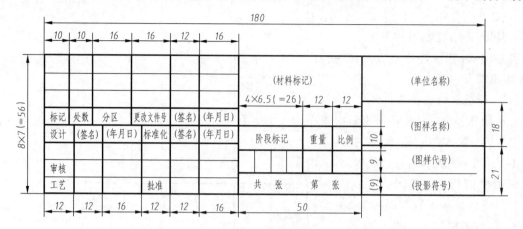

a) 国家标准规定的标题栏格式

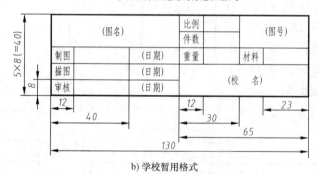

b) 学校暂用格式

图 1-5　标题栏的格式

4. 附加符号

（1）对中符号　为了使图样复制和缩微摄影时定位方便，对表 1-1 中所列的各号图纸及如图 1-1 中所示细实线表示的加长幅面图纸，均应在图纸各边长的中点处分别画出对中符号。

对中符号用粗实线绘制，线宽不小于 0.5mm，长度从图纸边界开始至伸入图框内约 5mm，如图 1-4d 所示。当对中符号处在标题栏范围内时，则伸入标题栏部分省略不画，如图 1-4c 所示。

（2）方向符号　使用预先印制的图纸时，为了明确绘图与读图时图纸的方向，应在图纸的下边对中符号处画出一个方向符号，如图 1-4d 所示。方向符号是用细实线绘制的等边三角形，其大小和所处的位置如图 1-4d 所示。

## 二、比例（根据 GB/T 14690—1993）

比例指的是图中图形与其实物相应要素的线性尺寸之比。

1）绘制图样时应选取表 1-2 中规定的比例，必要时，可选用表 1-2 中圆括号中的比例。

2）同一张图样中各个视图采用相同的比例时，应在标题栏的"比例"一栏中集中填写。必要时，可在视图名称的下方或右侧标注比例，如图 1-6 所示。

2:1　　$\frac{A}{1:2}$　　$\frac{B—B}{2.5:1}$　　$\frac{墙板位置图}{1:200}$　　平面图 1:100

**图 1-6　比例的标注**

**表 1-2　比例系列**

| 种类 | 比例 | | | | |
|---|---|---|---|---|---|
| 原值比例 | 1 : 1 | | | | |
| 缩小比例 | 1 : 2<br>(1 : 1.5)<br>(1 : 1.5×10$^n$) | 1 : 5<br>(1 : 2.5)<br>(1 : 2.5×10$^n$) | 1 : 1×10$^n$<br>(1 : 3)<br>(1 : 1.3×10$^n$) | 1 : 2×10$^n$<br>(1 : 4)<br>(1 : 1.4×10$^n$) | 1 : 5×10$^n$<br>(1 : 6)<br>(1 : 1.4×10$^n$) |
| 放大比例 | 2 : 1<br>(2.5 : 1) | 5 : 1<br>(4 : 1) | 1×10$^n$ : 1<br>(2.5×10$^n$ : 1) | 2×10$^n$ : 1<br>(4×10$^n$ : 1) | 5×10$^n$ : 1 |

3）当图形中圆的直径或薄片的厚度≤2mm，以及斜度和锥度较小时，可不按比例而夸大画出。

## 三、字体（根据 GB/T 14691—1993）

1. 一般规定

1）书写字体必须做到字体工整、笔画清楚、间隔均匀、排列整齐。

2）字体的号数，即字体的高度（用 $h$ 表示，单位为 mm），一般分为 1.8、2.5、3.5、5、7、10、14、20 八种。如需书写更大的字，其字体高度应按$\sqrt{2}$的比率递增。

3）汉字应写成长仿宋体，并应采用国家正式公布推行的简体字。汉字的高度 $h$ 不应小于 3.5mm，其字宽一般为 $h/\sqrt{2}$。汉字的基本笔法见表 1-3。

**表 1-3　汉字的基本笔法**

| 名称 | 点 | 横 | 竖 | 撇 | 捺 | 挑 | 折 | 钩 |
|---|---|---|---|---|---|---|---|---|
| 基本笔画及运笔法 | | | | | | | | |

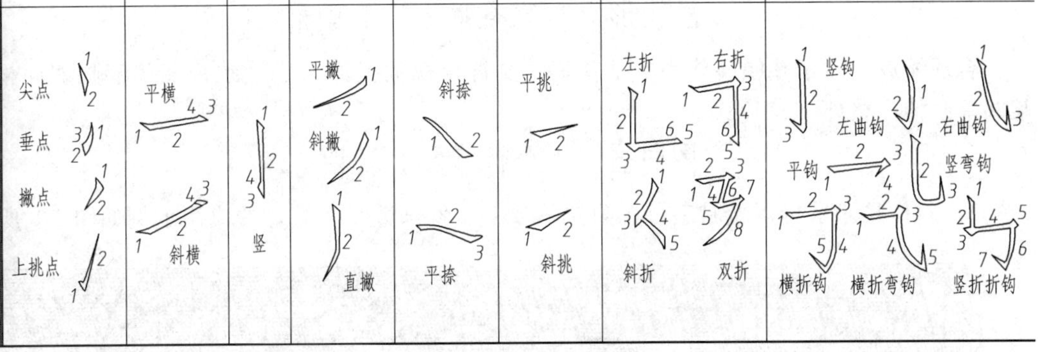


4）字母和数字分为 A 型和 B 型。A 型字体的笔画宽度（$d$）为字高（$h$）的十四分之一；B 型字体的笔画宽度（$d$）为字高（$h$）的十分之一。在同一图样上，只允许选用一种类型的字体。

5）字母和数字可写成斜体或直体。斜体字字头向右倾斜，与水平基准线成 75°。

2. 字体示例

1）汉字示例如图 1-7 所示。

10号字：

# 字体工整 笔画清楚 间隔均匀 排列整齐

7号字：

横平竖直　　注意起落　　结构匀称　　填满方格

5号字：

粗细一致　　上紧下松　　笔峰显露　　清秀挺拔

3.5号字：

对称舒展　　疏密相宜　　守稳求变　　合理缩放

**图1-7　汉字示例**

书写要领是横平竖直、注意起落、结构匀称、填满方格。横笔略向左上方倾斜，起笔落笔都应有笔锋。

字形特点是粗细一致、上紧下松、笔锋显露、清秀挺拔。初学者书写时往往不会掌握上紧下松的特点，以致方格中摆不下。

长仿宋体结构要严谨，基本原则要对称舒展，疏密相宜，守稳求变，合理缩放。下面通过字例分别加以说明。

对称舒展：左右或上下对称的字，基本对中，左右对称宜右边舒展，上下对称宜下边舒展。

大米共　　吕炎多　　从双兢　　晶磊森

疏密相宜：平行笔画间的间隔，一定要均匀分布。合体结构的字，视其笔画多少，恰当分配其所占的比例。

量皿疆　　项垫总　　院副例

守稳求变：平稳是书写的基本要求，但力戒重复笔画的类同和相关笔画的机械配置，要做到在平稳中求变化，在变化中守平稳。

三山形　　欢条堑　　安官壳

合理缩放：对于整幅字体中的某些字，要符合视觉上的大小一致，某些笔画缩向格内，某些笔画伸出格外。

图同画　　个伶卡　　日四弓

2）斜体拉丁字母、希腊字母、阿拉伯数字、罗马数字等字体的应用示例如图1-8所示。

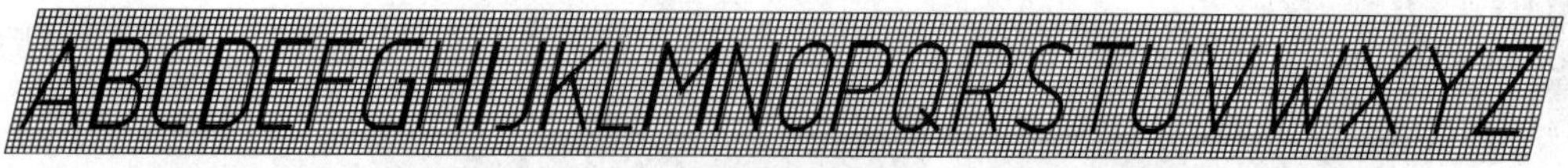

*ABCDEFGHIJKLMNOPQRSTUVWXYZ*

a) 大写拉丁字母

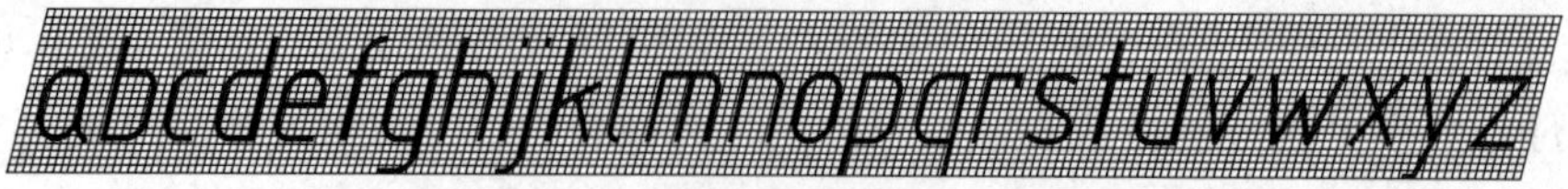

*abcdefghijklmnopqrstuvwxyz*

b) 小写拉丁字母

**图1-8　斜体字母、数字及字体的应用**

αβγδεζηθϑικλμνξοπρστ

υφψχψω

c) 小写希腊字母

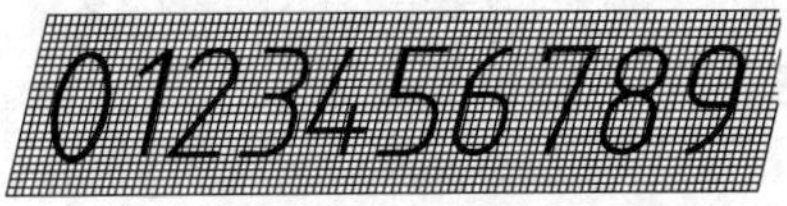

0123456789

ⅠⅡⅢⅣⅤⅥⅦⅧⅨⅩ

d) 阿拉伯数字

e) 罗马数字

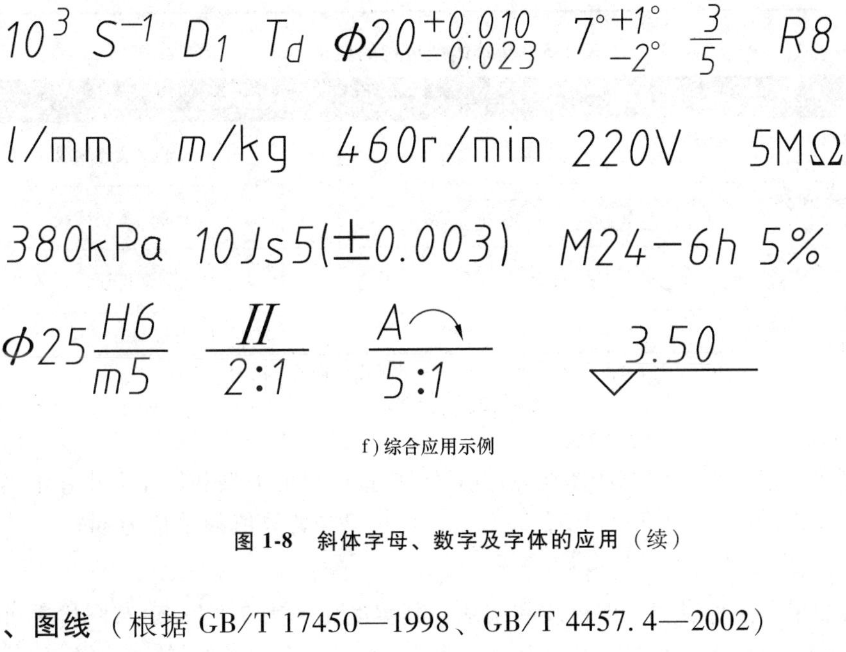

$10^3$  $S^{-1}$  $D_1$  $T_d$  $\phi 20^{+0.010}_{-0.023}$  $7°^{+1°}_{-2°}$  $\dfrac{3}{5}$  $R8$

$l/mm$    $m/kg$    $460r/min$    $220V$    $5M\Omega$

$380kPa$  $10Js5(\pm 0.003)$    $M24-6h$  $5\%$

$\phi 25\dfrac{H6}{m5}$    $\dfrac{II}{2:1}$    $\dfrac{A}{5:1}$    $\underline{\underline{3.50}}$

f) 综合应用示例

图1-8  斜体字母、数字及字体的应用（续）

## 四、图线 （根据 GB/T 17450—1998、GB/T 4457.4—2002）

1. 图线的类型

几个术语：

（1）图线  起点与终点间以任意方式连接的一种几何图形，形状可以是直线或曲线、连续线或不连续线。

（2）线素  不连续线的独立部分，如点、长度不同的画和间隔。

（3）线段  一个或一个以上不同线素组成一段连续的或不连续的图线。例如，实线的线段，以及由长画、短间隔、点、短间隔组成的点画线的线段（见表1-4中的No.04）。图线的基本线型见表1-4，基本线型可能的变形见表1-5。

表 1-4　基本线型

| 代码 No. | 基本线型 | 名称 |
|---|---|---|
| 01 | | 粗实线 |
| 02 | | 虚线 |
| 03 | | 间隔画线 |
| 04 | | 点画线 |
| 05 | | 双点画线 |
| 06 | | 三点画线 |
| 07 | | 点线 |
| 08 | | 长画短画线 |
| 09 | | 长画双短画线 |
| 10 | | 画点线 |
| 11 | | 双画单点线 |
| 12 | | 画双点线 |
| 13 | | 双画双点线 |
| 14 | | 画三点线 |
| 15 | | 双画三点线 |

表 1-5　基本线型可能的变形

| 基本线型的变化 | 名称 |
|---|---|
| | 规则波浪连续线 |
| | 规则螺旋连续线 |
| | 规则锯齿连续线 |
| | 波浪线（徒手连续线） |

注：本表仅包括了表 1-4 中 No.01 基本线型的变形，No.02~15 可用同样的方法变形表示。

2. 图线的尺寸

（1）图线的宽度　所有线型的图线宽度（$d$）应按图样的类型和尺寸大小在下列数系中选择：0.13，0.18，0.25，0.35，0.5，0.7，1，1.4，2（各数值的单位为 mm）。该数系的公比为 $1 : \sqrt{2}$（$\approx 1 : 1.4$）。

机械图样中采用两种线宽，即粗线和细线，其宽度比率为 2：1；建筑图样中可采用三种线宽，即粗线、中粗线、细线，其宽度比率为 4：2：1。在同一图样中，同类图线的宽度应保持一致。

（2）图线的构成　基本线型和线素的计算公式在国家标准《机械工程　CAD 制图规则》（GB/T 14665—2012）中有详细的规定，利用 CAD 系统绘制图样易于达到这些要求。手工绘图时要注意：各线型的线素（画长、间隔）应各自大致相等，在图样中要显得匀称协调。虚线、点画线、双点画线的画法建议采用如图 1-9 所示的图线规格。

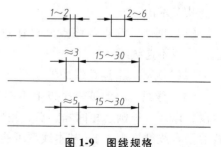

图 1-9　图线规格

3. 绘制图线时应注意的几个问题

1）两条平行线（包括剖面线）之间的距离应不小于粗实线的两倍宽度，其最小距离不得小于 0.7mm。

2）绘制圆的对称中心线时，圆心应为画的交点。点画线和双点画线的首末两端应是画而不是点。

3）在较小的图形上绘制点画线或双点画线有困难时，可用细实线代替。

4）虚线、点画线、双点画线等图线相交时，均应以画相交。虚线是粗实线的延长线时，粗线应画到分界点，而虚线则应留有间隙。

5）木材和圆柱体的断裂处可用波浪线表示。

图线画法的正误对比如图 1-10 所示。

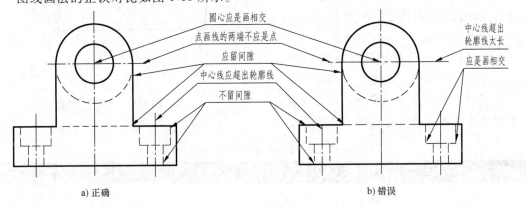

a) 正确　　　　　　　　　　　　　　　b) 错误

**图 1-10　图线画法**

4. 图线应用

图线应用示例如图 1-11 所示。

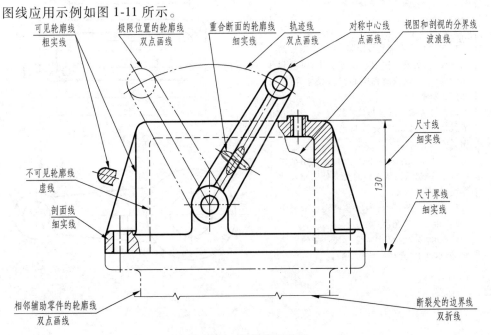

**图 1-11　图线应用示例**

注意：虚线、点画线、双点画线、双折线、波浪线等名称前没有明确粗细时，则默认为细线。

## 五、尺寸注法（根据 GB/T 4458.4—2003）

### 1. 基本规则

1）机件的真实大小应以图样上所注的尺寸为依据，与图形大小及绘图的准确度无关。

2）图样中（包括技术要求和其他说明）的尺寸，以 mm 为单位时，不需标注计量单位的代号或名称，如采用其他单位时，则必须注明。

3）机件的每一尺寸，一般只标注一次，并应标注在反映该结构最清晰的图形上。

### 2. 尺寸的组成

一个标注完整的尺寸应包括尺寸界线、尺寸线、尺寸数字三部分，如图 1-12 所示。

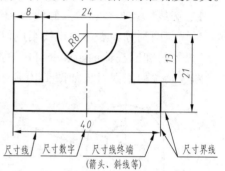

图 1-12　尺寸的组成

### 3. 尺寸注法的基本规定与标注示例

尺寸注法的基本规定与标注示例见表 1-6。

表 1-6　尺寸注法的基本规定与标注示例

| 项目 | 说明 | 图例 |
|---|---|---|
| 尺寸界线 | 尺寸界线用来表示所注尺寸的范围<br>1）尺寸界线用细实线绘制，并应由图形的轮廓线、轴线或对称中心线处引出；也可利用轮廓线、轴线或对称中心线作尺寸界线，如图 a 所示<br>2）尺寸界线一般应与尺寸线垂直，当尺寸界线贴近轮廓线时，允许与尺寸线倾斜，如图 b 所示<br>3）在光滑过渡处标注尺寸时，必须用细实线将轮廓线延长，从它们的交点处引出尺寸界线，如图 b 所示<br>4）角度、弧长、弦长的尺寸界线见本表中"弧长和弦长""角度"项目<br>5）圆和圆弧的尺寸界线为其自身的轮廓线，见本表中"直径与半径"项目 | a)<br><br>b) |

（续）

| 项目 | 说明 | 图例 |
|---|---|---|
| 尺寸线 | 尺寸线用来表示尺寸度量的方向,其终端用来表示尺寸的起止<br><br>1)尺寸线用细实线绘制,其终端可以有两种形式<br>①箭头:形式如图 a 所示,箭头应指到尺寸界线<br>图 b 所示为几种常见的错误画法<br>②斜线:用细实线绘制,其方向和画法如图 c 所示<br>当尺寸线的终端采用斜线形式时,尺寸线与尺寸界线必须相互垂直<br>③一般机械图样上尺寸线终端画箭头,建筑图样上尺寸线终端画斜线<br>2)当尺寸线与尺寸界线相互垂直时,同一张图样中只能采用一种尺寸线终端的形式。当采用箭头时,在位置不够的情况下,允许用圆点或斜线代替箭头(见本表中"小尺寸"项目中的图例)<br>3)尺寸线不能用其他图线代替,一般也不得与其他图线重合或画在其延长线上<br>4)线性尺寸的尺寸线,必须与所标注的线段平行。角度、弧长、弦长的尺寸线见本表中"弧长和弦长""角度"项目 | 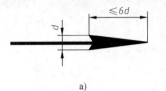<br>a)<br><br>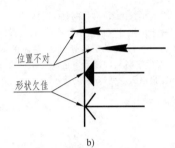<br>b)<br><br>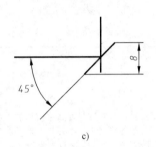<br>c) |
| 尺寸数字 | 尺寸数字表示机件尺寸的实际大小<br>线性尺寸的数字一般应标注在尺寸线的上方,也允许标注在尺寸线的中断处<br>1)线性尺寸数字一般应采用如图 a 所示的方向标注,并尽可能避免在图示 30°范围内标注尺寸。当无法避免时,可按图 b 所示的形式标注<br>对于非水平方向的尺寸,其数字可水平地标注在尺寸线的中断处,如图 c、d 所示<br>2)尺寸数字不可被任何图线所通过,否则必须将该图线断开,如图 c 和本表中"直径与半径"中的图 g 所示 | 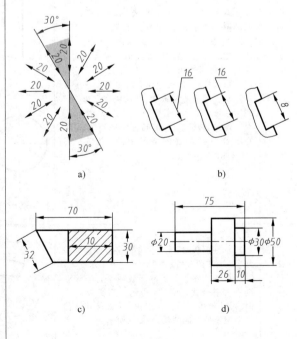<br>a)　　　　b)<br><br>c)　　　　d) |

（续）

| 项目 | 说明 | 图例 |
|------|------|------|
| 线性尺寸的排列 | 1）平排的尺寸线应对齐，如图 a 所示<br>2）平行的尺寸线应是小尺寸在内，大尺寸在外；尺寸线之间的距离应相等，约为 $1.4h$（$h$ 为图中字高），内侧第一道尺寸线至轮廓线的距离略大一些，如图 c 所示 | 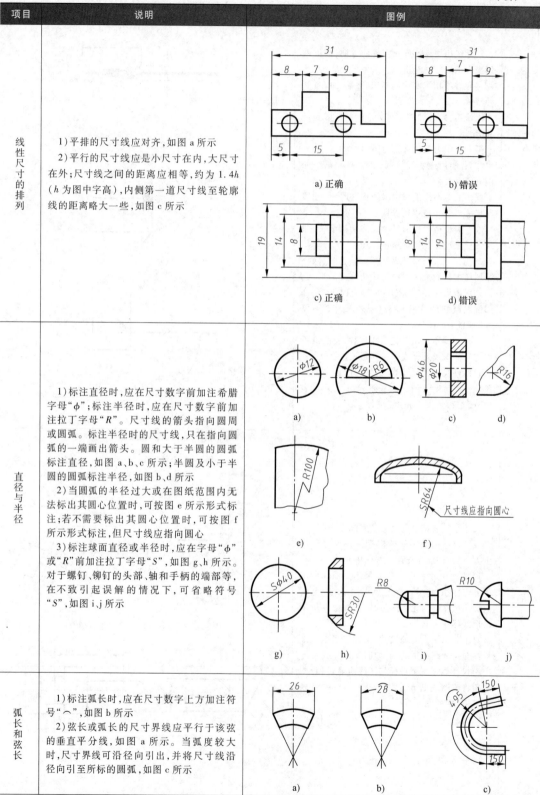 |
| 直径与半径 | 1）标注直径时，应在尺寸数字前加注希腊字母"$\phi$"；标注半径时，应在尺寸数字前加注拉丁字母"$R$"。尺寸线的箭头指向圆周或圆弧。标注半径时的尺寸线，只在指向圆弧的一端画出箭头。圆和大于半圆的圆弧标注直径，如图 a、b、c 所示；半圆及小于半圆的圆弧标注半径，如图 b、d 所示<br>2）当圆弧的半径过大或在图纸范围内无法标出其圆心位置时，可按图 e 所示形式标注；若不需要标出其圆心位置时，可按图 f 所示形式标注，但尺寸线应指向圆心<br>3）标注球面直径或半径时，应在字母"$\phi$"或"$R$"前加注拉丁字母"$S$"，如图 g、h 所示。对于螺钉、铆钉的头部、轴和手柄的端部等，在不致引起误解的情况下，可省略符号"$S$"，如图 i、j 所示 | |
| 弧长和弦长 | 1）标注弧长时，应在尺寸数字上方加注符号"⌒"，如图 b 所示<br>2）弦长或弧长的尺寸线应平行于该弦的垂直平分线，如图 a 所示。当弧度较大时，尺寸线可沿径向引出，并将尺寸线沿径向引至所标的圆弧，如图 c 所示 | |

（续）

| 项目 | 说明 | 图例 |
|------|------|------|
| 角度 | 标注角度的尺寸界线应沿径向引出,尺寸线应画成圆弧,其圆心是该角的顶点,如图 a 所示<br>角度的数字一律写成水平方向,一般标注在尺寸线的中断处,必要时可以写在尺寸线的上方或外面,也可以引出标注,如图 b 所示 | 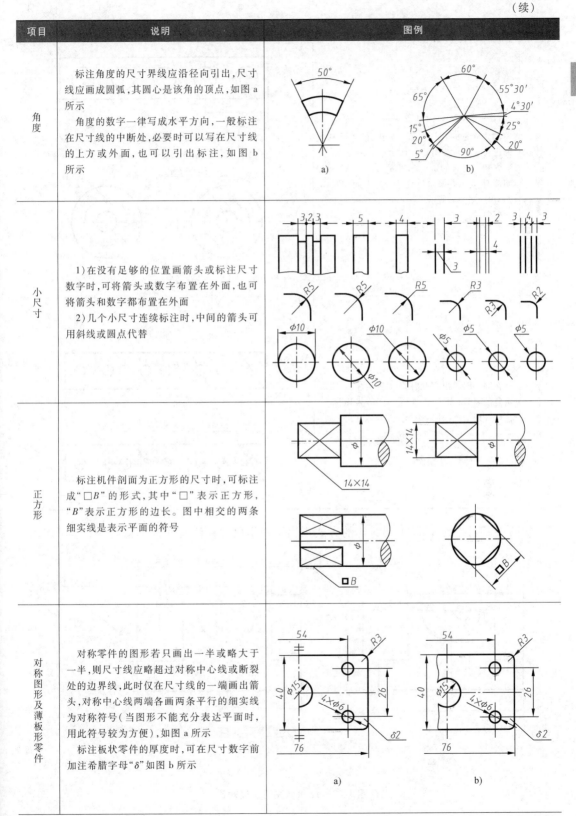 |
| 小尺寸 | 1)在没有足够的位置画箭头或标注尺寸数字时,可将箭头或数字布置在外面,也可将箭头和数字都布置在外面<br>2)几个小尺寸连续标注时,中间的箭头可用斜线或圆点代替 | |
| 正方形 | 标注机件剖面为正方形的尺寸时,可标注成"□B"的形式,其中"□"表示正方形,"B"表示正方形的边长。图中相交的两条细实线是表示平面的符号 | |
| 对称图形及薄板形零件 | 对称零件的图形若只画出一半或略大于一半,则尺寸线应略超过对称中心线或断裂处的边界线,此时仅在尺寸线的一端画出箭头,对称中心线两端各画两条平行的细实线为对称符号(当图形不能充分表达平面时,用此符号较为方便),如图 a 所示<br>标注板状零件的厚度时,可在尺寸数字前加注希腊字母"δ"如图 b 所示 | |

（续）

| 项目 | 说明 | 图例 |
|---|---|---|
| 均匀分布的相同要素 | 均匀分布的相同要素（如孔、槽等结构）的定位尺寸可按图 a~c 所示形式标注<br><br>当相同要素的定位和分布情况在图中已明确时，可省略其定位尺寸和均布的缩写词"EQS"，如图 c 所示 | 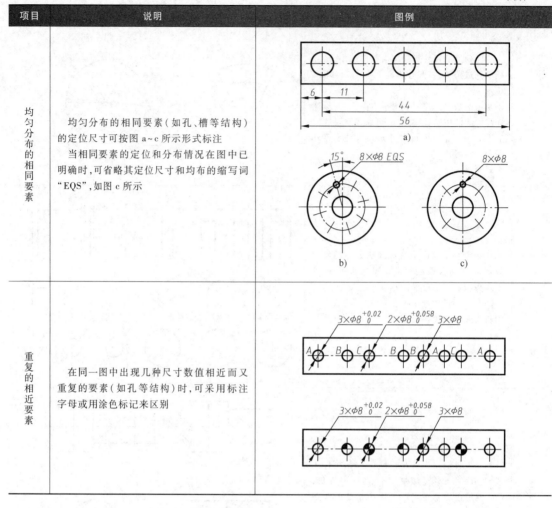 |
| 重复的相近要素 | 在同一图中出现几种尺寸数值相近而又重复的要素（如孔等结构）时，可采用标注字母或用涂色标记来区别 | 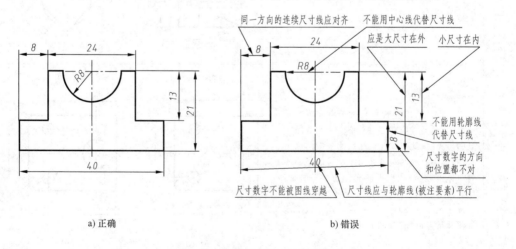 |

如图 1-13 中所示，以正误对比的方式指出了初学尺寸标注时的常见错误。

图 1-13 尺寸标注的正误对比

## 第二节　绘图工具、仪器和用品的使用方法

正确合理地使用绘图工具和仪器，维护其性能，才能保证绘图质量，提高绘图技能。本节介绍一些绘图时常用的工具、仪器及用品的功能和使用方法。

### 一、绘图工具

1. 图板

图板供铺放图纸用，它的表面必须平坦、光滑，左、右两导边必须平直，如图 1-14 所示。

2. 丁字尺

丁字尺由尺头和尺身组成。使用时左手扶住尺头，使尺头内侧边紧靠图板左导边（一旦选定左导边，其余三边就不能用作导边了）。铅笔沿尺身工作边可画水平方向的线，笔头靠紧尺身工作边，笔杆略向右倾斜，自左向右匀速画线，如图 1-14 所示。将丁字尺沿图板导边上下移动，可按意图画出所需位置的水平线。

贴图纸时应使丁字尺的工作边与图纸上面的水平图框线或图幅上边缘对齐（有利于后面保持画的水平线与水平图框线互相平行），然后将丁字尺下移约一个尺身宽，用胶带纸固定好图纸的左上角和右上角。再将丁字尺继续下移（丁字尺在图纸上由上而下移动，有利于图纸平整）至下面水平图框线上边一些，固定好图纸的左下角和右下角，至此贴图纸工作就完成了。利用较大图板画图时，应使图纸位于图板左下部分，但下图框线离图板下边缘的距离应大于丁字尺的尺身宽度，以便准确地绘制图纸上最下面的水平线，如图 1-14 所示。

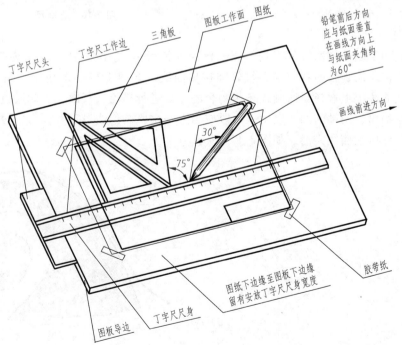

**图 1-14　图板、丁字尺、三角板的功能及使用**

### 3. 三角板

三角板由 45°和 30°（60°）各一块组成一副，它们常与丁字尺配合使用，可画垂直线及 15°倍角的斜线，如图 1-14 所示。让一块三角板沿另一块的边缘移动可画平行线和垂直线，如图 1-15 所示。

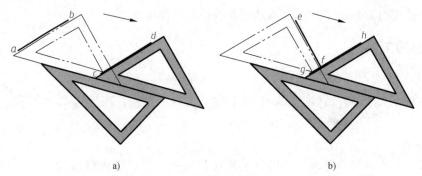

a)  b)

图 1-15 用一副三角板配合使用可画平行线和垂直线

### 4. 比例尺

比例尺是刻有不同比例的直尺。用不同的比例绘图时，按所选的比例，机件的实际尺寸在图上应画的长度可不用计算，直接在比例尺上量取。

常用的比例尺为三棱形，故称为三棱尺，如图 1-16 所示。在三棱尺的三个尺面上共刻有六种不同的比例尺标，如 1∶100，1∶200，…，1∶600。

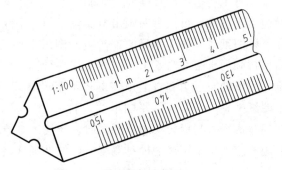

图 1-16 比例尺

### 5. 曲线板

曲线板是用于画非圆曲线的工具。曲线板的种类很多，如图 1-17c 所示为常见的一种。画曲线时，先把所需连接的各点徒手轻轻连接成曲线，如图 1-17a、b 所示。然后根据曲线曲率的变化从曲线板上选择与所画线条相吻合的一段进行描绘，每段至少要通过四个点，并把中间的一段描出，两端的两小段中，一段应与上一次所画的线段重叠，另一段留待下次续连，这样才能使所画曲线光滑，如图 1-17c 所示。

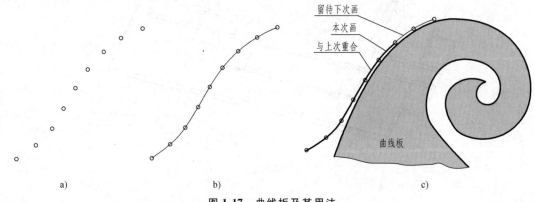

留待下次画
本次画
与上次重合

曲线板

a)  b)  c)

图 1-17 曲线板及其用法

## 二、绘图仪器

绘图仪器一般成套销售，其中常用的有圆规、分规、鸭嘴笔等。

### 1. 圆规及其附件

圆规是画圆弧的工具，常用的有大圆规、弹簧圆规和点圆规，大圆规附有三只插腿（铅芯、带针、鸭嘴）和一支延伸杆，如图 1-18 所示。圆规的钢针有两个尖端，有台阶的一端用于画圆定心，钢针针尖略比铅芯尖长一点，另一端则用作分规。弹簧圆规和小圆规用于画小圆。使用圆规时，无论所画圆的直径大小如何，针尖和插腿都应垂直纸面，还应使圆规向前方（一般为顺时针方向）稍微倾斜，如图 1-19a 所示。用延伸杆画大圆的方法如图 1-19b 所示。

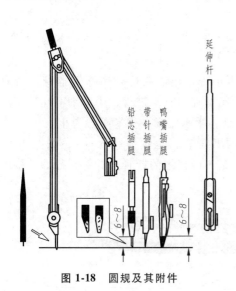

铅芯插腿　带针插腿　鸭嘴插腿　延伸杆

图 1-18　圆规及其附件

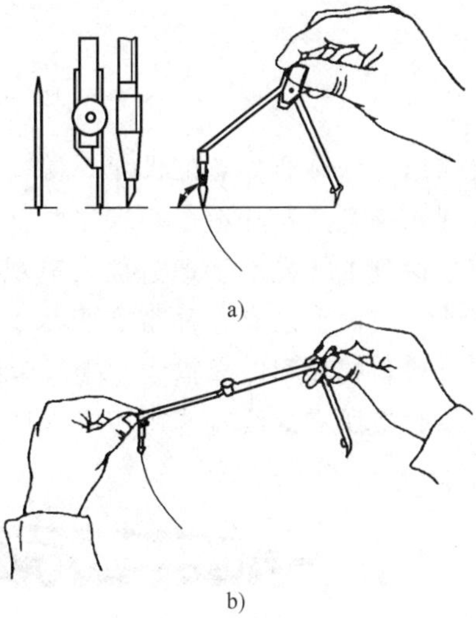

图 1-19　圆规的应用

### 2. 分规

分规用于量取线段或等分线段，如图 1-20 所示。如果仪器盒内没有专用分规，可将圆规换上带针插脚当分规使用。分规的两尖端并拢时，针头应合于一点。

### 3. 鸭嘴笔

鸭嘴笔（也称为直线笔）用于上墨或描图，它由两叶钢片（内片、外片）和调节螺母等组成，如图 1-21a 所示。调节螺母可以调整两钢片之间的距离，从而得到各种粗细的墨线。鸭嘴笔的笔头呈椭圆形，两钢片并拢时要完全吻合。笔头过锐，不易下墨且易划破描图纸；笔头过钝，易"跑墨"且不易画出粗线。向鸭嘴笔内加墨水时，可用小钢

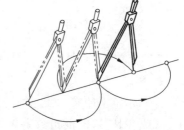

图 1-20　分规及其用法

笔蘸上墨水加到两叶钢片之间，加墨高度一般在 6～8mm 为佳。墨水易挥发，必须勤加勤擦，墨水不能滴在钢片外侧。为了保证图面上所有宽度一致，暂时不用时可在清水中洗净备用。描长线时，墨水量可增加些，但操作要小心，当笔头一接触纸面就要快速运笔，由快变慢；墨水不够时，也应快添快描，否则衔接不佳。画线时，必须使两钢片同时接触纸面，笔

杆略向画线方向倾斜，速度要均匀。图 1-21b 所示为笔杆内倾的情况，外钢片未接触纸面，线条外侧不光滑；图 1-21c 所示为笔杆外倾的情况，内钢片未接触纸面，线条内侧不光滑。为防止做画线导边的尺缘碰及未干的墨线，一般将带斜坡的尺子作为画线导边，如图 1-21d 所示。

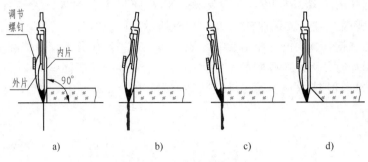

图 1-21　鸭嘴笔及其用法

要描出一张称心如意的图纸，除了注意上述事项外，还需要检查鸭嘴笔本身是否有缺陷。发现鸭嘴笔两钢片不合要求，可以自行修磨，粗磨在油石上进行，中磨细磨在砂皮上进行，使之达到细线光滑（通过放大镜观察）、不拉纸，墨水流畅、运笔顺心为止。

目前，市面上已有一种带有吸水、储水结构的墨线笔（也称为针管笔），如图 1-22 所示，它可代替鸭嘴笔上墨描线。墨线笔的笔头通常是不同粗细的针管，针管直径即为描线宽度。使用时按所需的线宽选用相应直径的笔头即可。

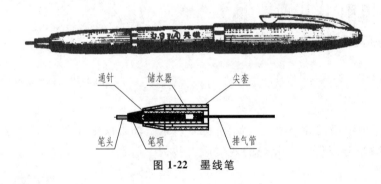

图 1-22　墨线笔

## 三、绘图用品

### 1. 铅笔

绘图铅笔上印有"B""H""HB"等字母，表明铅芯的软硬。"B"（或"H"）的前边数字越大表示铅芯越软（或越硬），"HB"表示软硬适中。画图常采用 2H~B 的铅笔多支，分别用于画细实线或底稿线、写字、加宽图线等。铅笔应用无标记的一端起削，一般削成如图 1-23a 所示锥状铅芯，用于绘制粗实线；也可削成楔形，如图 1-23b 所示。对于圆规使用的铅芯，应选用软一级的为宜，这样能使图线深浅近于一致。

使用铅笔画线时，铅笔在前后方向上或铅笔与运笔方向所组成

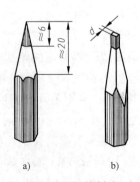

图 1-23　铅笔削法

的平面应垂直于纸面并向运笔方向倾斜成 75°左右，如图 1-14 所示。运笔时用力一致，用锥状笔头画线，在作运笔方向前进运动的同时要作旋转运动，才能保证整段线条粗细一致，光滑流畅。铅笔的笔头需勤削、勤磨。

2. 刀片

刀片有单面和双面两种，可用于修饰图面（也可用于削铅笔）。描图过程中难免有线条过头、错位、污迹等现象。这些都可用刀片刮去或修整，如图 1-22 所示。先划破纸面表层（不能划通），然后刮去污迹。若要在原处重画，则可先在刮过的地方把纤维压平。简单的办法是在刮过的地方上面覆盖一张纸，然后用指甲磨压，这样能使刮过的地方不被指甲弄脏。平整后用细线逐渐积累成需要的粗细，避免"跑墨"。

其他绘图用品还有贴图纸用的胶带纸、擦线条用的橡皮、磨芯用的砂皮、掸灰屑用的毛刷等，如图 1-24 所示。

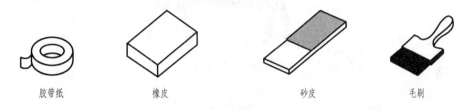

胶带纸　　　橡皮　　　砂皮　　　毛刷

图 1-24　其他绘图用品

## 四、其他绘图工具

1. 多功能模板

目前已有多种模板用于快速绘图，如椭圆模板、几何制图板、六角头螺栓模板、多功能矩形尺和画图等分尺等。如图 1-25 所示为常见而又实用的一种多功能模板，由于其较薄，还可作擦图片使用。

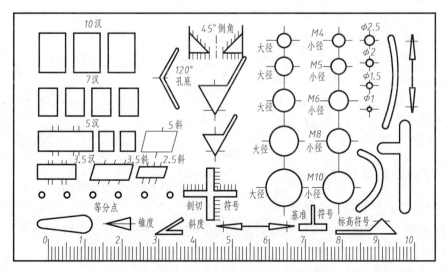

图 1-25　多功能模板

#### 2. 绘图机

绘图机是效率较高的制图机械。其图板高、低和倾斜角度可以调整，可代替丁字尺、三角板、量角器等绘图工具。对绘制复杂、多角度的图形，效率尤为显著，如图 1-26 所示。

图 1-26　绘图机

## 第三节　几何作图的基本原理和方法

工程图样中的图形是二维的，无论机件或工程形体的结构形状多么复杂，它们的图样基本上都是由直线、圆弧和其他一些曲线所组成的平面几何图形。初学者必须学会使用工具等分线段、等分圆周、作正多边形、画斜度和锥度、作圆弧连接及绘制平面曲线等基本作图方法，本节将分别介绍。

### 一、等分已知线段

将已知线段 AB 五等分的画图步骤如下（图 1-27）：

1）过端点 A 任作一直线 AC，用分规以任意长度在直线 AC 上截取五个等分点，如图 1-27a 所示。

2）连接 5B，过 1、2、3、4 等分点作直线 5B 的平行线，与直线 AB 相交即得等分点 a、b、c、d，如图 1-27b 所示。

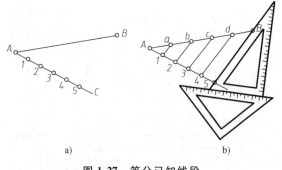

a)　　　　　　　　　b)

图 1-27　等分已知线段

### 二、等分圆周与作正多边形

1. 三等分、六等分、十二等分圆周

1）用丁字尺、三角板作图，如图 1-28 所示。连接相邻各等分点即得正三角形、正六边形、正十二边形。

2）用圆规作图如图 1-29 所示。

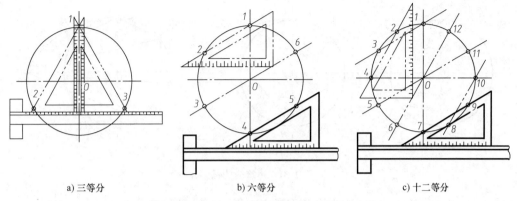

a) 三等分　　　　　　b) 六等分　　　　　　c) 十二等分

图 1-28　用丁字尺、三角板将圆周三、六、十二等分

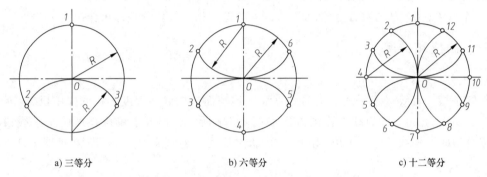

a) 三等分　　　　　　b) 六等分　　　　　　c) 十二等分

图 1-29　用圆规将圆周三、六、十二等分

## 2. 五等分及 $n$ 等分圆周

1）五等分圆周，如图 1-30 所示。

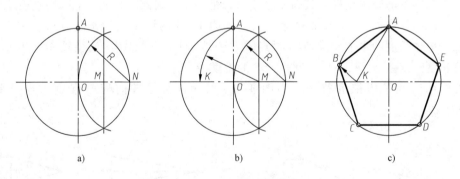

a)　　　　　　b)　　　　　　c)

图 1-30　五等分圆周

① 作出半径 ON 的中点 M。

② 以点 M 为圆心、线段 MA 为半径作圆弧，交水平直径于点 K。

③ 以点 A 为起点，线段 AK 的长度为弦长，即可得到五等分圆周的各分点 B、C、D、E，依次连接各分点，即可作出正五边形（若将相间点进行连接可得五角星）。

2）$n$ 等分圆周，如图 1-31 所示。

① $n$ 等分铅垂直径 AN（此处以七等分为例）。

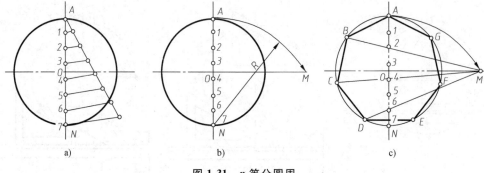

图 1-31　n 等分圆周

② 以点 N 为圆心，线段 NA 为半径作弧交水平中心线于点 M。

③ 将点 M 与直线 NA 上的偶数点（或奇数点）相连并延长与圆周相交，得等分点 B、C、D。作点 B、C、D 的对称点 G、F、E，依次连接相邻各等分点即可作出正 n 边形。

### 三、斜度和锥度

#### 1. 斜度

斜度是指一直线（或平面）对另一直线（或平面）的倾斜程度。在图样中以 $1:n$ 的形式标注。斜度为 $1:5$ 的直线的作图方法如图 1-32a 所示：作五个单位长度的水平线段 AB；过点 B 作 AB 的垂线 BC，使 BC 等于一个单位长度；连接点 A、C，即得斜度为 $1:5$ 的直线。

斜度的标注采用斜度符号，如图 1-32b 所示，h 为图中字体高度。符号斜线的方向应与斜度方向一致，如图 1-32a 所示。

#### 2. 锥度

锥度是正圆锥的底圆直径与其高度之比。若是圆台，则锥度为上、下两底直径差与圆台高度之比。在图样中以 $1:n$ 的形式标注。锥度为 $1:3$ 的锥度线的作图方法如图 1-33a 所示：作三个单位长度的水平线段 SO；过点 O 作直线 SO 的垂线 AB，使线段 AO、BO 均等于半个单位长度；连接点 SA、SB，即得 $1:3$ 的锥度线。

锥度的标注也采用锥度符号，如图 1-33b 所示。符号方向应与锥度方向一致，如图 1-33a 所示。

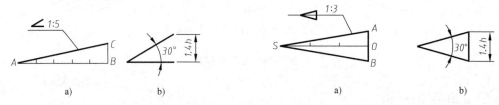

图 1-32　斜度的定义、作图和标注　　　　图 1-33　锥度的定义、作图和标注

### 四、圆弧连接

用已知半径的圆弧光滑连接（即相切）两已知线段（直线或圆弧）的作图方法称为圆弧连接。这种起连接作用的圆弧称为连接弧，作图时应准确作出连接弧的圆心和切点。

1. 圆弧连接的基本作图原理

1）如图 1-34a 所示，半径为 $R$ 的圆 $O$ 与已知直线 $L$ 相切，其圆心的轨迹为与直线 $L$ 相距 $R$ 的一条平行线 $L_1$。由点 $O$ 向直线 $L$ 所作垂线的垂足 $K$ 即为切点。

2）如图 1-34b 所示，半径为 $R$ 的圆 $O$ 与已知圆 $O_1$ 外切，其圆心的轨迹为已知圆 $O_1$ 的同心圆，其半径为两半径之和。

3）如图 1-34c 所示，半径为 $R$ 的圆 $O$ 与已知圆 $O_1$ 内切，其圆心的轨迹为已知圆 $O_1$ 的同心圆，其半径为两半径之差。

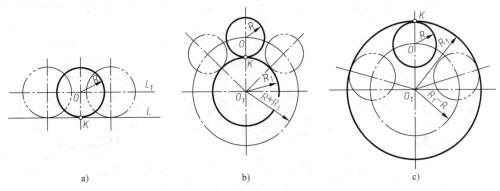

a)　　　　　　　　　b)　　　　　　　　　c)

**图 1-34　圆弧连接的基本作图原理**

2. 圆弧连接的作图方法

圆弧连接的作图方法见表 1-7。

**表 1-7　圆弧连接的作图方法**

| 连接要求 | 说明 | | |
|---|---|---|---|
| | 求圆心 | 作切点 | 连圆弧 |
| 连接两直线 | | | |
| 连接一直线和一圆弧 | | | |

（续）

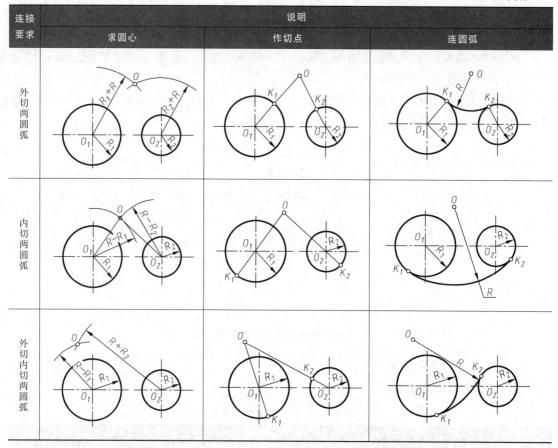

| 连接要求 | 说明 | | |
|---|---|---|---|
| | 求圆心 | 作切点 | 连圆弧 |
| 外切两圆弧 | | | |
| 内切两圆弧 | | | |
| 外切内切两圆弧 | | | |

### 五、椭圆的画法

绘图时，除了直线和圆弧外，也会遇到一些非圆曲线。椭圆是一种常见的非圆曲线，下面介绍两种常见的已知椭圆长、短轴画椭圆的方法。

（1）四心法　如图 1-35a 所示，已知长轴 $AB$、短轴 $CD$，点 $O$ 为中心。作法如下：

1）以点 $O$ 为圆心，线段 $OA$ 为半径画圆弧交直线 $CD$ 于点 $E$；连接 $AC$，以点 $C$ 为圆心，线段 $CE$ 为半径画圆弧交直线 $AC$ 于点 $F$。

2）作线段 $AF$ 的中垂线，与两轴交于点 $O_1$、$O_2$，作出点 $O_1$、$O_2$ 的对称点 $O_3$、$O_4$，则点 $O_1$、$O_2$、$O_3$、$O_4$ 即为连接弧的圆心。

3）将四圆心连成线，分别以点 $O_1$、$O_2$、$O_3$、$O_4$ 为圆心，线段 $O_1A$、$O_2C$、$O_3B$、$O_4D$ 为半径作圆弧，交各连心线于点 $G$、$H$、$I$、$J$，此四点即为大、小圆弧内切的切点。

（2）同心圆法　如图 1-35b 所示，已知长轴 $AB$、短轴 $CD$，点 $O$ 为中心。作法如下：

1）以线段 $AB$、$CD$ 为直径画同心圆。

2）过圆心 $O$ 作一系列直径与两圆相交，自大圆交点作垂线，小圆交点作水平线，此两直线的交点即为椭圆上的点。采用相同方法作出椭圆上一系列点，用曲线板顺序光滑连接各点即成椭圆。

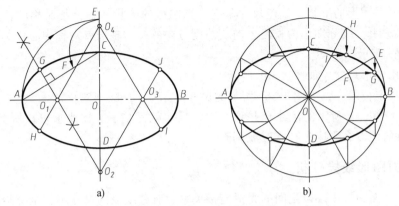

图 1-35　四心近似椭圆画法

# 第四节　平面图形的尺寸标注和线段分析

## 一、平面图形的尺寸标注

　　绘制图样，画出平面图形后，还要标注尺寸，这是一项很细致的工作。在标注尺寸时，首先应对图形进行分析，确定长度方向和高度方向的尺寸标注起点，称为选定尺寸基准。其次要弄清楚该标注图形的大小尺寸，称为定形尺寸。该标注图形各要素之间相对位置尺寸，称为定位尺寸。完成好以上三个工作，才能从几何作图的角度正确、完整、清晰地标注出全部尺寸。具体要求分述如下：

　　（1）正确　是指平面图形的尺寸按照国家标准的规定标注，尺寸数值不能写错，不能出现相互矛盾的尺寸。

　　（2）完整　是指平面图形的尺寸要标注齐全，也就是既不遗漏各组成部分的定形尺寸和定位尺寸，又不标注重复多余尺寸。

　　（3）清晰　是指标注尺寸的位置要安排在平面图形的明显处，布局要整齐。一般安排在图形外部；若图形内部图线较空，则可以安排在图形内。圆和圆弧的直径、半径尺寸一般直接标注在圆和圆弧处，也可引出标注。

　　下面以图 1-36 所示说明平面图形尺寸标注的方法。

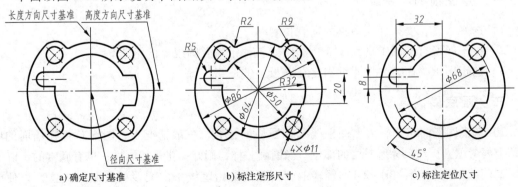

a) 确定尺寸基准　　　　　　b) 标注定形尺寸　　　　　　c) 标注定位尺寸

图 1-36　平面图形尺寸分析与标注

1）分析平面图形的形状，确定尺寸基准。该图形的形状基本上是对称的，可以选定铅垂中心线、水平中心线分别作为长度方向、高度方向的尺寸基准，对称中心作为径向尺寸基准，如图 1-36a 所示。

2）标注出定形尺寸，如图 1-36b 所示。

3）标注出定位尺寸，如图 1-36c 所示的尺寸 8、32、$\phi68$、45°。

4）将图 1-36b、c 所示的尺寸合并到一起，尺寸就完整了。按要求校核所标注的尺寸，若有不够满意的地方，则应进行修改或调整。

## 二、平面图形线段分析

为了保证平面图形中线段之间的光滑连接关系，有些线段的尺寸不宜全部给出，需要利用与相邻线段的连接关系来确定缺少的尺寸。据此，平面图形的线段可以分为三类：

（1）已知线段　有足够的定位尺寸和定形尺寸，不依靠与其他线段相接的作图就能直接画出的线段，如图 1-35 所示的圆 $\phi8$、圆弧 $R9$ 和 $R12$、直线段 $L_1$ 和 $L_2$ 都是已知线段。

（2）中间线段　缺少一个定位尺寸，必须依靠一端与另一线段相接（相切）而画出的线段，如图 1-37 所示的圆弧 $R10$ 就是中间线段。

（3）连接线段　缺少两个定位尺寸，因而两端都必须依靠与另一线段相接（相切）才能画出的线段，如图 1-37 所示的圆弧 $R7$ 和直线段 $L_3$ 是连接线段。

从上述分析中可以知道，在画平面图形时，必须先画已知线段；其次画中间线段，当中间线段连续有几段时，应先画与已知线段相连接的那一段，然后依次画出；最后画连接线段。具体画法与作图步骤将在本章第五节中详细叙述。

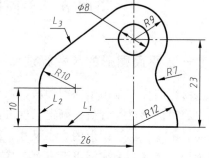

图 1-37　平面图形的线段分析

# 第五节　绘图方法和图样复制

为了提高图样的质量和绘图工作效率，除了要养成正确使用工具的良好习惯外，还必须掌握正确的绘图方法和步骤，有时也需要徒手画草图，熟悉图样。

## 一、绘图前的准备工作

1）选好采光，安排好绘图桌的适宜位置。

2）擦干净所有绘图工具和仪器，磨削好各种铅笔及圆规上的铅芯。

3）选定图纸幅面，并将图纸固定在图板上的适当位置。

## 二、画底稿

1）考虑图形的布局，留出图框线及标题栏的位置。一般情况下，图形布置在幅面的中央，但要考虑到标注尺寸所需要的部位。像图画一样，画好一张机械图样，也有欣赏的价值。

2）用较硬的铅笔（H~2H）轻轻地画出底稿。铅笔线条的交接处要画过头些，以便能够清楚地辨别加深的起讫位置。画底稿的一般步骤：先画图框、标题栏，后画图形。画图形

时应按以下步骤:

① 画轴线或对称中心线。

② 先画主要轮廓，后画细部轮廓。对于圆弧连接，作出正确的连接点及连接弧的圆心。

③ 标注尺寸。

④ 画剖面符号。

⑤ 整理幅面，擦去过长或多余的线条，但必须注意擦图时不能损坏有效部分的图线及图纸表面。

### 三、铅笔加深图线

1）选用合适的铅笔（HB～2B），运用铅笔时用力要均匀且运笔要灵活。

2）铅笔加深的步骤：

① 加深所有的点画线。

② 加深所有粗实线的圆和圆弧（从小径到大径）。

③ 从上至下加深水平方向的粗实线。

④ 从左至右加深铅垂方向的粗实线。

⑤ 从左上方开始，依次加深倾斜方向的粗实线。

⑥ 加深所有的细实线、波浪线、虚线等（先圆弧后直线）。

⑦ 标注尺寸、画箭头，书写注解及标题栏内容等。

⑧ 全面检查幅面，并做必要的修饰。

### 四、上墨（或描图）

在生产实际中，为了便于组织和管理，常需要对图样进行复制。所以对于有的图样，在画完底稿后要上墨，即描图。上墨或描图时相同线宽的图线应一次画完，以免由于经常调鸭嘴笔螺母而使图线宽度不一致。上墨或描图的步骤与铅笔加深相同。

### 五、绘图举例

如图 1-38 所示拖钩的图样中，圆弧 $R40$、圆弧 $R10$ 等是已知线段，圆弧 $R80$ 是中间线

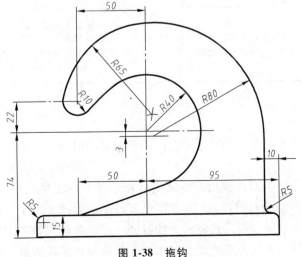

图 1-38　拖钩

段，圆弧 $R65$、圆弧 $R5$ 及圆弧 $R10$ 与圆弧 $R40$ 的公切直线等是连接线段。具体绘图步骤见表 1-8。

表 1-8　拖钩的绘图步骤

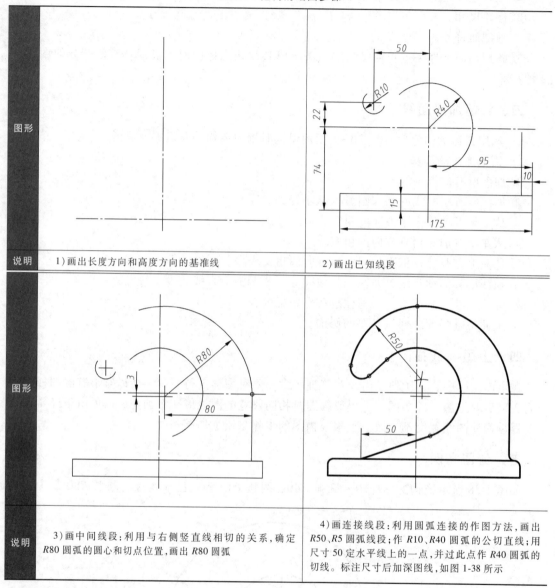

| 图形 | 1）画出长度方向和高度方向的基准线 | 2）画出已知线段 |
|---|---|---|
| 说明 | 3）画中间线段：利用与右侧竖直线相切的关系，确定 $R80$ 圆弧的圆心和切点位置，画出 $R80$ 圆弧 | 4）画连接线段：利用圆弧连接的作图方法，画出 $R50$、$R5$ 圆弧线段；作 $R10$、$R40$ 圆弧的公切直线；用尺寸 50 定水平线上的一点，并过此点作 $R40$ 圆弧的切线。标注尺寸后加深图线，如图 1-38 所示 |

## 六、图样复制

图样的复制方法很多，常用的有晒印蓝图和静电复印两种。

**1. 晒印蓝图**

晒印蓝图的方法与洗印相片类似，将原图（铅笔绘制的图样）描成底图（用墨笔将原图描绘在半透明的描图纸上的图样），再将底图覆盖在重氮感光纸上，经曝晒（感光）后，把感光纸放入充满氨气的熏桶内一段时间，便得到一张淡蓝底蓝线的图形，称为蓝图，这种方法称为晒图。这种复制方法需要的设备简单，操作容易，图样清晰，晒图可由手工操作或由机器完成。目前生产的机械化、自动化晒图机应用很广泛。

**2. 静电复印**

静电复印的工作原理：将经过充电荷的涂硒感光板在复印机上拍摄复制件的图像后，硒膜表面即产生静电现象，由于带电荷的染色微粒的作用，使静电图像发生吸附性显影，然后再将已显影的图像用充电于介质的方法转印到普通图纸表面，最后通过加热定影，使染色微粒固定在图纸上，便得到复印图。硒静电复印机是目前较理想的一种复印机，它可以把铅笔图、蓝图、文件资料等复印在普通白纸或涤纶薄膜上（如投影片），还可以将图样随意放大或缩小，它可以省去描图环节，减少错误，而且及时、方便，但不适用于大批量复制。

## 七、徒手草图的绘制方法

不借助于绘图仪器和工具，按目测比例和徒手绘制的图样称为徒手草图，简称为草图。在讨论设计方案或创意设计、临时参观记录和进行技术交流时，经常需要徒手绘制草图。草图虽然是在条件有限、时间短促的情况下徒手绘制的，但很有实用价值，有时甚至可以用草图直接生产、施工。因此草图不能是潦草的图，应做到投影正确、表达合理、图线清晰、字迹工整、比例匀称、尺寸无误。

徒手草图一般选用 HB 或 B、2B 等较软的铅笔，常在印有浅色方格的纸上绘制，图纸不固定，可以随时将图纸旋转到便于画线的位置。画线时手要悬空，可以小指轻触纸面起稳定作用。具体绘制方法见表 1-9。

表 1-9　徒手画图的方法

| 适用情形 | 画法 | 说明 |
|---|---|---|
| 画直线 | 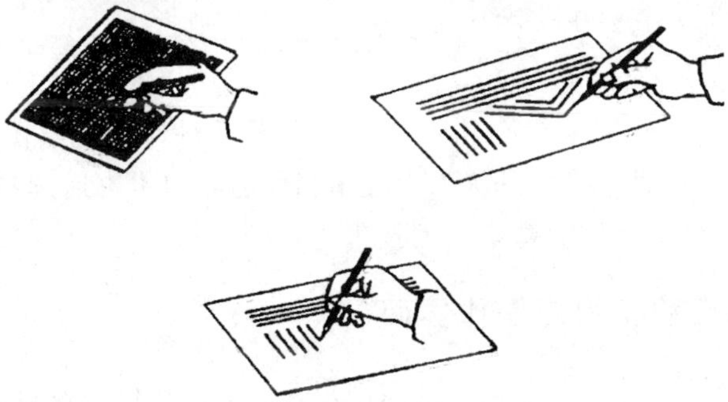 | 手握笔的位置要比用绘图仪器绘图时高些，笔杆与纸面成 $45° \sim 60°$。过两点画一条直线时，眼睛要始终看着终点 |
| 画特殊角度线 | 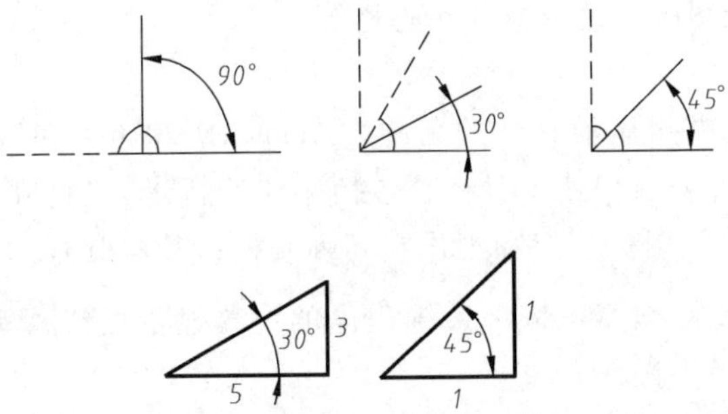 | 比较法：通过判断两相邻角是否相等可作出角平分线<br>坐标法：$\tan 30° \approx 3/5$，$\tan 45° = 1/1$ |

（续）

| 适用情形 | 画法 | 说明 |
|---|---|---|
| 画圆 | 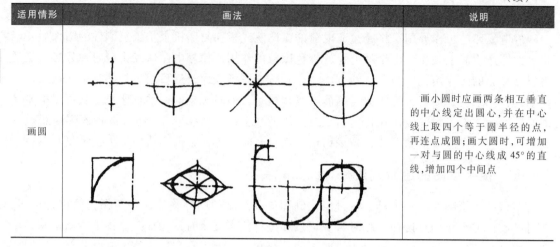 | 　画小圆时应画两条相互垂直的中心线定出圆心，并在中心线上取四个等于圆半径的点，再连点成圆；画大圆时，可增加一对与圆的中心线成 45° 的直线，增加四个中间点 |

## 第六节　计算机绘图基础

　　计算机绘图（Computer Graphics，CG）是指应用绘图软件及计算机硬件（主机及输入/输出设备）实现图形的生成、显示和输出的计算机应用技术。与传统的尺规绘图相比，它具有出图速度快，图形精准且便于修改、管理等优点，现已广泛应用于航空、航天、冶金、船舶、机械、纺织、建筑、地理信息、出版等行业，并日益引起各类工程应用和科学研究领域的重视，是计算机辅助设计（Computer Aided Design，CAD）的重要组成部分。随着各种三维造型设计软件的研发与改进，二、三维图形的互逆转换，计算机绘图与计算机辅助设计已融为一体，甚至有些企业已进入无纸化生产（如数控制造、三维打印等）。因此，熟练掌握这种技术是每个工程技术人员所必不可少的。

　　AutoCAD 是当今最流行的计算机辅助绘图软件之一，本书不对计算机绘图的理论和算法进行论述，也不对其系统进行详细介绍，只从工程应用和作为学习本书后续各章的工具的角度简要地介绍 AutoCAD 2016 绘图软件的基本绘图技术。

### 一、AutoCAD 2016 的启动和用户操作界面

　　安装 AutoCAD 2016 之后，计算机桌面上就会自动创建其图标，用鼠标左键双击该图标，即可启动 AutoCAD 2016，启动后将进入如图 1-39 所示操作界面。操作界面上有标题栏、菜单栏、工具栏、快速工具栏、绘图区、命令行和状态栏等。

　　1. 标题栏

　　操作界面顶端为标题栏，其中间显示软件的名称"AutoCAD 2016"和当前编辑的图形文件名称"Drawinw1. dwg"；其左侧有快速工具栏，包括文件"新建""打开""保存""另存为""打印""放弃""重做"等图标按钮和工作空间列表框；其右侧有"命令""联机""帮助""搜索"图标按钮，以及标准 Windows 系统程序的屏幕显示按钮 ，可执行"最小化""最大化/恢复""关闭"操作。

　　单击（后面的叙述中单击前无说明，都指定为鼠标左键单击）工作空间列表框右侧的

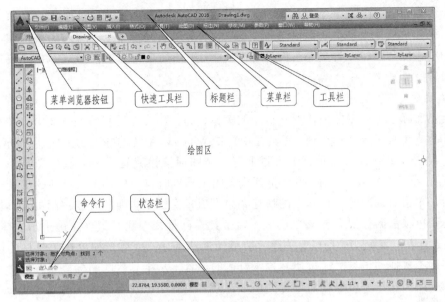

图 1-39　AutoCAD 2016 操作界面

黑三角，系统显示如图 1-40 所示的列表，提供可选择的多个工作空间，操作者可随意选择，其中"AutoCAD 经典"与较低版界面较为接近，故如图 1-39 所示的界面选择了该选项。

如图 1-39 所示的界面最左上角的按钮 ，是菜单浏览器，单击此按钮，系统弹出用于管理 AutoCAD 图形文件的命令列表，但其内容在快速工具栏中已包括，故其并不常用。

2. 菜单栏

AutoCAD 2016 的菜单栏是 Windows 系统标准的菜单栏形式。主菜单只显示最基本的文件操作内容，包括"文件"（File）、"编辑"（Edit）、"视图"（View）、"插入"（Insert）、"格式"（Format）、"工具"（Tools）、"绘图"（Draw）、"标注"（Dimension）、"修改"（Modify）、"参数"（Parameter）、"窗口"（Window）和"帮助"（Help）。每个主菜单都有下拉菜单，以丰富菜单的内容，如图 1-41 所示。调用命令时，应将光标移至菜单栏的相应

图 1-40　可选择的工作空间

图 1-41　AutoCAD 2016 的菜单栏

菜单项上单击，从弹出的下拉菜单中选择所需命令。下拉菜单（右侧有黑三角标记）有时也有下一级和再下一级菜单（级联菜单），应再单击选项或子命令，有时还要求在命令行进行相应的输入配合操作。若命令后面带有"…"，则该命令将以窗口形式弹出并要求用户输入相关内容。

3. 工具栏

工具栏实际上是以图标按钮形式显示的菜单，是一组命令图标按钮的集合，在有些书本中也将其称为工具条或图标菜单。工具栏中包括 Windows 系统的标准工具栏及 AutoCAD 2016 的浮动工具栏，如图 1-42 所示，工具栏上每一个图标按钮就是一个可执行命令。工具栏可被打开（显示）或关闭（不显示）。打开或关闭工具栏时将光标移至已打开的工具栏上任一图标按钮，单击鼠标右键，在弹出的快捷菜单中鼠标左键单击要打开或关闭的工具栏。鼠标右键快捷菜单项前面标记有"√"的表示该工具栏已打开，此时鼠标左键单击快捷菜单项，"√"标记消失，表示该工具栏已关闭。要移动工具栏时，可将光标放在工具栏的边缘，按住鼠标左键不放拖动工具栏，可使其置于合适的位置。从工具栏的图标按钮调用命令时，可先单击相应图标按钮，再根据命令行的提示，输入关键字以确定选项或输入数据，逐步完成命令的操作。

图 1-42　AutoCAD 2016 的工具栏

4. 命令行

命令行在屏幕的下部区域，该区域有两部分组成：一部分是命令行，显示从键盘上键入的选择性字符或参数值；另一部分是命令历史记录区域，该区可上下滚动，列出用户所进行的全部操作，同时也显示 AutoCAD 的命令提示，如图 1-43 所示。

图 1-43　AutoCAD 2016 的命令行

5. 状态栏

状态栏处于界面的最下部，用于显示当前光标处的三维坐标和一些操作参数状态或帮助信息，如图 1-44 所示。

6. 绘图区

界面中最大的空白区域为绘图区，供绘图使用，其左下角显示当前坐标系，右上角有对

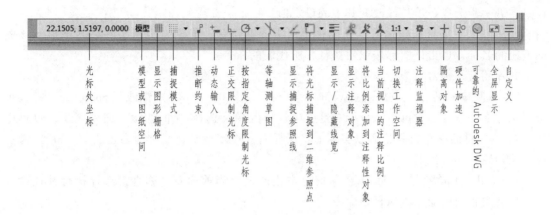

图 1-44　AutoCAD 2016 的状态栏

当前文档窗口的控制图标。界面的左下角有"模型/布局 1/布局 2"切换标签,一般情况下选择在模型空间中绘图。

### 二、AutoCAD 2016 的基本操作

1. 命令输入

AutoCAD 2016 是一个非常精确的绘图系统软件。如果要选择图中某个既定点,可以用鼠标来进行点的捕捉,也可直接由键盘输入精确的坐标位置。AutoCAD 2016 中提供了大量的命令使用户能方便地创建和修改图形。

AutoCAD 2016 的命令一般必须在命令状态下输入,此时命令行中"命令:"右侧为空,即等待命令输入状态(简称为待命状态)。可通过使用键盘、快捷键、菜单、工具栏等方式来输入使用的命令。

(1)键盘输入命令　系统处于待命状态时,使用键盘在命令行中输入命令是一种极常用的方式。可输入全命令,也可直接按快捷键。快捷键是系统提供的一些功能键或功能键与普通键的组合,可以达到快速操作的目的。这些快捷键及功能见表 1-10。

表 1-10　AutoCAD 2016 中的快捷键及其功能

| 快捷键 | 功能 | 快捷键 | 功能 | 快捷键 | 功能 |
|--------|------|--------|------|--------|------|
| 〈F1〉 | AutoCAD 帮助 | 〈F10〉 | 极轴开关 | 〈Ctrl+X〉 | 剪切 |
| 〈F2〉 | 文本窗口开关 | 〈F11〉 | 对象捕捉追踪开关 | 〈Ctrl+C〉 | 复制 |
| 〈F3〉 | 对象捕捉开关 | 〈Del〉 | 清除 | 〈Ctrl+V〉 | 粘贴 |
| 〈F4〉 | 数字化仪开关 | 〈Ctrl+N〉 | 新建文件 | 〈Ctrl+K〉 | 超级链接 |
| 〈F5〉 | 等轴测平面循环开关 | 〈Ctrl+O〉 | 打开文件 | 〈Ctrl+1〉 | 对象特性管理器开关 |
| 〈F6〉 | 坐标开关 | 〈Ctrl+S〉 | 保存文件 | 〈Ctrl+2〉 | AutoCAD 设计中心 |
| 〈F7〉 | 格栅开关 | 〈Ctrl+P〉 | 打印 | 〈Ctrl+6〉 | 数据库连接 |
| 〈F8〉 | 正交开关 | 〈Ctrl+Z〉 | 取消上一步操作 | | |
| 〈F9〉 | 捕捉开关 | 〈Ctrl+Y〉 | 重做撤销的操作 | | |

(2)菜单栏输入　在菜单中选取所需命令或选项并单击,有些选项单击后会弹出对话

框，需进一步选择、填写或改变其中的设定值。

（3）工具栏图标按钮输入　光标移至所需图标按钮，光标变为箭头并在其下显示该图标按钮的名称，单击该图标按钮便执行其所代表的命令。

此外还有几种常用的命令操作：

1）重复输入命令。在出现提示符"命令："时，按〈Enter〉键或〈Spacebar〉键，可重复执行上一命令，也可单击鼠标右键弹出快捷菜单，选择"重复××"命令。绘图过程中用〈Enter〉键的频率很高，所以实际上将鼠标右键设置成等待命令时右击为〈Enter〉键功能，是相当省时快捷的。

2）中止当前命令。按下〈Esc〉键可中止或退出当前命令，如直接选择执行其他命令也会自动中止当前命令，执行新命令。

3）撤销上一个命令。输入 U 命令或单击工具栏上的 按钮后可撤销上一次执行的命令。

4）重做命令。输入"REDO"命令或单击工具栏上的 按钮后可恢复被撤销的命令。

2. AutoCAD 中的坐标

（1）绝对坐标　用户输入绝对坐标可以有：

1）笛卡儿（直角）坐标：$x$，$y$，$z$。（$x$，$y$，$z$）在二维绘图中 $z$ 坐标通常可以省略，即（$x$，$y$）。实际输入时不加圆括号。如 $x$ 坐标为 3.5，$y$ 坐标为 7.2，则输入格式是"3.5，7.2"。

2）极坐标：距离<角度。用户可以输入某点到当前用户坐标系（UCS，User Coordinate System）原点的距离及它在 $XY$ 平面中的角度来确定该点，两值用"<"隔开。规定以 $X$ 轴正向为基线，逆时针方向角度值为正值，顺时针方向角度值为负值。如 9.08<45 表示距原点距离为 9.08，相对于 $X$ 轴为 45°。

（2）相对坐标

1）相对笛卡儿坐标：@ d$x$，d$y$。用户可以指出某一点到已知前一个坐标的相对距离，为此需要在点输入值前加一个"@"。例如，已知前一点坐标是（10，6），如果输入"@2.5，-1.3"，相当于指定该点绝对坐标是（12.5，4.7）。

2）相对极坐标：@ 距离<角度。这是以某一点为基准，以该点至下一点连线的距离及该连线与 $X$ 轴正向的角度来表示。例如：输入"@9.08<45"，表示距前一点距离为 9.08，两点连线相对于 $X$ 轴正向的角度为 45°。

3. 图形文件管理

图形文件管理包括"新建""打开""保存"等操作。

（1）新建文件　①在命令行输入命令"NEW"或用快捷键〈Ctrl+N〉；②单击快速工具栏或标准工具栏上的"新建"按钮 ；③单击菜单"文件"→"新建"。用上述三种方式中任意一种都可弹出如图 1-45 所示"选择样板"对话框，选择其中一个样板文件，如"acadiso. dwt"，再单击"打开"按钮，即可创建一个新文件。选择样板文件后双击也可创建一个新文件。

（2）打开文件　①在命令行输入命令"OPEN"或用快捷键〈Ctrl+O〉；②单击快速工具栏或标准工具栏上的"打开"按钮 ；③单击菜单"文件"→"打开"。用上述三种方式中任意一种都可弹出如图 1-46 所示"选择文件"对话框，选择其中一个文件，再单击"打开"按钮，即可打开一个文件。选择文件后双击也可打开一个新文件。

图 1-45　创建新文件

图 1-46　打开文件

（3）保存文件　保存文件分两种情况：

一种是该文件已经取名并保存过，本次操作只是继续或修改，只需按原名、原路径、原格式保存。此时操作：①在命令行输入命令"SAVE"或用快捷键〈Ctrl+S〉；②单击快速工具栏或标准工具栏上的"保存"按钮 🖫；③单击菜单"文件"→"保存"。用上述三种方式中任意一种都可保存文件。

另一种是该文件为新建文件，或虽是打开的旧文件，但需另取名或改变路径和文件类型等。此时操作：①在命令行输入命令"SAVEAS"或用快捷键〈Ctrl+Shift+S〉；②单击快速工具栏或标准工具栏上的"保存"按钮 🖫；③单击菜单"文件"→"另存为"。用上述三种方式中任意一种都可弹出"图形另存为"对话框，输入合适的文件名并选择好合适的文件类型，再单击"保存"按钮，即可保存文件。

（4）退出文件　退出文件最简单的操作是单击图形文件右上角的"关闭"按钮 ☒，这与 Windows 系统其他文件的关闭是一样的。

4. 屏幕显示控制

绘图过程中常需要改变已绘制图形显示的位置和大小，即屏幕显示控制。有多种方式控制屏幕显示，最简便的有两种：一个是命令行输入命令"ZOOM"，按〈Enter〉键，再输入"A"，按〈Enter〉键，系统会将当前文件所画图形全部显示在界面上。另一个是转动鼠标滚轮可动态缩放，向前滚动为放大，向后滚动为缩小，可把图形某部位的大小和位置缩放到满意的程度。

注意：屏幕显示缩放像放大镜的功能一样，只改变视觉尺寸，并不改变图形实际尺寸。

## 三、设置绘图环境

1. 设置绘图单位

绘图单位包括长度和角度两方面。

调用命令方式：①在命令行输入命令"UNITS"或"UN"；②单击菜单"格式"→"单位"。用上述两种方式中任意一种都可弹出如图 1-47 所示"图形单位"对话框，其中有"长度""角度"等选项组。单击各下拉列表框右边的箭头会弹出供选择的参数列表，一般情况下都是用系统默认值。

1）设置长度。"长度"选项组"类型"下拉列表框中提供了分数、工程、建筑、科学、小数五种长度单位类型，系统默认为小数；"精度"下拉列表框中提供了各种长度类型的最高和最低精度。

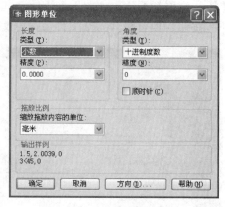

图1-47 "图形单位"对话框

2）设置角度。"角度"选项组"类型"下拉列表框中提供了百分度、度/分/秒、弧度、勘测单位、十进制度数单位五种角度类型，系统默认为十进制度数单位；"精度"下拉列表框中提供了各种角度类型的最高和最低精度。"精度"下拉列表框下侧有选择角度正负方向的复选框，默认逆时针方向为正，启用该选项（框内有"√"），则顺时针方向为正。角度基准，系统默认为东，即 X 轴正方向为角度基准。

3）设置插入时的缩放单位。"缩放拖放内容的单位"下拉列表框用于控制插入到当前图形中的块和图形的测量单位。如果创建块和图形时使用的单位与该选项指定的单位不同，则在插入这些块和图形时，将对其进行比例缩放。插入比例是原块和图形使用的单位与目标图形使用的单位之比。

2. 设置图形界限

图形界限是 AutoCAD 中的一个假想矩形绘图区域，相当于图纸的图幅。长度单位采用米制时，图形界限默认左下角坐标为（0，0），右上角坐标为（420，297）；长度单位采用寸制时，图形界限默认左下角坐标为（0，0），右上角坐标为（12，9）。

调用命令方式：① 在命令行输入命令"LIMITS"；②单击菜单"格式"→"图形界限"。用上述两种方式中任意一种都可在命令行显示：

指定左下角点或［开（ON）/关（OFF）］<0.0000,0.0000>:｛直接按〈Enter〉键认可默认值，也可输入用户设定的数值后按〈Enter〉键｝

指定右上角点 <420.0000，297.0000>:｛直接按〈Enter〉键认可默认值，也可输入用户设定的数值后按〈Enter〉键｝

说明：

1）ON（开）表示打开图形界限检查，限制拾取点在绘图界限范围内。

2）OFF（关）表示关闭图形界限检查，图形绘制允许超出图形界限，系统默认为关。

一般按打印输出图纸的大小设定绘图界限，采用适当的比例绘图。打印比例设为1:1，打印范围选择"图形界限"，这样所打印出的图纸中线型、尺寸数字和箭头的大小、各种标注等都与电子图一致，也与手工尺规绘图的效果相一致。用非1:1比例绘图会给数值换算带来麻烦，可先按1:1比例绘图，再将图形按设定的绘图比例缩放到图形界限内，然后标注尺寸。

3. 设置图层

AutoCAD 中的图层相当于手工尺规绘图用的多张重叠图纸，只是图层是透明的。可把图样中的各种线型、尺寸、技术要求等内容分别置于不同的图层上，并将它们有机地结合起来。图层可以开或关，也可以相互切换，给绘制、阅读、修改和管理图样带来很多方便。

调用方式：①在命令行输入命令"LAYER"或"LA"；②单击"图层"工具栏上的图

层按钮 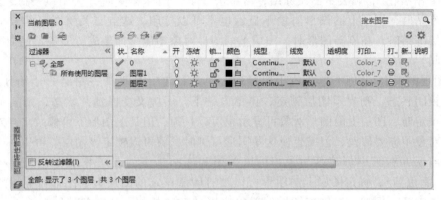 ；③单击菜单"格式"→"图层"。用上述三种方式中任意一种都可弹出如图 1-48 所示"图层特性管理器"窗口，下面主要介绍一些常用的选项设置。

**图 1-48　图层特性管理器**

（1）新建图层　单击"新建"按钮，以名称为"图层 1"的新图层显示在图层列表框中，若"图层 1"已存在，则创建的新图层名称为"图层 2"，依此类推。可一次创建多个图层，只需连续单击"新建"按钮，然后修改图层名称。修改名称的方法：先单击某图层名称，然后按〈F2〉键，或再次单击图层名，此时输入新的图层名并按〈Enter〉键即可。图层名应简单易记，与该图层中的对象的实际意义相关，如"粗实线""点画线""虚线""剖面线""尺寸""文字"等。

（2）在所有视口中都被冻结的新图层　单击按钮，像前述创建新图层那样建立新图层，只是这样的图层在所有现有布局、视口中被冻结（不显示）。

（3）删除图层　对于多余或无用的空图层，可进行删除。删除图层的方法：选中图层，然后单击"删除"按钮。注意：不能删除当前图层、0 图层、定义点图层 DEEPOINTS、依赖外部参照的图层或包含对象的图层。

（4）置为当前　图形操作都是在当前图层（简称为当前层）上进行的，当前图层只有一个。把非当前层变为当前层的方法：选中某图层，然后单击"置为当前"按钮，该图层即被置为当前层。当前层的层名和说明显示在图层列表框的上部。将某图层置为当前图层的更简捷的方法是双击该图层。

（5）图层列表　每个图层都有一些相关的基本特性，包括图层名、图层状态（打开、冻结、锁定）和图层的显示方式（颜色、线型、线宽和打印样式等），通过图层列表可以随时对特性进行设置和修改。

1）状态。显示图层标识或图层过滤器标识，已使用图层的图层标识颜色较深，空图层的标识较浅。

2）名称。显示图层或图层过滤器的名称。

3）图层的打开/关闭。若需要改变图层的可见性，单击位于图层列表中"开"列下某一图层的"灯泡"图标，图标变暗，则表示图层关闭；再单击一下，图标变亮，则表示图层打开。图层打开时，图层上的图形对象可显示而且可以打印，关闭时，图层上的图形对象不显示也不可以打印，但图形仍在图层上，在刷新图形时还会生成它们。

4）图层的冻结/解冻。单击位于图层列表中"冻结"列下某一图层的"太阳"图标，图标变为"暗雪花"，则表示图层冻结；再单击一下，图标又变回"太阳"，则表示图层解冻。图层冻结时，图层上的图形对象不显示也不可以打印，这点与关闭图层的效果是一样的，而图层冻结时，在刷新图形时，图层上的图形对象不能参加生成，节省了复杂图形重新生成的时间。

5）图层的锁定/解锁。单击位于图层列表中"锁定"列下某一图层的"锁开"图标，图标变为锁闭状态，则表示图层锁定；再单击一下，图标又变回锁开状态，则表示图层解锁。图层锁定时，图层上的图形对象可显示也可以打印，但其上图形不可修改。当对于某些图层上的对象不需要修改，但又想使这些图形可见时，就可以锁定该图层。可以将锁定图层设置为当前层并在其中创建新对象，可以关闭和冻结锁定的图层并改变它们的相关特性（如线型、颜色等），锁定图层上的图形可以被打印。锁定的图层上因图形可见，所以其上图形可以被参考，例如，对锁定图层的对象应用"对象捕捉""对象追踪"命令，作为修剪、延伸命令的边界等。

6）图层的颜色。实际绘图中，为了区别不同对象以便看图清晰、方便，常将图层设置成不同的颜色。单击位于图层列表中"颜色"列下某一图层的"方块"颜色图标或颜色名称，将打开"选择颜色"对话框，如图1-49所示，根据需要选择相应的颜色，单击"确定"按钮便完成了图层颜色设置。

**图 1-49** "选择颜色" 对话框

7）图层的线型。图层线型是指在图层中绘图时所用的线型，各图层可设置不同的线型，以便于绘图、读图和管理。单击位于图层列表中"线型"列下某一图层的线型名称，将打开"选择线型"对话框，如图1-50所示。根据需要选择相应的线型，单击"确定"按钮便完成了图层线型设置。列表框中列出的是当前图形已有的线型，若还需另外的线型，则可单击对话框中"加载…"按钮，将弹出"加载或重载线型"对话框，选择所需线型，单击"确定"按钮，所选线型便加载到"选择线型"对话框中。

8）图层的线宽。国家标准《技术制图》中规定，不同的图形对象要用相应的线型、线宽来表达，以提高图形的表达力和可读性。单击位于图层列表中"线宽"列下某一图层的线宽值（未进行设置的一般为"默认"），将打开"线宽"对话框，如图1-51所示，根据需要选择相应的线宽，单击"确定"按钮便完成了图层线宽设置。

**图 1-50** "选择线型" 对话框

**图 1-51** "线宽" 对话框

9）打印。根据需要，可设置某图层是否打印。单击位于图层列表中"打印"列下某一图层的"打印机"图标（默认是打印状态），如"打印机"图标加了一斜杠，表示不打印。

上述各项都设置好后，要单击位于"图层特性管理器"窗口下方的"确定"按钮，才能保存设置。

## 四、绘图 （DRAW）

任何复杂的图形都是由直线、矩形、圆、圆弧等基本图元组成的，在 AutoCAD 中这些图元称为实体。"绘图"工具栏上常用的绘图命令如图 1-52 所示。

说明：①前已述及，调用绘图命令有多种方式，为简要起见，下面仅介绍单击工具栏图标按钮方式；②命令提示后面花括号内的内容为操作说明，符号"✓"为按〈Enter〉键。

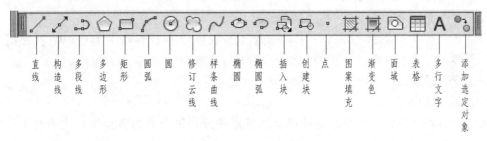

图 1-52  "绘图"工具栏

### 1. 直线 （L）

单击"绘图"工具栏上"直线"按钮，命令行显示：

命令：_line

指定第一点：{移动光标到欲画线段的起点单击,或输入起点的坐标,✓}

指定下一点或 [放弃（U）]：{移动光标到欲画线段的终点单击,或输入终点的坐标,✓}

指定下一点或 [放弃（U）]：{✓,结束画线;若要画第二段线则移动光标到欲画第二线段的终点单击,或输入欲画第二段线的终点坐标,✓}

依此类推可画任意条线段。

实际绘图中，利用极轴追踪功能画线相当方便。光标与起点的动态连线经过极轴追踪设定的方向角时会显示白色虚线，此时只要输入极径数值并按〈Enter〉键线段就可绘出。特别是极角为特殊角度，如 0°（水平方向）、90°（铅垂方向）、45°等，可将极轴追踪的增量角设置成适当的数值。水平、铅垂方向的线也可在正交状态下绘制，但影响了光标向其他方向移动，没有极轴追踪方便。

### 2. 多段线 （PL）

多段线是由同宽度或不同宽度的直线段、圆弧线段及它们的组合形成的单个图形对象，即单个实体。可用"分解"命令分解为多个实体。

绘制如图 1-53 所示带箭头的剖切符号的操作过程如下：

单击"绘图"工具栏上"多段线"按钮，命令行显示：

命令：_pline

图 1-53  多段线

指定起点：{光标在合适位置单击}

当前线宽为 0.0000

指定下一个点或 ［圆弧（A）/半宽（H）/长度（L）/放弃（U）/宽度（W）］：{W↙}

指定起点宽度 <0.0000>：{0.5 ↙}

指定端点宽度 <0.5000>：{↙}

指定下一个点或 ［圆弧（A）/半宽（H）/长度（L）/放弃（U）/宽度（W）］：{5 ↙}

指定下一点或 ［圆弧（A）/闭合（C）/半宽（H）/长度（L）/放弃（U）/宽度（W）］：{W↙}

指定起点宽度 <0.5000>：{0 ↙}

指定端点宽度 <0.0000>：{↙}

指定下一点或 ［圆弧（A）/闭合（C）/半宽（H）/长度（L）/放弃（U）/宽度（W）］：{5 ↙}

指定下一点或 ［圆弧（A）/闭合（C）/半宽（H）/长度（L）/放弃（U）/宽度（W）］：{W↙}

指定起点宽度 <0.0000>：{1 ↙}

指定端点宽度 <1.0000>：{0 ↙}

指定下一点或 ［圆弧（A）/闭合（C）/半宽（H）/长度（L）/放弃（U）/宽度（W）］：{4 ↙}

指定下一点或 ［圆弧（A）/闭合（C）/半宽（H）/长度（L）/放弃（U）/宽度（W）］：{↙}

结束绘图,退出命令。

3. 圆弧（A）

调用画圆弧命令后，根据命令行提示的各选项分别进行画圆弧操作，共计有十一种方式，下面只介绍常用的两种：

（1）三点（该方式为默认方式） 单击"绘图"工具栏上"圆弧"按钮，命令行显示：

命令：_arc

指定圆弧的起点或 ［圆心（C）］：{光标在合适位置单击,此例在点 1 处}

指定圆弧的第二个点或 ［圆心（C）/端点（E）］：{光标在合适位置单击,此例在点 2 处}

指定圆弧的端点：{光标在合适位置单击,此例在点 3 处}

如图 1-54a 所示。

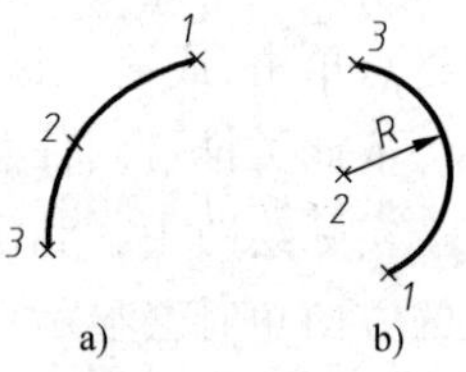

（2）起点、圆心、末点（端点） 单击"绘图"工具栏上"圆弧"按钮（或在画完上个圆弧后按〈Enter〉键），命令行显示：

命令：_arc

指定圆弧的起点或 ［圆心（C）］：{光标在合适位置单击,此例在点 1 处}

图 1-54 圆弧画法

指定圆弧的第二个点或 ［圆心（C）/端点（E）］：{C↙}

指定圆弧的圆心：{光标在合适位置单击,此例在点 2 处}

指定圆弧的端点或 ［角度（A）/弦长（L）］：{光标在合适位置单击,此例在点 3 处}

如图 1-54b 所示。

4. 圆（C）

调用画圆命令后，根据命令行提示的各选项分别进行画圆操作，共计有六种方式，下面只介绍有代表性的三种：

（1）圆心、半径，（此方式为默认方式） 单击"绘图"工具栏上"圆"按钮 ⊙ ，命令行显示：

命令：_circle

指定圆的圆心或［三点（3P）/两点（2P）/相切、相切、半径（T）］：{光标在合适位置单击，此例在点1处}

指定圆的半径或［直径（D）］<7.9151>：{单击圆心后，随光标移动出现一个动态圆，光标在合适位置单击，此例在点2处，如图1-55a所示。此时也可输入半径数值，之后↙}

（2）切点、切点、半径 作一个半径为8的圆，与相交两直线都相切，如图1-55b所示。单击"绘图"工具栏上"圆"按钮 ⊙ （或在画完上个圆后按〈Enter〉键），命令行显示：

命令：_circle

指定圆的圆心或［三点（3P）/两点（2P）/相切、相切、半径（T）］：{T↙}

指定对象与圆的第一个切点：{光标在横线合适位置（光标显示为横线下小圆和三点，这是捕捉切点的浮动标志）单击（此步也可以先在斜线上捕捉切点）}

指定对象与圆的第二个切点：{按上述方法，在剩下的线上捕捉第二个切点}

指定圆的半径：{8↙}

如图1-55b所示。

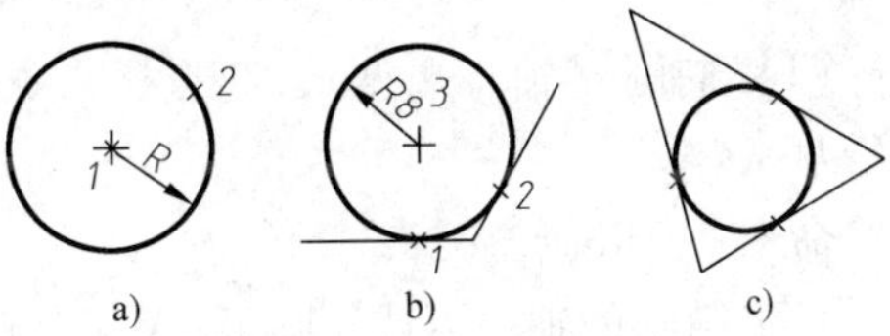

（3）切点、切点、切点 作一三角形内切圆，如图1-55c所示。

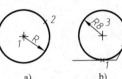

图1-55 圆的画法

单击主菜单"绘图"，光标在打开的下拉菜单上移动到"圆（C）/相切、相切、相切（A）"选项再单击；然后用上述在直线上作圆的切点方法，操作3次，结果如图1-55c所示。

5. 样条曲线

工程实验中经常得到一些离散的数据点，如图1-56a所示。为了便于分析和管理，常需拟合成曲线，如图1-56b所示，这个过程用"样条曲线"命令可以完成。

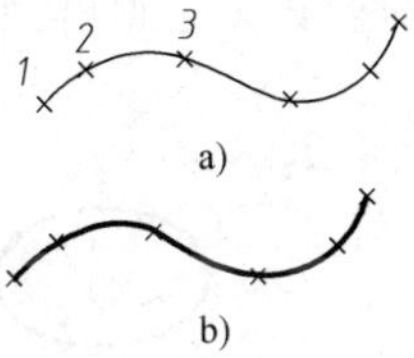

单击"绘图"工具栏上"样条曲线"按钮 ～ ，命令行显示：

命令：_spline

指定第一个点或［对象（O）］：{单击点1}

指定下一点：{单击点2}

指定下一点或［闭合（C）/拟合公差（F）］<起点切向>：{单击点3}

同样的方法重复单击N个点（最后点）后，直接按〈Enter〉键3次（第一次为结束单击点；第二次和第三次为指定起点、末点切向，一般不需指定起点、终点切向，直接按〈Enter〉键即可。），结果如图1-56b所示。

图1-56 样条曲线

6. 椭圆（EL）

调用画椭圆命令后，根据命令行提示的各选项分别进行画椭圆操作，有两种方式：

（1）轴（两端点）、端点 单击"绘图"工具栏上"椭圆"按钮 ⬭ ，命令行显示：

命令：_ellipse

指定椭圆的轴端点或［圆弧(A)/中心点(C)］：{光标在合适位置单击,此例在点 1 处}

指定轴的另一个端点：{光标在合适位置单击,此例在点 2 处}

指定另一条半轴长度或［旋转（R）］：{前面两点是椭圆一根轴的两端点，光标在垂直此轴方向上合适位置单击，此例在点 3 处，如图 1-57a 所示}

（2）中心、端点、端点　单击"绘图"工具栏上"椭圆"按钮 ⬭，（或在画完上个椭圆后按〈Enter〉键），命令行显示：

命令：_ellipse

指定椭圆的轴端点或［圆弧(A)/中心点(C)］：{C↙}

指定椭圆的中心点：{光标在合适位置单击,此例在点 1 处}

指定轴的端点：{光标在合适位置单击,此例在点 2 处}

指定另一条半轴长度或［旋转（R）］：{光标在过点 1（椭圆心）垂直于点 1、2 两点连线（椭圆的半轴）方向上合适位置单击，此例在点 3 处，如图 1-57b 所示}

7. 椭圆弧

调用画椭圆弧命令后，根据命令行提示的各选项分别进行画椭圆弧操作，有两种方式：

（1）椭圆（轴、端点）、起点、末点　单击"绘图"工具栏上"椭圆弧"按钮 ⌒，命令行显示：

命令：_ellipse

指定椭圆的轴端点或［圆弧(A)/中心点(C)］：{A↙}

指定椭圆弧的轴端点或［中心点(C)］：{光标在合适位置单击,此例在点 1 处}

指定轴的另一个端点：{光标在合适位置单击,此例在点 2 处}

指定另一条半轴长度或［旋转（R）］：{前面两点是椭圆一根轴的两端点,光标在垂直此轴方向上合适位置单击,此例在点 3 处,此时浮动椭圆已画出}

指定起始角度或［参数(P)］：{此例在点 4 处↙}

指定终止角度或［参数(P)/包含角度(I)］：{此例在点 5 处↙,点 4、5 与椭圆圆心连线之间的椭圆弧已画出,如图 1-58a 所示}

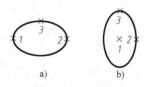

图 1-57　椭圆

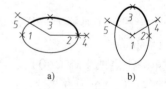

图 1-58　椭圆弧

（2）椭圆（中心、端点）、起点、末点　单击"绘图"工具栏上"椭圆弧"按钮 ⌒（或在画完上个椭圆弧后按〈Enter〉键），命令行显示：

命令：_ellipse

指定椭圆的轴端点或［圆弧(A)/中心点(C)］：{A↙}

指定椭圆弧的轴端点或［中心点(C)］：{C↙}

指定椭圆弧的中心点：{光标在合适位置单击,此例在点 1 处}

指定轴的端点：|光标在合适位置单击,此例在点2处|

指定另一条半轴长度或[旋转(R)]：|光标在过点1(椭圆圆心)垂直于点1、2两点连线(椭圆的半轴)方向上合适位置单击,此例在点3处,此时浮动椭圆已画出|。

指定起始角度或[参数(P)]：|点4处↙|

指定终止角度或[参数(P)/包含角度(I)]：|点5处↙,点4、5与椭圆圆心连线之间的椭圆弧已画出,如图1-58b所示|

注意：①若不用"椭圆弧"按钮 工具,在画椭圆第一步时命令行输入"A"选项,也可画出椭圆弧；②由作图过程可看出,画椭圆弧之前都要先作出椭圆,然后画两点与椭圆圆心连线之间的椭圆弧。若不在图上单击两点,则也可输入椭圆弧的起始角和终止角,由读者按提示自行完成。

8. 点

点在绘图中可以作为辅助点或者作为标记,画点时只需指定点的坐标位置。画点前一般先用"DDPTYPE"命令设定点的显示样式。单击主菜单"格式",光标沿弹出的下拉菜单移动到子菜单"点样式(P)…"处再单击,弹出"点样式"对话框,如图1-59所示,按需设置好后单击"确定"按钮即完成点样式设置。

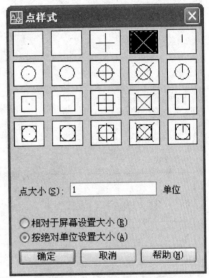

图 1-59 "点样式"对话框

单击"绘图"工具栏上"点"按钮 ,命令行显示：

命令：_point

当前点模式：PDMODE=3  PDSIZE=1.0000

指定点：|光标在需画点的位置逐一单击便画出各点,按〈Enter〉键结束命令|

9. 多行文字(T)和单行文字(DA)

多行文字是用于注写每段作为一个实体的文字,工具栏中有按钮 **A**；单行文字是用于注写每行作为一个实体的文字,没有工具栏按钮,可通过菜单调用："绘图"→"文字"→"单行文字"。在书写上述两种方式的文字之前都要指定文字样式,文字样式应预先设置好。

标注文字时应遵照国家标准《技术制图 字体》(GB/T 14691—1993)和《机械工程CAD制图规则》(GB/T 14665—2012)中对于文字字体的规定。在AutoCAD中设置文字的样式使其符合国家标准规定是通过"文字样式"来实现的。"文字样式"可以设置文字的字体、字号、倾斜角度、排列方向和其他文字特性,在图形文件中可以创建多种文字样式。文字样式的设置步骤如下：

1) 打开"文字样式"对话框。单击主菜单"格式"按钮,光标沿弹出的下拉菜单移动到子菜单"文字样式(S)…"处再单击,弹出"文字样式"对话框,如图1-60所示。

2) 创建新样式。单击"新建"按钮,将打开"新建文字样式"对话框,如图1-61所示。在"样式名"文本框中输入新样式的名称"长仿宋3.5",单击"确定"按钮返回"文字样式"对话框,此时在"样式"列表框中可看到刚才设置的新样式名。

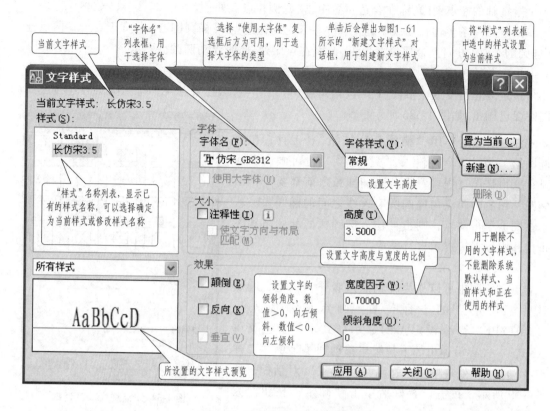

**图 1-60 "文字样式"对话框**

3）设置新样式的选项参数。按图 1-60 所示对话框中的项目逐项设置，最后单击"应用"按钮完成文字样式"长仿宋 3.5"的设置。

**图 1-61 "新建文字样式"对话框**

## 五、修改（MODIFY）

应用修改工具可对已画的图形进行修改、编辑，与绘图工具共同完成绘制图形的任务。"修改"工具栏如图 1-62 所示。

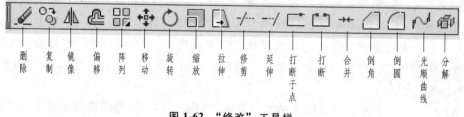

删除　复制　镜像　偏移　阵列　移动　旋转　缩放　拉伸　修剪　延伸　打断于点　打断　合并　倒角　倒圆　光顺曲线　分解

**图 1-62 "修改"工具栏**

### 1. 选择对象的方式

调用修改命令一般要求选择要修改的对象，即构造选择集。当命令行提示"选择对象"时，光标变成方形拾取框，这时应到图形上选择要修改的对象，选中的对象将以虚线显示。

常用的选择方式包括（为避免文字叙述过于烦琐，各种选择方式都是当光标变为方形拾取框后所做的操作）：

（1）单个拾取（点选）　将光标移动到欲选择的对象上单击即可，可连续选择多个对象。

（2）W 窗口（Window）　在屏幕的空白处单击以确定窗口的第一对角点，然后右移，此时屏幕上显示出一动态实线矩形窗口，在合适的位置（如欲选取的对象都在矩形框内）单击即可。在这种方式下，窗口内的实体被选中，与窗口相交的实体不被选中。

（3）C 窗口（Crossing，交叉窗口）　在屏幕的空白处单击以确定窗口的第一对角点，然后左移，此时屏幕上显示出一动态虚线矩形窗口，在合适的位置（如欲选取的对象都在矩形框内或与矩形相交）单击即可。在这种方式下，窗口内的实体和与窗口相交的实体都被选中。

（4）栏选（Fence）　若输入"F"，则为栏选方式，随后的操作类似画直线，但画出的是虚线。可以画出多个连续虚线段，凡与这些虚线段相交的实体都被选中。

（5）多边形窗口 WP（WPOLIGON）和 CP（CPOLIGON）　若输入"WP"或"CP"，则进入多边形窗口选择方式，后面的操作类似于"W 窗口"或"C 窗口"，只是将矩形改为多边形，此时只需逐个指定多边形的顶点即可。

（6）全部（ALL）　若输入"ALL"，则选择除锁定层和冻结层以外的全部可操作对象。

（7）上一个　若输入"L"，则最后一个创建的对象被选中。

（8）前一次　若输入"P"，则将前一次构成的选择集作为当前的选择集。

（9）添加（Add）和移除（Remove）　系统默认情况为"Add"，即添加模式。可以用任何选择对象方式将选定的对象添加到选择集中。若输入"R"，则切换到移除模式，系统将选择的对象从选择集中移除。在添加模式下要移除选择集中的对象，要按住〈Shift〉键，再选择要移除的对象。若再次输入"A"，则又回到添加模式。

2. 删除

单击"修改"工具栏上"删除"按钮，选择欲删除的对象，按〈Enter〉键即可。

3. 复制

如图 1-63 所示。复制前只有最左边一个三角形［图形复制前的原始图形称为原图，选择图形的参照点（如点 A），称为基点］，要将此图形复制到点 B、C 等位置，操作过程：单击"修改"工具栏上"复制"按钮，命令行显示：

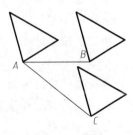

图 1-63　复制

命令：_copy

选择对象：指定对角点(窗口选择)：找到 3 个

选择对象：{↙}

当前设置：　复制模式 ＝ 多个

指定基点或［位移(D)/模式(O)］<位移>：指定第二个点或 <使用第一个点作为位移>：{单击点 A}

指定第二个点或［退出(E)/放弃(U)］<退出>：{单击点 B}

指定第二个点或［退出(E)/放弃(U)］<退出>：{单击点 C}

指定第二个点或［退出（E）/放弃（U）］＜退出＞：{↙}

当前的复制模式为多个，出现第三个"指定第二个点……"时，按〈Enter〉键结束复制；若不按〈Enter〉键继续单击其他位置会继续复制。

4. 镜像

镜像是以指定的镜像线对称地复制或移动对象，图1-64a所示为原图，其中 *AB* 为镜像线。镜像的操作方法如下：单击"修改"工具栏上"镜像"按钮▲，命令行显示：

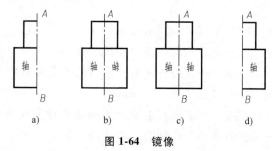

图 1-64　镜像

命令：_mirror

选择对象：指定对角点{窗口选择图1-64a}：找到7个

选择对象：{↙}

指定镜像线的第一点：{单击点 *A*}指定镜像线的第二点：{单击点 *B*}

要删除源对象吗？［是（Y）/否（N）］＜N＞：{↙}

"MIRRTEX"变量的值设为1时结果如图1-64b所示，此时图线和文字一起镜像；"MIRRTEX"变量的值设为0时结果如图1-64c所示；在命令行提示"要删除源对象吗？［是（Y）/否（N）］＜N＞："时，若输入"Y"，则结果如图1-64d所示。

5. 偏移

偏移可以创建与选定对象形状相同且等距的新对象，如同心圆、平行线和平行曲线等。以图1-65所示为例介绍操作方法：单击"修改"工具栏上"偏移"按钮凸，命令行显示：

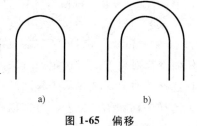

图 1-65　偏移

命令：_offset

当前设置：删除源＝否　图层＝源　OFFSETGAPTYPE＝0

指定偏移距离或［通过（T）/删除（E）/图层（L）］＜5.0000＞：{3↙}

选择要偏移的对象，或［退出（E）/放弃（U）］＜退出＞：{选择原图，如图1-65a所示}

指定要偏移的那一侧上的点，或［退出（E）/多个（M）/放弃（U）］＜退出＞：{在图形外侧空白处单击}

选择要偏移的对象，或［退出（E）/放弃（U）］＜退出＞：{↙}

说明：若在"指定偏移距离"时输入"T"，然后在需要偏移的位置单击，则偏移的新对象将通过该点。

6. 阵列

将指定的对象以矩形或环形方式进行多重复制。

（1）矩形阵列　以图1-66所示图形为例介绍矩形阵列的操作方法：单击"修改"工具栏上"阵列"按钮▦，此时光标变为方形，命令行提示"选择对象："，选择如图1-66所示左下角的阶梯轴（两个矩形）后按〈Enter〉键，屏幕显示三行四列（行、列数可设置）阶梯轴的阵列并带有进行调整的夹点（方形、三角形色块）。命令行提示"选择夹点以编辑阵列或［关联（AS）/基点（B）/计数（COU）/间距（S）/列数（COL）/行数（R）/层数（L）/退出

（X）］<退出>："，可输入需设置或调整的参数（只需输入各参数后面括号内的字母）；也可用夹点在图形上直观地进行调整，此时的光标变为十字形，移动光标至夹点处时光标变色，如移动光标至第三行第四列的夹点处，左击并按住不放，拖动夹点左移减少列数，右移增加列数。用类似的方法可对第一行第一列的夹点进行拖动以得到不同的行数；也可用类似的方法拖动右上角的方形夹点，可同时得到所需的行数和列数。

（2）环形阵列　以图 1-67 所示图形为例介绍环形阵列的操作方法：单击"修改"工具栏上"阵列"按钮 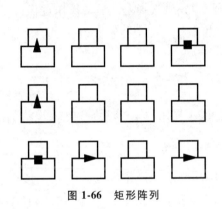，此时光标变为方形，命令行提示"选择对象："，选择如图 1-67 所示最上边的花瓶后按〈Enter〉键，命令行提示"指定阵列的中心点或［基点（B）/旋转轴（A）］"，左击图中的十字中心处，屏幕显示 6 个花瓶（个数可设置）的环形阵列并带有进行调整的夹点。命令行提示"选择夹点以编辑阵列或［关联（AS）/基点（B）/计数（COU）/间距（S）/列数（COL）/行数（R）/层数（L）/退出（X）］<退出>："，输入需设置或调整的参数；也可用夹点在图形上直观地进行调整，此时的光标变为十字形，移动光标至夹点处时光标变色，如移动光标至左上花瓶的夹点处，左击并按住不放，拖动夹点逆时针转动增加填充角，顺时针转动减少填充角；如移动光标至最上花瓶的方形夹点处，左击并按住不放，径向拖动，向外增加层，向内减少层。

图 1-66　矩形阵列

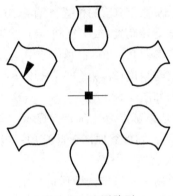

图 1-67　环形阵列

7. 移动

移动（工具栏上"移动"按钮为 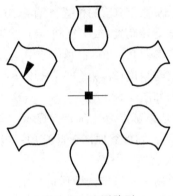）与复制类同，不同之处在于图形移动后原来位置上的图形（原图）要被删除且无"多重复制"选项，仅仅是把原图移动到新位置。

8. 旋转

将选定的图形按指定点（基点）旋转一角度。以图 1-68 所示图形为例介绍操作方法：单击"修改"工具栏上"旋转"按钮 ↺，命令行显示：

命令：_rotate

UCS 当前的正角方向： ANGDIR＝逆时针　ANGBASE＝0

选择对象：指定对角点｛窗口选择图 1-68a｝：找到 3 个

选择对象：｛↙｝

指定基点：｛单击点 $A$｝

指定旋转角度，或［复制（C）/参照（R）］<90>：｛90↙｝

结果如图 1-68b 所示。

说明：

1）在命令行提示"指定旋转角度"时，可以给出转角 $\alpha$ 的数值，如 90°，结果如图 1-68b 所示；也可以给出一点，在"指定基点" $A$ 后，光标与基点有一动态连线，移动光标，动态连线一起移动，其与 $X$ 轴正向（$AB$）的夹角便是旋转角度，在目标角度位置（如直线 $AB_1$）单击即可，如图 1-68c 所示。

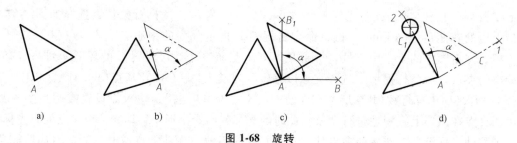

| a) | b) | c) | d) |

图 1-68　旋转

2）若输入参数（R），则可以指定当前参照角的位置，然后指定相对于参照角位置的旋转角。此操作一般常用于将对象与图形中的几何特征（或其他对象）对齐。若欲转动图形的 $AC$ 边到直线 $AC_1$ 的位置（直线 $AC_1$ 的延长线过圆心），则选择基点后的操作过程：

指定旋转角度，或 [复制(C)/参照(R)] <90>: {R ↙}

指定参照角 <30>: {单击点 $A$、点 1（直线 $A1$ 为参照）}

指定新角度或 [点(P)] <120>: {单击点 $A$、点 2}

结果如图 1-68d 所示。

3）选择基点后，命令行提示"指定旋转角度，或 [复制(C)/参照(R)] <90>:"，若输入"C"，则保留原图，此选项一般不用。

9. 缩放

缩放用于对选定的图形进行缩小或放大，如图 1-69 所示。操作过程：单击"修改"工具栏上"缩放"按钮 $\square$，命令行显示：

命令：_scale

选择对象：指定对角点 {窗口选择图 1-69a}；找到 8 个

选择对象：{↙}

指定基点：{单击左下角点(也可以是其他点)}

指定比例因子或 [复制(C)/参照(R)] <1.2000>: {0.7 ↙}

结果如图 1-69b 所示。因比例因子<1，图形缩小了；若比例因子>1，则为放大。如比例因子取 1.4，结果如图 1-69c 所示。

如图 1-69d 所示，如需将原图小矩形的高度与板厚平齐，就要用到"参照"选项。在命令行提示"指定比例因子或 [复制(C)/参照(R)] <1.2000>:"时，输入"R"，进入参照方式，操作过程如下：

指定基点：{单击点 1}

指定比例因子或 [复制(C)/参照(R)] <0.7000>: {R ↙}

指定参照长度 <6.5988>: {单击点 1} 指定第二点：{单击点 2}

指定新的长度或［点（P）］<8.6448>:{单击点 3}

如图 1-69e 所示。

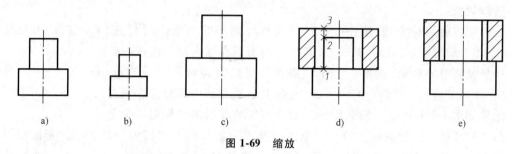

图 1-69　缩放

10. 拉伸

拉伸用于对选定的对象进行单方向的拉伸或缩短，如图 1-70 所示。操作过程：单击"修改"工具栏上"拉伸"按钮，命令行显示：

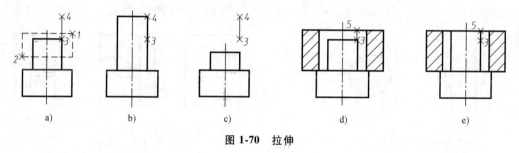

图 1-70　拉伸

命令：_stretch

以交叉窗口或交叉多边形选择要拉伸的对象

选择对象：{单击点 1}

指定对角点：{单击点 2} 找到 3 个

选择对象：{R↙}

指定基点或［位移（D）］<位移>:{单击点 3（基点）}

指定第二个点或 <使用第一个点作为位移>{单击点 4}

结果如图 1-70b 所示，小矩形在高度方向拉伸了。如果将拉伸的两点颠倒一下，即从点 4 到点 3，小矩形在高度方向则缩短，结果如图 1-70c 所示。

如图 1-70d 所示，需将原图小矩形的高度与板厚平齐，就只需将点 3 移到点 5 处，其余操与图 1-70b 所示结果的操作步骤一致，结果如图 1-70e 所示。

对比图 1-69d、e 所示与图 1-70d、e 所示，可以看出：前者整个所选图形在各方向按同一缩放系数都放大，后者只是阶梯轴的小轴段在高度方向拉伸。

11. 修剪

修剪是用指定的边界（一条或多条的直线或曲线）切割其他图线，如图 1-71 所示，操作过程：单击"修改"工具栏上"修剪"按钮，命令行显示：

命令：_trim

当前设置:投影=UCS,边=无

选择剪切边

选择对象或 <全部选择>：{单击点 1（圆周上任意一点）} 找到 1 个

选择对象：{↙}

选择要修剪的对象，或按住〈Shift〉键选择要修剪的对象，或［栏选（F）/窗交（C）/投影（P）/边（E）/删除（R）/放弃（U）］：{单击点 2（直线在圆内部分任意一点）}

选择要修剪的对象，或按住〈Shift〉键选择要修剪的对象，或［栏选（F）/窗交（C）/投影（P）/边（E）/删除（R）/放弃（U）］：{单击点 3（直线在圆内部分任意一点）}

结果如图 1-71b 所示，按〈Enter〉键即可完成并退出"修剪"命令。

另一种修剪方式使用较为简单：单击"修改"工具栏上"修剪"按钮✂，光标变为方形，移至空白处按〈Enter〉键，然后方形光标移至欲删除的线段处（点 2、点 3 处）单击即可，每次单击只删除一段线。

12. 延伸

延伸是将选定的对象延长到指定的边界。如图 1-72a 所示，欲将点 2、点 3 所在的两线延长至点 1 所在的线，操作过程：单击"修改"工具栏上"延伸"按钮✂，命令行显示：

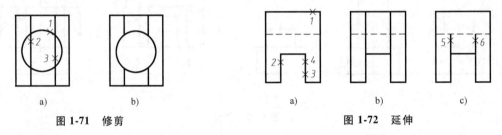

图 1-71　修剪　　　　　　　　　　　　　　　图 1-72　延伸

命令：_extend

当前设置：投影 = UCS，边 = 无

选择边界的边

选择对象或 <全部选择>：{单击点 1（点 1 所在线上任意一点均可）} 找到 1 个

选择对象：{↙}

选择要延伸的对象，或按住〈Shift〉键选择要延伸的对象，或［栏选（F）/窗交（C）/投影（P）/边（E）/放弃（U）］：{单击点 2（点 2 所在线上任意一点均可）}

选择要延伸的对象，或按住〈Shift〉键选择要延伸的对象，或［栏选（F）/窗交（C）/投影（P）/边（E）/放弃（U）］：{单击点 3（点 3 所在线上任意一点均可，不必靠近延伸一端，下文的点 4 则必须靠近延伸一端）}

结果如图 1-72b 所示，按〈Enter〉键即可完成并退出"延伸"命令。

与"修剪"命令操作类似，另一种延伸方式较为简单：单击"修改"工具栏上"延伸"按钮✂，光标变为方形，移至空白处按〈Enter〉键，然后方形光标移至欲延伸的线段靠近延伸一端（点 2、点 4 处）单击即可，每次单击只延伸一段线，即第一次单击后只能延伸至虚线，如图 1-72c 所示，再单击一次（如点 5、点 6）才能延伸至点 1 所在的线，即形成如图 1-72b 所示的效果。

13. 打断于点

打断于点是将选定的线段在指定位置断开，即分为两段。如图 1-73a 所示，若直线段

*AB* 在矩形内的部分需画成虚线，则需把直线段 *AB* 在其与矩形边线相交处断开，操作过程：单击"修改"工具栏上"打断于点"按钮▱，命令行显示：

命令：_break

选择对象：⎰单击点 1（点 1 所在线上任意一点均可）⎱

指定第二个打断点 或 ［第一点（F）］：⎰单击点 2（点 2 所在线上任意一点均可）⎱

至此直线段 *AB* 在其与矩形右边线相交处（点 2 处）已断开，同法将 *B*2 段在点 4 处断开。将点 2 至点 4 之间的直线段改成虚线，如图 1-73b 所示。

改线型可单击标准工具栏上的"特性匹配"按钮，命令行提示"选择源对象"时单击图中其他地方已有的线型，命令行提示"选择目标对象"时再单击要改的线段即可。

14. 打断

打断是删除选定对象的一部分。如图 1-74a 所示，现欲在直线段 *AB* 中间删除一段。操作过程：

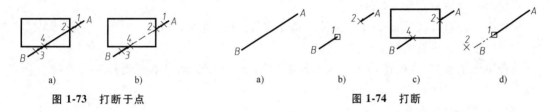

a)　　　　b)　　　　　　　　　　a)　　　　b)　　　　c)　　　　d)

图 1-73　打断于点　　　　　　　图 1-74　打断

1）单击"修改"工具栏上"打断"按钮▱，命令行显示：

命令：_break

选择对象：⎰方形光标只能选择实体对象，不能精确捕捉定点，在欲断开的大约位置（如点 1）单击，此操作既是选择被打断直线段 *AB*，又是指定打断的第一点⎱

指定第二个打断点 或 ［第一点（F）］：⎰单击点 2，因单击点 1 后，光标变为十字形，能精确捕捉定点，所以点 2 位置可精确捕捉⎱

结果如图 1-74b 所示。

2）上述情况若要精确确定第一点的位置，则在命令行出现"指定第二个打断点 或 ［第一点（F）］："时输入选项"F"，此时光标变为十字形，精确捕捉打断的第一点（点 2）和第二点（点 4），如图 1-74c 所示。

对比图 1-74c 与图 1-73b 所示图形，作图效果一样，如将点 2、点 4 连成虚线，两图是一样的。由此可见，"打断于点"可由"打断"功能实现，单独将"打断于点"做成一个命令是为了绘图更简捷（实际上是"打断于点"命令少操作一次选项"F"）。

3）如果要删除线段的一端，只需在欲删除的一端以外指定第二个打断点，如图 1-74d 所示。

15. 合并

合并命令把两实体对象合并成一个。将图 1-74b 所示的两线段合并成一个的操作过程：单击"修改"工具栏上"合并"按钮 ⊷，命令行显示：

命令：_join

选择源对象：⎰方形光标单击 *A*2 段上任意一点⎱

选择要合并到源的直线：⎰方形光标单击 *B*2 段上任意一点⎱找到 1 个

选择要合并到源的直线：{↙}

结果如图 1-74a 所示。

16. 倒角

倒角用于将两条非平行直线或多段线以一条斜线相连。如图 1-75a 所示，现欲对横、竖两线倒角，倒角尺寸如图 1-75b 所示，操作过程：单击"修改"工具栏上倒角按钮 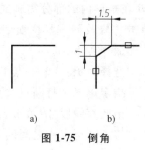，命令行显示：

图 1-75　倒角

命令：_chamfer

（"修剪"模式）当前倒角距离 1 = 0.0000, 距离 2 = 0.0000

选择第一条直线或 [放弃(U)/多段线(P)/距离(D)/角度(A)/修剪(T)/方式(E)/多个(M)]：{D↙}

指定第一个倒角距离 <0.0000>：{1↙}

指定第二个倒角距离 <1.0000>：{1.5↙}

选择第一条直线或 [放弃(U)/多段线(P)/距离(D)/角度(A)/修剪(T)/方式(E)/多个(M)]：{方形光标单击竖线上任意一点}

选择第二条直线，或按住〈Shift〉键选择要应用角点的直线：{方形光标单击横线上任意一点}

结果如图 1-75b 所示。

17. 倒圆

倒圆用于将两条非平行直线或多段线以一条圆弧相连。如图 1-76a 所示，现欲对横、竖两线用一条半径为 2 的圆弧相连（倒圆），操作过程（倒角、倒圆在操作上很相似）：单击"修改"工具栏上"倒圆"按钮 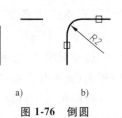，命令行显示：

图 1-76　倒圆

命令：_fillet

当前设置：模式 = 修剪，半径 = 0.0000

选择第一个对象或 [放弃(U)/多段线(P)/半径(R)/修剪(T)/多个(M)]：{R↙}

指定圆角半径 <0.0000>：{2↙}

选择第一个对象或 [放弃(U)/多段线(P)/半径(R)/修剪(T)/多个(M)]：{方形光标单击竖线上任意一点}

选择第二个对象，或按住〈Shift〉键选择要应用角点的对象：{方形光标单击横线上任意一点}

结果如图 1-76b 所示。

18. 分解

对于矩形、多边形及后文要介绍的块、各类尺寸标注等都是由多个对象组成的组合对象，若要对其中的单个对象进行编辑，就要用"分解"命令将它们拆分成单个图形对象。图 1-77a 所示为用"矩形"命令画出的矩形，是单个实体对象。光标在待命状态下，单击矩形上任意一点（如点 A），整个矩形被选中，四角有方形色块。现欲对其下边横线进行编辑，故需先分解矩形，操作过程：单击"修改"工具栏上"分解"按钮 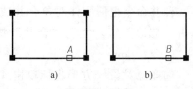，命令行显示：

图 1-77　分解

命令：_explode

选择对象：⎨方形光标单击矩形上任一点（如点 *A*）⎬找到 1 个

选择对象：⎨↙⎬

至此，矩形已被分解为四条直线段，如图 1-77b 所示。光标在待命状态下，单击下边线上任意一点（如点 *B*），只是下边线被选中，下边线两端和中间点有方形色块。

## 六、定制样板图

为了提高绘图效率，用户可以自己定制样板图，这样在以后建立新文件时，利用样板图的基本设置，可节省许多重复设置和绘图操作。下面以设置 A3 图纸为例介绍其操作步骤。

1. 设置绘图单位、界限

绘图单位、界限的设置按前述"三、设置绘图环境"中第 1、2 两小节的内容进行。若设置 A4 图纸也可这样操作：利用"矩形"命令在绘图区任意位置画一矩形（长 210，高297），这个矩形显示位置不一定合适。然后在命令行输入"Z"，按〈Enter〉键，再输入"E"，按〈Enter〉键，让矩形满屏显示。

2. 图层设置

按前述"三、设置绘图环境"中第 3 小节的内容进行，每层各项目设置见表 1-11。

表 1-11　图层设置

| 图层名称 | 颜色 | 线型 | 线宽 |
|---|---|---|---|
| 01（粗实线） | 白色 | continuous | 0.5 |
| 02（细实线） | 绿色 | continuous | 0.25 |
| 03（细虚线） | 黄色 | ACAD_ISO02W100 | 0.25 |
| 04（细点画线） | 红色 | ACAD_ISO04W100 | 0.25 |
| 05（细双点画线） | 白色 | ACAD_ISO05W100 | 0.25 |
| 06（尺寸标注） | 白色 | continuous | 0.25 |
| 07（剖面符号） | 白色 | continuous | 0.25 |

3. 字体样式设置

字体样式按前述"四、绘图（DRAW）"中第 9 小节的内容进行，设置两种具有代表性的样式：

1）样式名为"iso3.5"，用于书写数字和英文字体。其中，"字体名"为"iso.shx"，"字高"为 3.5，"宽度因子"为 0.7，"倾斜角度"为 15°。

2）样式名为"长仿宋 3.5"，用于书写汉字长仿宋体。其中，"字体名"为"仿宋_GB2312"，"字高"为 3.5，"宽度因子"为 0.7，"倾斜角度"为 0°。

4. 图纸设置

（1）绘制图幅、图框　上述设置的绘图界限矩形，也可作为 A4 图纸的图幅线，具体操作：将其置于细实线层并将粗实线层置为当前图层。应用"偏移"命令将其向内偏移 5，复制一矩形，用"分解"命令将两矩形分解，再应用"偏移"命令将内矩形左边线向内偏移20 复制，应用"修剪"命令将内矩形上、下边线多余部分修剪掉，完成图幅、图框绘制。

（2）绘制标题栏　在任意地方画长 180 水平线，应用"偏移"命令，偏移距离为 8，将此线向上复制 8 条，分别将首、末两线及起、终两点相连，其余线条按图 1-5a 所示尺寸和要求绘制。绘制完标题栏的框格后填写上汉字。将整个标题栏以最右下角点为基点，以图框右下角点为目标点进行移动操作。

至此完成一张 A4 图纸绘制。

5. 其他设置

其他有关设置将在后续章节介绍。

应用主菜单"文件"→"另存为..."命令进行保存，注意要以 .dwt 格式保存，此文件会自动保存在"template"文件夹，方便调用。

## 七、平面图形绘制

应用 AutoCAD 绘制平面图形不能采用手工尺规绘图的思路和习惯，可以充分应用系统提供的各种绘图、编辑工具及对象跟踪、捕捉工具精确快捷地绘制。下面通过绘制如图 1-78d 所示平面图形介绍绘图的方法和步骤。

1. 创建、命名新文件

单击主菜单"文件"→"新建"，或单击快速工具栏上"新建"按钮✎，在打开的"选择样板"对话框的"名称"列表框中双击"A4 样板图"，上一小节创建的样板图被打开，系统自动以"drawing*X*.dwg"作为文件名，"*X*"以新建文件顺序编排，若是新建的第一个文件就是"drawing1.dwg"。此时单击主菜单"文件"→"另存为..."，在打开的"图形另存为"对话框下端"文件名"文本框中输入合适的文件名，如"绘制平面图形 .dwg"，在其下面的"文件类型"列表框中，单击右侧箭头，在打开的列表中选择较低版本的图形文件类型，如"AutoCAD 2000/LT2004 图形（*.dwg）"，这样在较低版本软件中也能打开该文件。众所周知，软件系统都是向下兼容的。

2. 绘制图形

1）单击状态栏上的"极轴""对象捕捉""极轴捕捉""线宽"等按钮，使这些功能处于打开状态。

2）选择"01 粗实线层"为当前图层（选择细实线层或 0 层也可以，可转换）。

3）绘制定位（圆心、已知的定位直线等）线。如图 1-78a 所示，调用"直线"命令，在合适位置单击为点 1；十字光标下移，光标与点 1 的连线在铅垂方向有动态的虚线时，输入"69"，得到点 2；用类似的方法画后面的线段，十字光标左移，输入"78"得到点 3；十字光标上移，输入"30"得到点 4；十字光标右移，输入"30"得到点 5。

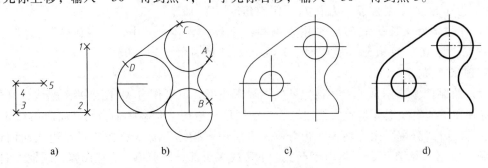

a)　　　　b)　　　　c)　　　　d)

**图 1-78　平面图形绘制步骤**

4）绘制 3 个圆。在点 1 处画半径为 26 的圆，在点 2 处画半径为 26 的圆，在点 5 处画半径为 30 的圆，如图 1-78b 所示。

5）绘制圆的公切线（直线和连接圆弧）。将"对象捕捉"工具栏调到绘图区，调用"圆角"命令，当命令行提示"输入第一个对象"时，方形光标先单击"对象捕捉"工具栏上的"捕捉到切点"按钮 ⌒，然后将方形光标移至欲连接的两圆中的一个，方形光标接触到圆周时光标附近显示横线下切一圆的动态图标，这就是捕捉到切点标志。光标移至切点附近（如点 A 处）单击，命令行提示"输入第二个对象"时，采用同样的方法在点 B 处单击，连接弧自动完成。调用"直线"命令，同样用上述捕捉切点的方法在 C、D 两点处单击，画出公切线。

6）编辑整理、修剪多余线段。画两个直径 26 的圆，补画中心线，如图 1-78c 所示。

7）整理图层、线型。开始绘图时或绘图过程中没有严格控制图层，此时可集中处理。在未执行命令时，光标全选实体，打开层列表，双击"01 粗实线"层，全部实体对象进入此层。在命令行待命状态时，光标选取欲放入中心线层的实体，打开层列表，双击"04 细点画线"层，所选实体对象进入中心线层。

8）修改、完善，保存文件，检查无误后进行保存。因前面已命名了文件名，现在不必执行"另存为"命令，只要单击主菜单"文件"→"保存"，或单击快速工具栏上"保存"按钮 🖫 即可保存。

# 第二章

# 几何元素的投影

## 第一节　点的投影

在绪论中我们介绍了物体的三视图，如图 0-21 所示。那时我们的思路和方法是画哪个投影面上的视图就把从垂直于该投影面的投影方向看过去的轮廓线画出来。现在把图 0-21 所示图形重新画出进一步讨论。物体都是由面组成的，如图 2-1 所示物体由许多平面组成；而面是由许多线组成或无数点和线组成的，如平面 P 由直线段 AB、BC、CD、DA 围成；线又是由无数点组成的，如直线 AB 由端点 A、B 及它们之间的无数点组成。为了进一步地揭示物体的投影规律，有必要对组成物体的几何元素点、线、面进行深入的讨论，其中点是最基本的元素。下面就从点开始依次进行介绍。

### 一、点在两投影面体系中的投影

#### 1. 两投影面体系的建立

如图 2-2 所示，以互相垂直的两平面作为投影面，便组成了两投影面体系（简称为两面体系）。正立放置的投影面称为正立投影面，简称为正面，用 V 表示；水平放置的投影面称为水平投影面，简称为水平面，用 H 表示。V 面与 H 面的交线 OX 称为投影轴。V 面和 H 面将空间分成 Ⅰ、Ⅱ、Ⅲ、Ⅳ四个分角，本书所讨论的问题限于第一分角。

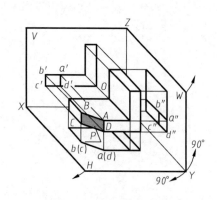

图 2-1　表面的组成元素

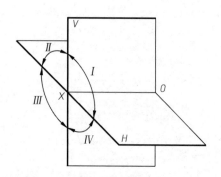

图 2-2　两投影面体系

2. 点的两面投影图

在研究几何元素的投影时，规定空间点用大写拉丁字母或罗马数字（如 $A$，$B$，$C$，…或Ⅰ，Ⅱ，Ⅲ，…）表示；点在 $H$ 面上的投影用相应的小写字母或阿拉伯数字（如 $a$，$b$，$c$，…或1，2，3，…）表示，点在 $V$ 面上的投影用相应的小写字母或阿拉伯数字再加一撇（如 $a'$，$b'$，$c'$，…或1'，2'，3'，…）表示。

把图 2-1 所示的点 $A$ 单独抽出来并置于两面体系中，如图 2-3a 所示。过点 $A$ 且垂直 $V$ 面的投射线与 $V$ 面的交点（垂足）$a'$ 称为点 $A$ 的正面投影，过点 $A$ 且垂直于 $H$ 面的投射线与 $H$ 面的交点 $a$ 称为点 $A$ 的水平投影。

移去空间点 $A$，为了使两个投影画在同一平面（图纸）上，规定 $V$ 面不动，将 $H$ 面向下旋转90°，使它与 $V$ 面共平面，如图 2-3b 的示。去掉投影面范围边框（因为面无穷大）后，点的两面正投影图如图 2-3c 所示。

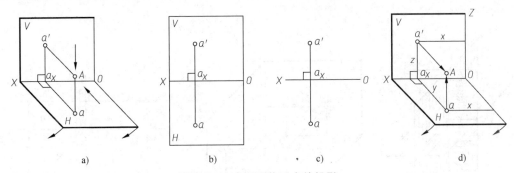

图 2-3　点在两面体系中的投影

若将展开后的两投影面体系返回原来互相垂直的情况，如图 2-3d 所示，由投影 $a$、$a'$ 作与投射线反方向的直线，它们的交点即为空间点 $A$。很显然由于两投影面是互相垂直的，可以在其上建立笛卡儿坐标系，由投影 $a'$ 即可确定点 $A$ 的 $x_A$、$z_A$ 两个坐标，由投影 $a$ 可确定点 $A$ 的 $x_A$、$y_A$ 两个坐标。因此已知空间点 $A$ 的两个投影即确定了空间点 $A$ 的 $X$、$Y$、$Z$ 的三个坐标，所以说空间点的两个投影能唯一确定其空间位置。

3. 两面投影图的性质

如图 2-3a 所示投射线 $Aa$、$Aa'$ 构成了一个平面 $Aaa_xa'$，它同时垂直于 $V$ 面和 $H$ 面，则必垂直于 $V$ 面和 $H$ 面交线 $OX$，而平面 $Aaa_xa'$ 上的直线 $aa_x$ 和 $a'a_x$ 必垂直于直线 $OX$，当 $a$ 跟着 $H$ 面旋转而与 $V$ 面重合时，$aa_x \perp OX$ 的关系不变，因此投影图上的 $a$、$ax$、$a'$ 三点共线且 $aa' \perp OX$。由图 2-3a 还可以看出 $Aaa_xa'$ 是一个矩形，所以 $a'a_x = Aa$，$aa_x = Aa'$，即点 $A$ 的 $V$ 面投影 $a'$ 到投影轴 $OX$ 的距离等于点 $A$ 到 $H$ 面的距离；点 $A$ 的水平投影 $a$ 到投影轴 $OX$ 的距离等于点 $A$ 与 $V$ 面的距离。综上可以概括出点在两投影面体系中的投影特性：

1）点的投影连线（连接点的两投影的连线）垂直于投影轴，即 $a'a \perp OX$。

2）点的投影到投影轴的距离等于该点到相邻投影面的距离，即 $a'a_x = Aa$，$aa_x = Aa'$。

## 二、点在三投影面体系中的投影

三投影面体系由在两投影面体系的基础上增加一个同时与 $V$ 面、$H$ 面互相垂直的侧立投影面所组成，如图 2-4a 所示。侧立投影面简称为侧面，用 $W$ 表示。空间点的侧面投影用相应的小写字母或阿拉伯数字加两撇表示，如 $a''$、$b''$、$c''$、…或 $1''$、$2''$、$3''$、…。

　　三个互相垂直的投影面 $H$、$V$、$W$ 把空间分成八个部分，也称为八个分角，如图 2-4a 所示，依次称为第一分角、第二分角……我国国家标准《技术制图》规定，机械图样是按正投影法将物体放在第一分角内进行投影所画的图形。与讨论点在两面体系中的投影类似，将图 2-1 中所示的点 $A$ 单独置于三投影面体系中，如图 2-4b 所示。

　　过点 $A$ 且垂直于 $W$ 面的投射线与 $W$ 面的交点 $a''$ 称为点 $A$ 的侧面投影。移去点 $A$，规定 $V$ 面不动，将 $H$ 面向下旋转 $90°$，$W$ 面向右旋转 $90°$，使 $H$ 面、$W$ 面与 $V$ 面共平面，展开并去除边框后，点 $A$ 的三面投影图如图 2-4c 所示。

　　由于 $OY$ 轴成为 $H$ 面的 $OY_H$ 和 $W$ 面上的 $OY_W$，所以点 $a_Y$ 成为 $H$ 面上的 $a_{Y_H}$ 和 $W$ 面上的 $a_{Y_W}$。与两投影面体系一样，有下述关系：$a'a \perp OX$；$a'a'' \perp OZ$；$aa_{Y_H} \perp OY_H$；$a''a_{Y_W} \perp OY_W$；$Oa_{Y_H} = Oa_{Y_W}$。实际作图时可由点 $O$ 引出 $45°$ 辅助线，$aa_{Y_H}$、$a''a_{Y_W}$ 的延长线与该辅助线交于一点。

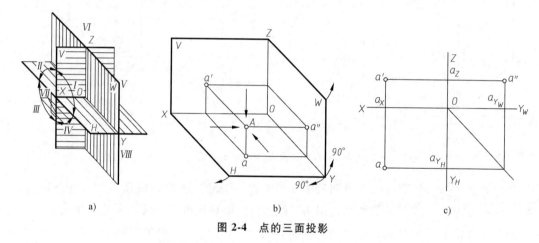

图 2-4　点的三面投影

　　由图 2-4b 可知投射线 $Aa$、$Aa'$、$Aa''$ 中的每两条线可以确定一个平面，共构成三个平面，并分别与相应投影面垂直，它们与 $H$、$V$、$W$ 三个投影面构成一个长方体。若将三投影面体系看作直角坐标系，则投影轴、投影面、投影原点分别是坐标轴、坐标面和坐标原点。由于长方体的每组平行边（四条边）分别相等，便得出点 $A$ 的投影与该点的坐标有下述关系（注意每组平行的四边与等式中各项的对应关系）：

　　$Oa_X$（点 $A$ 的 $X$ 坐标 $a_X$）$= a'a_Z = aa_{Y_H} = Aa''$（点 $A$ 到 $W$ 面的距离）。

　　$Oa_Y$（点 $A$ 的 $Y$ 坐标 $a_{Y_W}$ 和 $a_{Y_H}$）$= aa_X = a''a_Z = Aa'$（点 $A$ 到 $V$ 面的距离）。

　　$Oa_Z$（点 $A$ 的 $Z$ 坐标 $a_Z$）$= a'a_X = a''a_{Y_W} = Aa$（点 $A$ 到 $H$ 面的距离）。

　　综上可以概括出点在三投影面体系中的投影性质（形式上与点在两投影面体系中的投影性质基本一致）：

　　1）点的投影连线垂直于相应的投影轴。

　　2）点的投影到投影轴的距离等于该点到相应投影面的距离，等于点的相应坐标。

　　显然上述投影性质与投影规律"主、俯视图长对正，俯、左视图宽相等，主、左视图高平齐"是一致的。已知点的任意两个投影，便确定了点的三个坐标，根据点的两个投影可以求第三个投影。

[**例 2-1**]　已知点 $A$ 的水平投影 $a$ 和正面投影 $a'$，如图 2-5a 所示，求其侧面投影。

**解**　如图 2-5b 所示。

1）根据性质 1），过已知投影 $a'$ 作 $OZ$ 轴垂线，与 $OZ$ 交于 $a_Z$，并延长。

2）根据性质 2），过投影 $a$ 作 $OY_H$ 轴的垂线，交 $OY_H$ 轴于点 $a_{Y_H}$，延长并与过点 $O$ 的 45°线相交，过交点作 $OZ$ 轴平行线与 $OY_W$ 轴交于点 $a_{Y_W}$，再延长与直线 $a'a_Z$ 的延长线相交于点 $a''$，投影 $a''$ 即为所求。

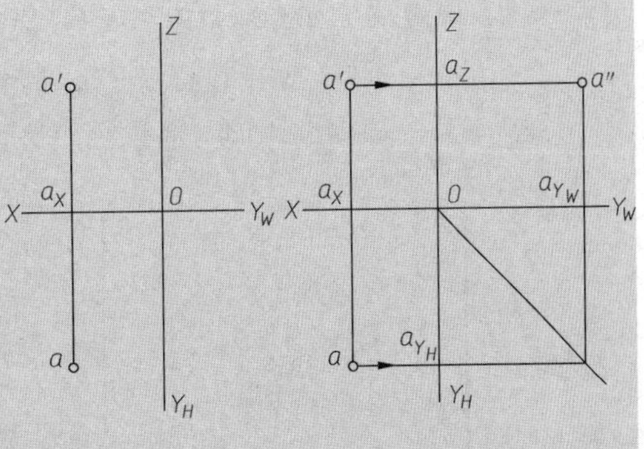

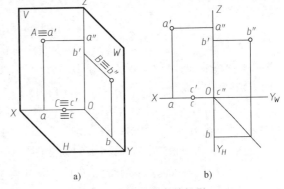

图 2-5　由点的两投影补第三投影

图 2-6a 所示为 $V$ 面上的点 $A$、$W$ 面上的点 $B$ 和 $OX$ 轴上的点 $C$，它们的三面投影如图 2-6b 所示。由图可以看出投影面和投影轴上的点的坐标和投影具下述特征：

1）投影面上的点有一个坐标为零（点所在面垂直方向上的坐标为零）；其在该投影面上的投影与该空间点重合，在相邻投影面上的投影分别在相应的投影轴（可认为是组成该投影面的两根投影轴）上。

2）投影轴上的点有两个坐标为零；其在包含这根投影轴的两个投影面上的投影都与该空间点重合，另一投影面上的投影则与原点 $O$ 重合。

图 2-6　特殊位置点的投影

空间点与原点 $O$ 重合时其三个投影也都重合在原点 $O$，三个坐标都为零。

综上，点在第一分角共有八种位置（三个投影面、三根投影轴、空间任意位置及原点处）。

[**例 2-2**]　已知点 $A$（15，16，24）、点 $B$（20，8，0），试作出其三投影。

**解**　点 $A$：

1）作三面体系如图 2-7 所示，并在 $OX$ 轴上自原点 $O$ 向左量取 $x_A = 15$ 得点 $a_X$。

2）过点 $a_X$ 作垂直于 $OX$ 轴的直线（投影连线）并在其上自点 $a_X$ 向下量取 $y_A = 16$ 得点 $A$ 的水平投影 $a$，自点 $a_X$ 向上量取 $z_A = 24$ 得点 $A$ 的正面投影 $a'$。

3）根据 $a$、$a'$ 两投影作出投影 $a''$。

点 $B$（点 $B$ 的 $Z$ 坐标为零，所以在 $H$ 面上）：

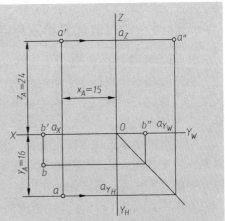

图 2-7　由点的坐标作三面投影

1）自原点 $O$ 沿 $OX$ 轴量取 20 得投影 $b'$，沿 $OY_W$ 轴量取 8 得投影 $b''$。

2）由投影 $b'$、$b''$ 作出投影 $b$，如图 2-7 所示。

[例 2-3]　根据点 $A$ 的三面投影作出轴测图，如图 2-8b 所示。

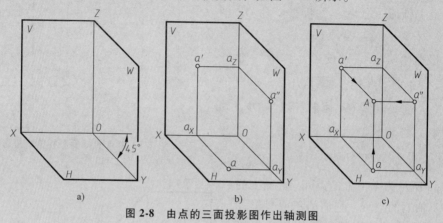

图 2-8　由点的三面投影图作出轴测图

**解**　作轴测图的原理与方法将在第六章介绍，这里仅对点的轴测图画法作简要说明。其作图方法与步骤如下：

1）作出三投影面体系如图 2-8a 所示，将 $OX$ 轴置于水平方向，$OZ$ 轴置于铅垂方向，$OY$ 轴与水平方向成 45°角，并分别以两轴线为邻边，把 $V$ 面画成矩形，$H$ 面和 $W$ 面画成平行四边形，即得三投影面体系的轴测图。

2）在三投影面体系的轴测图中，作出点 $A$ 的三面投影，如图 2-8b 所示。自原点 $O$ 沿三轴分别量取 $a_X$、$a_Y$、$a_Z$ 三点，并由该三点分别作各对应轴的平行线，其相应两直线的交点 $a$、$a'$、$a''$ 即为点 $A$ 在三个投影面上的投影。

3）定出点 $A$ 空间位置，如图 2-8c 所示，过投影 $a$、$a'$、$a''$ 分别作三条对应轴的平行线，所作三条直线的交点即为空间点 $A$。

熟练后 $V$、$H$、$W$ 面的非轴线边可去掉（即去掉边框）。

### 三、两点的相对位置和重影点

1. 两点的相对位置

两点的相对位置是指空间两个点在左右、前后、上下这六个方位的相对关系，这些相对关系是以选定其中的一个点作为基准进行比较而言的，而且可由投影图中反映的 $x$、$y$、$z$ 坐标大小来进行判别。

空间点的坐标可以用绝对坐标（即空间点相对于坐标原点 $O$ 的坐标，上文讲的都是绝对坐标）来确定，也可以用相对于另一点的坐标来确定，两点的相对坐标即为两点的坐标差。如图 2-9 所示，已知空间两点 $A\ (x_A,\ y_A,\ z_A)$ 和 $B\ (x_B,\ y_B,\ z_B)$，点 $A$ 相对于点 $B$ 在 $X$ 方向的相对坐标为 $(x_A-x_B)$，$Y$ 方向的相对坐标为 $(y_A-y_B)$，$Z$ 方向的相对坐标为 $(z_A-z_B)$。由于 $x_A<x_B$，则 $(x_A-x_B)$ 为负值，即点 $A$ 在右，点 $B$ 在左；由于 $y_A>y_B$，则 $(y_A-y_B)$ 为正值，即点 $A$ 在前，点 $B$ 在后；由于 $z_A>z_B$，则 $(z_A-z_B)$ 为正值，即点 $A$ 在上，点 $B$ 在下。

如图 2-9b 所示，约定 $X$ 向坐标差用 $\Delta X$ 表示，有

$$x_A = a'a_Z = aa_{Y_H} \tag{2-1}$$

$$x_B = b'b_Z = bb_{Y_H} \tag{2-2}$$

式（2-1）减式（2-2），移项得

$$|a'a_Z - b'b_Z| = |aa_{Y_H} - bb_{Y_H}| = |x_A - x_B| = |\Delta X|$$

同样可得

$$|a'a_X - b'b_X| = |a''a_{Y_W} - b''b_{Y_W}| = |z_A - z_B| = |\Delta Z|$$

$$|aa_X - bb_X| = |a''a_Z - b''b_Z| = |y_A - y_B| = |\Delta Y|$$

若点 $A$、$B$ 是某物体上两点，再联系到物体置于三投影面体系中，沿 $X$、$Y$、$Z$ 三轴向度量分别为长、宽、高，便不难得出：

正面投影与水平投影等于 $|\Delta X|$，即"长对正"；正面投影与侧面投影等于 $|\Delta Z|$，即"高平齐"；水平投影与侧面投影等于 $|\Delta Y|$，即"宽相等"。

由此可见，若已知一点及该点与另一点的坐标差，即使没有投影轴，也可作出另一点的投影。不画投影轴的图，称为无轴投影图，如图 2-9c 所示。

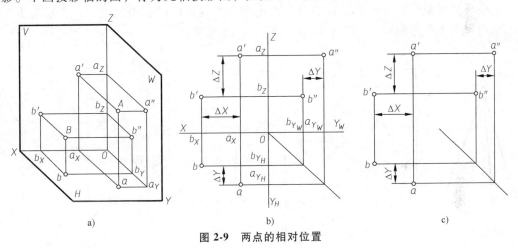

图 2-9 两点的相对位置

## 2. 重影点

当两点的某两个坐标相同时，该两点处于同一投射线上，因而对某一投影面有重合的投影，则这两点称为对该投影面的重影点。如图 2-10a 所示，点 $B$ 在点 $A$ 之下（$z_A > z_B$），且点 $B$ 在点 $A$ 的正下方，这两点的水平投影重合，点 $A$ 和点 $B$ 称为对水平面的重影点。由于 $z_A > z_B$，所以从上方垂直 $H$ 面向下看时，点 $A$ 可见，点 $B$ 不可见。通常把不可见点的投影打上括号，如（$b$），如图 2-10 所示。

空间点对其他两投影面为重

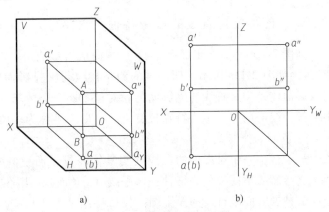

图 2-10 重影点及可见性

影点可以用类似方法叙述。

对重影点的可见性可概括为：在投影图上，如果两个点的投影重合，则两点对于重合投影所在的投影面的距离（即对该投影面的坐标值）较大的那个点的投影是可见的，而另一个点的投影为不可见。在后面章节讲到的其他几何元素可见性时常用这一特点进行判别。

# 第二节　直线的投影

## 一、直线的投影图

如图 2-11a 所示的四棱锥由棱 AB、AC 等线段组成，而直线段可由其两端点的位置确定（一般情况下直线由其上任意两点确定）。直线的投影一般情况下仍为直线，所以作直线的投影时，只需作出直线上两点的投影，如图 2-11c 所示，然后将两点的同面投影（几何元素在同一投影面上的投影称为同面投影）连接起来，便得到直线的三面投影，如图 2-11d 所示。

直线与其在某投影面上的投影之间的夹角称为直线与该投影面的夹角，直线与 H、V、W 三面投影的夹角分别用 α、β、γ 表示，如图 2-11b 所示。

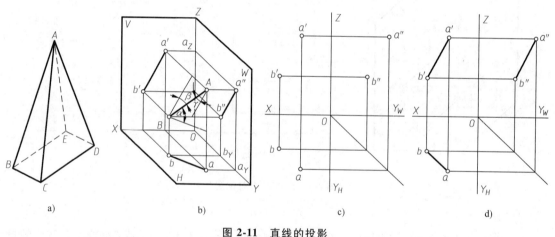

图 2-11　直线的投影

## 二、各种位置直线的投影特性

如图 2-1 所示，P 平面上平行于 H 面的直线有 AB、CD 等，垂直于 H 面的直线有 AD、BC 等。如图 2-11a 所示，四棱锥的四条棱线与三投影面既不平行也不垂直。概括说来，在三投影面体系中，直线与投影面的相对位置有三类情况：投影面平行线、投影面垂直线、投影面倾斜线。前两类称为特殊位置直线，后一类称为一般位置直线。

1. 投影面平行线

只平行于一个投影面的直线（与其他两投影面呈倾斜位置）称为投影面平行线。按平行于投影面的不同又分为三种：水平线（//H 面）、正平线（//V 面）、侧平线（//W 面）。

三种投影面平行线的投影图、投影特性见表 2-1。为了讨论方便，本书约定二维表格的横方向称为行，竖方向称为列。下面对表 2-1 中第二列正平线的情况进行详细分析：

从物体上的直线 $AB$ 在三视图和在三投影面体系中的相对位置，进一步考察其三面投影的投影特性。$AB//V$ 面（对 $H$ 面和 $W$ 面倾斜），其正面投影 $a'b'$ 反映实长，即 $a'b'=AB$。

由于 $A$、$B$ 两点到 $V$ 面距离相等（$y_A=y_B$），所以，直线的水平投影 $ab//OX$ 轴，侧面投影 $a''b''//OZ$ 轴，且长度都小于实长 $AB$（$ab=AB\cos\alpha$，$a''b''=AB\cos\gamma$）。因为 $AB//a'b'$，所以 $a'b'$ 与 $OY$ 轴和 $OZ$ 轴的夹角，就分别反映直线 $AB$ 与 $H$、$W$ 面的夹角 $\alpha$、$\gamma$ 的真实大小。用类似的分析方法可得出水平线、侧平线的投影特性。

表 2-1　投影面平行线的投影特性

| 名称 | 水平线<br>（//$H$ 面、倾斜于 $V$ 面、$W$ 面） | 正平线<br>（//$V$ 面、倾斜于 $H$ 面、$W$ 面） | 侧平线<br>（//$W$ 面、倾斜于 $V$ 面、$H$ 面） |
|---|---|---|---|
| 直观图 | 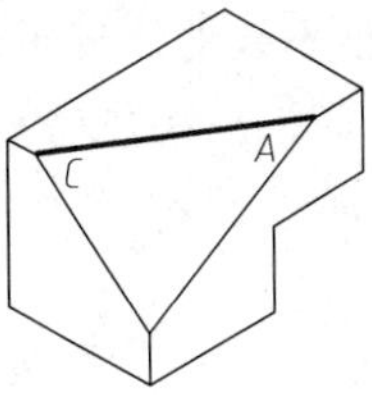 | 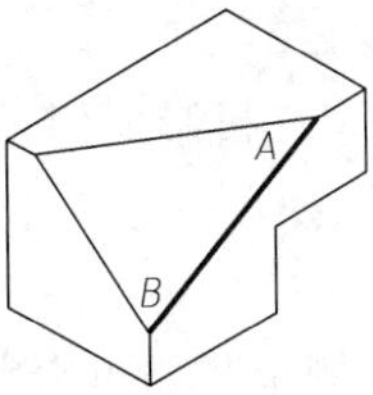 | 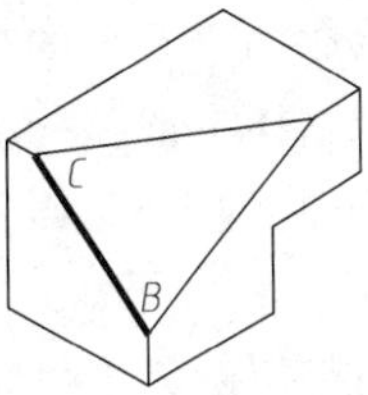 |
| 三视图 | 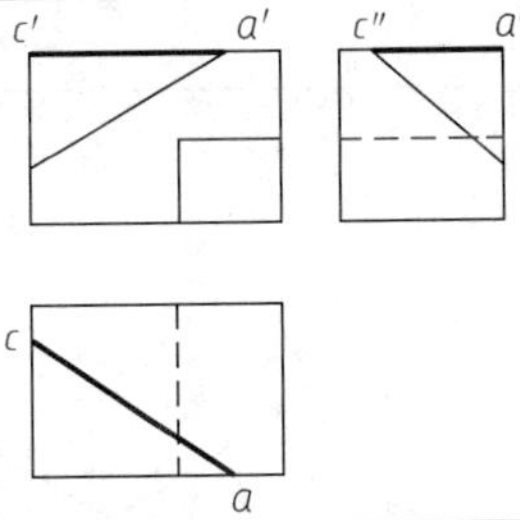 | 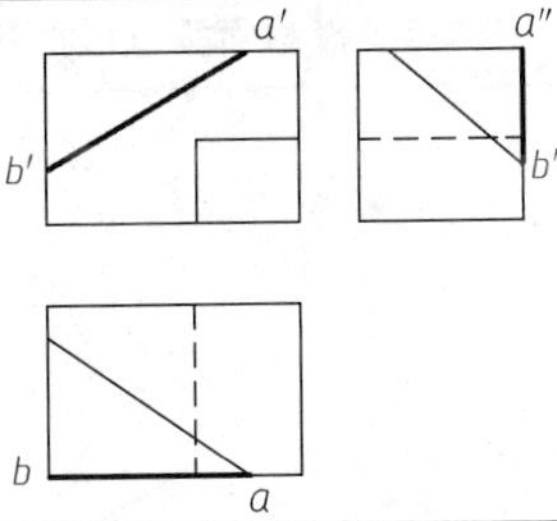 | 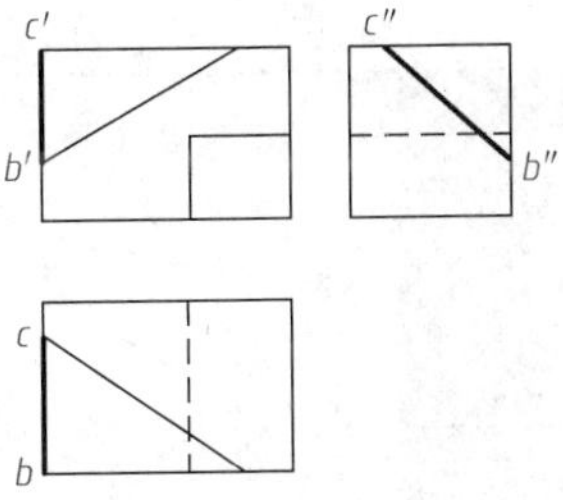 |
| 在三投影面体系中的位置 | 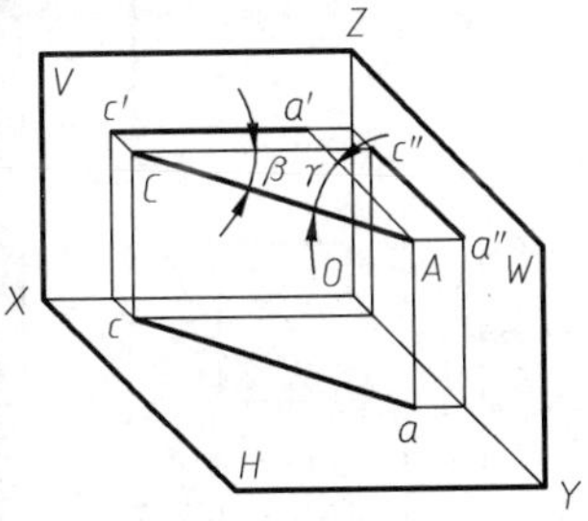 | 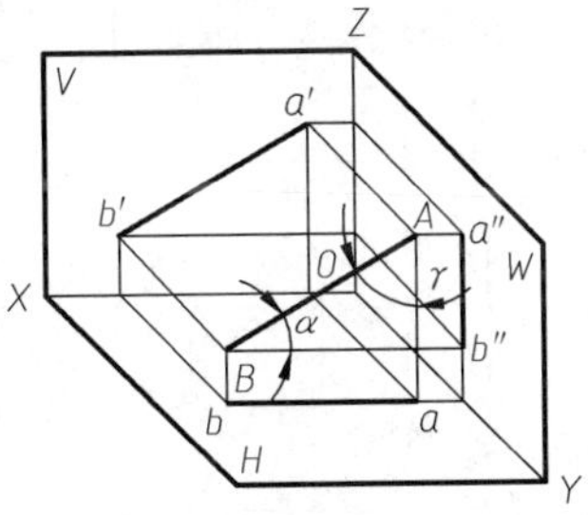 | 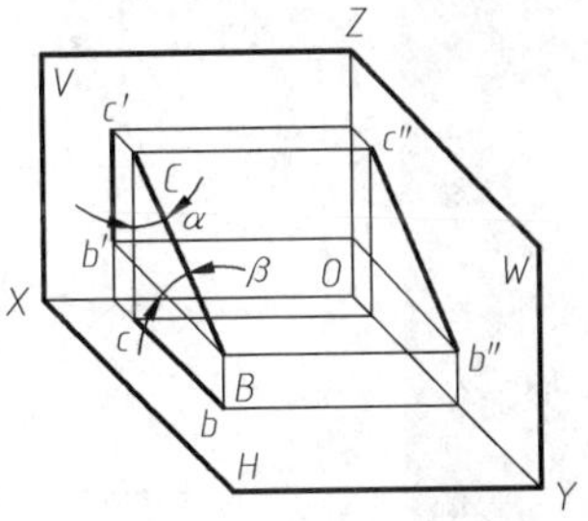 |
| 投影图 | 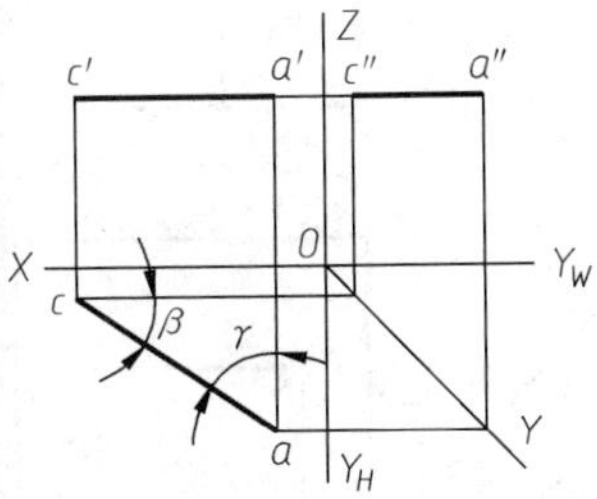 | 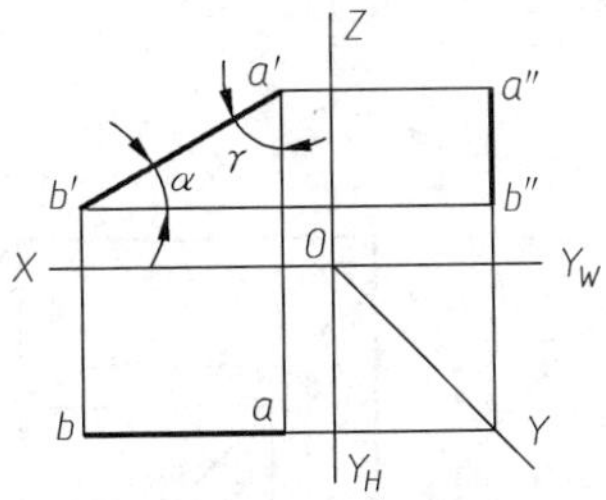 | 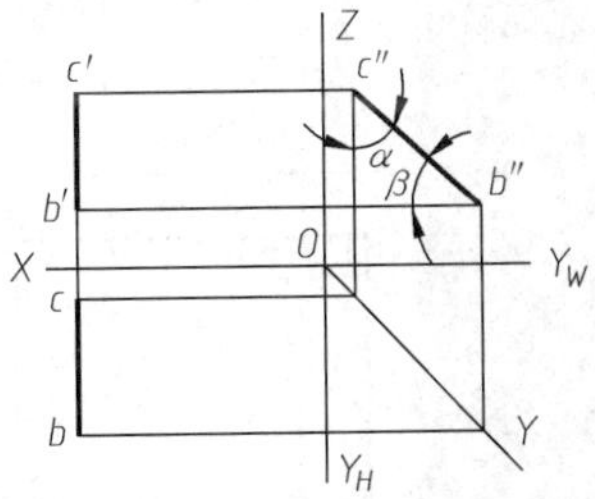 |
| 投影特性 | 1）$ac=AC$，反映 $\beta$、$\gamma$ 角的真实大小<br>2）$a'c'//OX$，$a''c''//OY_W$ | 1）$a'b'=AB$，反映 $\alpha$、$\gamma$ 角的真实大小<br>2）$ab//OX$，$a''b''//OZ$ | 1）$b''c''=BC$，反映 $\alpha$、$\beta$ 角的真实大小<br>2）$bc//OY_H$，$b'c'//OZ$ |

由表 2-1 中三种投影面平行线的情况可以综合概括出投影面平行线的投影特性：

1）直线在与其平行的投影面上的投影反映实长（故常称为实长投影），其与投影轴的夹角分别反映空间直线与其他两个投影面（三投影面中除去与直线平行的投影面，剩下的投影面即为其他两个投影面）的真实倾角。

2）其他两面投影分别平行于相应的投影轴（可看成组成与直线平行的投影面的两根轴），且都小于实长。

2. 投影面垂直线

垂直于一个投影面（当然同时也平行于另两个投影面）的直线称为投影面垂直线。按垂直的投影面的不同又分为三种：铅垂线（⊥H 面）、正垂线（⊥V 面）、侧垂线（⊥W 面）。

投影面垂直线的投影特性见表 2-2。现对表 2-2 中第二列正垂线的情况进行详细分析：

从物体上的直线 AC 在三视图和三投影面体系中的相对位置，进一步考察其三面投影的投影特性。AC⊥V 面，正面投影重影为一点，水平投影和侧面投影都反映实长，$ac⊥OX$，$a''c''⊥OZ$ 轴。

用类似的方法可得出铅垂线、侧垂线的投影特性。

表 2-2　投影面垂直线的投影特性

| 名称 | 铅垂线<br>（⊥H 面） | 正垂线<br>（⊥V 面） | 侧垂线<br>（⊥W 面） |
|---|---|---|---|
| 直观图 | 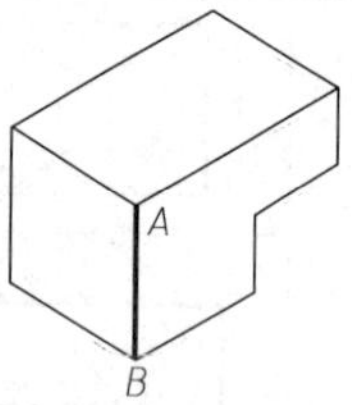 | 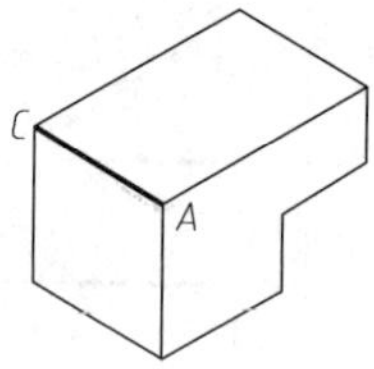 | 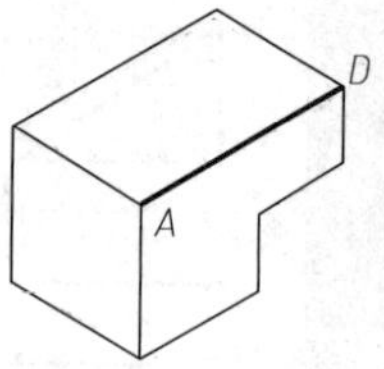 |
| 三视图 | 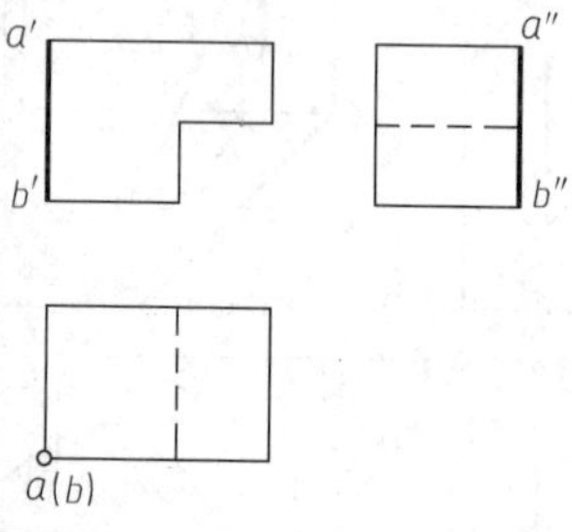 | 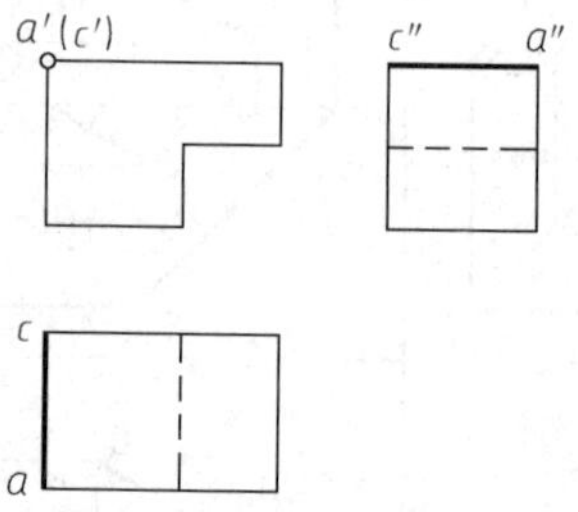 | 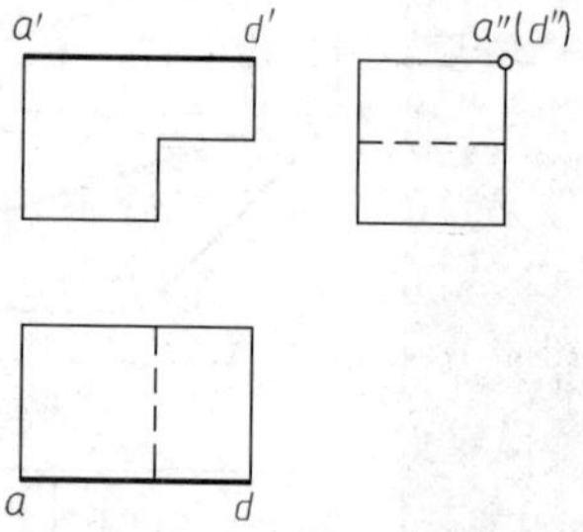 |
| 在三投影面体系中的位置 | 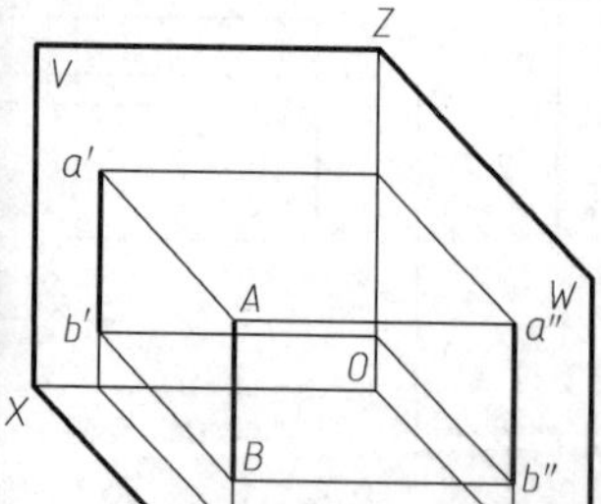 | 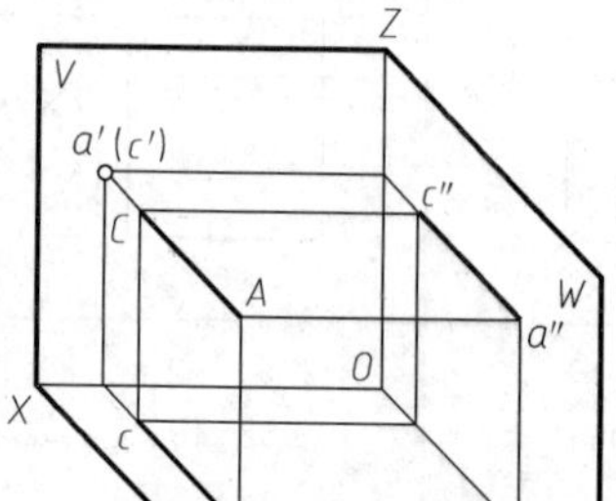 | 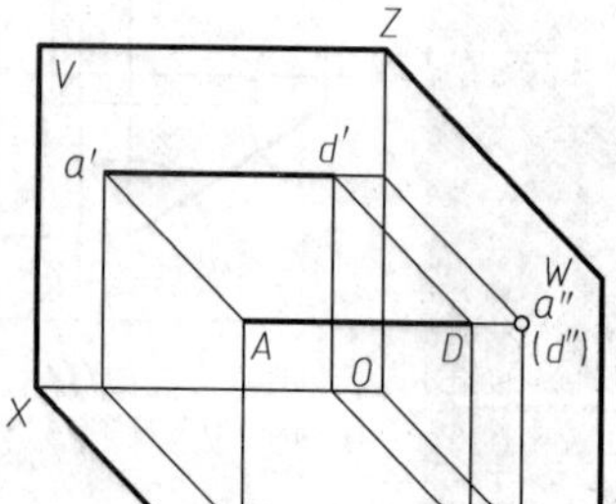 |

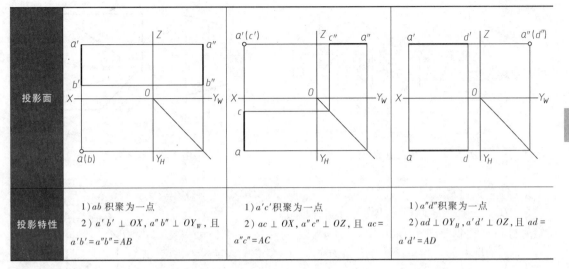

| 投影面 | | |
|---|---|---|
| 1）ab 积聚为一点<br>2）a′b′⊥OX，a″b″⊥OYW，且<br>　a′b′=a″b″=AB | 1）a′c′积聚为一点<br>2）ac⊥OX，a″c″⊥OZ，且 ac=<br>　a″c″=AC | 1）a″d″积聚为一点<br>2）ad⊥OYH，a′d′⊥OZ，且 ad=<br>　a′d′=AD |

由表 2-2 中三种投影面垂直线的情况可以综合概括出投影面垂直线的投影特性：

1）直线在与其垂直的投影面上的投影积聚成一点。

2）直线的其他两面投影（投影面垂直线的三面投影中，除去与直线垂直的投影面上的投影，剩下的投影为其他两面投影）均反映实长，且与相应的投影轴（组成与直线垂直的投影面的两根投影轴）垂直。

注意：投影面平行线和投影面垂直线的三面投影都有与投影轴平行和垂直的情况，其实是有严格区分的。前者其他两面投影平行于两根轴，垂直于一根轴；后者其他两面投影垂直于两根轴，平行于一根轴。

3. 一般位置直线

直线既不平行于任何投影面，也不垂直于任何投影面，即与三个投影面都倾斜，这样的直线称为投影面倾斜线，通常也称为一般位置直线。

图 2-11b 所示为一般位置直线的投影。因两个端点 $A$、$B$ 到各投影面的距离都不相等，所以 $ab$、$a′b′$、$a″b″$ 三个投影都与投影轴倾斜，这时 $ab=AB\cos\alpha$，$a′b′=AB\cos\beta$，$a″b″=AB\cos\gamma$，因 $\alpha$、$\beta$、$\gamma$ 都不为零，所以三个投影的长度都小于线段实长。此时它们与各轴夹角也不反映直线 $AB$ 与各投影面的真实倾角。由上所述可概括一般位置直线的投影特性：

1）直线的三个投影都倾斜于投影轴，且都小于线段实长。

2）直线的各投影与投影轴的夹角均不反映空间直线与各投影面的倾角。

### 三、直线上点的投影特性

1）点在直线上，点的投影在直线的同面投影上（从属性），如图 2-12 所示。

反之，如果点的投影在直线的各组同面投影上，则在空间中，点一定在直线上；如果点的投影不都在线的同面投影上，则在空间中，点一定不在直线上，如图 2-13 所示。

2）直线段上的点分线段之比等于其投影之比（定比性），如图 2-12 所示。

$$AC：CB=ac：cb=a′c′：c′b′=a″c″：c″b″$$

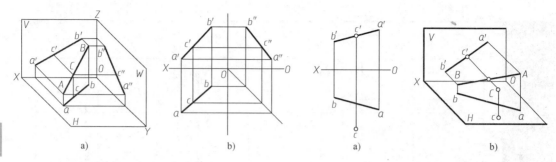

a)      b)      a)      b)

图 2-12 直线上点的投影      图 2-13 点不在直线上

[例 2-4] 如图 2-14 所示，已知线段 $AB$ 的投影图，试将 $AB$ 分成 $AC:CB=2:3$ 两段，求分点 $C$ 的投影。

**解　分析** 根据平面几何中分线段为定比的作图方法，可先在 $AB$ 的某一投影上，作出题设的定比线段，求得分点的同面投影，然后再根据直线上点线从属的投影特性和点的投影规律，求得点 $C$。

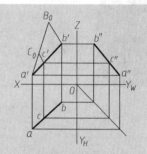

图 2-14 分线段成定比

**作图**

1）自投影 $a'$（也可选投影 $a$、$b$、$b'$）任作一直线 $a'B_0$，自投影 $a'$ 在直线 $a'B_0$ 上取 2 个单位长度（单位长度任选）确定点 $C_0$。再取 3 个单位长度确定点 $B_0$，使得点 $C_0$ 分线段 $a'B_0$ 的长度比为 $2:3$。

2）连接 $B_0b'$，作 $C_0c'//B_0b'$，交直线 $a'b'$ 于投影 $c'$，则 $a'c':c'b'=2:3$。

3）自投影 $c'$ 作投影连线垂直于 $OX$ 轴交直线 $ab$ 于投影 $c$，同理作出投影 $c''$，则投影 $c'$、$c$、$c''$ 即为所求。

[例 2-5] 已知线段 $AB$ 及点 $K$ 的投影，试判别点 $K$ 是否在直线 $AB$ 上，如图 2-15a 所示。

**解　方法一：**

**分析** 若点在直线上，则应同时满足从属性和定比性，现在点 $K$ 的两个投影在直线 $AB$ 的同面投影上，故只需考察定比性，用上例的作图原理可以得解。

**作图**

1）如图 2-15b 所示，自投影 $a$（也可选投影 $a'$、$b$、$b'$）任作一直线 $aB_0$，使 $aB_0=a'b'$，自投影 $a$ 沿直线 $aB_0$ 取 $aK_0=a'k'$，确定点 $K_0$，则点 $K_0$ 分线段 $aB_0$ 的长度比为 $aK_0:K_0B_0=a'k':k'b'$。

2）连接 $B_0b$，作 $K_0k_0//B_0b$，交直线 $ab$ 于点 $k_0$，则 $ak_0:k_0b=a'k':k'b'$，由于点 $k_0$ 与投影 $k$ 不重合，即 $ak:kb\neq a'k':k'b'$，所以点 $K$ 不在直线 $AB$ 上。

其实，凭观察也能看出 $a'k':k'b'<1$，而 $ak:kb>1$，显然 $a'k':k'b'\neq ak:bk$，可直接判断点 $K$ 不在直线 $AB$ 上。

**方法二：**

**分析** 直线 $AB$ 为侧平线，如图 2-15c 所示，可作出直线 $a''b''$。如果投影 $k''$ 在直线 $a''b''$ 上，则点 $K$ 在直线 $AB$ 上；否则不在。

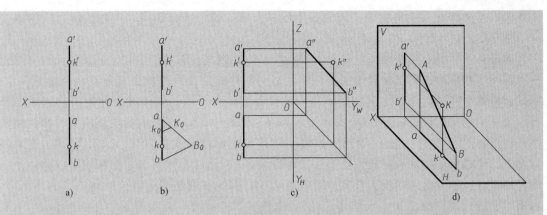

图 2-15 点在直线上的条件

**作图**

1）先加上坐标轴，由图可知 $Z$ 轴的左右位置不影响侧面投影图形。

2）由点、线投影规律作出投影 $a''b''$ 和投影 $k''$，由图看出投影 $k''$ 不在直线 $a''b''$ 上，故点 $K$ 不在直线 $AB$ 上。

直线 $AB$ 和点 $K$ 的立体图如图 2-15d 所示。

## 四、两直线的相对位置

空间两直线的相对位置可以分为三种：两直线平行、两直线相交和两直线交叉。前两种又称为同面直线；后一种又称为异面直线，它们的投影特性分述如下。

**1. 两直线平行**

空间互相平行的两直线，必具有下列两投影特性：

（1）平行性　若空间两直线互相平行，则它们的同面投影必定互相平行。反之，若空间两直线的各组同面投影（两个以上几何元素在一个投影面上的投影称为一组，如在三投影面体系中就有三组同面投影）互相平行，则此两直线在空间也一定平行。

如图 2-16a 所示，空间直线 $AB$、$CD$ 是互相平行的两直线，将它们向 $H$ 面投射时，直线 $AB$ 与其在 $H$ 面上的投影 $ab$ 及两端点的投射线 $Aa$、$Bb$ 构成了一个平面 $AabB$，同理直线 $CD$ 与其 $H$ 面投影及投射线也构成一个平面 $CcdD$，由于投射线 $Aa/\!/Bb/\!/Cc/\!/Dd$ 且平面 $AabB$ 与平面 $CcdD$ 互相平行，因此它们与 $H$ 面的交线必然互相平行，即 $ab/\!/cd$。同理，直线 $AB$、$CD$ 的正面投影和侧面投影必然互相平行，如

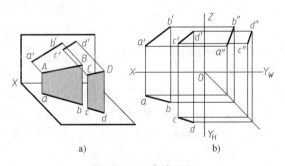

图 2-16 两直线平行

图 2-16b 所示。反之，若空间两直线 $AB$、$CD$ 的各组同面投影互相平行，如 $ab/\!/cd$，$a'b'/\!/c'd'$，$a''b''/\!/c''d''$，则空间直线 $AB$、$CD$ 必定互相平行。

（2）定比性　空间两平行直线段之比，投影后不变。如图 2-16a 所示，因 $AB/\!/CD$，故

直线 $AB$、$CD$ 与 $H$ 面夹角相等，记为 $\alpha$，而 $ab = AB\cos\alpha$，$cd = CD\cos\alpha$，因此 $AB : CD = ab : cd$。同理有 $AB : CD = a'b' : c'd' = a''b'' : c''d''$。

如果从投影图上判断两一般位置直线是否平行，则只要看它们的任意两组同面投影是否平行即可。如果两直线都是投影面平行线，则判断它们是否平行就要慎重鉴别。如图 2-17a 所示，两侧平线 $AB$、$CD$ 的正面投影和水平投影都相互平行，但不能由此判断它们互相平行，应再用定比性检查一下，$ab : cd(<1) \neq a'b' : c'd'(>1)$，即它们的两组同面投影，虽具有平行性，但不具有定比性，故 $AB \not\parallel CD$。若作出侧面投影就会发现，$a''b'' \not\parallel c''d''$。在某些情况下，同时用平行性和定比性还不够，因为与 $H$、$V$ 面成相同角度的侧平线可以有两个方向，同样得到相同比例的投影长度。所以还要看它们的方向是否一致，方向一致的才平行，否则不平行（两直线交叉，后面将介绍）。如图 2-17b 所示，两直线是否平行？由图 2-17c 所示可知它们不平行。若把投影 $c$、$d$ 位置调整一下，如图 2-17d 所示，两直线就平行了。

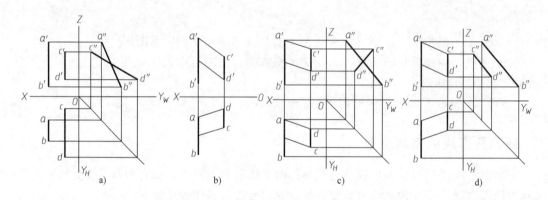

**图 2-17　两直线平行的条件与判别**

2. 两直线相交

空间相交的两直线有且仅有一个交点，且是两直线的共有点。两相交直线的投影特性：空间两直线相交，它们的同面投影也相交，同面投影的交点就是两直线交点的投影，而且满足直线上的点的投影特性（从属性和定比性）。

如图 2-18 所示，直线 $AB$、$CD$ 为相交两直线，其交点 $K$ 为两直线共有点，因此根据直线上的点的投影特性，则点 $K$ 的水平投影 $k$ 应在直线 $ab$ 上，同时又应在直线 $cd$ 上，所以投影 $ab$、$cd$ 的交点 $k$ 就是空间点 $K$ 的水平投影。

同理投影 $a'b'$、$c'd'$ 的交点 $k'$ 及投影 $a''b''$、$c''d''$ 的交点 $k''$ 分别是交点 $K$ 的正面投影和侧面投影。在投影图上判断两直线是否相交时，一般情况下，两直线只要有任意两组同面投影相交，且交点符合点的投影规律，则两直线在空间一定相交。如果两直线中有一条为某一投影面的平行线，则判断方法有两种：

1）补全三面投影，如图 2-19a 所示。

2）同时利用从属性和定比性，如图 2-19b 所示。

3. 两直线交叉

在空间既不平行又不相交的两直线称为交叉两直线，图 2-20 所示为交叉两直线 $AB$、$CD$ 的投影。交叉直线可能有一组或两组同面投影互相平行（图 2-17b、c 所示为两直线交叉的情况），但决不会出现三组同面投影都平行的情况。另外交叉两直线的投影中还可能出现一

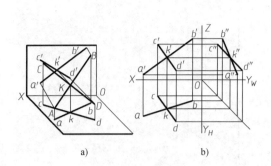

图 2-18 两直线相交

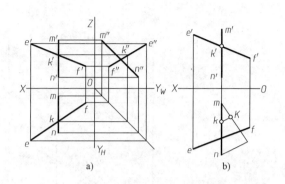

图 2-19 有投影面平行线时两直线相对位置的判断

组、两组或三组同面投影都相交的情况，但它们的交点不符合点的投影规律。图 2-20a 所示为两直线交叉的情况。

进一步考察图 2-20 就会发现，两直线各同面投影交点实际上是重影点的投影，如投影 $a'b'$、$c'd'$ 的交点是对 $V$ 面的重影点 Ⅰ、Ⅱ 的正面投影，点 Ⅰ 在直线 $CD$ 上，点 Ⅱ 在直线 $AB$ 上，从它们的水平投影 1、2 可看出 $y_Ⅰ > y_Ⅱ$，因而投影 $1'$ 可见，投影 ($2'$) 不可见。同理，投影 $ab$、$cd$ 的交点则是

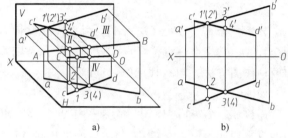

图 2-20 两直线交叉

对 $H$ 面的重影点 Ⅲ、Ⅳ 的水平投影，点 Ⅲ 在直线 $AB$ 上，点 Ⅳ 在直线 $CD$ 上，由于 $z_Ⅲ > z_Ⅳ$，故投影 3 可见，投影 (4) 不可见。交叉两直线上对某投影面的重影点投影的可见性判断，对于后面要介绍的面、体的可见性判断很有用处。在投影图上判断空间两直线是否交叉，在一般情况下只需任两组同面投影便可判断。若其中有一直线为某投影面平行线，则两直线的相对位置只有相交和交叉两种可能，此时可按图 2-19 所示的判断方法进行鉴别，投影交点是两直线交点的投影则为相交，否则为交叉。若有两直线同时是某投影面平行线，则两直线在空间的相对位置只有平行和交叉两种可能，此时可按图 2-17c、d 所示的方法处理，若两组同面投影满足平行性、定比性并且是同方向，则两直线平行，否则为交叉。

[例 2-6] 判断图 2-21a 所示两直线 $AB$、$CD$ 相对位置（不补画侧面投影）。

**解 方法一：**

**分析** 此两直线的相对位置只有平行与交叉两种可能，通过作图检查两组同面投影是否符合定比性。若符合再看是否方向一致，若一致则平行，否则为交叉。

**作图** 如图 2-21b 所示。

1) 连接 $ac$、$a'c'$。

2) 过投影 $d$、$d'$ 分别作 $de /\!/ ac$、$d'e' /\!/ a'c'$ 得交点 $e$、$e'$。因为 $ae : eb = a'e' : e'b'$ 或 $ab : cd = a'b' : c'd'$，且由图可知直线 $AB$、$CD$ 同方向，所以直线 $AB$、$CD$ 互相平行。

**方法二：** 如图 2-21c 所示。

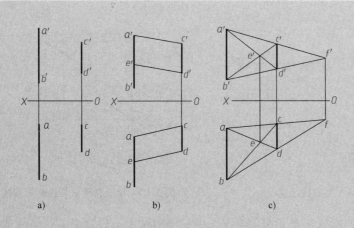

图 2-21　判别两直线相对位置

**分析**　若直线 $AB$、$CD$ 为平行两直线（共面直线），则在 $AB$、$CD$ 组成的平面内作两相交直线，其交点一定符合点的投影规律，否则为交叉直线。如图 2-21c 所示点 $E$、$F$ 说明两种作图方法，判断时只作一点即可。

**作图**

连接 $ad$、$bc$ 和 $a'd'$、$b'c'$ 分别交于点 $e$、$e'$，投影 $e$、$e'$ 的连线垂直于投影轴说明符合点的投影规律，所以直线 $AB /\!/ CD$。也可连接 $AC$、$BD$ 的投影并延长交于点 $f$、$f'$，同样可判断直线 $AB /\!/ CD$。

**[例 2-7]**　如图 2-22a 所示，已知三直线 $AB$、$CD$、$EF$ 的两面投影，求作一直线 $MN$ 与直线 $AB$、$CD$ 相交且与直线 $EF$ 平行。

**解　分析**　过直线 $AB$ 上的点作直线平行于直线 $EF$ 可以作无数条，但同时要与直线 $CD$ 相交就只能有一条了，设所求直线与直线 $AB$、$CD$ 分别交于点 $M$、$N$，由于直线 $AB$ 的正面投影积聚成一点，利用积聚性可直接确定所求直线上一点 $M$ 的正面投影 $(m')$。过投影 $(m')$ 作直线 $e'f'$ 的平行线便为所求直线的正面投影。再利用其他条件作出其水平投影。

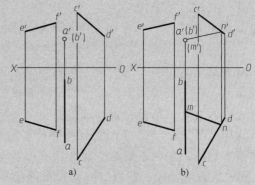

图 2-22　作一直线与两直线
相交并与另一直线平行

**作图**　如图 2-22b 所示。

1）投影 $(m')$ 重影于直线 $a'(b')$ 上，过投影 $(m')$ 作 $(m')n' /\!/ e'f'$，交直线 $c'd'$ 于点 $n'$。

2）由投影 $n'$ 作出投影 $n$，过投影 $n$ 作 $nm /\!/ ef$，交直线 $ab$ 于点 $m$，则直线 $(m')$ $n'$、$mn$ 为所求直线 $MN$ 的正面投影和水平投影。

4. 一边平行于投影面的直角的投影（直角投影定理）

两直线夹角的投影一般不等于原角，但当角的两边同时平行于某一投影面时，则它在该投影面上的投影等于原角的实际大小。对于直角，除上述两种情况之外，还有一种特殊情况，这就是下面要介绍的直角投影定理。

**定理 1** 互相垂直的两直线（垂直相交或垂直交叉），其中有一条直线平行于一个投影面，则两直线在该投影面上的投影仍反映直角。

证明如下：

（1）垂直相交 已知直线 $AB \perp BC$，$BC /\!/ H$ 面，求证 $a(b) \perp (b)(c)$。

证明过程如图 2-23 所示。

$\because AB \perp BC \quad B(b) \perp BC$

$\therefore BC \perp P$ 〔平面 $P$ 为 $AaB(b)$〕

$\because BC /\!/ (b)(c)$

$\therefore (b)(c) \perp P$

$\therefore a(b) \perp (b)(c)$ 证毕。

（2）垂直交叉 如图 2-23 所示，在直线 $BC$ 的正上方加一条直线 $DE$，则直线 $AB$、$DE$ 为垂直交叉。证明过程请读者结合图 2-23 所示自行完成。

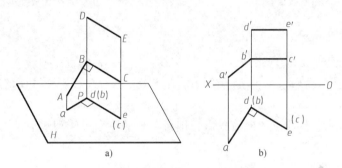

图 2-23 直角投影原理

**定理 2**（逆） 两直线在同一个投影面上的投影成直角，且有一条直线平行于该投影面，则在空间中此两直线的夹角必为直角。

证明略。

综上所述直角投影定理可以这样叙述：直角在某投影面上的投影仍为直角的充分必要条件是有一条直角边平行于该投影面且另一条直角边不垂直于该投影面。

[例 2-8] 求两直线 $AB$、$CD$ 的公垂线，如图 2-24 所示。

**解 分析** 直线 $AB$ 是铅垂线，与其垂直的直线是水平线但有无数条，若再与直线 $CD$ 垂直相交就只有一条了。

**作图**

1）由直线 $AB$ 的水平投影 $a(b)$ 向投影 $cd$ 作垂线交于点 $n$，并由投影 $n$ 求出投影 $n'$，如图 2-24a 所示。

2）由投影 $n'$ 作平行于直线 $OX$ 的线交投影 $a'b'$ 于点 $m'$，则直线 $(m)n$、$m'n'$ 即为公垂线 $MN$ 的两面投影。

[例 2-9] 如图 2-25a 所示，已知菱形 $ABCD$ 的对角线 $AC$ 的投影和另一对角线端点 $B$ 的正面投影 $b'$，试完成菱形的两面投影。

**解　分析**　根据菱形的对角线互相垂直平分的特性，可先确定对角线 $AC$ 的中点 $E$，因为直线 $AC$ 为水平线，按直角投影定理的投影特点容易画出投影 $b$，则另一条对角线可作出连线便完成菱形两面投影。

　　**作图**　如图 2-25b 所示。

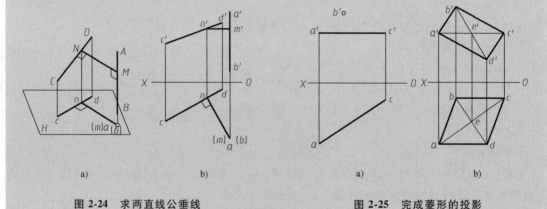

図 2-24　求两直线公垂线　　　　　図 2-25　完成菱形的投影

　　1）作对角线 $AC$ 的中心点 $E(e$、$e')$。

　　2）过投影 $e$ 作直线 $ac$ 的垂线与过投影 $b'$ 垂直于 $OX$ 轴的投影连线交于投影 $b$。

　　3）作 $de=be$ 得投影 $d$，再作过投影 $d$ 垂直于 $OX$ 轴的投影连线与直线 $b'e'$ 的延长线交于投影 $d'$。

　　4）顺次连接菱形各顶点的同面投影，即得菱形的正面投影和水平投影。

# 第三节　平面的投影

## 一、平面的表示法

下列任意一组几何元素均唯一地确定空间一个平面。

1）不在一直线上的三点，如图 2-26a 所示。

2）一直线和直线外一点，如图 2-26b 所示。

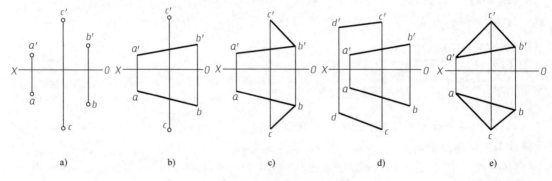

図 2-26　平面的表示方法

3）相交两直线，如图 2-26c 所示。

4）平行两直线，如图 2-26d 所示。

5）任意的平面图形，如三角形、四边形、圆等，如图 2-26e 所示。

如图 2-26 所示，可以看出各组几何元素之间是可以互相转换的。例如，将图 2-26a 所示的 *AB* 连成直线，就成为一直线和直线外一点，如图 2-26b 所示。如果再连接 *BC* 就成为相交两直线，如图 2-26c 所示。将 *A*、*B*、*C* 三点都连接起来即成为一个三角形，如图 2-26e 所示。上述五组元素以不在一直线上的三点为确定平面位置的基本几何元素组，而常用的几何元素组是任意的平面图形和相交两直线。

## 二、各种位置平面的投影特性

平面相对于投影面的位置可分为三类：投影面平行面、投影面垂直面、投影面倾斜面。前两类又称为特殊位置平面，后一类又称为一般位置平面。平面与 *H*、*V*、*W* 面的两面角分别是该平面对 *H*、*V*、*W* 面的倾角，分别用希腊字母 $\alpha$、$\beta$、$\gamma$ 表示。下面分别讨论各种位置平面的投影特性，在讨论中所用到的"其他"一词的含义与直线类似。

### 1. 投影面垂直面

只垂直于一个投影面的平面称为投影面垂直面（在三投影面体系中只垂直于一个投影面必定倾斜于另两个投影面）。按所垂直的投影面又可分为三种：铅垂面（⊥*H* 面）、正垂面（⊥*V* 面）、侧垂面（⊥*W* 面）。

垂直面的投影特性见表 2-3。下面对表 2-3 中第一列铅垂面的情况进行详细分析。从物体上的平面 *P* 在三视图和在三投影面体系中的相对位置，进一步考察其三面投影的投影特性。

表 2-3　投影面垂直面的投影特性

| 名称 | 铅垂面<br>（⊥*H* 面,倾斜于 *V* 面、*W* 面） | 正垂面<br>（⊥*V* 面,倾斜于 *H* 面、*W* 面） | 侧垂面<br>（⊥*W* 面,倾斜于 *V* 面、*H* 面） |
|---|---|---|---|
| 直观图 | 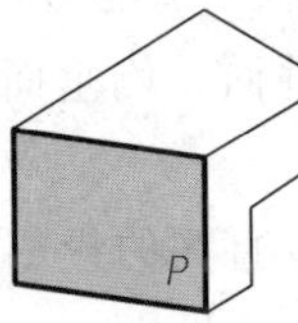 | 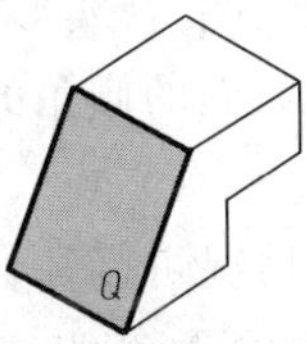 | 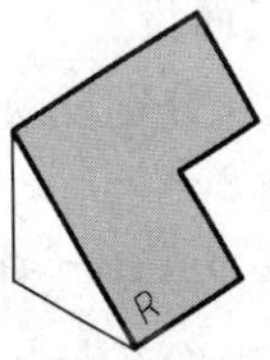 |
| 三视图 | 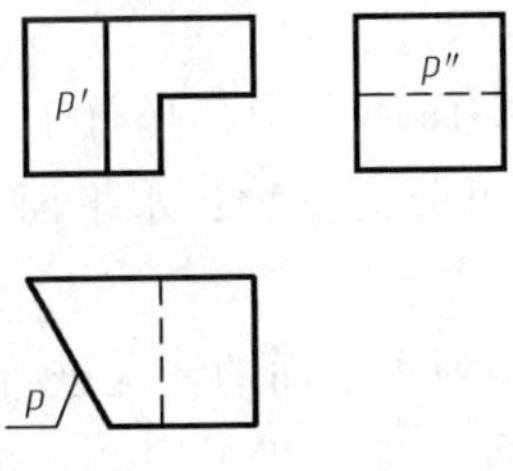 | 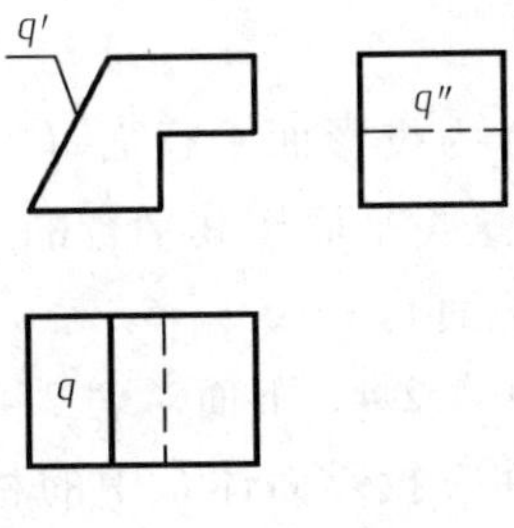 | 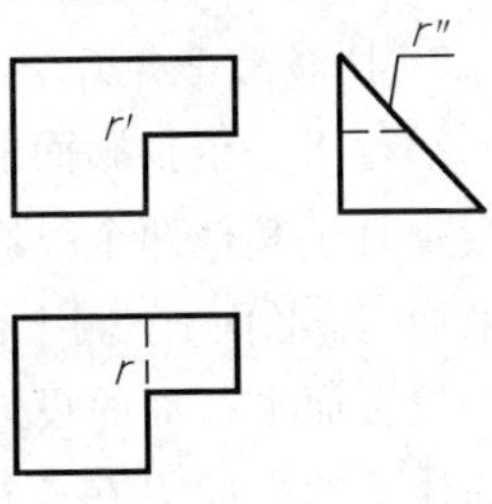 |

（续）

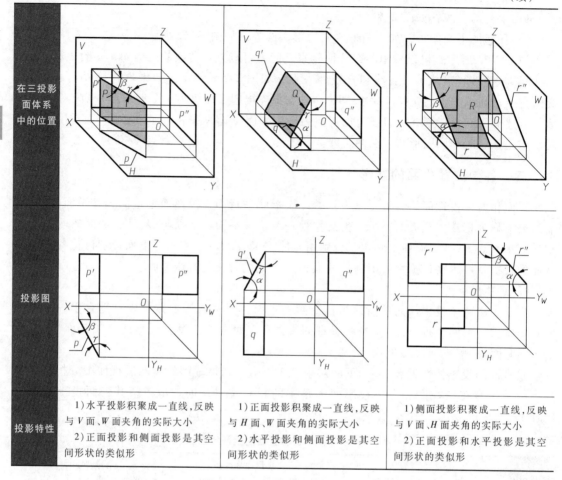

| | | | |
|---|---|---|---|
| 在三投影面体系中的位置 | | | |
| 投影图 | | | |
| 投影特性 | 1）水平投影积聚成一直线，反映与 V 面、W 面夹角的实际大小<br>2）正面投影和侧面投影是其空间形状的类似形 | 1）正面投影积聚成一直线，反映与 H 面、W 面夹角的实际大小<br>2）水平投影和侧面投影是其空间形状的类似形 | 1）侧面投影积聚成一直线，反映与 V 面、H 面夹角的实际大小<br>2）正面投影和水平投影是其空间形状的类似形 |

由于平面 P 垂直于 H 面，对 V 面、W 面倾斜，所以其水平投影 p 积聚成一条倾斜的直线，其正面投影 p′ 和侧面投影 p″ 均为小于 P 实形的类似形。水平投影 p 与 OX 轴、$OY_H$ 轴的夹角 β、γ 分别反映平面 P 对 V 面、W 面的倾角的真实大小。正垂面、侧垂面也可以得出类似的特性。

由表 2-3 中三种投影面垂直面的情况可以综合概括出投影面垂直面的投影特性：

1）平面在与其垂直的投影面上的投影积聚成一倾斜直线，它与投影轴的夹角分别反映该平面与其他两个投影面的倾角。

2）平面在其他两个投影面上的投影均为小于原平面图形的类似形。

2. 投影面平行面

平行于一个投影面的平面称为投影面平行面（在三投影面体系中，平行于一个投影面必定垂直于其他两个投影面）。这类平面按其平行的投影面可分为三种：水平面（//H 面）、正平面（//V 面）、侧平面（//W 面）。

投影面平行面的投影特性见表 2-4。下面对表 2-4 中第一列水平面的情况进行详细分析。从物体上的平面 P 在三视图和在三投影面体系中的相对位置，进一步考察其三面投影的投影特性。

表 2-4　投影面平行面的投影特性

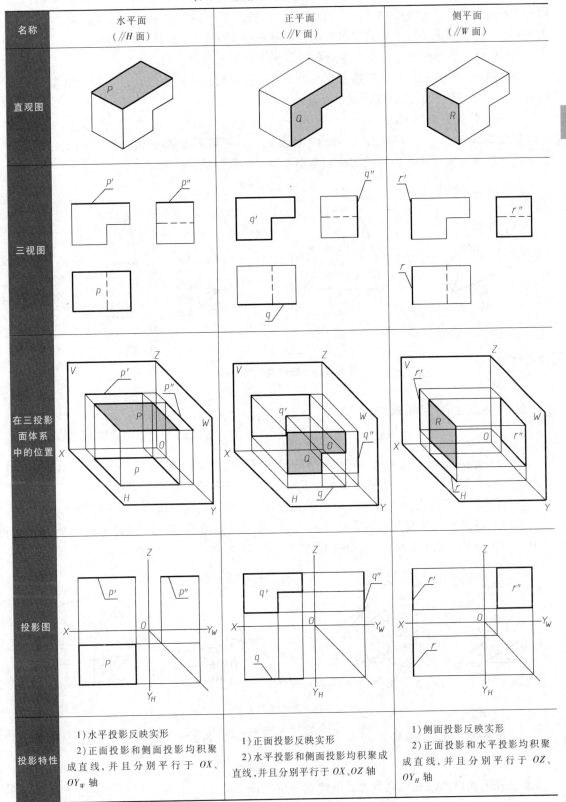

| 名称 | 水平面<br>(//H 面) | 正平面<br>(//V 面) | 侧平面<br>(//W 面) |
|---|---|---|---|
| 直观图 | | | |
| 三视图 | | | |
| 在三投影面体系中的位置 | | | |
| 投影图 | | | |
| 投影特性 | 1）水平投影反映实形<br>2）正面投影和侧面投影均积聚成直线，并且分别平行于 OX、OYw 轴 | 1）正面投影反映实形<br>2）水平投影和侧面投影均积聚成直线，并且分别平行于 OX、OZ 轴 | 1）侧面投影反映实形<br>2）正面投影和水平投影均积聚成直线，并且分别平行于 OZ、OYH 轴 |

平面 $P$ 平行于 $H$ 面，垂直 $V$ 面、$W$ 面，其水平投影 $p$ 反映实形，正面投影 $p'$ 和侧面投影 $p''$ 均积聚成直线，且分别平行于 $OX$ 轴、$OY_W$ 轴。正平面、侧平面也有类似的性质。由表 2-4 中三种投影面平行面的情况可以综合概括出投影面平行面的投影特性：

1）平面（平面图形）在与其平行的投影面上的投影反映实形。

2）平面（平面图形）在其他两个投影面上的投影均积聚成直线，且平行于相应的投影轴（组成与平面平行的投影面的两根投影轴）。

**3. 一般位置平面**

如图 2-27 所示，三棱锥的棱面△$SAB$ 对 $H$ 面、$V$ 面和 $W$ 面都是倾斜的，它的三面投影都不能积聚成直线，也不能反映实形而是小于原平面图形的类似形。

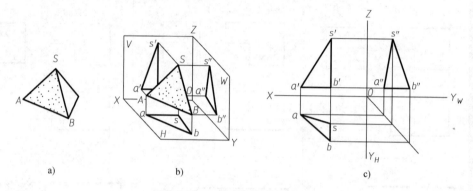

图 2-27　一般位置平面的投影

## 三、平面上的点和直线

**1. 平面上取直线**

1）直线通过平面上两个点，则此直线一定在该平面上。如图 2-28 所示，△$ABC$ 确定一平面 $P$，由于 $M$、$N$ 两点分别在直线 $AB$、$CA$ 上，所以 $MN$ 连线在平面 $P$ 上。

2）直线经过平面上一点且平行于平面上的另一直线，则此直线一定在该平面上。

如图 2-29 所示，相交两直线 $DE$、$EF$ 确定一平面 $Q$，点 $M$ 是直线 $DE$ 上的一个点，过点 $M$ 作 $MN$//$EF$，则直线 $MN$ 一定在平面 $Q$ 上。

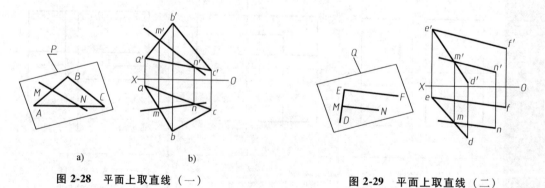

图 2-28　平面上取直线（一）　　　　　图 2-29　平面上取直线（二）

**2. 平面上定点**

若点在平面内的任意一直线上，则此点一定在该平面上。如图 2-29 所示，由于点 $N$ 在

平面 $Q$ 内的直线 $MN$ 上，因此点 $N$ 在平面 $Q$ 上。

3. 迹线表示的平面及其上点、线的投影

平面与投影面的交线称为平面的迹线，用平面名称的大写字母附加投影面名称的下角标表示。本书只介绍投影垂直面和投影面平行面在它们所垂直的投影面上的迹线。

图 2-30 和图 2-31 所示分别为正垂面 $P$ 和正平面 $Q$ 的迹线，并都表现了平面上点 $A$ 的投影。因为与投影面垂直的平面在该投影面上的投影积聚成一条直线，所以这些平面上的点、线和图形与图 2-30 和图 2-31 所示的点 $A$ 一样都重影在迹线上。

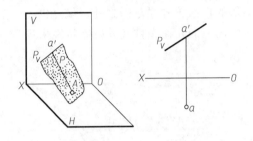

图 2-30 用迹线 $P_V$ 表示正垂面

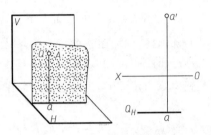

图 2-31 用迹线 $Q_H$ 表示正平面

因为通过已知平面上的一条直线，只能作出一个平面与这个已知平面相垂直，所以可以用一条迹线表示投影面垂直面或投影面平行面。由图 2-30 和图 2-31 所示可以看出，倾斜于投影轴的迹线（有积聚性的迹线）表示投影面垂直面。平行或垂直于投影轴的迹线（有积聚性的迹线）则表示投影面平行面。

因为特殊位置平面在其所垂直的投影面上的投影为直线，有积聚性，所以特殊位置平面上的点和直线在该平面所垂直的

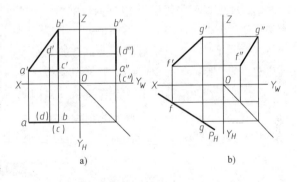

图 2-32 特殊位置平面上的点和直线

投影面上的投影，位于平面有积聚性的同面投影或迹线上。由此可从图 2-32 所示判断出点 $D$ 在 $\triangle ABC$ 上，直线 $FG$ 在铅垂面 $P$ 上。

[例 2-10] 如图 2-33 所示，已知一平面 $ABCD$。试：①判断点 $K$ 是否在平面上；②作出平面上一点 $E$ 的水平投影 $e$（已知其正面投影 $e'$）。

**解　分析**　判断一点是否在平面上，以及求平面上的点的投影，可利用点在平面上的几何条件及其投影特性来确定。

**作图**　如图 2-33b 所示。

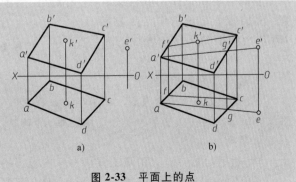

图 2-33 平面上的点

1）连接 $c'k'$ 并延长，与直线 $a'b'$ 交于点 $f'$，由投影 $c'f'$ 求出其水平投影 $cf$，则投影 $cf$ 是平面上的一条直线。若点 $K$ 在直线 $CF$ 上，则点 $k$、$k'$ 应分别在直线 $cf$、$c'f'$ 上，从作图中得知投影 $k$ 不在直线 $cf$ 上，所以点 $K$ 不在平面上。

2）连接 $a'e'$，与直线 $c'd'$ 交于点 $g'$，由投影 $a'g'$ 求出水平投影 $ag$，则 $AG$ 是平面上的一条直线。若点 $E$ 在平面上，则点 $E$ 在直线 $AG$ 上，点 $e$ 在直线 $ag$ 上，因此过投影 $e'$ 作投影连线与 $ag$ 延长线的交于点 $e$，即所求点 $E$ 的水平投影。

从例 2-10 可以看出，即使点的两个投影都在平面图形的投影轮廓线范围内，该点也不一定在平面上；即使一点的两个投影都在平面图形的投影轮廓线范围之外，该点也不一定不在平面上。判断点是否在平面上主要应根据点在平面上的几何条件及其投影特性来进行。

[例 2-11]　如图 2-34 所示，已知点 $D$、$E$ 和直线 $FG$ 的两面投影，试过点 $D$ 作水平面，过点 $E$ 作铅垂面（$\beta = 30°$），过直线 $FG$ 作正垂面。

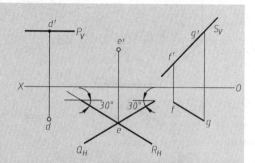

图 2-34　过点或直线作平面

**解　作图**

1）过点 $D$ 只能作一个平面 $P$ 与 $H$ 面相互平行，$P_V$ 有积聚性且平行于 $OX$ 轴，因此过点 $d'$ 作直线平行于 $OX$ 轴，即为 $P_V$，于是就作出了水平面 $P$。

2）过点 $E$ 可作无数个铅垂面，但 $\beta = 30°$ 的只有 $Q$、$R$ 两个平面。因为铅垂面的水平投影或者水平迹线有积聚性，且反映与 $V$ 面夹角 $\beta$ 的真实大小，所以过投影 $e$ 作两条与 $OX$ 轴成 $30°$ 角的直线，即为 $Q_H$、$R_H$，这就是所求的铅垂面 $Q$、$R$。

3）过直线 $FG$ 只能作一个正垂面 $S$，因为 $S_V$ 有积聚性，所以与投影 $f'g'$ 重合，于是就作出了 $S_V$，也就作出了所求的正垂面 $S$。

[例 2-12]　如图 2-35a 所示，完成四边形 $ABCD$ 的缺口 $EFGH$ 的水平投影，已知 $a'b' /\!/ h'g'$，$b'c' /\!/ g'f'$。

**解　分析**　只要已知不在一直线上的三点的两面投影，三点所决定的空间平面就唯一确定了，其上任何点的位置都可以用面上找点来解决。运用平面上取点、取直线的方法，就可以作出四边形 $ABCD$ 上的缺口 $EFGH$ 各点的水平投影。

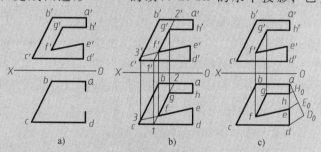

a)　　　　b)　　　　c)

图 2-35　完成缺口 $EFGH$ 的水平投影

**作图**　如图 2-35b 所示。

1）延长直线 $f'g'$ 交直线 $c'd'$ 于点 $1'$，在直线 $cd$ 上得点 $1$，因 $b'c' /\!/ f'g'$，所以过点 $1$ 作直线 $12 /\!/ bc$，再过投影 $f'$、$g'$ 分别作铅垂方向的线与直线 $12$ 相交于点 $f$、$g$，即为 $F$、$G$ 两点的水平投影。

2）利用与上一步骤相同的方法，依次求出各点的正面投影，并连点成线。

本例题也可按图 2-35c 所示的方法作图。

## 第四节　实长、实形、倾角的求法

如前所述，一般位置直线的三面投影既不反映实长，也不反映与任何投影面的倾角，一般位置平面的三面投影亦既不反映实形，也不反映与任何投影面的倾角。

工程上为解决某些度量问题，往往需要根据直线、平面的正投影图求出其实长、实形和对投影面的倾角。常用的求法有直角三角形法和变换投影面法（简称为换面法），本节仅介绍直角三角形法。

### 一、直角三角形法求直线段的实长和对投影面的倾角

如图 2-36a 所示，过点 $B$ 作 $BA_1 \parallel ab$，得直角 $\triangle AA_1B$，其斜边 $AB$ 就是直线实长，$\angle ABA_1$ 就是直线 $AB$ 对 $H$ 面的倾角 $\alpha$。直角边 $BA_1 = ab$，即水平投影的长度；另一直角边 $AA_1 = z_A - z_B$，即线段两端点的 $z$ 坐标差。两直角边均可在投影图中直接量取，于是就可作出此直角三角形。下面具体介绍两种作直角三角形的方法。

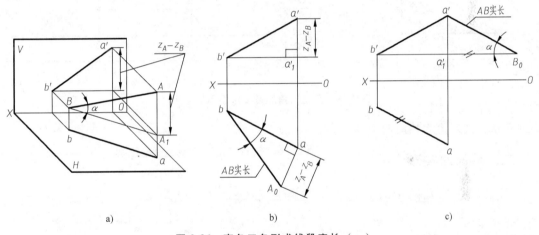

图 2-36　直角三角形求线段实长（一）

1）如图 2-36b 所示，过点 $b$ 作 $b'a_1' \parallel OX$，交直线 $a'a$ 于点 $a_1'$，则 $a'a_1' = z_A - z_B$。再以水平投影 $ab$ 为直角边，$aA_0 = z_A - z_B$ 为另一直角边，构成一直角三角形。其中，斜边 $bA_0$ 即为线段 $AB$ 的实长，而直线 $bA_0$ 与 $H$ 面投影的夹角 $\angle abA_0$，即为直线 $AB$ 对 $H$ 面的倾角 $\alpha$。

2）如图 2-36c 所示，若以线段 $a'a_1'$ 为直角边，在线段 $b'a_1'$ 的延长线上量取水平投影长，即 $a_1'B_0 = ab$，为另一直角边，构成直角 $\triangle a_1'a'B_0$，则斜边 $a'B_0$ 也是 $AB$ 实长，$\angle a'B_0a_1'$ 也仍然是直线 $AB$ 对 $H$ 面的倾角 $\alpha$。

由图 2-36b、c 所示可知，$\triangle baA_0$ 与 $\triangle B_0a_1'a'$ 全等，此三角形还可以作到图形外面来。如果要求直线的实长和对 $V$ 面的倾角 $\beta$，则方法同上，如图 2-37 所示。

总之，用直角三角形求线段实长和对投影面倾角的方法有很多，只要作出直角三角形即可。如图 2-38 所示，在直角三角形中三边和一锐角（另一锐角为直线与相应投影轴夹角，这里不涉及），这四个要素中任知其二即可求其余。注意：实长与投影长的夹角为直线与投

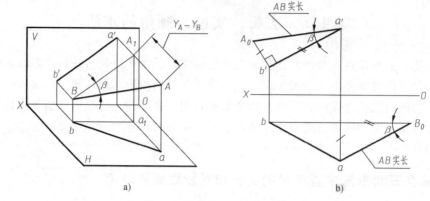

图 2-37　直角三角形求线段实长（二）

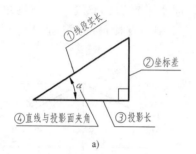

| ① | 线段实长 | | |
|---|---|---|---|
| ② | z 坐标差 | y 坐标差 | x 坐标差 |
| ③ | 水平投影 | 正面投影 | 侧面投影 |
| ④ | $\alpha$ | $\beta$ | $\gamma$ |

a)　　　　　　　　　　　　b)

图 2-38　直角三角形各要素之间的关系

影面夹角，其对边为相应的坐标差。

## 二、平面的实形

[例 2-13]　如图 2-39 所示，已知 $\triangle ABC$ 的两面投影，求其实形。

**解　分析**　只要求出 $\triangle ABC$ 每边的实长，则实长组成的三角形便反映实形。其中直线 $BC$ 为水平线，投影 $bc$ 便为线段 $BC$ 的实长，所以只要求出 $AB$、$AC$ 两线段实长即可。

**作图**

1）过点 $a$ 分别作直线 $ab$、$ac$ 的垂线，并在垂线上取线段 $aA_0$ 等于线段 $b'a_1'$，则 $A_0b$、$A_0c$ 分别为 $AC$、$AB$ 两线段实长。

2）以投影 $bc$ 为 $\triangle ABC$ 的 $BC$ 边，把直线 $AB$、$AC$ 边相交，$\triangle A_0bc$ 便是 $\triangle ABC$ 实形，如图 2-39 所示。

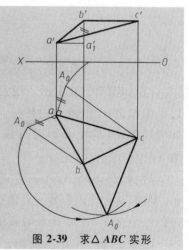

图 2-39　求 $\triangle ABC$ 实形

## 第五节　基本立体的投影及其表面上的点、线、面投影分析

按一定的规律形成的简单几何体称为基本立体。而任何几何体或物体都是由若干表面围

成的一部分封闭空间。按组成立体表面的形式不同，基本立体可分为平面立体和曲面立体两大类。

（1）平面立体　均由平面围成的立体称为平面立体，简称为平面体，如棱锥、棱柱等。

（2）曲面立体　由曲面围成或由平面与曲面混合围成的立体称为曲面立体，如圆柱、圆锥、圆球、圆环，以及它们的各种组合等。

本节分别讨论基本立体的投影及其表面上点、线、面的投影分析。

# 一、平面立体

围成平面立体的表面都是些平面多边形，画平面立体的投影就是画平面立体的各个平面多边形的投影，这些平面多边形都是由直线段围成，而直线段又都是由其两端点来确定，因此，又可归结为画多边形的边和各个顶点（也是平面立体表面的共有点）的投影。所以画平面立体投影时，应首先分析立体各表面及组成它的各直线段的顶点与投影面的相对位置，然后运用前面所学的点、线、面的投影知识进行作图。最后判断可见性，将可见棱线的投影画成实线，不可见棱线的投影画成虚线。

最常见的平面立体有棱柱和棱锥，它们由棱面（也称为侧棱面）和底面所围成，各棱面的交线称为棱线，棱线的交点称为顶点，棱面与底面的交线称为底边。

## 1. 棱柱

棱线互相平行的平面体称为棱柱，并且有几根棱线常称为几棱柱，棱柱可分为直棱柱（棱线与底面垂直）和斜棱柱（棱线与底面倾斜）。一般情况下，棱柱的两底面是两个形状相同而且互相平行的多边形，各侧棱面都是矩形或平行四边形。两底面是正多边形的直棱柱称为正棱柱。

（1）投影分析　图 2-40a 所示为一个正六棱柱及其三投影图，它是由六个矩形侧棱面和上、下两个正六边形的底面围成。由于上、下底面是水平面，所以它们的水平投影反映实形并重合在一起，它们的其他两投影积聚成平行于相应投影轴的直线段。前、后两个侧棱面为正平面，所以其正面投影反映实形并重合在一起，它们的其他投影均积聚成直线段。其余四个棱面都是铅垂面，它们的水平投影都积聚成直线段，它们的其他两投影都是类似形（缩小的矩形）。将其上、下底面及六个侧棱面的投影画出后即得六棱柱三面投影图，如

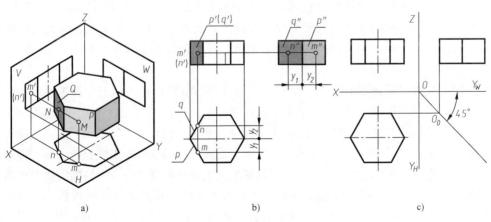

a)　　　　　　　　　b)　　　　　　　　　c)

图 2-40　六棱柱的三面投影

图 2-40b 所示。从本节开始，一般情况下投影图上不再画出投影轴，因为不影响作图，用相对坐标和"长对正，宽相等，高平齐"的规律就可以确定各几何元素的投影关系。在需要投影轴时，可根据投影图加上去。如图 2-40c 所示，过六棱柱的后棱面（也可过其他的点、线、面）的水平投影作水平方向的直线，再过六棱柱后棱面的侧面投影作铅垂方向的直线，两直线交于点 $O_0$，过点 $O_0$ 作 45°辅助线，沿 45°线自点 $O_0$ 向左上任取一点（在 V、H 面或 V、W 面之间）都可作为投影原点 O 而作出各投影轴。

由图 2-40b 所示可概括出棱柱的投影特点：一面投影（水平投影）有积聚性，它反映棱柱的形状特征；其他两面投影都是由实线或虚线组成的矩形线框。

画投影图时，一般先画出各投影的中心线或对称线，再画反映底面实形的投影，最后按投影规律作出其他投影。

（2）棱柱表面上的点、线、面投影分析　前面已提及画平面立体只需画出组成该平面立体的棱面、棱线和顶点，如图 2-40a 所示，六棱柱有八个表面、十八条边和十二个顶点，这些几何元素在每个投影面上都有相应的投影。物体各表面的同面投影往往重叠较多，在立体表面上取点、线的投影时，首先要从立体的三面投影分辨出该点、线所在表面的投影，然后按点、线、面的从属关系进行作图，还要判断可见性。若立体某表面相对于投影面处于可见位置，该表面上的点、线同面投影为可见，否则为不可见。

如图 2-40b 所示，左前侧棱面 P 上有一点 M，已知其正面投影 m'，求作其他投影。首先要从六棱柱的三面投影中辨认出该点所在棱面的投影为 p、p'、p"，其中投影 p 有积聚性，由投影 m' 作投影连线交 p 于点 m，再由投影 m、m"宽相等和投影 m'、m"高平齐求得投影 m"。由于投影 p"可见，故投影 m"也可见，点 M 在棱面 P 的中部，故投影 m 不可见。若在正面投影上有投影（n'）与 m'重影，试求其他投影 n 及 n"。根据（n'）可知点 N 在六棱柱的左后侧棱面 Q 上，平面 Q 的三面投影为（q'）、q、q"，再按求点 M 投影的方法作图，结果如图 2-40b 所示。

2. 棱锥

棱锥的底面为多边形，各侧棱面为若干具有公共顶点的三角形。从棱锥顶点到底面的距离称为棱锥的高，当棱锥底面为正多边形，各侧面是全等的等腰三角形时，称为正棱锥。

（1）投影分析　图 2-41a、b 所示为一个正三棱锥及其三面投影。它由三个全等的等腰三角形棱面与一个等边三角形底面围成，其中底面 △ABC 为一水平面，它的水平投影 △abc 反映实形，正面投影和侧面投影均积聚成一直线段。棱面 △SAC 为侧垂面，因此其侧面投影积聚为一直线，水平投影和正面投影均为类似形。其他两棱面 △SAB、△SBC 为一般位置平面，所以它们的投影均为类似形。

作图时，先画出底面 △ABC 的三个投影，再画出三棱锥顶点 S 的三个投影，然后自三棱锥顶点 S 向底面三角形顶点 A、B、C 的同面投影分别连线，即得三棱锥的三面投影图。

（2）棱锥表面点、线、面投影分析　如图 2-41b 所示，组成棱锥的表面可能有特殊位置平面，也可能有一般位置平面。对于特殊位置平面上的点可利用投影积聚性直接求得；而对于一般位置平面上的点，可通过本章第三节介绍过的平面上取点原理选择适当的辅助线来作图。

如图 2-41c 所示，已知三棱锥表面上点 D 的水平投影 d 和点 E 的正面投影 e'，试补全其余三面投影。作图过程如图 2-41d～f 所示，其中图 2-41e、f 所示分别为求投影 e、e"的两种作图方法。

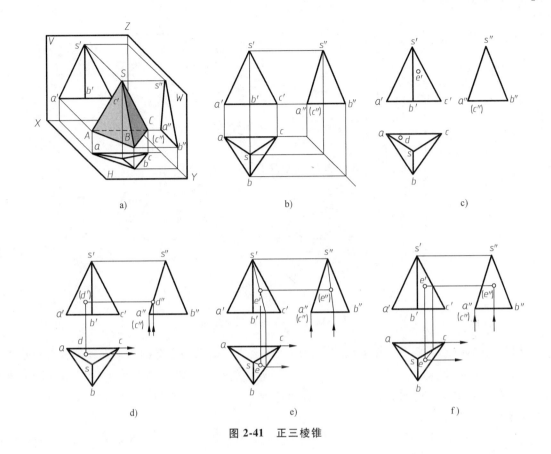

图 2-41　正三棱锥

## 二、曲面立体

一平面曲线（直线、曲线及其组合）绕其平面上一直导线（回转轴）回转而形成的曲面称为回转面。如图 2-42a 所示，母线上每一点回转运动的轨迹为一圆周，此圆周所在平面垂直于该回转轴，因此回转面的正截面得到的交线为一圆周。这些圆周称为纬线（或称为纬圆）。母线两端点形成的圆周为曲面的顶圆和底圆，母线上距轴线最近点和最远点形成的圆分别为最小圆（喉圆）和最大圆（赤道圆）。表示回转面时需画出其轴线（直导线）、母线、轮廓线及外视转向线。如图 2-42b 所示，最小、最大圆的水平投影为俯视转向线，其正面投影一般不必画出。

由回转面或回转面与平面所围成的立体称为回转体，工程上常见的曲面立体有圆柱、圆锥、圆球、圆环等。

1. 圆柱体

（1）圆柱体的形成　如图 2-43a 所示，圆柱体由圆柱面和上下两个底面（圆平面）所围成。其中圆柱面可看成是一动直线 $L$ 绕与其平行的定直线 $L_0$ 旋转而成的回转面。动直线 $L$ 称为母线，定直线 $L_0$ 称为回转轴，在圆柱面上任意位置的母线称为圆柱面的素线。

（2）圆柱面的投影分析　如图 2-43b、c 所示，圆柱的上、下两底的圆平面都为水平面，故其水平投影反映实形，其他两面投影各积聚成一水平方向的直线段。由于圆柱面轴线是铅垂线，因而圆柱面的所有素线都是铅垂线，圆柱面的水平投影积聚成与圆柱等直径的圆周，

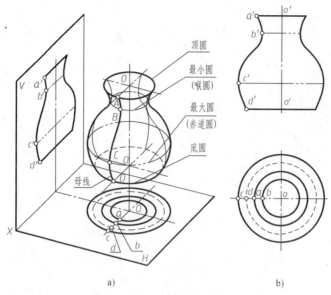

顶圆

最小圆
（喉圆）

最大圆
（赤道圆）

底圆

母线

a)                                    b)

图 2-42　回转面的形成及投影

并与上、下两底的水平投影轮廓线重合，圆柱面上所有的点和素线的水平投影都积聚在这个圆周上，圆柱正面投影左、右两条轮廓线 $l'_1$、$l'_2$ 可看成是无数垂直 $V$ 面的投射线与圆柱面相切的切点的正面投影相连。也可看成与圆柱最左、最右素线相切的无数垂直 $V$ 面的投射线形成的投影面与 $V$ 面的交线。

本书约定空间线用大写英文字母 $L$ 表示，各字母注脚用 1、2、3 或其他反映线条特征的汉字、符号等表示，如 $L_1$、$L_2$ 等，或 $L_左$、$L_右$、$L_前$、$L_后$ 等。

连续的投射线所组成的投影平面（图中有阴影部分）与圆柱面的切线 $L_1$、$L_2$ 把圆柱面分成前半个和后半个，是前半个圆柱面与后半个圆柱面的分界线，另一方面 $L_1$、$L_2$ 为圆柱面上最左、最右素线，其正面投影 $l'_1$、$l'_2$ 确定了圆柱面正面投影的左、右范围，即动直线旋转到此位置后其正面投影将向反方向移动，故也常称为对 $V$ 面转向轮廓线，简称为对 $V$ 面的轮廓线。$L_1$、$L_2$ 的水平投影积聚在圆周上最左、最右点 $l_1$、$l_2$ 上。其侧面投影 $l''_1$、$l''_2$ 与圆柱面轴线的侧面投影重合，在图上不必画出，因为垂直于侧面的投射线与圆柱面不相切于 $L_1$、$L_2$ 的位置，而是相切于圆柱面上最前、最后素线（即对 $W$ 面的转向轮廓线）$L_3$、$L_4$ 的位置，$L_3$、$L_4$ 各投影如图 2-43c 所示，其原理由读者自行分析。注意：$l'_3$、$l'_4$ 和 $l''_1$、$l''_2$ 只表示各转向轮廓线的对应投影位置，不画出投影线段。

（3）圆柱面上点、线、面投影分析　如图 2-43c、d 所示，$L_1$、$L_2$、$L_3$、$L_4$ 四条直线把圆柱面分成左前、左后、右前、右后相等的四个部分，$L_1$、$L_3$ 两直线间圆柱面的左前 1/4 部分的三面投影为图 2-43c、d 所示的阴影区，$V$、$W$ 面投影都为可见，$H$ 面投影积聚成 1/4 圆弧，其余三个 1/4 圆柱面的投影由读者自行分析。只有把组成物体的各表面的投影（包括可见性）都搞清楚，才会给在圆柱表面上取（定）点、线带来方便，也不易出错。

如图 2-43e 所示，已知圆柱上的点 $M$ 的正面投影（$m'$）及点 $N$ 的侧面投影 $n''$，要求补全两点的三面投影。

要作圆柱面上点的投影，先要辨认出点所在圆柱面的部位，并确定其三面投影及其可见

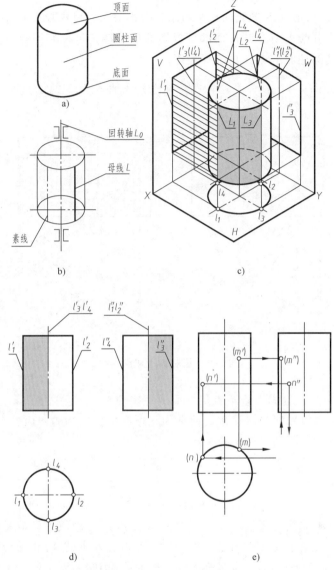

图 2-43　圆柱体的投影及其表面定点

性，然后用圆柱面的积聚性进行作图。

（1）求点 $M$ 的水平投影和侧面投影　根据投影（$m'$）可判断点 $M$ 在右后 1/4 圆柱面上，其正面投影为圆柱正面投影矩形右半部分，且不可见，水平投影积聚在右后 1/4 圆周上，侧面投影为圆柱侧面投影矩形的后半部分（从平面图形来讲，应为矩形左半部分，为统一起见，仍用物体在三面体系中左右、前后、上下来描述），该部分也不可见。

具体作图步骤：过投影（$m'$）作与投影 $m$ 的连线交后 1/4 圆弧于点 $m$，再由 $m$ 投影（$m'$）作出投影 $m''$，由点所在圆柱面部分投影的可见性，判断点 $m$、$m''$ 均不可见，即点 $M$ 的水平投影和侧面投影分别为（$m$）、（$m''$）。

（2）求点 $N$ 的水平投影和正面投影　根据投影 $n''$ 可判断点 $N$ 在左后 1/4 圆柱面上，其正面投影为圆柱正面投影矩形左半部分，且不可见；水平投影积聚在右后 1/4 圆周上，侧面投影为圆柱侧面投影矩形的后半部分，且可见。

具体作图步骤：根据点 $N$ 的侧面投影与水平投影关系，可由投影 $n''$ 作出投影 $n$，由投影 $n$、$n''$ 求出投影 $n'$。由点 $N$ 所在圆柱面部分投影的可见性，可以判断点 $n$、$n'$ 均不可见，故 $(n)$、$(n')$、$n''$ 为其圆柱面上点 $N$ 的三面投影。

[例 2-14]　如图 2-44a 所示，已知圆柱面上一段曲线 $ACE$ 的正面投影 $a'c'e'$，求该曲线的其他投影。

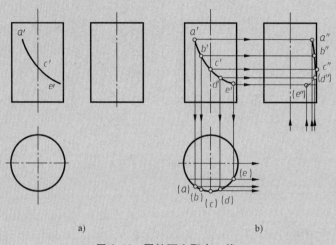

a)　　　　　　　　　　　　　　b)

图 2-44　圆柱面上取点、线

**解　分析**　将曲线 $ACE$ 看成由若干点连接而成，在曲线 $ACE$ 中任意确定两点 $B$、$D$ 求出这些点的各投影，再按顺序光滑连接（简称为光顺连接）它们的同面投影。

**作图**

1）在投影 $a'c'e'$ 上确定投影 $b'd'$，然后利用积聚性求出各点的水平投影，再求出侧面投影，如图 2-44b 所示。

2）光顺连接并判断可见性，按正面投影 $a' \to b' \to c' \to d' \to e'$ 的顺序把各点的水平投影和侧面投影连成光滑曲线。由于点 $C$ 在圆柱对 $W$ 面投影轮廓线上，故是可见性的分界点（虚实分界点），点 $C$ 把曲线 $ABCDE$ 分成两段，$AC$ 段在左半圆柱面上，其侧面投影 $a''b''c''$ 可见，连成实线；$CDE$ 段在右半圆柱面上，其侧面投影 $c''d''e''$ 不可见，应画成虚线。

2. 圆锥体

（1）圆锥体的形成　如图 2-45a、b 所示，圆锥体由一个圆锥面加一个圆形底面所围成。其中圆锥面可看成是由动直线 $L$ 绕定直线 $L_0$ 上某一定点 $S$，并与定直线成一定角度旋转而成的曲面，动直线 $L$ 称为母线，定直线 $L_0$ 称为回转轴，在圆锥面上任一位置的母线称为素线，定点 $S$ 称为圆锥顶点，一般也称为锥顶。

（2）圆锥的投影　将圆锥置于如图 2-45c 所示的三投影面体系中，锥底圆平面为水平面，故其水平投影反映实形，其他两投影积聚成一段水平方向的直线段。与圆柱面投影类似，圆锥面的正面、侧面投影都是全等的等腰三角形，但其两腰的空间位置不同。圆锥正面投影轮廓线是圆锥面上最左、最右素线 $L_1$、$L_2$ 的正面投影。$L_1$、$L_2$ 把圆锥面分成前后相等的两部分，前半部分圆锥的正面投影可见，后半部分圆锥的正面投影不可见。显然它们又是

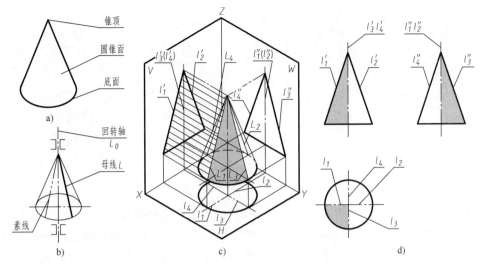

图 2-45　圆锥体的投影

正面投影可见性的分界线。水平投影 $l_1$、$l_2$ 重合在圆周前后对称中心线上，侧面投影 $l_1''$、$l_2''$ 重合在等腰三角形的前后对称中心线上。$L_1$、$L_2$ 的水平投影和侧面投影均不必画出。类似的圆锥面侧面投影的轮廓线 $l_3''$、$l_4''$ 是圆锥面上最前、最后素线 $L_3$、$L_4$ 的侧面投影，$L_3$、$L_4$ 把圆锥面分成左右相等的两部分，左半部圆锥面的侧面投影可见，右半部圆锥面的侧面投影不可见，同样 $L_3$、$L_4$ 是圆锥面侧面投影可见性的分界线。$L_3$、$L_4$ 的正面投影重合在等腰三角形左、右对称线上，其水平投影重合在圆周前后对称中心线上，$L_3$、$L_4$ 的水平投影和正面投影均不必画出。整个圆锥面的水平投影与圆锥底圆重合在一起，外形轮廓线与底圆平面的水平投影是同样大小的圆周，圆周内的区域，圆锥面的投影为可见，底圆的投影为不可见，锥顶 $S$ 的水平投影重合在圆心处。

　　画圆锥的投影图时，先画各个投影的中心线、轴线，再画出投影反映圆的水平投影，最后按圆锥体的高度画出其余两投影。

　　（3）圆锥面上的点、线、面分析　圆锥面最左、最右、最前、最后四条素线 $L_1$、$L_2$、$L_3$、$L_4$ 把圆锥面分成左前、左后、右前、右后四等分，$L_1$、$L_3$ 两素线间的圆锥面，即左前 1/4 圆锥面的三投影如图 2-45c、d 中的阴影区所示，其余 3/4 圆柱面的三面投影留待读者分析。由于圆锥面的三面投影都无积聚性，要确定圆锥面上的点的投影时，必须先在圆锥面上作一包含这个点的辅助线（直线或圆），然后再利用所作的辅助线的投影定出点的投影。

　　1）辅助直线法。该方法常称为素线法，就是过锥顶引一条过已知点的直素线，求得素线的其他投影，然后应用线上点的投影关系求解。

　　如图 2-46a、b 所示，已知点 $A$ 的 $V$ 面投影 $a'$，求其他两面投影就可用辅助直线法来求解。

　　过投影 $s'$、$a'$ 作直线交底圆正面投影于 $b'$，作 $b'b$ 投影连线交底圆水平投影于点 $b$，再通过投影 $b'b$ 作出点 $b''$，将点 $S$、$B$ 三个同面投影连成直线，便是过点 $A$ 的辅助直线 $SB$ 的三面投影。过点 $a'$ 作 $a'a$ 投影连线交投影 $sb$ 于点 $a$，过点 $a'$ 作 $a'a''$ 投影连线交投影 $s''b''$ 于点 $a''$。

　　2）辅助圆法。该方法也常称为纬圆法，即过已知点作锥面上垂直于轴线的圆，然后求出该圆的三面投影，由于点在圆周上，所以点的投影必在圆周的三面投影上。

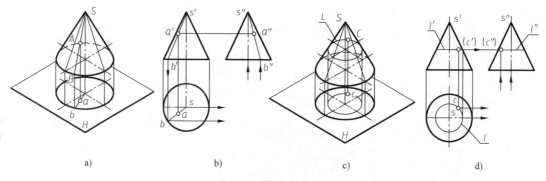

图 2-46 圆锥面上定点

如图 2-46c、d 所示，已知点 C 的正面投影（c'），求其他两投影可用辅助圆法来求解。过点 C 作水平圆 L，其正面投影 l' 为垂直于轴线、长度等于圆直径的直线段，显然直线段的两端点落在圆锥的正面投影轮廓线上，侧面投影 l'' 与正面投影 l' 类似，辅助圆的圆心的水平投影与圆锥轴线和锥顶的水平投影重合，故以此为圆心，以 l' 或 l'' 为直径作圆即为 l。点 C 的三面投影必在辅助圆 L 同面投影上。过投影 c' 作 cc' 投影连线交 l 于点 c，因点 C 在右后圆锥面上，故投影 c 应在 l 的后半个圆周上，再通过投影 c'、c 作出点 c''，点 C 的正面投影和侧面投影都不可见。

**[例 2-15]** 如图 2-47 所示，已知圆锥的三面投影及圆锥面上曲线 AD 的正面投影 a'd'，求它的其余两面投影。

**解 分析** 可将直线 AD 看成由若干个点组成，然后可用辅助圆法求这些点的其他两投影，再光滑连接各点的同面投影，由于投影 a'd' 可见，故曲线 AD 在前半个圆锥面上。作图过程如图 2-47 所示。

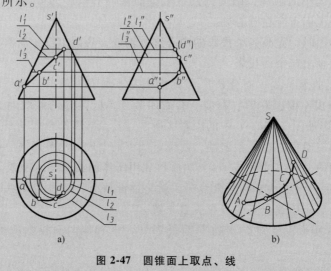

图 2-47 圆锥面上取点、线

**3. 圆球**

（1）圆球面的形成　以圆（或半圆）为母线，以该圆任一直径为回转轴旋转所形成的曲面称为圆球面，简称为球面。球面围成的立体称为圆球，简称为球，如图 2-48a、b 所示。

（2）圆球的投影　圆球置于三投影面体系中如图 2-48c 所示，圆球面的三面投影均为与

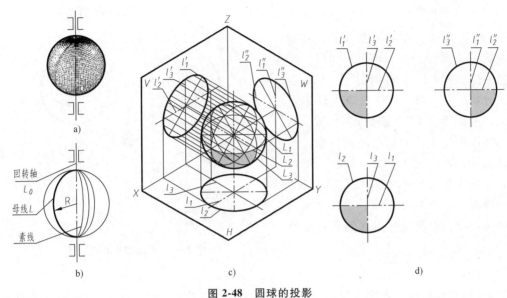

图 2-48　圆球的投影

圆球直径相等的圆。无数与球面相切的投射线从前向后射去，形成一个投射圆柱面，此投射圆柱面与圆球相切于圆 $L_1$，圆 $L_1$ 直径等于球直径且平行于 $V$ 面，其 $V$ 面投影 $l'_1$ 反映 $L_1$ 实形，是球面对 $V$ 面的外形轮廓线（转向轮廓线）。$L_1$ 圆把圆球分为前半球面和后半球面，前者正面投影可见，后者正面投影不可见，圆 $L_1$ 在 $H$、$W$ 面中的投影，位置均在前后对称中心处。由于垂直于 $H$、$W$ 面的投射线不与圆 $L_1$ 相切，所以 $L_1$ 的 $H$、$W$ 面投影不必画出。将圆球向 $H$、$W$ 面投射的叙述同上，即都投射成直径等于圆球直径的圆，在球的三面投影中，各个投影的对称中心线的交点即为球心的投影，如图 2-48c 所示。需要注意：三投影面上的圆在球面上的位置各不相同，确切地说，这三个圆分别在过球心且平行于相应坐标面的三个互相垂直的平面上，不能误认为是球面上同一个圆的三个投影。

画球的投影时，应画各面投影的中心线，再以球直径画球的三面投影，如图 2-48d 所示。

（3）圆球面上的点、线、面投影分析　圆球面上的三个"切线圆"$L_1$、$L_2$、$L_3$ 把球八等分，左前下部分球面（1/8 球）的三面投影如图 2-48c、d 中阴影部分所示，其余七个部分的投影由读者分析。

由于球面的三个投影都无积聚性，且球面上不存在直线，所以球面上定点一般用辅助圆法，即过已知点作平行于某一投影面的辅助圆，该圆的其他两投影均积聚为直线，然后按线上点的投影关系作点的各面投影，如点在转向轮廓线上，作投影连线即可求得。

如图 2-49 所示，已知球面上点 A 的正面投影 $a'$，求作其他两面投影 $a$、$a''$。可过点 A 作一平行于 $H$ 面的辅助圆 $L$（也可过 A 作平行 $V$、$W$ 面的辅助圆），作图时先过投影 $a'$ 作 $l'$，再作出圆的其他两面投影 $l$、

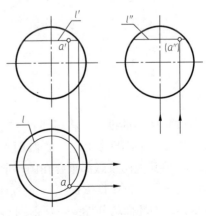

图 2-49　圆球面上的定点

$l''$，过点 $a'$ 作 $a'a$ 投影连线交 $l$ 于点 $a$，由投影 $a$、$a'$ 作出点 $a''$，如图 2-49 所示。

[例 2-16] 如图 2-50 所示，已知圆球面的三面投影，以及其上一曲线 $AD$ 的正面投影 $a'd'$，求其他两投影。

**解 分析** 可将曲线 $AD$ 看成由许多点组成，可在曲线 $AD$ 上添加点 $B$、$C$，然后分别作出这些点的其他两面投影，再将同面投影连成曲线。由于投影 $a'd'$ 可见，故曲线在前半个圆球面上。

**作图** 如图 2-50 所示，求各点的其他两面投影，再连成线，并判断可见性即可。

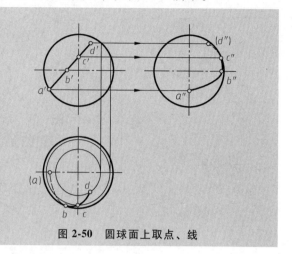

图 2-50 圆球面上取点、线

**4. 圆环**

（1）圆环的形成　如图 2-51a、b 所示，以圆（或半圆）为母线，以与该圆共平面但不过圆心的任意一直线 $L_0$ 为回转轴旋转所形成的曲面称为圆环面，简称环面。在圆环面上任一位置的圆母线称为素线圆。环面一般可分为外环面和内环面，远离轴线半圆形成的环面称为外环面，靠近轴线的半圆形成的环面称为内环面，圆环面围成的立体称为圆环，简称为环。

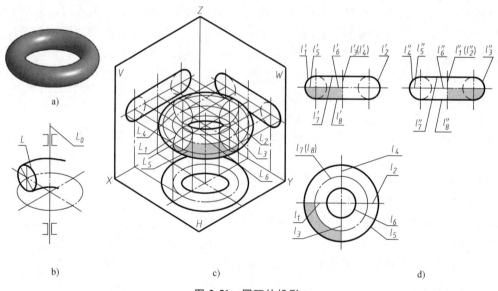

图 2-51 圆环的投影

（2）圆环的投影　将圆环置于三投影面体系中，如图 2-51c、d 所示，圆环的轴线处于铅垂位置。正面投影上左、右两圆 $l'_1$、$l'_2$ 是圆环面平行于 $V$ 面的两素线圆 $L_1$、$L_2$ 的投影。$L_1$、$L_2$ 的其他两投影都重合在圆环前、后对称平面的同面投影位置（前后对称线），但都不画出其投影。正面投影的上、下两直线 $l'_7$、$l'_8$ 是母线圆上最高、最低点的轨迹圆，$L_7$、$L_8$ 也是内、外环面的分界线。从前向后看，内环面不可见，故 $l'_1$、$l'_2$ 在 $V$ 面靠近轴线的一半画成虚线。圆环的侧面投影与正面投影类似，$l'_3$、$l'_4$ 是平行于 $W$ 面的两素线圆 $L_3$、$L_4$ 的侧面投影。

水平投影最大、最小圆 $l'_5$、$l'_6$ 是垂直于 $H$ 面的投射线与圆环面的切线圆 $L_5$、$L_6$ 的水平投影，它们的其他两面投影，分别在圆环上、下对称面的同面投影位置，图上都不画出投影。圆环母线圆心的轨迹圆，水平投影用点画线画出，$L_7$、$L_8$ 的水平投影也与此线重合。画图时，先画圆环各面投影的中心线、轴线及圆母线的圆心轨迹，然后画正面投影和侧面投影，最后画水平投影。

（3）圆环面上点、线、面投影分析  圆环面各部分投影重叠较多，为了在投影图上唯一地确定其上的点、线、面的投影位置，必须把每个部分环面的投影搞清楚。圆环的左右、前后、上下对称平面及外、内环面（即 $L_1$，$L_2$，$L_3$，…，$L_8$）把整个圆环面分成 16 部分，左前下外的 1/16 圆环的三面投影如图 2-51d 中阴影所示，该部分的水平投影不可见。环面其余部分投影由读者自行分析。

由于圆环面三投影均无积聚性，也不存在直线，故在圆环面上定点应采用辅助圆法。

[例 2-17]  如图 2-52 所示，已知圆环面上的四个点 $A$、$B$、$C$、$D$ 的正面投影 $a'$、$(b')$、$(c')$、$(d')$，并具有重影性，它们依次由前向后排列，求作它们的其他两面的投影。

解  分析  四点都处于右上四分之一环面上，根据四点的排列顺序可知点 $A$、$D$ 在外环面上，点 $A$ 在前（前外），点 $D$ 在后（后外），点 $B$、$C$ 在内环面上，点 $B$ 在前（前内），点 $C$ 在后（后内）。

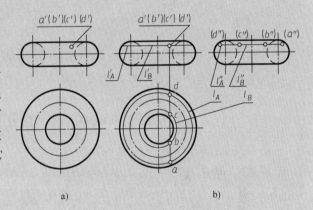

图 2-52  圆环的面上定点

作图

1）过点 $A$、$B$ 作垂直于回转轴（平行于 $H$ 面）的辅助纬圆 $L_A$、$L_B$（$l_A$、$l'_A$、$l''_A$、$l_B$、$l'_B$、$l''_B$）。

2）自点 $a'$ 作与水平投影的连线交 $l_A$ 于点 $a$、$d$，交 $l_B$ 于点 $b$、$c$，由投影 $a'$、$(b')$、$(c')$、$(d')$ 和 $a$、$b$、$c$、$d$，求出投影 $a''$、$b''$、$c''$、$d''$。

3）判断可见性。由于各点在上半环面，故其水平投影都可见。由于各点在右半环面上，侧面投影都不可见，故各点侧面投影为 $(a'')$、$(b'')$、$(c'')$、$(d'')$。

部分圆环面可视为由圆母线的一段圆弧回转而成，常称为圆弧回转面。如图 2-53 所示的圆弧回转面即为内环面的下面部分，由圆弧回转面及上、下底（圆平面）围成的立体称为圆弧回转体。

5. 组合回转体

实际生产中的回转体往往由上述圆柱、圆锥、圆环等回转体的全部或部分组合而成。图 2-54 所示为一手柄的部分结构，它的表面由圆柱面（母线为 $AB$）、环面（母线为 $BC$）、圆锥面（母线为 $CD$）、圆柱面（母线为 $DE$）、圆球面（母线为 $EF$）组合而成，这种立体称为组合回转体。作组合回转体的投影时，在不同的投影面上要画出不同的外形轮廓线。各形体光滑过渡处的轮廓线有的不必画出，如母线 *AB*、*BC* 形成的圆柱面与圆环面在它们的理论分界处（过点 *B* 的圆）相切，也即光滑连接，所以其正面投影上两表面的投影之间不画分界线。而其他相交的回转面之间都有交线，即分界线，投影中这些交线的投影都要画出来。

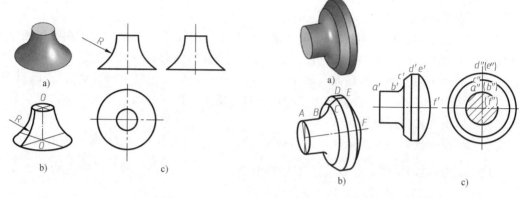

图 2-53　圆弧回转体　　　　　　　　　　　图 2-54　组合回转体

在组合回转面上取线定点时，必须先判断所求的点、线在哪个回转面上，然后再按前面讨论过的在回转面上取线定点的方法进行作图。

# 第六节　AutoCAD 中几何元素的投影

## 一、在 AutoCAD 中插入 Projector

在 AutoCAD 中插入 Projector（中文称为"投影工具"）能更好地将其作为一种工具，使"工程图学"课程的教学效果得到有效显著的提高。Projector 是在 AutoCAD 的基础上针对"工程图学"课程的特点进行的二次开发。双击安装图标🔲，然后根据提示步骤依次操作即可完成安装。安装好的界面上主菜单中多了一项"投影工具（P）"，主菜单"投影工具（P）"及其下级菜单如图 2-55a 所示。菜单中带有黑三角的按钮，长按后会弹出同类命令按钮，"投影工具"工具栏（以下简称为"投影"工具栏）如图 2-55b 所示。

## 二、应用投影工具图解几何元素相对位置的投影

有了"投影"工具栏，传统几何元素及其相对位置的投影就可以在可视化环境中进行，还可以便利地图解其定位和度量等问题。

*1. 点的投影*

如图 2-56a 所示，已知点的两面投影求其第三面投影。

1）单击"投影"工具栏中"投影箱"按钮📐，将几何元素置于有三投影面体系的投影箱内，如图 2-56b 所示。

2）单击"投影"工具栏中"逆交点"按钮📌。命令行提示："点的一面投影"，单击 *a*′，命令行又提示："点的另一面投影"，单击 *a*″，此时系统自动自 *a*′、*a*″两投影点逆射出两

a)"投影工具"的主菜单

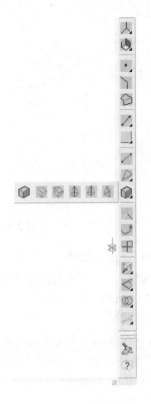

b)"投影工具"工具栏

图 2-55　投影工具的主菜单和工具栏

投射线并止于点 $A$ 处。用类似方法作出交点 $B$，如图 2-56c 所示。

3）单击"投影"工具栏中"点投影"按钮，命令行提示："指定需要投影的空间点"，单击点 $A$，命令行又提示："指定一个投影面<或指定投影箱外任意一点>:"，单击 $H$ 面任意一点，此时系统自动画出自点 $A$ 向 $H$ 面的投射线 $Aa$。用类似方法作出点 $B$ 向 $W$ 面的投射线 $Bb''$，如图 2-56d 所示。

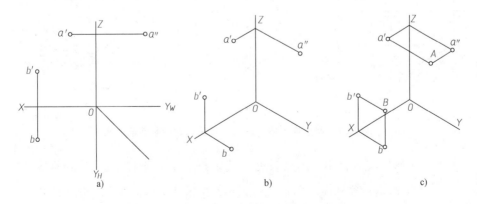

图 2-56　已知点的两面投影求其第三个投影

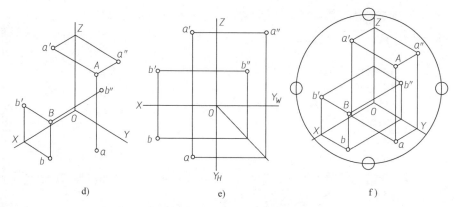

d)　　　　　　　　　e)　　　　　　　　　f)

**图 2-56　已知点的两面投影求其第三个投影（续）**

4）单击"投影"工具栏中"投影图"按钮 ⊞，此时系统自动展平投影面（隐去空间点和投射线），人工加上投影连线和必要的标注（系统只能显示与投影有关的线、点）完成解题作图，如图 2-56e 所示。

讨论：

1）在如图 2-56d 所示的基础上单击"动态观察"工具栏中的"自由动态观察"按钮 ◑，可便利地看到两空间点及其投影的相对位置（左右、前后、上下），如图 2-56f 所示。

2）作点 C 的投影，使点 C 与点 A 有两个相同坐标，可演示重影点的投影。

**2. 直线的投影**

（1）两点连成线　不重合的两点确定一条直线，将两点连成线（投影面上的点必须同面投影相连，空间点直接相连）便成了直线的投影，如图 2-57a、b 所示。在如图 2-57b 所示的基础上，可以直接测量出一般位置直线实长及其对投影面的倾角。

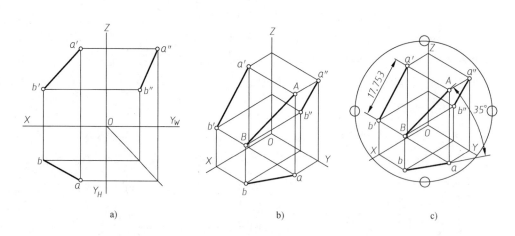

a)　　　　　　　　　b)　　　　　　　　　c)

**图 2-57　两点连成线的投影、实长和对投影面的倾角**

1）单击"投影"工具栏中"直线长度"按钮 ▦，命令行提示："选择直线："，此时在要测量的直线上单击，系统立即显示直线的实际长度尺寸，如图 2-57c 所示。

2）直线对投影面的倾角定义为直线与其在该投影面上的投影之夹角。单击"投影"工具栏中"线线夹角"按钮 ，命令行提示："选择第一条直线:"，单击 $ab$，命令行又提示："选择第二条直线:"，单击 $AB$，系统立即显示测量夹角的实际数值，如图 2-57c 所示。此时配合使用自由动态观察，可多视角观察，如图 2-57c 所示。

（2）逆交直线和直线投影

1）逆交直线。将图 2-57a 所示置于投影箱，如图 2-58a 所示，单击"投影"工具栏中"逆交直线"按钮 ，命令行提示："指定空间直线的一面投影:"，单击 $ab$，命令行又提示："指定空间直线的另一面投影:"，单击 $a'b'$，系统立即显示空间直线 $AB$。要注意的是任意两投影都可逆交出空间直线。

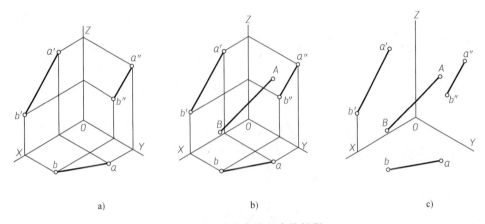

图 2-58 逆交直线和直线投影

2）直线投影。将图 2-58b 所示投影面上的投影删去，只留下空间直线，单击"投影"工具栏中"指定空间直线"按钮 ，命令行提示："指定空间直线:"，单击空间直线，系统立即显示空间直线的三面投影，如图 2-58c 所示。单击"投影图"按钮 ，系统展平投影面，补上投影连线和标注，便成了如图 2-57a 所示的直线的三面投影。

3. 平面的投影

（1）由投影图创建空间面　不在一条直线上的三点确定一个平面。在如图 2-57a 所示直线的基础上再增加一点 $C$ 便成了一个平面的三面投影，如图 2-59a 所示。重复用前述逆交点方法，作出三个空间点 $A$、$B$、$C$，如图 2-59b 所示。

单击"投影"工具栏中"作倾斜面"按钮 ，命令行提示："第一空间点:第二空间点:第三空间点:"，依次单击三个空间点后按〈Enter〉键，命令行又提示："创建线框（F）或实体面?：[实体面]"，按〈Enter〉键后系统立即显示空间平面，如图 2-59c 所示。

（2）由空间平面创建投影图　将图 2-59c 所示投影面上的投影删去，只留下空间平面，效果如图 2-60a 所示。单击"投影"工具栏中"面或体投影"按钮 ，命令行提示："指定组合体:"，单击空间平面，命令行又提示："指定投影面 [输入 h/v/w，或按〈Enter〉键指定三个投影面]:"，按〈Enter〉键后系统立即显示空间三面投影图，如图 2-60b 所示。单击"投影图"按钮 ，系统展平投影面，如图 2-60c 所示。补上投影连线和标注便成了如图 2-59a 所示平面的三面投影。

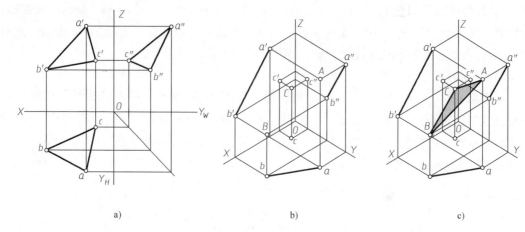

图 2-59 由投影图创建空间面

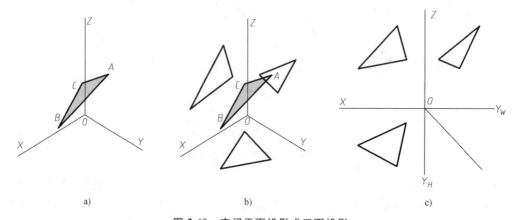

图 2-60 空间平面投影成三面投影

4. 基本几何体的投影

由投影图创建空间基本几何体。

（1）用逆交点方法创建几何体 如图 2-61a 所示的三棱锥是在三角形基础上又增加一点构成的，重复用前述逆交点方法，作出四个空间点 $S$、$A$、$B$、$C$，如图 2-61b 所示。

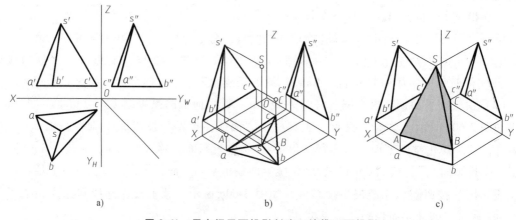

图 2-61 用空间平面投影创建三棱锥三面投影

单击"投影"工具栏中"作棱锥体"按钮，命令行提示："指定棱锥顶点："，单击点 $S$，命令行提示："再指定棱锥底面角点："，单击点 $A$，命令行又重复提示："再指定棱锥底面角点："，按提示依次单击点 $B$、$C$，所有空间点都选择完后按〈Enter〉键，系统立即显示出三棱锥体，如图 2-61c 所示。

（2）用拉伸方法创建几何体　如图 2-62a 所示的六棱柱，可看成由端面形状正六边形沿端面法线方向拉伸一定的厚度而成。

将图 2-62a 所示图形置于投影箱，如图 2-62b 所示。单击"投影"工具栏中"边界拉伸"按钮，命令行提示："指定封闭线框："，单击正六边形，命令行提示："指定封闭线框各条边线："，依次单击构成封闭线框每条边，封闭线框全选后按〈Enter〉键，命令行提示："指定封闭线框内部点："，单击正六边形任意一点，整个封闭线框连成一整体并改变颜色（颜色是随机的，以示选中了一个面域），命令行又提示："指定拉伸起点或按〈Enter〉键接受定长："，此时在相邻投影面上单击拉伸起点，如此处是单击 $V$ 面或 $W$ 面上任一棱线的下端点，命令行又提示："指定拉伸终点："，此时单击任意一条棱线的上端点，系统立即显示出六棱柱体，如图 2-62c 所示。

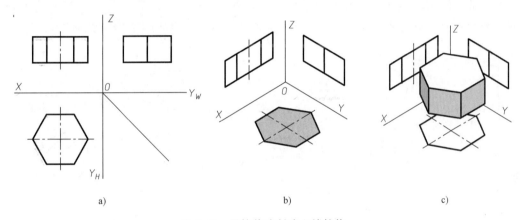

a)　　　　　　　　　　b)　　　　　　　　　　c)

图 2-62　用拉伸法创建六棱柱体

讨论：这种方式可以用于端面是多边形、圆、圆弧加直线等任意的平面图形，这样形成的立体都是柱体，称为广义柱体。

（3）用旋转方法创建几何体　如图 2-63a 所示的圆锥体，可看成由形成圆锥面的直母线、圆锥底圆半径及圆锥高组成的直角三角形绕圆锥轴线回转 360°形成。旋转的平面图形称为特征图形，对于此处正面投影或侧面投影的一半图形也可看成是特征图形。将图 2-63a 所示图形置于投影箱，如图 2-63b 所示。单击"投影"工具栏中"边界旋转"按钮，命令行提示："指定封闭线框："，单击拟作为特征图形的任一边，命令行又提示："指定封闭线框各条边线："，依次单击构成封闭线框每条边，封闭线框全选后按〈Enter〉键，命令行提示："指定封闭线框内部点："，单击特征图形（直角三角形）内任意一点，整个封闭线框连成一整体并改变颜色（颜色是随机的，以示选中了一个面域），命令行又提示："指定旋转轴起点："，单击轴线上任意一点，命令行又提示："指定旋转轴端点："，再单击轴线上任意一点（两点决定一转轴），系统立即显示出圆锥体并在命令行提示："移动到指定点？"，

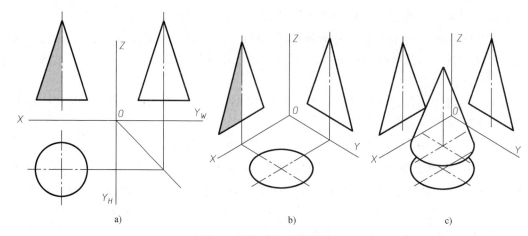

**图 2-63　用旋转法创建圆锥体**

单击相邻投影面轴线位置，结果如图 2-63c 所示。

讨论：这种方式可以用于特征图形为任意图形的平面图形，这样形成的立体都是回转体。有些常见的回转体有专有名称，如圆柱、圆锥、圆球、圆环等。图 2-64 所示为几种特征图形经旋转而形成的几何体（上一行为特征图形，下一行为与其对应的几何体）。

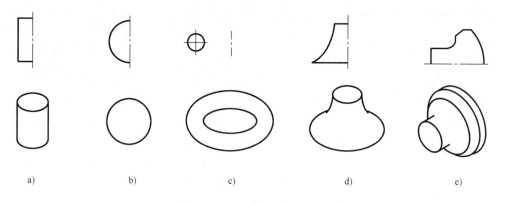

**图 2-64　用旋转法创建回转体**

（4）由几何体创建三面投影　有了几何体，创建其三面投影是很方便的。先把几何体（包括后面介绍的组合体以及更复杂的形体）置于投影箱，只需用"面或体投影"命令，系统便会自动生成三面投影，且虚实分明，不多线、不缺线。以图 2-64e 所示的组合回转体为例操作如下：

将图 2-64e 所示图形置于投影箱，如图 2-65a 所示。单击"投影"工具栏中"面或体投影"按钮 ，命令行提示："指定组合体："，单击组合回转体，命令行又提示："指定投影面 [输入 h/v/w，或按〈Enter〉键指定三个投影面]："，按〈Enter〉键后系统在投影箱中生成三面投影，如图 2-65b 所示。若只需要某一投影，就输入"H""V"或"W"字母，单击"投影"工具栏中"投影图"按钮 ，系统展平三投影图，如图 2-65c 所示。

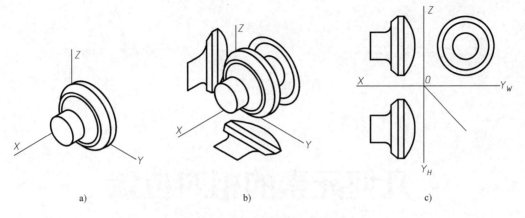

a)                            b)                            c)

图 2-65　由几何体创建三面投影

# 第三章

# 几何元素的相对位置

第二章主要讨论了点、线、面、体的投影，本章将继续讨论它们之间的相对位置关系及其投影特性。

点、线、面、体的相对位置见表 3-1。

**表 3-1 点、线、面、体的相对位置**

| 几何元素 | 点 | 直线 | 平面 | 立体 |
|---|---|---|---|---|
| 点 | 两点的相对位置 | 点、线相对位置 | 平面上取线定点 | 立体表面上取线定点 |
| 直线 | | 两直线的相对位置<br>（平行、相交、交叉、垂直） | 直线与平面的相对位置 | 立体表面上的直线 |
| 平面 | | | 两平面的相对位置<br>（平行、相交、垂直） | 平面与立体相交（截交线） |
| 立体 | | | | 两立体相交（相贯线） |

从表 3-1 中可以看出：点、线、面、体的相对位置共计有十项，由于叙述的需要，其中第一行及第二行的两点、两直线、点与直线的相对位置和平面上取线定点、立体表面上取线定点五项在第二章中已讨论过，本章主要讨论剩下的五项。

## 第一节　直线与平面、平面与平面的相对位置

直线与平面及两平面的相对位置有相交和平行（直线重合于平面或两平面互相重合属于平行的特例）两种情况。垂直是相交中的特例，由于该情况比较重要，所以本节对平行、相交、垂直三个问题加以讨论。

### 一、平行问题

1. 直线与平面平行

根据初等几何的定理可知，直线与平面平行的充分必要条件是直线平行于平面上的某一直线。也即：①若平面外一直线平行于平面上的某一直线，则直线必平行于该平面（如图 3-1 所示，直线 $AB$ 平行于平面 $P$ 内的某一直线 $CD$，则直线 $AB$ 平行于平面 $P$）；②若一直线

平行于一平面，则通过平面上任意一点必能在该平面上作一直线平行于已知直线（如图 3-2 所示，因为直线 $AB$ 平行于平面 $P$，所以过平面上任一点 $C$ 或 $E$，都能作直线 $CD$、$EF$ 平行于已知直线 $AB$）。

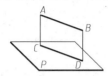

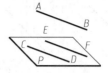

图 3-1　直线与平面平行的条件　　　　图 3-2　在平面上引平行直线的条件

运用上述两定理，可以解决以下的作图问题：

1）过已知点作直线平行于已知平面。

2）过已知点作平面平行于已知直线。

3）判断直线与平面是否平行。

**［例 3-1］**　过点 $A$ 作一水平线 $AB$ 平行于平面 $\triangle CDE$，如图 3-3a 所示。

**解　分析**　过平面外一点可以作出无数条直线平行于该平面，但本例题指定所作的直线是水平线，那么在平面上与其平行的就只能是水平线（该平面上的水平线有无数条，但方向是唯一的）。

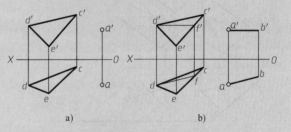

图 3-3　过点作与平面平行的水平线

**作图**　如图 3-3b 所示。

1）在平面 $\triangle CDE$ 中任意作一水平线 $DF$。

2）过点 $A$ 作直线 $AB$ 平行于直线 $DF$（$a'b'//d'f'$，$ab//df$），则直线 $AB$ 即为所求。

**［例 3-2］**　过点 $A$ 作铅垂面平行于直线 $DE$，如图 3-4a 所示。

**解　分析**　过点 $A$ 作直线 $AB//DE$（$a'b'//d'e'$，$ab//de$），则过直线 $AB$ 的任一平面都平行于直线 $DE$。本例题指定求作一铅垂面，根据铅垂面的投影特性，其水平投影有积聚性。设所作平面为 $P$，则投影 $ab$ 应与 $P_H$ 重合。由 $ab//de$ 可知，若一直线与某投影面垂直面平行时，则该直线必有一个投影平行于平面有积聚性的投影。

**［例 3-3］**　试判断直线 $DE$ 与平面 $\triangle ABC$ 是否平行，如图 3-5a 所示。

**解　分析**　先假设直线 $DE$ 与平面 $\triangle ABC$ 是平行的，则在平面 $\triangle ABC$ 上必能作一直线与直线 $DE$ 平行，否则直线与平面不平行。

**作图**　如图 3-5b 所示。

1）在正面投影中，作 $\triangle ABC$ 内的直线 $AF$，使 $a'f'//d'e'$。

2）求直线 $AF$ 的水平投影 $af$。

3）因 $af \not\!/ de$，所以直线 $DE$ 与平面 $\triangle ABC$ 不平行。

**2. 平面与平面平行**

根据初等几何定理可知，若一平面上的相交两直线对应地平行于另一平面上的相交两直线，则此两平面互相平行。如图 3-6 所示，若 $AB//DE$、$AC//FG$，则平面 $P$ 平行于平面 $Q$。

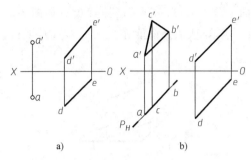

图 3-4　过点作与已知直线平行的铅垂面

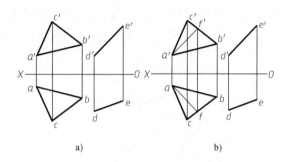

图 3-5　判断直线与平面是否平行

　　根据两直线平行和相交的投影特性，如图 3-7 所示，两相交直线 $AB$、$AC$ 的两面投影均对应平行于另外两相交直线 $DE$、$FG$ 的两面投影，即 $a'b'//d'e'$、$ab//de$（直线 $AB$ 平行于直线 $DE$）。由于 $a'c'//f'g'$、$ac//fg$（直线 $AC$ 平行于直线 $FG$），所以相交两直线 $AB$、$BC$ 所决定的平面必平行于相交两直线 $DE$、$FG$ 所决定的平面。

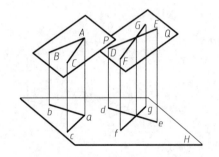

图 3-6　两平面平行的条件图

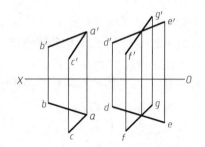

图 3-7　两平面平行的投影图

运用上述定理和投影特点可以解决以下问题：

1）判断两平面是否平行。

2）过平面外一点作该平面的平行平面。

　　**[例 3-4]**　已知△$ABC$、△$DEF$ 的两面投影，且 $AC//EF$，判断两平面是否平行。

　　**解　分析**　可先在其中一个平面上任意作两相交直线，若在另一平面上能找到与其对应平行的两直线，则此两平面相互平行；否则，两平面不平行。

　　**作图**　为作图方便，在△$DEF$ 中取 $DF$、$EF$ 两相交直线。由于 $EF//AC$，所以只要再检查在平面 △$ABC$ 中能否找到与直线 $DF$ 平行的直线即可。方法有两种，如图 3-8 所示。

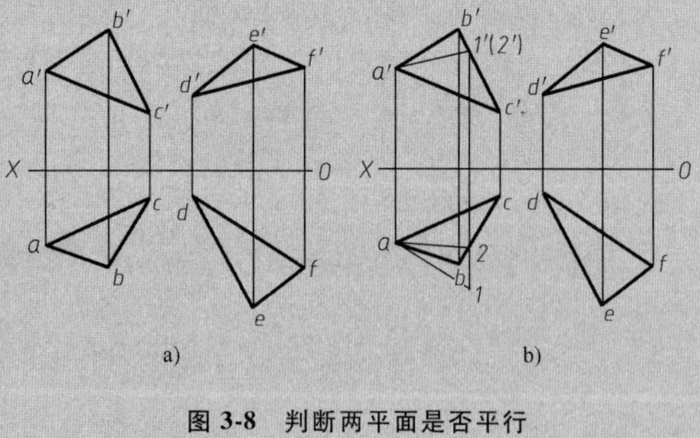

　　**方法一：**作 $A\mathrm{I}//DF$，即 $a'1'//d'f'$、$a1//df$。由于点 Ⅰ 不在平面内，即 $A\mathrm{I}$ 不在平面△$ABC$ 内，所以两平面不平行。

图 3-8　判断两平面是否平行

**方法二**：试图在平面△*ABC* 内作 *DF* 的平行线，为此，作 *a'2' // d'f'*，求出 *a2*，由水平投影可以看出，*a2 ⫫ df*，即在△*ABC* 内作不出平行于直线 *DF* 的直线，所以也说明两平面不平行。

在特殊情况下，若两个投影面垂直面互相平行，则该两平面具有积聚性的同面投影必然互相平行；反之亦然。如图 3-9a 所示，两铅垂面△*ABC*（平面 *P*）与四边形 *DEFG*（平面 *Q*）互相平行，则该两平面的有积聚性的水平投影 *abc* 与 *defg* 必互相平行（由初等几何定理知：两平行平面与第三平面的交线也平行），或该两平面的水平迹线 $P_H$ 与 $Q_H$ 互相平行；反之，如图 3-9b 所示，若已知投影图上 $P_H // Q_H$，则空间平面 *P* 与 *Q* 一定互相平行。事实上可以把平面在相邻两投影面上的迹线看成是特殊的相交两直线，只要积聚性投影的迹线互相平行，相邻投影面上的迹线一定互相平行（因为它们都垂直于相邻投影轴，只是通常不必画出它们）。既然有相交两直线对应平行，则由它们确定的两平面当然平行。

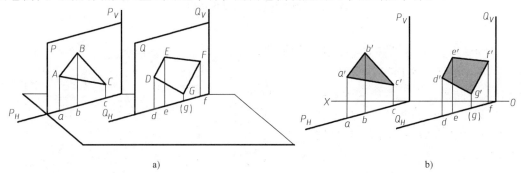

a)                                     b)

图 3-9 两铅垂面互相平行

要注意上述定理中的"相交"和"对应"两词的内涵：

1）表示两平面的两组平行直线对应平行，不能确定空间两平面是否平行。如图 3-10a 所示，*AB // CD // EF // GH*，两组平行直线表示两平面，它们是否平行呢？根据上述定理，只要在两平面内各作相交两直线，便可得出结论。为此，在平面（*AB // CD*）内任意作一直线

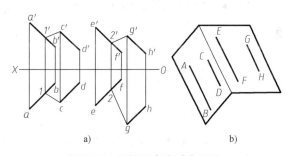

a)                         b)

图 3-10 平行两直线对应平行

*C*Ⅰ（*c'1'*、*c1*），在平面（*EF // GH*）内作直线 *G*Ⅱ（*g'2'*、*g2*）试图与 *C*Ⅰ平行，即作 *g'2' // c'1'*。由 *g'2'* 求出 *g2*，发现 *g2 ⫫ c1*，则 *G*Ⅱ ⫫ *C*Ⅰ，故两平面不平行。两平面之所以不平行，是因为确定两平面的两组平行线都平行于该两平面的交线，如图 3-10b 所示。所以，确定两平面的两组平行直线对应平行，并不能说明两平面平行。

2）表示两平面的两组相交直线不对应平行，则两平面不平行。如图 3-11a 所示，粗略看来，由两组相交直线表示的两平面在每个投影面上 4 根投影线段两两平行。但仔细对照，水平投影中 *ab // de*，正面投影中 *a'b' ⫫ d'e'*，而是 *a'b' // e'f'*，即不对应平行。同样，水平投影中 *ac // ef*，正面投影中 *a'c' // d'e'*，也不对应平行，所以两平面不平行。如图 3-11b 所示，把两组相交两直线连成三角形，并作出其空间平面在两投影面体系中的投影，显然这两个平面不平行。

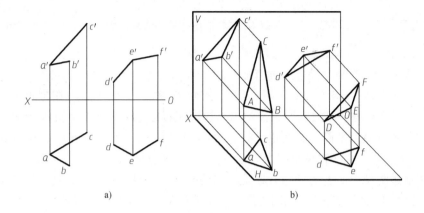

a)                                    b)

**图 3-11 相交两直线不对应平行**

[例 3-5] 过点 K 作平面平行于已知平面 $\triangle ABC$，如图 3-12a 所示。

**解 分析** 根据两平面平行的条件，最简便的方法是过点 K 作相交两直线分别平行于 $\triangle ABC$ 的两条边，则所作的相交两直线所确定的平面必平行于 $\triangle ABC$。

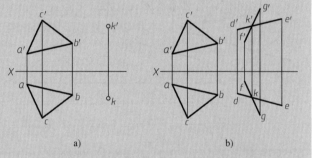

a)                    b)

**图 3-12 过点 K 作平面平行于已知平面**

**作图** 如图 3-12b 所示。

1）过点 K 作直线 FG 平行于 $\triangle ABC$ 的 AB 边所在直线，即作 $f'g'//a'b'$、$fg//ab$。

2）过点 K 作直线 DE 平行于 $\triangle ABC$ 的 AC 边所在直线，即作 $d'e'//a'c'$、$de//ac$。

## 二、相交问题

直线与平面、平面与平面若不平行，则一定相交。如图 3-13 所示，直线与平面相交，试求出交点，并把线上被平面遮住的部分画成虚线，表示该部分不可见，即判断可见性。两平面相交，要求出交线（直线），也要判断可见性。直线与平面的交点既是它们的共有点，也是可见性的分界点。两平面的交线既是两平面的共有线，也是可见性的分界线。由图 3-13b 所示可以看出，只要求出两平面的两个共有点，如点 M、N（或一个共有点及交线的方向），即可确定两平面的共有线。求两平面的共有点，实际上是求一平面内的直线（通常是平面图形的边线）对另一平面的交点。因此，求两平面交线的问题，实质上就是求直线与平面的交点问题。

在投影图上，求直线与平面的交点或两平面的交线问

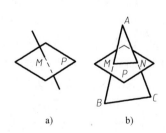

a)              b)

**图 3-13 直线与平面相交、两平面相交**

题可分为两种情况：一种是特殊位置情况，即当参与相交的直线或平面处于某些特殊位置
时，利用其投影的积聚性来求交点和交线；另一种情况是一般位置情况，则要利用后面将要
介绍的辅助面法求交点和交线。

1. 利用积聚性求交点和交线

当直线或平面的投影具有积聚性时，根据交点是参与相交的直线与平面的共有点和交线
是参与相交的两平面的共有线的性质，可以直接在有积聚性的投影中确定交点或交线的一个
投影，然后再按点、线、面的从属关系求出它们的其他投影。

（1）一般位置直线与特殊位置平面相交

[例3-6]　求一般位置直线 $AB$ 与铅垂面△$DEF$ 的交点 $M$，如图 3-14a 所示。

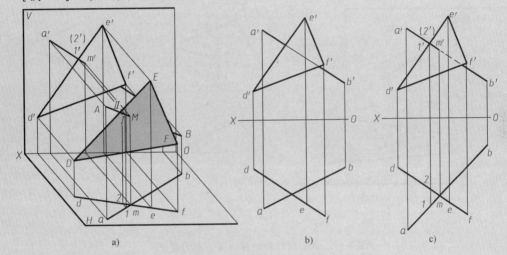

图 3-14　求一般位置直线与铅垂面的交点

**解　分析**　由于交点 $M$ 是直线 $AB$ 与铅垂面△$DEF$ 的共有点，所以它的水平投影一定是直
线 $AB$ 的水平投影 $ab$ 与铅垂面△$DEF$ 的水平投影 $def$ 的交点 $m$。既然交点 $M$ 是直线 $AB$ 上
的点，那么根据点、线的从属关系的投影特性，可由水平投影 $m$ 求得交点的正面投影 $m'$。

**作图**　如图 3-14 所示。

1）求交点。由线、面水平投影之交点便可确定它们交点的水平投影 $m$，由投影 $m$ 向
上作投影连线与投影 $a'b'$ 的交点便为交点的正面投影 $m'$。

2）判断可见性。为了增强投影图的直观性，应对线、面投影的重叠部分判断它们的
可见性。在水平投影中，除交点 $M$ 外无投影重叠问题，由于平面积聚成线，不会产生遮
挡现象，故不必进行可见性判断。在正面投影中，平面△$DEF$ 无积聚性，它会遮挡部分
直线段。交点 $M$ 的正面投影 $m'$ 是直线 $AB$ 正面投影 $a'b'$ 上可见段与不可见段的分界点。故
判断投影 $a'm'$ 和 $m'b'$ 的可见性时，可利用交叉两直线重影点可见性的判断方法来进行。
如利用直线 $AB$ 与△$DEF$ 的一边 $DE$ 对正面的重影点 I、II 来判定。自投影 $a'b'$ 与 $d'e'$ 的
交点向下作投影连线与投影 $ab$、$de$ 分别交于点 1、2，显然，直线 $AB$ 上的点 I 的 $y$ 坐标大
于 $DE$ 上的点 II 的 $y$ 坐标，所以点 I 的正面投影 $1'$ 可见，也即 $AM$ 的这段正面投影为可见，
应以粗实线画出。另一段直线的投影 $m'b'$ 被平面△$d'e'f'$ 遮住的部分为不可见，应画成虚
线。可见性的判断也可以从投影图直接观察出。从图 3-14c 所示的水平投影中可以看出，

可见性的分界点 $M$ 把直线分成两部分，线段 $AM$ 在平面 $\triangle DEF$ 前，其正面投影 $a'm'$ 为可见；线段 $MB$ 在平面 $\triangle DEF$ 之后，其正面投影 $m'b'$ 与 $\triangle d'e'f'$ 重叠部分不可见。

（2）特殊位置直线与一般位置平面相交

[例 3-7]　如图 3-15a 所示，已知铅垂线 $AB$ 与一般位置平面 $\triangle DEF$ 相交，求其交点。

**解　分析**　由于铅垂线 $AB$ 的水平投影有积聚性，所以交点 $M$ 的水平投影（$m$）与铅垂线 $AB$ 的投影 $a(b)$ 重合，可直接求出。又因为交点 $M$ 是平面 $\triangle DEF$ 上的点，故可利用面上取点的作图方法求得交点 $M$ 的正面投影 $m'$。

**作图**　如图 3-15 所示。

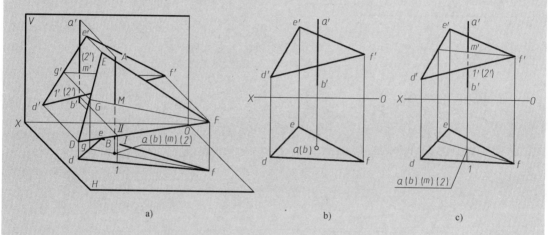

图 3-15　求铅垂线与一般位置平面的交点

1）在水平投影中确定交点 $M$ 的水平投影（$m$）。

2）在平面 $\triangle DEF$ 内过交点 $M$ 作辅助线 $FG$，先在水平投影中作出 $fg$，再求出正面投影 $f'g'$。

3）根据点、线从属关系，由水平投影 $m$ 求出交点 $M$ 的正面投影 $m'$。

4）判断可见性。由于铅垂线 $AB$ 与平面 $\triangle DEF$ 的一边 $DF$ 是交叉两直线，故可根据它们对正面的重影点 Ⅰ、Ⅱ 的可见性来判断。从水平投影可以看出点 Ⅰ 的 $y$ 坐标大于点 Ⅱ 的 $y$ 坐标，即直线 $DF$ 上的点 Ⅰ 在直线 $AB$ 上的点 Ⅱ 的前方。由此可判断直线 $AM$ 的正面投影 $a'm'$ 可见，而另一段直线 $MB$ 的正面投影 $m'b'$ 被平面 $\triangle d'e'f'$ 遮住的部分不可见。此例的可见性判断，也可类似上例由投影图观察直接得出。

（3）一般位置平面与特殊位置平面相交

[例 3-8]　如图 3-16a 所示，求正垂面 $ABCD$ 与一般位置平面 $\triangle EFG$ 的交线。

**解　分析**　正垂面 $ABCD$ 的正面投影（$a'$）（$b'$）$c'd'$ 有积聚性，故交线 $MN$ 的正面投影（$m'n'$）必定在平面（$a'$）（$b'$）$c'd'$ 上，又因为交线 $MN$ 也在平面 $\triangle EFG$ 上，故可按面上定点取线的方法求出交线 $MN$ 的水平投影 $mn$。

**作图**

1）在正面投影中，利用正垂面 $ABCD$ 的积聚性直接画出交线 $MN$ 的正面投影 $m'n'$。

2）因 $m'n'$ 是平面 $\triangle EFG$ 内的直线 $MN$ 的正面投影，根据点、线从属关系和面上取线的作图方法，求出共有线 $MN$ 的水平投影 $mn$。

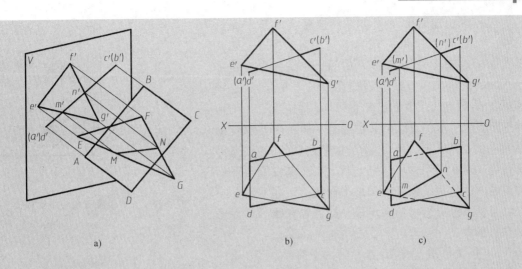

图 3-16　正垂面与一般位置平面相交

3）判断可见性。根据交线的投影是两平面投影重叠部分可见与不可见的分界线，由于交线是可见的，因而将交线 MN 的水平投影画成粗实线。以交线 MN 为界，根据两平面正面投影的上、下位置可知，平面△EFG 的正面投影△e'f'g' 被投影 m'n' 分成两部分，四边形 e'f'(n')(m') 在投影 m'n' 上方，说明平面△EFG 中的一部分四边形 EFNM 在正垂面 ABCD 的上方，所以，其水平投影 efnm 可见，应画成粗实线。两者的水平投影重叠部分应是正垂面水平投影 abcd 中的一部分不可见，也即 ab、ad 在四边形 efnm 内的部分应画成虚线。而平面△MNG 的另一部分为△EFG；在正垂面 ABCD 的下方，所以它的水平投影△mng 被正垂面 ABCD 遮住的部分为不可见。上述的可见性判断也可以用交叉两直线的重影点来判断。

（4）两特殊位置平面相交

如图 3-17 所示，两铅垂面△ABC 与△DEF 相交，该两相交平面的水平投影积聚成相交的两直线。两平面交线 MN 的水平投影必然重合在该两积聚性直线的交点上，即 MN 是铅垂线。其正面投影必是垂直于 X 轴的直线 m'n'，且 m'n' 的长度限于两平面正面投影的重叠范围之内。可见性的判断方法类似上例，如图 3-17b 所示。

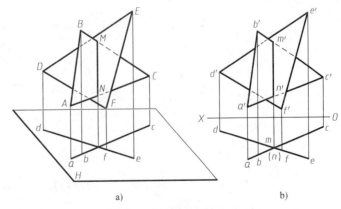

图 3-17　两特殊位置平面相交

2. 利用辅助平面求交点、交线

一般位置直线和平面相交或两一般位置平面相交，由于它们的投影都无积聚性，不能直接在投影图上求得交点或交线的投影，故需应用下面介绍的辅助平面法求解。

（1）利用辅助平面法求一般位置直线与平面的交点　如图 3-18 所示，直线 $AB$ 与平面 $\triangle DEF$ 交于共有点 $M$，点 $M$ 是平面 $\triangle DEF$ 内的一点，它一定在平面 $\triangle DEF$ 内的某一直线上（如在直线 Ⅰ Ⅱ 上），这样过交点 $M$ 的直线 Ⅰ Ⅱ 和已知直线 $AB$ 就构成了一个辅助平面 $P$。显然，直线 Ⅰ Ⅱ 也就是平面 $\triangle DEF$ 和辅助平面 $P$ 的交线。交线 Ⅰ Ⅱ 和已知直线 $AB$ 的交点 $M$ 即为直线 $AB$ 和平面 $\triangle DEF$ 的交点。上述求直线与平面交点的方法称为线面交点辅助平面法。

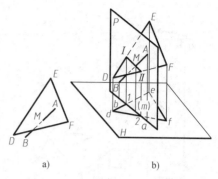

图 3-18　一般位置直线与平面相交

通过以上分析可归纳出求一般位置直线与平面之交点的步骤：

1）包含已知直线 $AB$ 作一辅助平面 $P$。

2）求出辅助平面与已知平面 $\triangle DEF$ 的交线 Ⅰ Ⅱ。

3）求出交线 Ⅰ Ⅱ 与已知直线的交点 $M$，点 $M$ 即为直线 $AB$ 与已知平面 $\triangle DEF$ 的交点。

过直线 $AB$ 可以作无数个平面，但为了作图简便，通常是包含直线作特殊位置平面（投影面垂直面或平行面）为辅助面，这样可以很方便地求出辅助平面与已知平面的交线。

[例 3-9]　求直线 $AB$ 与平面 $\triangle DEF$ 的交点 $M$，如图 3-19a 所示。

**解　分析**　如图 3-18 所示，按上述原理和方法进行分析。

**作图**

1）作一包含直线 $AB$ 的铅垂面 $P$（也可以过直线 $AB$ 作正垂面）为辅助平面，辅助平面 $P$ 用迹线表示，水平迹线 $P_H$ 与投影 $ab$ 重合，正面迹线因与作图无关，故一般可省去不画，如图 3-19b 所示。

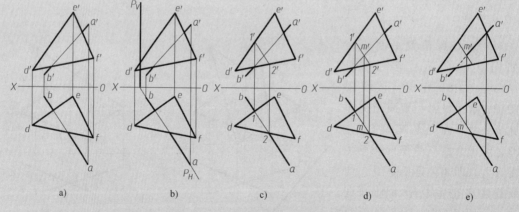

a)　　b)　　c)　　d)　　e)

图 3-19　求一般位置线面交点的方法步骤

2）求出辅助平面 $P$ 与已知平面 $\triangle DEF$ 的交线 Ⅰ Ⅱ，如图 3-19c 所示，先确定投影 1、2，再求出投影 1′、2′。

3）求出交线 Ⅰ Ⅱ 与已知直线 $AB$ 的交点 $M$（点 $M$ 即为直线 $AB$ 与已知平面 $\triangle DEF$ 的交点）。如图 3-19d 所示，先在正面投影中找出投影 1′2′ 与 $a'b'$ 的交点 $m'$，再根据投影 $m'$ 求出投影 $m$，即得交点 $M$ 的两面投影。

4）判断可见性。利用交叉直线的重影点可见性的判断方法，分别判断各投影的可见性，具体方法如前所述。其结果如图 3-19e 所示。

（2）利用辅助平面法求两一般位置平面的交线　两平面图形相交有两种情况：一种是一个平面图形全部穿过另一个平面图形，这种情况称为全交，如图 3-20a 所示；另一种是两平面图形的边线互相穿过，这种情况称为互交，如图 3-20b 所示。图 3-20b 所示为由图 3-20a 中所示 △DEF 扩大为 △DEG 而形成互交（也可将 △DEF 向右移一距离而形成互交）的。这两种相交情况的实质是一样的，因此，求解方法也相同。对于互交，由于平面图形有一定的范围，因此，其交线也有一定的范围，一般取两平面图形共有的一部分。应用辅助平面法求两

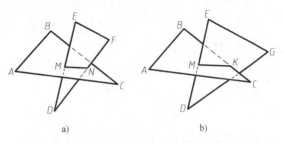

图 3-20　两平面相交的两种情况

平面交线可有以下两种方法：

**方法一**：线面交点辅助平面法。可在一平面（或两平面上）上任取两直线，分别作出它们与另一平面的交点，连接后即为此两平面的交线（实质上是把一般位置直线与平面求交点的方法做两次）。

[例 3-10]　如图 3-21a 所示，求平面 △ABC 与平面 △DEF 的交线。

**解　分析**　在 △DEF 中选取 DE、DF 两边线，分别作出它们与平面 △ABC 的交点，连接后即为所求交线。

**作图**　如图 3-21b 所示。

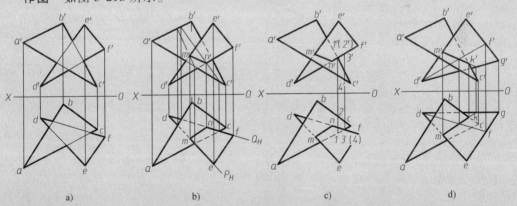

图 3-21　用线面交点辅助平面法求两平面交线

1）作辅助平面 P，求出 DE 边与 △ABC 的交点 M(m'、m)。

2）作辅助平面 Q，求出 DF 边与 △ABC 的交点 N(n'、n)。

3）将交点的同面投影相连，则 m'n'、mn 即为所求交线的投影。

4）判断可见性，如图 3-21c 所示。

① 正面投影的可见性。取重影点Ⅰ、Ⅱ，可判断出 n'f' 可见，进而推知四边形 n'f'e'm' 可见，线段 b'c' 与四边形 n'f'e'm' 重合部分被其遮住了，所以为不可见。由于两平面之交线，

既是共有线，又是可见性的分界线，故△d'e'f'中除了四边形 n'f'e'm' 部分可见外，过了线段 m'n' 则为不可见，被△ABC 遮住了，但露在△ABC 外的部分仍可见。

② 水平投影的可见性。仿正面投影可见性的判断方法，取重影点Ⅲ、Ⅳ，即可判断。

由此可见，一个投影面上投影的可见性只要考察一对重影点即可。

如图 3-21a 所示，把△DEF 扩大到△DEG 便成了如图 3-21d 所示的互交的情况。前面提及可以过两平面图形中任意两条线作辅助平面，如本例题，除了过投影 de 作辅助铅垂面，求得点 M 外，另一点 N 可过投影 b'c' 作辅助正垂面求得。

**方法二**：三面共点辅助平面法。如图 3-22a 所示的平面 ABCD 和平面△EFG，它们的轮廓线不直接相交，因此，不便于用线面交点法作图，而要应用下面介绍的三面共点法求解。

作一辅助平面 P，使其与两已知平面分别相交于直线ⅠⅡ和ⅢⅣ，由于这两直线在同一平面 P 上，同平面直线不平行（两已知平面不平行）则相交。故交点 M 为三平面共有点，这种求共有点的方法称为三面共点法。同理，再作辅助面 Q，又可求得另一共有点 N，则直线 MN 即为两已知平面的交线。为了便于求出辅助平面与已知平面的交线，要求所作辅助面尽可能是特殊位置平面，即其一个投影具有积聚性，通常取投影面平行面。

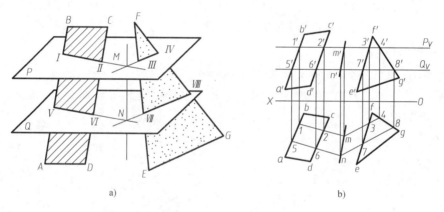

图 3-22 三面共点法求两一般位置平面的交线

三面共点法求共有点是制图基础中基本作图方法之一。它不但可用于求平面的交线，而且还可用于求曲面的交线，这在后文将继续讨论。

[例 3-11] 如图 3-22b 所示，求平面 ABCD 与平面△EFG 的交线。

**解 分析** 根据上述三面共点法的原理求出两平面的两个共有点，连接即得所求交线。

**作图**

1）作水平辅助平面 P，利用 $P_V$ 的积聚性，分别求出平面 P 与两已知平面交线的投影 1'2'和 12，以及 3'4'和 34，延长投影 12 和 34 相交于点 m，再由点 m 求出 m'，则点 M（m'、m）即为两平面的一个共有点。

2）仿照 1）的方法，再取水平辅助平面 Q，求得另一个共有点 N（实际上两平面上水平线的方向已定，因此分别求得辅助平面与已知两平面各一个交点便可作出辅助交线，如图 3-22b 中所示的点Ⅴ和点Ⅷ的投影）。

3）连接两个共有点的同面投影 m'n'、mn，即为所求交线的两投影。

## 三、垂直问题

1. 直线与平面垂直

由初等几何可知，若一直线垂直于一平面上任意相交两直线，则此直线垂直于该平面。如图 3-23 所示，直线 AB 垂直于平面 P 上的两条相交直线 CD、EF，则直线 AB 垂直于平面 P。反之，若一直线垂直于一平面，则此直线必垂直于该平面上的一切直线（过垂足或不过垂足）。如图 3-23 所示，因为 AB⊥P，所以有 AB⊥HG，AB⊥MN 等。

从上述几何条件可以看出，直线与平面的垂直关系是通过直线与直线的垂直关系来体现的。为了讨论它们的投影特性，平面上的相交两直线可选为投影面平行线。如图 3-24a 所示，若 $MN \perp \triangle ABC$，则直线 MN 必垂直于平面△ABC 上的一切直线，当然包括其中的正平线和水平线。图中选取了过点 A 的水平线 AD 和过点 B 的正平线 BE，在空间中，直线 MN 与直线 AD、BE 分别构成互相垂直相交的两直线。根据直角投影特性可知，垂线 MN 的水平投影和 AD 的水平投影应成直角，即 mn⊥ad；垂线 MN 的正面投影和 BE 的正面投影应成直角，即 m'n'⊥b'e'，如图 3-24b 所示。

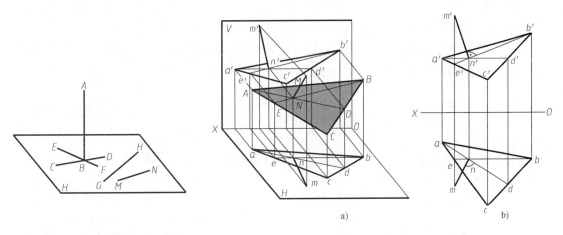

图 3-23　直线与平面垂直的条件　　　　图 3-24　直线与平面垂直的投影特性

综上所述，直线与平面垂直有如下投影特性：若一直线垂直于一平面，则此直线的水平投影必垂直于平面上的水平线的水平投影；此直线的正面投影必垂直于该平面上的正平线的正面投影；此直线的侧面投影必垂直于侧平线的侧面投影。为便于叙述，约定：投影面平行线在与其平行的投影面的投影称为实长投影。这样上述性质可概括为：若一直线垂直于一平面，则该平面上的投影面平行线的实长投影与直线的同面投影保持垂直，反之亦然。

利用上述投影特性，可解决两个基本作图问题。

（1）作已知平面的垂线（过平面外一点或过平面上一点）

[例 3-12]　如图 3-25a 所示，已知平面△ABC 和平面外一点 D，求作过点 D 且垂直于平面 ABC 的垂线 DE（长度任定）。

解　分析　在空间仅过点 D 作直线可以作无数条，若加上垂直于平面△ABC（具体地说是垂直于平面△ABC 上的正平线和水平线）的条件，即把直线的方向给限定了。在投影图上，只要作出平面△ABC 上的正平线和水平线，直线的投影即可作出。

**作图**

1）在平面 $\triangle ABC$ 上作正平线 $A\text{I}$（$a'1'$、$a1$）和水平线 $B\text{II}$（$b'2'$、$b2$）。

2）过投影 $d'$ 作 $d'e'\perp a'1'$，过投影 $d$ 作 $de\perp b2$，则 $d'e'$、$de$ 即为所求直线 $DE$ 的两投影，如图 3-25b 所示。

**讨论** 若本例题改为过平面上一点（如点 $A$）作平面的垂线，只要将上述作图步骤第二步中的点 $D$ 换成点 $A$ 即可，如图 3-25b 所示。由此可见，一个平面上的投影面平行线是其法线（垂线）方向的导向线。

（2）作已知直线的垂面（过直线外一点或过直线上一点）

[**例 3-13**] 如图 3-26a 所示，已知直线 $AB$ 和直线外一点 $C$，求作过点 $C$ 且垂直于直线 $AB$ 的平面。

**解 分析** 在空间仅过一点 $C$ 作平面可作无数个，若加上垂直于直线 $AB$ 的条件，即把平面的方向限定了。假设平面已经作出，则该平面上的正平线、水平线的实长投影必与直线的同面投影垂直。

**作图**

1）过点 $c'$ 作 $c'd'\perp a'b'$，$cd /\!/ OX$。

2）过点 $c$ 作 $ce\perp ab$，$c'e' /\!/ OX$，则相交两直线 $CD$ 和 $CE$ 组成的平面垂直于已知直线 $AB$，如图 3-26b 所示。

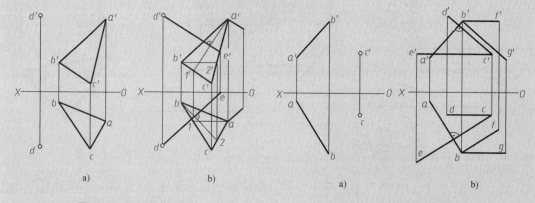

图 3-25 作平面的垂线　　　　图 3-26 作直线的垂面

**讨论** 若将直线外一点 $C$ 改为直线上一点 $B$，则过点 $B$ 作垂直于直线 $AB$ 的平面的作图方法与上述类似，只需将点 $D$ 改为点 $B$ 即可，如图 3-26b 所示。由此也可以看出作已知直线的垂面，垂面上的投影面平行线的实长投影是以直线的同面投影为导向线。

**2. 两平面垂直**

由初等几何可知，若一直线垂直于一平面，则包含此直线（或平行于此直线）所作的一切平面都垂直于该平面。如图 3-27a 所示，直线 $AB$ 垂直于平面 $P$，则包含直线所作的一切平面 $Q$、$R$ 等都垂直于 $P$；另外，平面 $S$ 平行于直线 $AB$，所以平面 $S$ 也垂直于平面 $P$。

反之，若两平面相互垂直，则在第一平面上任意一点向第二个平面所作的垂线必在第一平面上。如图 3-27b 所示，已知平面 $P$、$Q$ 相互垂直，则从平面 $Q$ 上任意取一点 $A$ 向平面 $P$

作垂线 $AB$，则直线 $AB$ 一定在平面 $Q$ 上。如图 3-27c 所示，已知两平面 $P$、$Q$ 既不垂直也不平行，则从平面 $Q$ 上任意一点 $A$ 向平面 $P$ 作垂线 $AB$，则 $AB$ 一定不在平面 $Q$ 上。上述两种作图也可以从平面 $P$ 上任意一点向平面 $Q$ 作垂线，结论读者可自己验证。

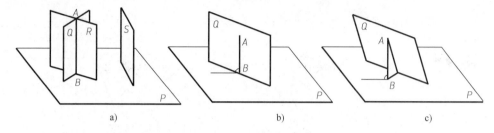

图 3-27  两平面垂直的原理

根据上述特性，可在投影图上解决两平面相互垂直的作图和两平面的垂直判别问题。同时不难看出平面垂直的投影作图是以直线垂直平面及包含直线作平面的作图为基础的，所以直线与平面垂直的作图是最基本的作图方法之一。

[例 3-14]  如图 3-28a 所示，过点 $D$ 作一平面垂直于平面 $\triangle ABC$。

解  分析  作平面垂直于已知平面时，应先作出一直线垂直于已知平面，然后包含所作的垂线作平面。因为包含直线作平面可有无数个，故本例题有无穷多解。

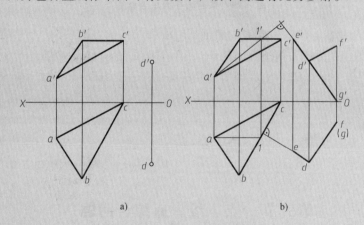

图 3-28  作已知平面的垂面

作图  如图 3-28b 所示。

1）在平面 $\triangle ABC$ 中作出（或找出）投影面平行线。图中直线 $BC$ 为水平线，再作出正平线 $A\text{I}$。

2）过点 $D$ 作直线 $DE$ 垂直于平面 $\triangle ABC$ 内相交两直线 $A\text{I}$、$BC$（过点 $d'$ 作 $d'e' \perp a'1'$，过点 $d$ 作 $de \perp bc$）。

3）过点 $D$ 任意作一直线 $DF$（作 $d'f'$、$df$），则两相交直线 $DE$、$DF$ 所确定的平面，即为所求平面的一个解。

讨论  若此题改为求作过点 $D$ 的正垂面，则平面位置被唯一确定。如图中的 $DE$ 与 $DG$ 两相交直线组成的平面（$D$、$E$、$G$ 三点的正面投影 $d'$、$e'$、$g'$ 共线）。

[例 3-15]  判别平面 $\triangle ABC$ 平面 $\triangle DEF$ 是否垂直，如图 3-29a 所示。

**解　分析**　过任意一平面上任意一点向另一平面作垂线，若所作垂线在所取点的平面上，则两平面垂直；否则，两平面不垂直。

**作图**

1）在平面△ABC 内任意作一正平线 A Ⅰ和水平线 C Ⅱ，如图 3-29b 所示。

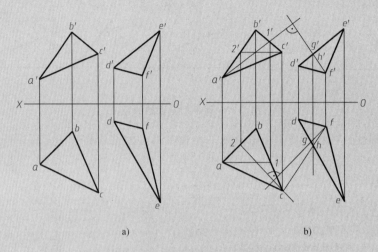

a)　　　　　　　　　　　b)

图 3-29　判断两平面是否垂直

2）在平面△DEF 上任意一点 F 向平面△ABC 作垂线 FG（f'g'⊥a'1'，fg⊥c2）。

3）考察直线 FG 是否在平面△DEF 上，由于点 g' 在直线 d'e' 上，点 g 不在直线 de 上，所以点 G 不在平面△DEF 上，即直线 FG 不在平面△DEF 上，故平面△ABC 与平面△DEF 不垂直。

**讨论**　考察能否在平面△DEF 上作出垂直于△ABC 的直线，也可判断两平面是否垂直。如作出该平面上的任意一直线 FH，使其正面投影 f'h'⊥a'1'，然后考察其水平投影 fh 是否与 c2 垂直，显然水平投影 fh 与 c2 不垂直，由此也可判断已知的两平面不垂直。

# 第二节　点、线、面综合问题 *

前面讨论的平行、相交、垂直等问题偏重于探求每一单个问题的投影特性、作图原理与方法。在解决空间几何元素及其相互之间的定位问题（如交点、交线、图形等）和度量问题（如距离、角度等）时，往往需要综合运用上述几方面的内容和作图方法才能解决。这就是本节要讨论的点、线、面综合问题。

## 一、求解综合问题必须熟练掌握的几个基本作图问题

1）求直线与平面的交点。

2）求两平面的交线。

3）过定点或直线作平面及在指定平面上取点、线。

4）过定点作直线或平面平行于指定直线或指定平面。

5）作指定直线的垂面（过线上点或过线外点）。

6）作指定平面的垂线（过面上点或过面外点）。

## 二、求解综合问题的一般步骤

（1）分析几何元素的空间位置　根据几何元素的投影特性从几何元素的投影中分析它们在空间处于何种位置。

（2）分析几何元素间的相互关系　在分析时，可以用递推法（或称为预设答案法），先假设欲求几何元素（答案）已经求出，然后分析欲求几何元素与已知几何元素之间的相对位置关系，从而得出解题的途径和具体作图方法。也可以用轨迹法，即往往欲求几何元素同时受几个几何元素的约束，先分析它们受各个单一几何元素约束时的轨迹（几何元素），然后求这些轨迹的相交元素即可。

（3）先分析解题方法　通过对几何元素及其相对关系的分析，运用初等几何知识，获得空间几何解题的具体途径和投影作图步骤。解题中，可能有几种不同的解题方法，其作图简繁程度也有差别，应尽量采用比较简捷的方法。

（4）进行投影作图和必要的说明　根据空间几何解题步骤，运用各种基本作图方法进行投影作图，对于较复杂的问题，必要时应简要说明作图步骤。

（5）对图解结果进行讨论或验证　当必要时，需讨论该问题是否有解或有几个解的可能性，以及证明图解结果的正确性，即验证图解结果能够满足所需的几何条件。

## 三、综合问题举例

[**例 3-16**]　如图 3-30a 所示，已知三条交叉直线 AB、CD、EF 的投影，试作一直线 MN，使之与 CD、EF 相交，同时与 AB 平行。

**解**　方法一：

**分析**　如图 3-30b 所示，过直线 CD 上任意一点 C 作直线 C I∥AB，则由直线 CD、C I 组成的平面 P 平行于直线 AB，直线 EF 与平面 P 一定相交，求出交点并过此交点，作平行于直线 AB 的直线即为所求的解。这是求线面交点问题。

**作图**　如图 3-30c 所示。

**讨论**　在一般情况下，直线 EF 与平面 P 可以相交，且只有一个交点，所以在一般情况下，此题有唯一解；但若已知三条交叉直线位于三个相互平行的平面中，则无解。

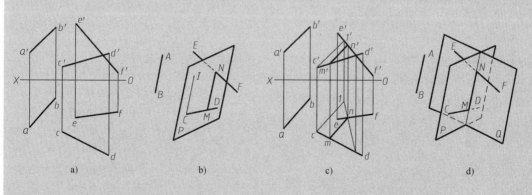

a)　　　　　b)　　　　　c)　　　　　d)

图 3-30　作一直线平行于已知直线中的一直线并与其余两直线相交

**方法二：**

**分析** 图 3-30d 所示为用轨迹法求解空间问题的示意图。与直线 AB 平行且与 CD 相交的直线有无数条，其轨迹是过直线 CD 且平行于直线 AB 的平面 P。同理与直线 EF 相交且平行于直线 AB 的直线有无数条，其轨迹是过直线 EF 且平行于直线 AB 的平面 Q。两平面 P、Q 之交线即为所求。这是两平面的交线问题，其作图是在方法一第一、二步骤的基础上再作出平面 Q 与直线 CD 的交点，结果一样。很显然方法二重复了一次求线面交点，所以比方法一复杂一些。具体作图由读者完成。

**［例 3-17］** 如图 3-31a 所示，已知直线 AB、DE 和点 C，试过点 C 作一直线 CM 垂直于直线 AB，并与直线 DE 相交于点 M。

**解 分析** 可用轨迹法来分析。如图 3-31b 所示，过点 C 且垂直于直线 AB 的轨迹是过点 C 且垂直于直线 AB 的平面 Q。在这无数条垂直线的垂面 Q 上总有一条直线与直线 DE 相交，即直线 CM 必通过直线 DE 与垂面 Q 的交点。这里主要综合了作线的垂直面和求线面交点两个基本作图方法。

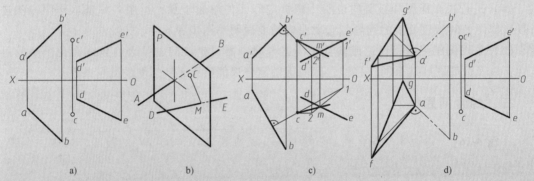

**图 3-31 过定点作一直线垂直于两直线中的一直线并与另一直线相交**

**作图** 如图 3-31c 所示。

**讨论**

1）直线 AB 可作为某一平面（如△AFG）的法线（垂线），所以题目也可以改为求过点作一直线与平面△AFG 平行并与直线 DE 相交，如图 3-31d 所示。求解时，只需把上述作图第一步改为过点 C 作平面△AFG 的平行面 Q，其他作图相同。由此可见有些题表面有些差异，但实质一样或类似。解题实践中要注意培养这种举一反三、触类旁通的能力。

2）此题也可用预设答案法分析。假设直线 CM 已求出，连接点 C 与直线 DE 成一平面（设为 P），则直线 CM 必在平面 P 内，再过点 C 作直线 AB 的垂直平面 Q，平面 P、Q 的交线即为所求。该解法的作图较轨迹法更复杂一些。

**［例 3-18］** 如图 3-32 所示，求两交叉直线 AB、CD 的公垂线。

**解 方法一：**

如图 3-33a 所示，预设答案为直线 MN，则直线 AB 与直线 MN 确定一平面 P，过直线 CD 上任意一点 D 作直线 DG∥AB，直线 CD、

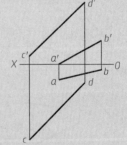

**图 3-32 求交叉两直线的公垂线（一）**

DG 确定一平面 Q，则平面 Q 平行于直线 AB。平面 P 又可由过直线 AB 上任意一点 A 向平面 Q 作垂线 AH 所构成，平面 P、Q 的交线 EF 必定平行于直线 AB，交线 EF 与直线 CD 的交点 N 即公垂线端点之一，过点 N 作直线 MN//AH 交直线 AB 于点 M，则直线 MN 为所求的公垂线。投影作图如图 3-33b 所示。

**方法二：**

由图 3-33a 所示可以看出，公垂线与直线 AB 组成平面 P，与直线 CD 构成平面 R（平面 R 可由过直线 CD 上任意一点 D 作直线 DJ//MN 构成），平面 R 与 P 的交线便是两平面的公垂线。空间构思图如图 3-33c 所示，投影作图如图 3-33d 所示。

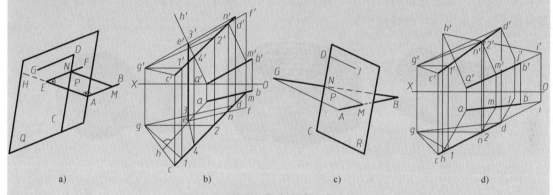

a)  b)  c)  d)

图 3-33 求交叉两直线的公垂线（二）

上述两种方法，方法一投影作图较为简单，方法二比较复杂一些。

[例 3-19] 如图 3-34a 所示，求平面四边形 ABCD 与 △EFG 的夹角。

**解  分析** 两平面的夹角定义为两平面形成的两面角的平面角，如图 3-34b 所示。据此，可从空间任意一点 K 向平面 P、Q 分别作垂线 KM、KN，它们组成的平面 R 垂直于平面 P、Q 及它们的交线，则角 $\phi$ 便为平面 P、Q 的夹角。由图可知，角 $\phi$ 与 $\theta$ 互补，即 $\phi = 180° - \theta$。通过求 △KMN 实形可得角 $\theta$ 的实际大小。

**作图** 如图 3-34c 所示。

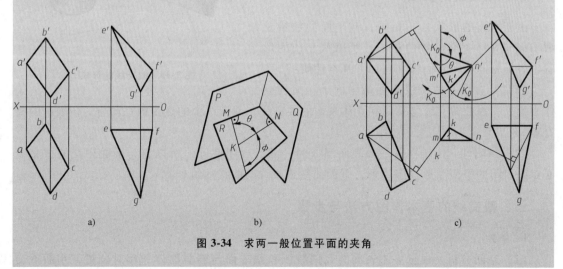

a)  b)  c)

图 3-34 求两一般位置平面的夹角

# 第三节　平面、直线与立体相交

## 一、截交线概述

机器中的零件一般都可看成由许多基本几何体组成。为了完成其一定的功能及零件加工工艺等方面的要求，零件的结构常常会遇到几何体被一个或几个平面截切的造型。如图 3-35a 所示的触头、图 3-35b 所示的螺母和图 3-35c 所示的拉杆头等，都有平面与基本立体表面相交的问题。在机械图样中，为了清楚地表达零件的结构形状，以及画表面展开图，都要求正确地画出这些交线的投影。

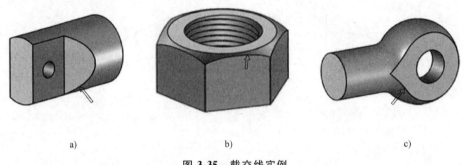

a)　　　　　　　　　　　b)　　　　　　　　　　　c)

**图 3-35　截交线实例**

如图 3-36 所示，立体被平面 $P$ 截成的两部分，都称为截断体，平面 $P$ 称为截平面，截平面与立体表面的交线称为截交线，截交线所围成的图形称为截断面，也称为剖面。研究平面与立体相交，其目的是求截交线（或截断体）的投影和截断面的实形。

## 二、截交线的性质

由于立体的形状各不相同，截平面的数量及截平面与立体相交位置的不同，所以截交线的形状也各不相同，但它们都具有如下基本性质：

（1）共有性　截交线既在截平面上，又在立体表面上，因此截交线是平面和立体表面的共有线，截交线上的点是截平面与立体表面的共有点。

（2）封闭性　由于立体是由表面围成的一部分封闭空间，所以它与平面相交的截交线必定是封闭的平面图形（多边形、平面曲线或直线与曲线的组合）。

## 三、截交线的基本作图方法与步骤

1. 分析

（1）空间分析　根据立体表面的几何特征和截平面与被截物体的相对位置，判断截交线的空间形状。

（2）投影分析　根据截平面和立体表面对投影面的相对位置及封闭性，判断截交线的投影范围和投影特征，以便采用相应的投影作图方法。

2. 作图

（1）化整为零　共有线→共有点（共有线由一系列共有点组成）。

1）特殊点。确定截交线投影范围的点（各投影轮廓线上点）、极限位置点（最左、最右、最前、最后、最高、最低点，以及极限素线上点）、截平面与平面立体棱线交点等。

2）一般点。在截交线的特殊点之间酌情作出一些一般位置的点，以便将各点光顺连接成曲线（截交线）、并较为准确地作出曲线的形状和位置。

（2）积零为整　共有点的同面投影 $\xrightarrow{\text{光顺连接}}$ 共有线的同面投影 $\xrightarrow{\text{判断可见性}}$ 截交线的同面投影。

1）连线原则：对于平面立体截交线，位于同一棱面上的同一根交线的两端点才能相连；对于曲面立体的截交线，位于立体表面相邻素线（或纬圆）上的两点才可相连。

2）可见性：截交线在立体表面可见部分才可见，否则不可见。显然，立体投影轮廓线上的点是虚实分界点。

3. 连轮廓线检查加深

最后的图形是截断体的投影图，除将轮廓线连到虚实分界点之外，还需按截断体检查各投影是否有缺漏，检查无误后再加深。

求截交线的常用方法有积聚性和辅助平面法两种，下面结合具体例题分别讨论。

## 四、利用积聚性求平面立体的截交线

平面立体的表面是由若干个平面图形所围成的，所以它的截交线是由直线段所组成的封闭的平面多边形。多边形的各顶点是截平面与棱线的交点，多边形的每一条边是截平面与棱面的交线，如图 3-36a 所示。因此作平面立体的截交线，就是求出截平面与平面立体各被截棱线的交点，然后依次连接即得截交线，这种方法也称为交点法。

当截平面与立体表面至少二者之一在某投影面上的投影有积聚性时，可利用积聚性来求截交线，这种方法称为积聚性法。

[**例 3-20**]　三棱锥被正垂面 $P$ 截切，如图 3-37a 及图 3-36a 所示，求截平面 $P$ 下面一块截断体的三面投影及截断面实形。

**解**　**分析**　截平面 $P$ 为正垂面，其正面投影有积聚性，由图 3-37a 所示可知，截平面 $P$ 与三棱锥的三根棱线都相交，截交线是△ⅠⅡⅢ（截平面与棱锥棱面的交线与其底是类似形），其正面投影△1′2′3′重合在 $P_V$ 上，根据共有性，截交线△ⅠⅡⅢ也在立体表面上。这样问题就成为已知三棱锥的投影及其表面上截交线△ⅠⅡⅢ的正面投影△1′2′3′，求其他两投影的作图。

**作图**

1）先补画出三棱锥的侧面投影。

2）利用 $P_V$ 的积聚性，可直接得到截交线△ⅠⅡⅢ的正面投影直线段 1′2′3′，也即可直接确定棱线 $SA$、$SB$、$SC$ 与截平面 $P$ 的交点Ⅰ、Ⅱ、Ⅲ的正面投影 1′、2′、3′的位置。

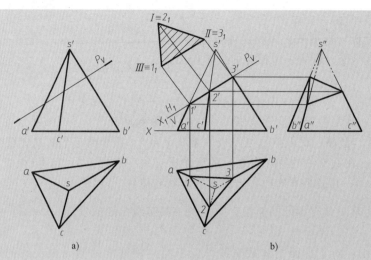

图 3-37　三棱锥截交线

3）由 $1'$、$2'$、$3'$ 向其他两投影面作投影连线与对应的棱线相交，便得到 1、2、3 和 $1''$、$2''$、$3''$，按 Ⅰ→Ⅱ→Ⅲ→Ⅰ 的顺序，把三交点的各同面投影连成三边形。由于截交线所在表面的水平投影均可见，所以截交线的水平投影均可见；截交线上较右的点都高于较左的点，所以截交线的侧面投影也是可见的。擦去截去的截断体的投影（或用细双点画线画出轮廓），便是所求截断体的三面投影。

4）求截断面实形，一般可用投影变换的方法解决（也可用直角三角形法求出三个边的实长），本例中采用了一次换面，求出正垂面 $P$ 上截断面实形，如图 3-37b 所示。

[例 3-21]　求三棱柱被一般位置平面 $\triangle DEF$ 截切后的三面投影（去掉上面一块截断体），如图 3-38a、b 所示。

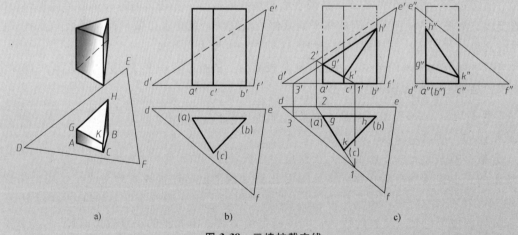

图 3-38　三棱柱截交线

**解　分析**　由于三棱柱的各棱面都是铅垂面，其水平投影具有积聚性，也就是截交线 $\triangle GHK$ 的水平投影 $\triangle ghk$ 与三棱柱在水平投影面的积聚性投影 $\triangle abc$ 重影，根据共有性交线也在截平面 $\triangle DEF$ 上，这样便转化为在平面 $\triangle DEF$ 上作出 $\triangle GHK$ 的其他两面投影，可利用面上取线定点的方法来解决。

**作图** 如图 3-38c 所示。

以上两题都是利用积聚性求截交线，现小结如下：

利用截平面和立体表面至少是二者之一对某投影面有积聚性投影，与截交线的共有性相结合就得出其作图方法。

利用截平面（或立体表面）对某投影面的积聚性，直接判断出截交线在积聚性投影上的具体位置，再把它看作立体表面（或截平面）上的截交线的已知投影，于是把问题转化为已知立体表面（或截平面）的投影及其上的截交线的一个投影，求其余投影的作图。再化线为点，用立体表面（或截平面）上定点的方法求出有关点的同面投影，依照积聚性投影的顺序连成线并判断可见性。

为便于记忆可概括成如下口诀：利用积聚性，先求积聚影，转为它面线，表面定点解。

### 五、利用积聚性法求曲面立体的截交线

#### 1. 圆柱体的截交线

设截平面与圆柱体轴线间的夹角为 $\alpha(0° \leqslant \alpha \leqslant 90°)$，则圆柱体截交线的形状可因夹角大小的不同而不同。平面与圆柱面相交的各种情况见表 3-2。

表 3-2  平面与圆柱面相交的各种情况

| 截面位置 | 垂直于圆柱的轴线 | 倾斜于圆柱的轴线 | 平行于圆柱的轴线 |
|---|---|---|---|
| 截交线形状 | 圆 | 椭圆 | 两条平行直线段 |
| 轴测图 | 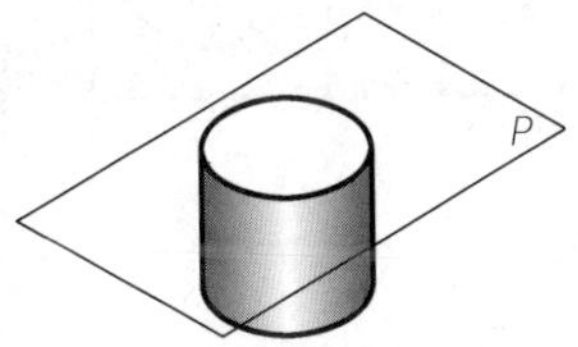 | 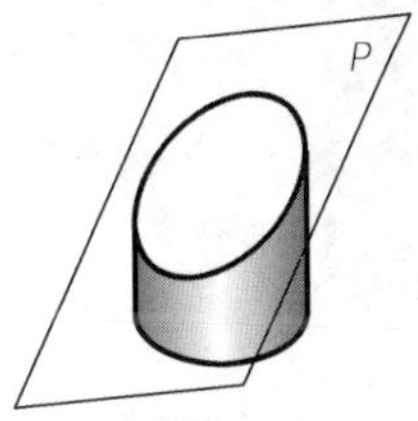 | 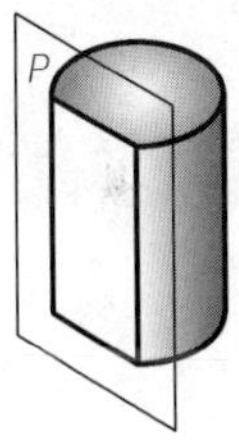 |
| 投影图 | 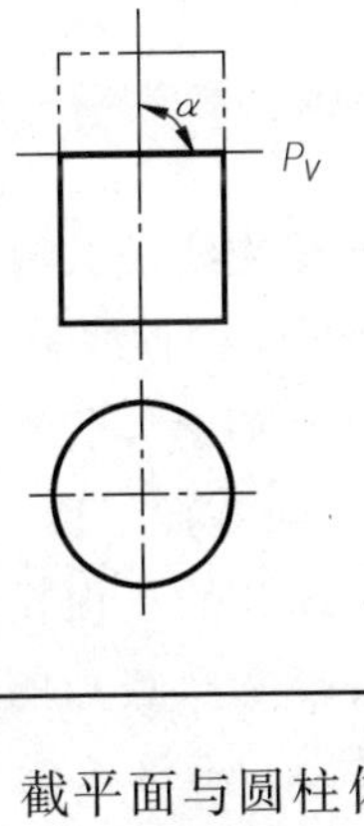 | 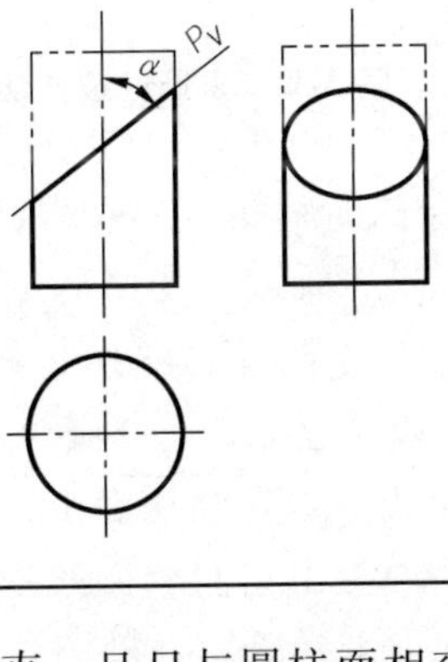 | 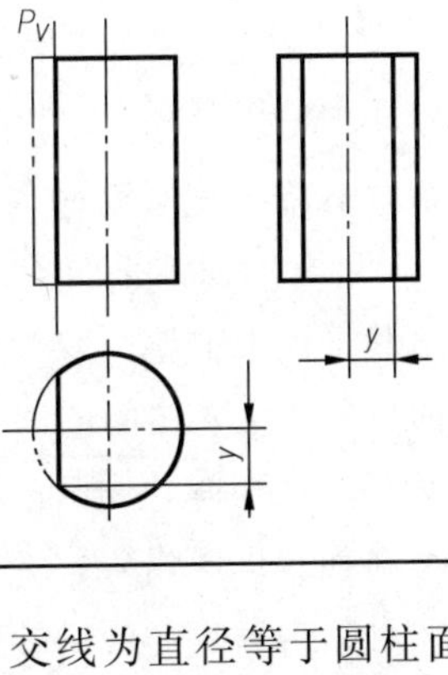 |

当 $\alpha = 90°$ 时，截平面与圆柱体轴线垂直，且只与圆柱面相交，交线为直径等于圆柱面直径的圆。

当 $\alpha = 0°$ 时，截平面与圆柱体轴线平行，截交线为矩形（截平面与圆柱面的交线为平行于

圆柱面轴线的两素线，截平面与两底各交线成垂直于圆柱轴线的直线段，合起来为矩形）。

当 $0° < \alpha < 90°$ 时，截平面与圆柱体轴线呈不同程度的倾斜，它与圆柱面的交线为各种椭圆，椭圆的短轴均等于圆柱面直径，长轴随 $\alpha$ 变化而变化。当 $\alpha = 90°$ 时长轴最短，此时它的长度等于短轴；然后 $\alpha$ 逐渐减小时，长轴随之增大；直到 $\alpha = 0°$ 时，交线由量变到质变，成为平行两直线。

[例 3-22]　求圆柱被截切后的三面投影，如图 3-39a、b 所示。

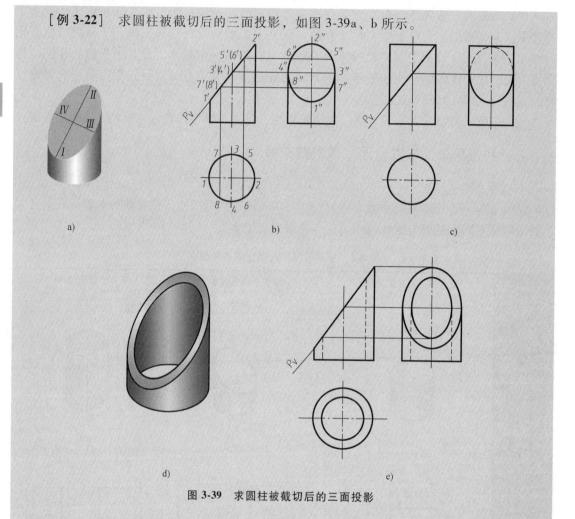

图 3-39　求圆柱被截切后的三面投影

**解　分析**　截平面倾斜于圆柱面轴线，交线为椭圆，根据截交线的共有性，一方面椭圆（截交线）在截平面 $P$ 上，截平面为正垂面，正面投影积聚成斜直线 $P_V$。因而可直接得出截平面上椭圆（截交线）的正面投影就是截平面 $P$ 与圆柱面最左、最右素线交点的正面投影 $1'$、$2'$ 之间的斜直线段，也即整个椭圆（截交线）积聚在此线段上。

另一方面，椭圆（截交线）也在圆柱面上，截平面上椭圆的正面投影，也是圆柱面上椭圆的正面投影，换句话说是由它们相交产生的同一条线（椭圆）的正面投影，这样一来问题就转化为已知圆柱面上一条线（椭圆）的正面投影，求这条线（椭圆）的其他两面投影的问题。可以化线为点，利用在圆柱面上表面定点的方法，由已知的正面投影求出各点的其他投影，再将各同面投影光顺连点成线，便是截交线的投影。

**作图** 如图 3-39b 所示。

1）先求特殊点。对于椭圆要先求出其长、短轴的端点。按例题设长轴端点（同时是最低、最高点和最左、最右点）是截平面 P 与圆柱面最左最右素线的交点Ⅰ、Ⅱ，正面投影为 1′、2′，短轴端点（同时是最前、最后点）是截平面 P 与圆柱面最前、最后素线的交点Ⅲ、Ⅳ。按椭圆性质短轴垂直平分长轴，因而点Ⅲ、Ⅳ的正面投影在 1′、2′ 的中点（实质就是截平面 P 的正面迹线与最前、最后素线正面投影交点位置）。根据Ⅰ、Ⅱ、Ⅲ、Ⅳ点所在的素线三面投影位置和点 1′、2′、3′、4′ 相应的投影连线便得到投影 1、2、3、4 和 1″、2″、3″、4″。截交线与轮廓线的交点称为轮廓线点，上述四点都是轮廓线点。

2）适当补充一些一般位置点。根据连线的需要可补充点Ⅴ、Ⅵ、Ⅶ、Ⅷ，由它们的正面投影 5′、6′、7′、8′，利用圆柱面的积聚性，先求出水平投影 5、6、7、8，再求出侧面投影 5″、6″、7″、8″。

椭圆周上各点对于其长短轴是对称分布的，根据这一特点，在椭圆周上只要作出一点，则可确定四点的位置。如上述四点中，只要作出任意一点Ⅴ，则点Ⅵ与Ⅴ对称于长轴ⅠⅡ，点Ⅶ、Ⅷ对称于短轴ⅢⅣ，利用对称图形的对称性作图，有时是很省事、省时的。另外等长线段可用记号撇（一撇、两撇等）或小圆圈等表示。

3）连线和判断虚实。截交线的水平投影重影在圆柱面的积聚性投影图上，按照水平投影上各点的顺序将 1″→8″→4″→6″→2″→5″→3″→7″→1″ 光顺连接成线，便是截交线的侧面投影。

**讨论**

1）本例题的截平面与被截圆柱面都有积聚性投影，实际上是已知截交线的两个投影（正面投影和水平投影）。有两种解题思路：① 按上述讨论是把椭圆的正面投影（截交线在截平面投影具有积聚性的投影面上的投影）作为已知投影，其他投影由素线上定点的方法求得。② 把椭圆的水平投影（截交线在被截立体的投影具有积聚性的投影面上的投影）作为已知投影，正面投影由截平面的积聚性与已知投影确定，侧面投影应该按照在截平面上取线定点的方法求出。由于本教材不介绍在迹线平面上求解几何元素的方法，所以本例采用第二章第一节介绍的"二补三"方法作出侧面投影。以上两种思路的分析是前面总结的口诀的应用，旨在澄清谁是"积聚影"，谁是"它面线"，在截平面与立体表面两者都有积聚性投影的情况下，上述两种思路的作用可综合运用。

2）本题若为截平面上面的一块截断体不拿去，如图 3-39c 所示，截交线的作图及其投影形状位置都与图 3-39b 所示一样，只是可见性不同。因右半个圆柱面在侧面投影上不可见，所以 3″→5″→2″→6″→4″ 应画成虚线，轮廓线点 3″、4″ 是虚实分界点（虚实分界点一定在立体的轮廓线上）。本例题若改成画截平面上面一块截断体的三面投影，除截断部分投影与上述不同，其截交线的投影是否有所改变，请读者自行分析。

3）如图 3-39d、e 所示的截去头的空心圆柱体，是在如图 3-39b 所示的截断圆柱体的外面加一圆柱面，而将里面原来的外圆柱面变成同样直径大小的内圆柱面（空心圆柱面）。观察可知内圆柱面截交线的作图及截交线的投影形状与位置都未改变，这说明截交线的形状和位置与立体表面是内表面（空）还是外表面（实）无关，这就是圆柱面截交线的空实一致。注意内圆柱面对 V 面和 W 面的转向轮廓线要用虚线画出。

以上讨论的是圆柱面被一个平面截切的情况，有时还会遇到圆柱被多个平面截切的情况，这时要分别求出每个截平面的截交线，再画出各个截平面的截交线，最后进行综合整理。

[例 3-23]　如图 3-40a 所示，已知定位轴上有一梯形切口，试补全其水平投影和侧面投影。

**解　分析**　定位轴是一个轴线侧垂的圆柱体，被正垂面 $P$、水平面 $Q$ 和侧平面 $R$ 截切成梯形通槽，其正面投影有积聚性，分别为 $p'$、$q'$、$r'$。截平面 $Q$ 分别与截平面 $P$、$R$ 相交，其交线分别是 Ⅳ Ⅴ、Ⅵ Ⅶ，是各段截交线的分界线。

　　**作图**　如图 3-40b、c、d 所示。

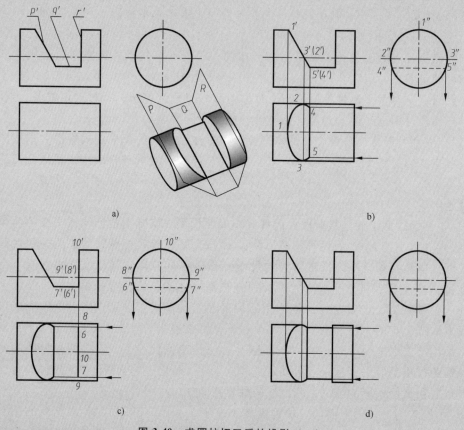

a)　　　　　　　　b)

c)　　　　　　　　d)

**图 3-40　求圆柱切口后的投影（一）**

[例 3-24]　已知圆柱套筒有一切口，水平投影和立体图如图 3-41a 所示，试补全正面投影和侧面投影。

**解　分析**　该立体的切口是由垂直于圆柱轴线的侧平面 $Q$ 和平行于圆柱轴线的两正平面 $P$、$R$，对称截切空心圆柱而形成。截平面 $Q$ 与圆柱内外表面的交线为圆弧。截平面 $P$ 与圆柱内外表面和左底面的交线为直线段。截平面 $P$、$Q$、$R$ 两两相交成直线段。由于圆柱的轴线垂直于侧面，它的侧面投影及截平面的水平投影都有积聚性，故截交线的水平投影与截平面的积聚性投影 $p$、$q$、$r$ 重合。截交线的侧面投影按与水平投影通槽宽相等的规律直接作出，再由两面投影的各对应点画投影连线便得截交线的正面投影。

**作图** 如图 3-41b、c、d 所示。

**讨论**

1）如图 3-41b、c 的两组三面投影除大小不同外，形状是类似的，将图 3-41c 与其同直径空心圆柱体相比较只相差四根直线段（非圆柱面上的线段），只要注意到这点差别，可以说空心物体被多个截平面截切后的截交线是成套出现的。

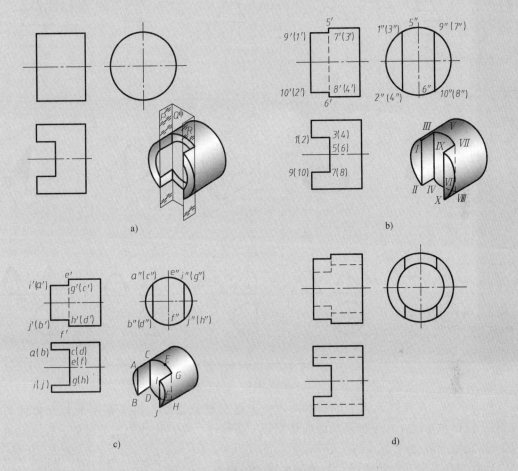

图 3-41 求圆柱切口后的投影（二）

2）必须掌握校核投影对应的方法，可按如下步骤：①校核截交线本身的各投影的对应关系和截断面各投影对应关系，除积聚性投影为直线段外，其他投影为类似形，还有曲线类似形（圆-椭圆）等；②校核立体剩余表面各投影之间的对应关系，截切后形成的表面之间仍要保持曲面类似形的对应关系。由上面作图可知图 3-41d 所示是把图 3-41b、c 所示合在一起并修正部分线条而成的。对空心物体还要注意内外成套的曲面类似问题。

**2. 圆锥体的截交线**

当圆锥面被截切时，根据截平面与圆锥轴线处于不同的相对位置，其截交线有五种情况，见表 3-3。由于这些线都是在圆锥面上形成的，所以通常又称为圆锥曲线。

表 3-3　圆锥面的截交线

| 截平面位置 | 垂直于轴线 | 倾斜于轴线 | 平行于轴线 | 平行于一条素线 | 过锥顶 |
|---|---|---|---|---|---|
| 截平面位置图示 | 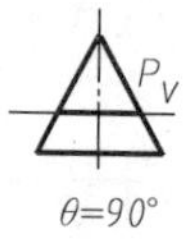 $\theta=90°$ | 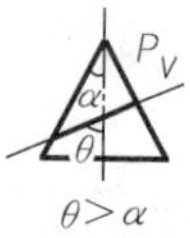 $\theta>\alpha$ | 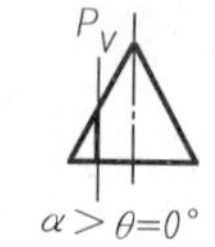 $\alpha>\theta=0°$ |  $\alpha=\theta$ |  |
| 截交线形状 | 圆 | 椭圆 | 双曲线 | 抛物线 | 相交两直线 |
| 轴测图 | 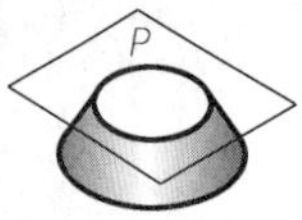 | 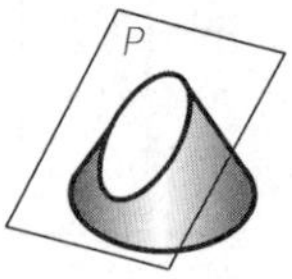 | 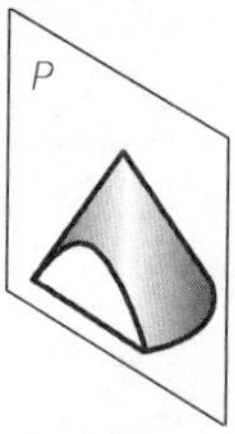 | 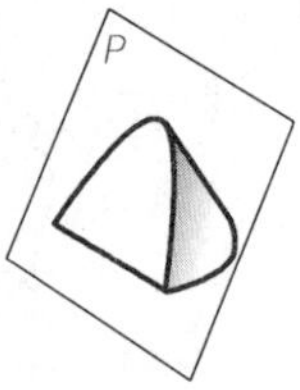 | 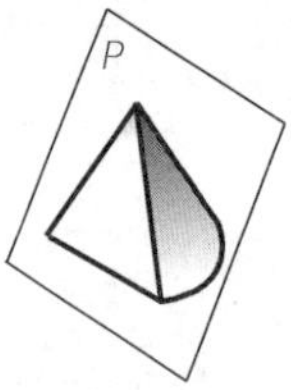 |
| 投影图 | 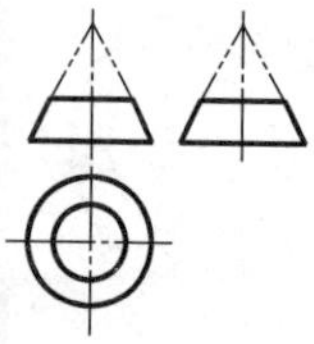 | 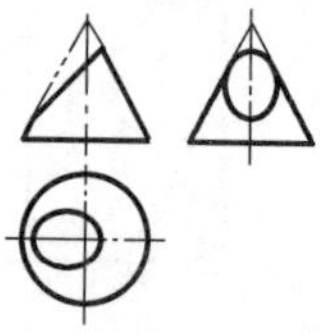 | 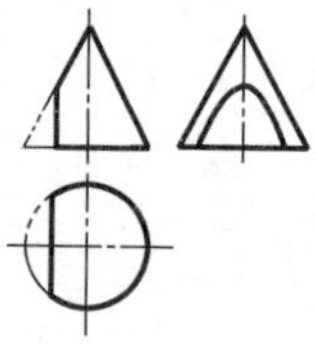 | 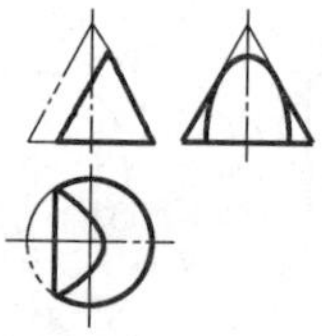 | 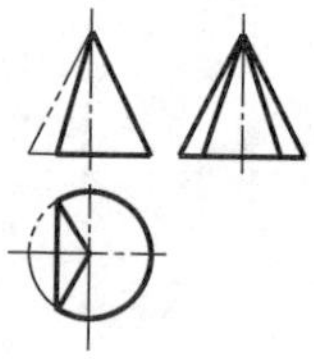 |

注意：

1）双曲线、抛物线、交于锥顶的两直线，这三种截交线指的是截平面与圆锥面的交线。对于圆锥体来说，截平面还与底面相交于一直线段，各自构成封闭的线框，这才是平面与圆锥体完整的截交线。

2）截交线为圆和抛物线时，截平面与圆锥轴线之夹角为一定值，前者 $\theta=90°$，后者 $\theta=\alpha$，其他三种情况中夹角 $\theta$ 都有一变化的范围。

[例 3-25]　如图 3-42a、b 所示，补全圆锥体被截平面 P 截切后的三面投影。

解　分析　由图 3-42b 所示可知，由于正垂面 P 与圆锥面的所有素线都相交（$\theta>\alpha$），所以截交线为椭圆，其长轴为Ⅰ Ⅱ，短轴为Ⅲ Ⅳ。因截交线在截平面 P 上，截平面 P 正面投影有积聚性，利用积聚性可以找到截交线的正面投影，根据共有性截交线也在圆锥面上，所以圆锥面上截交线椭圆的正面投影重影在 $P_V$ 上。于是问题转化为已知圆锥表面上曲线（椭圆）的一个投影，求其他投影（水平投影和侧面投影都是椭圆）的问题，进而再化线为点逐个用表面定点的方法来解题。

作图　如图 3-42b、c、d 所示。图 3-42b 所示为作特殊点，图 3-42c 所示为作一般点，图 3-42d 所示为判断虚实，连点成线、完成投影。后面的作图基本都按这样的顺序完成。

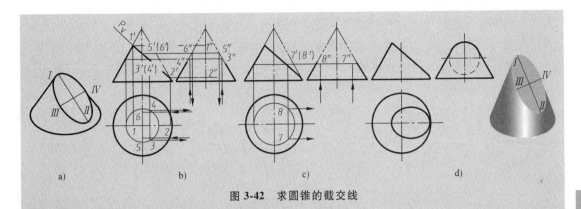

图 3-42　求圆锥的截交线

**讨论**

1）回转面上定点的位置一般用纬圆法，对于圆锥也可用素线法。

2）圆锥面其他类型的截交线在截平面有积聚性投影时都可用与上面类似的解题方法（面上取线定点）和步骤。

3. 圆球体的截交线

平面截切圆球时，无论截平面与圆球相对位置如何，截交线都是圆。但其投影则根据截平面对投影面的相对位置的不同，可能是直线段、椭圆或圆。

当截平面平行于投影面（截平面是投影面平行面）时，截交线在该投影面上的投影反映实形，其他两投影积聚成直线段，线段的长度等于截交线圆的直径，如图 3-43a、b、c 所示。画图时，一般可先确定截平面的位置，即先画出截交线积聚成直线的投影，然后画出反映圆的投影。

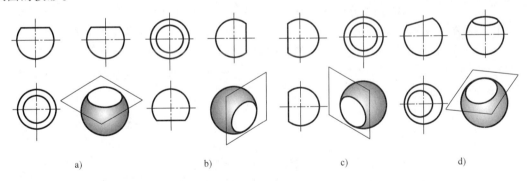

图 3-43　圆球的截交线

当截平面垂直于一个投影面而倾斜于其他两投影面（是投影面垂直面）时，则截交线在该投影面（与截交面垂直的投影面）上的投影积聚成一直线段，其他两投影面上的投影由于截交线圆所在的截平面与投影面倾斜，故其投影必定是椭圆，如图 3-43d 所示。

[例 3-26]　求作圆球被正垂面 $P$ 截切后的三面投影，如图 3-44a 所示。

**解　分析**　因截交线在截平面 $P$ 上，正垂面 $P$ 的正面投影有积聚性，利用积聚性可直接找到截交线的正面投影。根据共有性，此截交线也在圆球面上，所以，作为圆球面的截交线圆的正面投影重影在 $P_V$ 上，于是问题就转化为已知圆球表面上曲线（圆）的一个投影，求其他投影的问题，进而再化线为点，逐一用表面定点的方法求解。

截交线的正面投影为一直线段，其水平投影与侧面投影都是椭圆。

**作图**　如图 3-44b、c、d 所示。

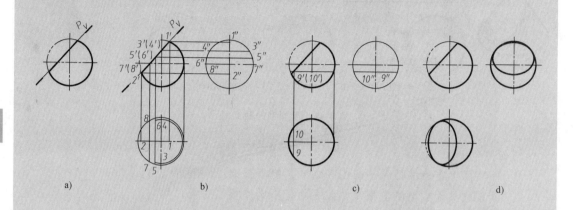

**图 3-44　求圆球的截交线**

**讨论**

1) 若被截平面切开的两块截断体仍放在一起，则水平投影的部分椭圆不可见，虚实分界点为轮廓线上点 7、8，即 7→9→2→10→8 部分画虚线；侧面投影椭圆也是部分不可见，虚实分界点为 3″、4″，即 1″→3″→4″部分画虚线。

2) 若圆球被多个平面所截切，要分别求出各部分截交线，注意各截平面之间的交线。

图 3-45a 所示为螺钉头部的立体图及其三面投影。它是一个半球被两个侧平截平面 P、R 和一个水平截平面 Q 所截切，截交线都为圆的一部分，而各截平面的交线是正垂线，圆球上切口的正面投影与各截平面的正面投影 p′、q′、r′重合，求作切口的水平投影和侧面投影。作图步骤如图 3-45b、c 所示。

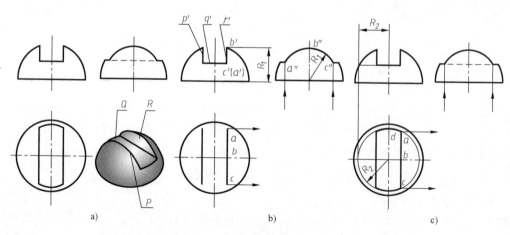

**图 3-45　求半球的截交线**

4. 圆弧回转体的截交线

圆弧回转体被平面截切时，截交线的形状因截平面对圆弧回转体的相对位置不同而不同。当截平面垂直于回转体轴线时，截交线是一个圆；当截平面倾斜于或平行于回转轴时，截交线可能是一封闭的平面曲线，或平面曲线和直线段组合的封闭平面图形。

[例 3-27]　如图 3-46a 所示，求作圆弧回转体（由部分内环面和上下底面组成）被正平面截切后的投影。

**解　分析**　圆弧回转面的轴线垂直于水平面，被正平面 $P$ 截切后，截交线为平面曲线与直线段所组成的平面图形。根据截平面的积聚性和截交线的共有性，可知圆弧回转体上的平面图形（截交线）的水平投影和侧面投影分别与 $P_V$、$P_W$ 重叠，要求作的是其正面投影。

**作图**　如图 3-46b 所示。

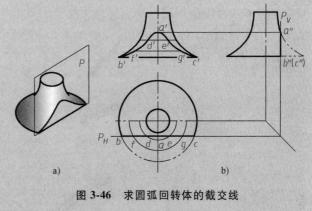

图 3-46　求圆弧回转体的截交线

## 六、利用三面共点辅助平面法求曲面立体的截交线

在求两个一般位置平面的交线时，曾用过三面共点辅助平面法（以下简称为辅助平面法），其求解原理对求截交线也是类似的。只要把已知的两平面中的一个作为截平面，一个换成曲面，这样第三个辅助平面与截平面的交线为直线，与曲面的交线为平面曲线，该两交线（直交线和曲交线）共存于第三个辅助平面中。它们一定相交或相切（同平面上的直线与曲线的相对位置无非是交叉、相交、相切三种情况，只要在截交线范围内作辅助平面，就不存在交叉的问题），其交点或切点就是共有点，即截交线上的点。三平面共一个点，两平面与一曲面可能共多个点。

利用辅助平面法求截交线的描述如图 3-47 所示（注意：直接在投影图上能定出的点不必用辅助平面法）。下面用一例题详细说明。

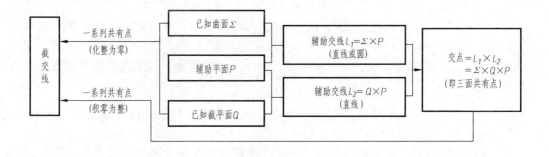

图 3-47　用辅助平面法求截交线原理

注：图中"×"代表两几何元素相交。

[例3-28] 图3-48a所示为机床顶尖，其左端是一圆锥被平行于轴线的平面 $P$ 截切，求作平面 $P$ 和圆锥面的截交线。

**解 分析** 因截平面 $P$ 平行于圆锥轴线，故截交线是双曲线，因截平面是一水平面，所以双曲线正面、侧面投影分别重叠在平面 $P_V$、$P_W$ 上，要求作的只是水平投影。作图时，曲线上的特殊点可根据轮廓线在各投影中的位置直接得到，而一般点可利用辅助平面法求得。图3-48a所示为用辅助平面法求截交线上点的作图原理，作垂直于圆锥轴线的辅助平面 $Q$，它与圆锥面的交线为圆 $L_1$（辅助圆），而辅助平面 $Q$ 与截平面 $P$ 的交线为直线 $L_2$，圆 $L_1$ 与直线 $L_2$ 的交点 $D$、$E$ 即为 $P$ 与圆锥面的共有点，也即截交线上的点。

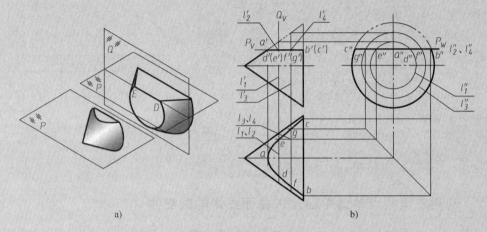

图3-48 作顶尖截交线

**作图** 如图3-48b所示。

**讨论**

1）特殊点也可用辅助平面法求得。如将辅助平面 $Q$ 移到平面 $P_V$ 与圆锥正面投影轮廓线交点处，辅助平面与圆锥的交线圆和辅助平面与截平面 $P$ 的直交线将处于相切，切点就是点 $A$。再将辅助平面移到与底面重合，辅助平面与锥面的交线就是底圆，它和该辅助平面与截平面的直交线同样交于 $B$、$C$ 两点。

2）由于本例题的截平面有积聚性投影，故也可用前面讨论的积聚性法求解。同样，用积聚性求解截交线问题也可用辅助平面法求解，有时在同一道题中，为了方便解题可交互应用两种方法。

3）在截平面与立体表面两者都无积聚性投影的情况下，求截交线的辅助平面法便显出它的独特优点，但本书不予介绍（本课程的教学大纲中约定截平面为特殊位置）。用投影变换法经一次换面可把截平面或立体表面变换成在新投影面体系中有积聚性的投影，感兴趣的读者可参阅相关书籍和资料。

辅助平面法求截交线的作图方法与步骤可以概括为以下口诀：选择辅助面，求两条交线，两交线交点，便是共有点。

选择辅助面的条件：要能使产生的两条交线的投影都是简单易画的线条——直线或圆。对于圆柱、圆锥、圆球、圆环或一般回转体可选垂直于轴线的辅助平面；对圆柱还可选平行于圆柱轴线的辅助平面；对于圆锥还可以选择过锥顶的辅助平面；对于圆球，任何直径都可以作为其轴线，一般选择坐标面的平行面作为辅助平面。

## 七、组合回转体的截交线

组合回转体是由几个基本立体组合而成的，其截交线也是由各基本体的截交线组合而成的。为准确作出组合回转体的截交线，必须对其各组成部分进行分析，分析其由哪些基本立体组成，并找出它们的分界线，然后分别作出截平面与各个基本体的截交线，并在分界点处将它们连接起来。

[例 3-29] 求连杆头部的截交线，如图 3-49a 所示。

**解 分析** 连杆头的外表面是由同轴的圆柱面、圆环面（圆弧回转面）和圆球面三部分组成的组合回转面，被平行于轴线的前、后两个对称的正平面 $P$、$Q$ 各切去一块而在表面上产生了前后各一条闭合的曲线。从水平投影可以看出，截平面 $P$ 不与圆柱面相交，因此，截交线仅是截平面与圆环面、圆球面相交的非圆曲线和圆弧两部分组成。截平面 $P$ 为正平面，所以截交线正面投影反映实形，又因为两个截平面处于前后相对位置，前后截交线正面投影完全重叠。

**作图** 如图 3-49b 所示。

[例 3-30] 补全顶尖截交线的三面投影，如图 3-50a、b 所示。

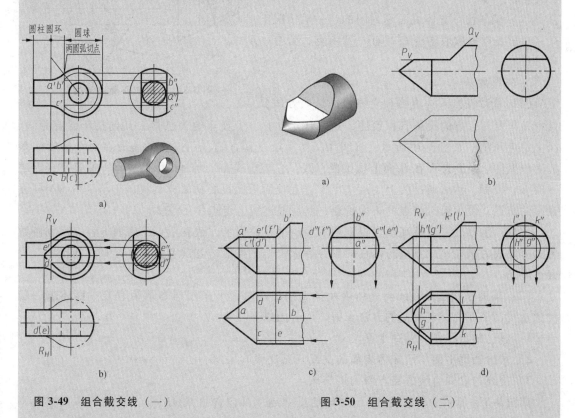

图 3-49　组合截交线（一）　　　　　图 3-50　组合截交线（二）

**解 分析** 顶尖由同轴的圆锥、圆柱组成，被水平面 $P$ 和正垂面 $Q$ 所截。这里的截交线有两种组合：一种是截平面 $P$ 与圆锥、圆柱两个不同的回转面交于双曲线和平行两直线的组合；另一种是不同的截平面 $P$ 和 $Q$ 与同一个圆柱面交于平行两直线与不完整椭圆的组合。

前一种组合因两交线共面（处在截平面 *P* 中），两分界点之间无连线；后一种组合因是两个截平面内的交线，应是两个闭合线框，分界点要连成直线段（即两截平面交线位置）。各截交线面、侧面投影都有积聚性，可用积聚性法或辅助平面法求出截交线的水平投影。

**作图** 如图 3-50c、d 所示。

## 八、贯穿点

1. 一般性质

直线与立体表面的交点称为贯穿点。如图 3-51 所示，点 Ⅰ、Ⅱ 即为直线 *MN* 与三棱柱表面的贯穿点。贯穿点具有如下性质。

（1）共有性 贯穿点既在直线上，也在立体表面上，是直线和立体表面共有点。同时贯穿点也是分界点，它把直线分成立体内、外两部分。立体内部是不存在线条的，因此一般不画线或画成细实线。

（2）成偶性 立体表面是封闭的，一般情况下贯穿点总是以偶数成对存在，有一穿入点，就有一穿出点。

2. 作图方法

（1）重影性法 在直线和立体表面这两方面要

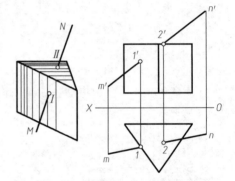

图 3-51 直线与平面立体相交

素中，只要有一方的投影有积聚性，则共有元素的一个投影便为已知，其他投影便成为线、面上定点问题。如图 3-51 所示，直线 *MN* 为一般位置直线，三棱柱的表面在两个投影面上都有积聚性。左前棱面在 *H* 面上积聚成直线，它与直线 *MN* 同面投影的交点 1 便是贯穿点之一的一个投影，然后通过线上定点作出 1′。上顶面正面投影积聚成直线，它与直线 *MN* 同面投影的交点，便为第二交点的正面投影，然后通过线上定点作出点 2。

讨论：①改变三棱柱高度会得到两贯穿点都在棱面上，或在上、下底面上；②增加棱数至无穷便成为圆柱，故直线与圆柱的贯穿点求法与上类似；③读者自行练习直线的投影有积聚性情况。

（2）辅助平面法 直线与立体表面都无积聚性时，可采用与本章第一节中所述求一般位置直线、平面的交点类似的方法求解，即分为以下三步。

1）过已知直线作一辅助平面。

2）求出辅助平面与已知体表面的交线（截交线）。

3）交线与已知直线的交点便为贯穿点。

如图 3-52a 所示，求直线 *AB* 与圆球的贯穿点。可包含直线 *AB* 作一平面 *P* 作为辅助平面，它与圆球面的交线为一纬圆，此纬圆与直线 *AB* 的两交点 *C*、*D* 即为所求贯穿点。

辅助平面是任意的，但应选能获得简单易画交线（直线或圆）的平面作为辅助平面。

（3）投影变换法 直线与体表面都无积聚性时，可采用投影变换法将其中之一变换为有积聚性投影或便于作辅助平面。本书对投影变换法不作详细介绍，感兴趣的读者可参考相

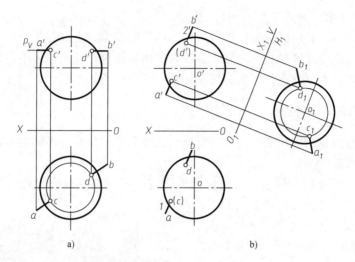

图 3-52　求直线与圆球的贯穿点

关书籍、文献。

　　如图 3-52b 所示，直线 $AB$ 为一般位置直线，可经二次变换成投影面垂直线。本题经一次换面，在 $V/H_1$ 两投影面体系中得到与图 3-52a 所示相同的情况，因此可用前述方法求解，返回求出 $c$、$d$，最后还要判断可见性。因点 $c$ 在圆球的左前下部，故（$c$）不可见，（$c$）1 部分画成虚线；点 $D$ 在圆球的左上后部，故（$d'$）不可见，（$d'$）2' 画成虚线，直线的其他部分均画成粗实线。

# 第四节　两立体相交

## 一、概述

　　两立体相交称为相贯，相交两立体表面交线称为相贯线，相交的两立体称为相贯体（把两个立体看作一个整体）。在一些零件上常常会见到相贯线，图 3-53 所示为存在于一些机件上的相贯线。为了清晰地表示出机件各部分形状和相对位置，在图样中必须绘出相贯线。把机件抽象为几何体并根据其几何性质可把相贯体分为以下三类。

　　1）平面立体相交，如图 3-53a 所示。

　　2）平面与曲面立体相交，如图 3-53b 所示。

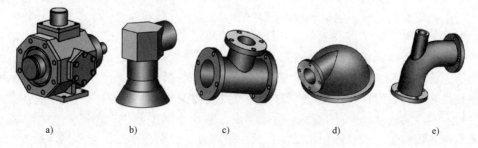

a)　　　　b)　　　　c)　　　　d)　　　　e)

图 3-53　各类相贯线的实例

3）曲面立体相交，如图 3-53c、d、e 所示。

从本质上讲，前二类相贯线的作图可归结为两平面相交、直线与平面相交、平面与平面立体相交、平面与曲面立体相交的问题，这些在前面均已讨论过，这里不再赘述。根据本课程的教学基本要求，本节着重介绍两曲面立体相贯线的性质及求法。

## 二、相贯线的基本性质

相贯线的形状因相交的两曲面立体的形状、大小和相对位置的不同而不同，但所有的相贯线都具有以下性质。

（1）封闭性　由于两立体表面是封闭的并占有一定空间范围，因此，两曲面立体的相贯线一般是封闭的空间曲线，特殊情况下，可以是平面、曲线或直线段，如图 3-54 所示。当两立体的表面处在同一平面上时，两表面在此平面部位上没有交线，即相贯线是不封闭的。

（2）共有性　相贯线是相交两立体的表面共有线，也是它们的分界线。所以只有在两立体表面投影重叠的区域内才会有相贯线的投影。同理，相贯线上的点都是两立体表面的共有点，如图 3-54 所示相贯线上的点 $M$。

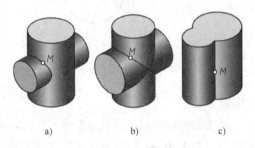

图 3-54　两曲面立体的相贯线

根据以上基本性质，两曲面立体相贯线的作图可归纳为两曲面立体表面共有点的作图问题。

## 三、相贯线的基本作图方法

根据上述基本性质，求两曲面立体相贯线与求截交线的作图方法和步骤类似，不再赘述。具体求相贯线的常用方法有积聚性法、辅助平面法和辅助球面法。

## 四、利用积聚性法求相贯线

当相交的两立体中有一个是柱体，而且具有积聚性投影时，则相贯线的同面投影就重叠在柱体的积聚性投影上。即相贯线的一个投影是已知的，利用这个已知投影可在另一立体上用表面定点的方法作出相贯线的其他投影。

[例 3-31]　求轴线正交的两圆柱的相贯线，如图 3-55a 所示。
**解　分析**
（1）空间分析　由图可知，这是两个直径不同，轴线正交的两圆柱相交，相贯线为一封闭的空间曲线，且前、后对于过两圆柱轴线的正平面是对称的。
（2）投影分析　一方面相贯线在小圆柱（轴线铅垂的圆柱）面上，小圆柱面的水平投影积聚成圆，所以相贯线的水平投影与小圆柱的水平投影重叠，即相贯线的水平投影也是这个圆；另一方面，相贯线也在大圆柱（轴线侧垂的圆柱）面上，大圆柱面的侧面投影也积聚成一个与大圆柱面直径相等的圆。相贯线侧面投影必定位于公有区域（在两立体表面投影重叠的区域内）中的一段圆弧线上，从而找到了相贯线的又一投影。要求的是相贯线的正面投影，可以把相贯线划分成一系列点，分别在水平投影和侧面投影上搞清对应关系，由两面投影求出第三面投影。

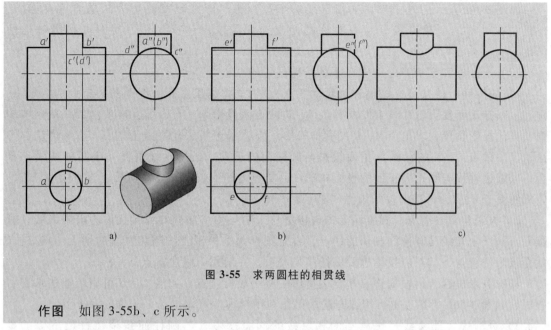

图 3-55　求两圆柱的相贯线

**作图**　如图 3-55b、c 所示。

根据对例 3-31 的分析与作图，结合图 3-56 所示圆柱与圆锥相贯的情况，把用积聚性法求相贯线的一般方法与步骤概述如下。

（1）两个分析（空间分析、投影分析）定方法　一方面，相贯线在圆柱面上，圆柱的侧面投影积聚成圆，故相贯线的侧面投影就重叠在该圆上，从而找到了相贯线一面投影（圆）；另一方面相贯线也在圆锥面上，所以前面找到的相贯线的一面投影（圆）就是圆锥面上曲线（截交线）的投影。于是问题就转化为已知圆锥面的三面投影及其上一曲线的侧面投影，求其他投影的作图问题。这样只要化线为点，用立体表面定点的方法求出各投影，把同面投影光顺连点成线，判断虚实，便可求出相贯线的三面投影。考虑相贯线的对称性往往会对作图带来方便。

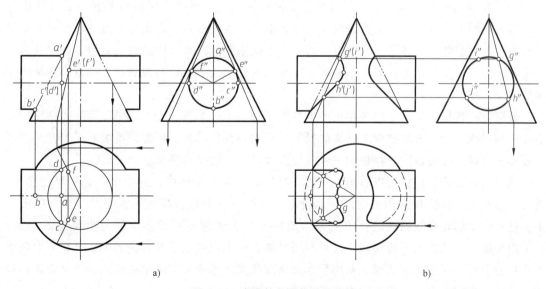

图 3-56　求圆柱与圆锥的相贯线

如图 3-56 所示，圆柱与圆锥相贯线对于过圆锥、圆柱轴线的正平面是前后对称的，也是左右对称的，相贯线分左右对称的两支，只需求出一支，另一支则可利用对称性作出。

（2）分别求出共有点　先求以下各特殊位置的点。

1）轮廓线上的共有点（简称为轮廓线点）。两立体各投影轮廓线上的共有点都应求出。圆柱、圆锥正面投影轮廓线上的共有点 $A$、$B$ 的正面投影 $a'$、$b'$，可直接求出，并按这些轮廓线其他投影位置，求出点 $A$、$B$ 的其他投影。圆柱水平投影轮廓线上的点 $C$、$D$ 可用纬圆法求出。过点 $C$、$D$ 的纬圆的正面投影与圆柱面的最前、最后素线位置（或圆柱轴线）重合，以圆柱轴线与圆锥面正面的投影轮廓线的交点之间的长度为直径画圆，与圆柱水平投影轮廓线交于 $c$、$d$，再根据投影规律作出 $c''$、$d''$和 $c'$、$d'$。

2）极限位置共有点。圆锥面上参与相贯与未参与相贯部分的分界线称为极限素线，圆锥面上的极限素线与圆锥面相切的切点，也是圆锥面上极限素线与相贯线的切点，点 $E$、$F$ 就是极限位置点，其对应投影也要保持相切关系。一般用素线法求点 $E$、$F$。

特殊点求出后，再根据连线需要适量作一些一般位置点。如点 $G$、$H$ 可用素线法求得各投影，如图 3-56b 所示，也可用纬圆法求得，利用对称性可作出点 $I$、$J$ 的三面投影。

3）分清虚实连交线。按已知的相贯线的侧面投影（与圆柱面积聚性投影重叠的投影）的顺序，即将各面投影按 $a''\to g''\to e''\to c''\to h''\to b''\to j''\to d''\to f''\to i''\to a''$ 顺序连接成光滑曲线。

相贯线可见性判断原则：两个立体表面都可见部分产生的交线才可见；否则，不可见。因各面投影的观察方向不同，所以相贯线在各个投影面上投影的可见性都要分别判断。

水平投影面上，对于单独圆锥面全部圆锥面都可见，对于单独圆柱面，下半个圆柱面不可见，故下半个圆柱面的上曲线（截交线）也就不可见，相贯线在圆柱水平投影轮廓线点 $c$、$d$ 以下部分应画成虚线，其余部分画成实线。轮廓线点 $c$、$d$ 是相贯线水平投影的虚实分界点。

（3）整理轮廓校一遍　求完相贯线后要整理轮廓线。要把轮廓线连到相应的轮廓线点上，然后应断开轮廓线，因为这是两个立体表面分界线上的点。虚实分界点一定在同一立体的轮廓线上。当两个立体轮廓线点交叠时，可根据重影点判断轮廓线的可见性。虚实分界点一定在全部可见轮廓线上。对于不是虚实分界点的轮廓线点相连的轮廓线，在重影区域内应画成虚线。

最后进行校核，除了要检查相贯线上各点对应关系、轮廓线连接情况、可见性等之外，还要以相贯线为界，分别把两个立体的投影对应关系校核一遍，以保证投影的正确性。如水平投影上圆锥的底圆被圆柱挡住的一部分应画成虚线，这是容易被忽略的地方。

从以上的分析、作图可以看出，只要参与相贯的两个立体中，有一个具有积聚性投影，就可利用积聚性直接找到相贯线的一面投影。再根据共有性，相贯线也在另一个立体表面上，这样，求解相贯线的问题就转化为已知另一个立体的各面投影及其上曲线（截交线）的一面投影。求其他投影的问题，这可利用立体表面上取线定点的方法解决，再联系到利用积聚性法求截交线总结的结果。利用积聚性法求相贯线原理和方法也可概括出如下口诀：利用积聚性，先定积聚影，转为它面线，表面定点解。

### 五、利用辅助平面法求相贯线

与截交线类似，求两立体的相贯线也可用三面共点辅助平面法（简称为辅助平面法）来求其表面的共有点。

1. 作图原理

图 3-57a 所示为直径大小不同的两圆柱相贯，其轴线垂直交叉。现假想用一平行于两圆柱轴线的辅助平行面截切两圆柱，如图 3-57b 所示，则截平面 $P$ 与大圆柱的截交线（或称为辅助交线）为直线 $L_1$、$L_2$，与小圆柱的截交线为直线 $L_3$、$L_4$。$L_1$ 与 $L_3$、$L_4$ 的交点 I、II 就是两圆柱面与平面 $P$ 的共有点。也可假想用一个垂直于大圆柱轴线同时平行于小圆柱轴线的截平面 $Q$ 作辅助平面截切两圆柱，如图 3-57c 所示，平面 $Q$ 与大圆柱的交线为圆 $L_5$，与小圆柱的交线为直线 $L_6$、$L_7$。$L_5$ 与 $L_6$、$L_7$ 的交点 III、IV 就是两圆柱与平面 $P$ 的共有点。采用一系列类似的辅助平面（或移动辅助平面的位置）就可得到一系列的共有点（相贯线上的点）。用辅助平面法求解两相交立体的共有点，对于参与相交的两立体都无积聚性投影的情况较为有效。

图 3-58 所示为部分球与圆台相交。现假想用一辅助平面 $P$ 截切它们，辅助平面 $P$ 与圆球面的交线为一纬圆 $L_1$，与圆锥面之交线为另一纬圆 $L_2$，纬圆 $L_1$ 与 $L_2$ 的交点 I、II 是辅助平面 $P$、圆球面、圆锥面三个面的共有点，当然也就是相贯线上的点。联系到辅助平面法求截交线时的方框图（图 3-47），则只要把参与相交的截交平面换成曲面便可类似得到用辅助平面法求相贯线方框图，如图 3-59 所示。可概括出同样的口诀：选择辅助面，求两组交线，两交线交点，就是共有点。在投影图上能直接定出的特殊点则不必用上述方法求解。

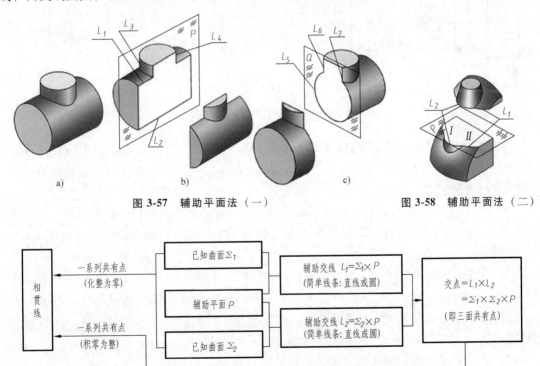

图 3-57 辅助平面法（一）　　　　　图 3-58 辅助平面法（二）

图 3-59 求相贯线方框图

为了作图简便和准确，辅助平面应按以下原则选择。

1）辅助平面应取在两曲面体相交（存在共有点）的范围。

2）辅助平面与两曲面体截交线的同面投影都是直线或圆。选取的辅助平面通过圆柱、圆锥轴线或通过锥顶都可获得直线截交线，选取的辅助平面垂直于回转体轴线时可得到圆截交线。

2．作图举例

[例3-32]　如图3-60所示，求轴线垂直交叉的两圆柱表面相贯线，参看图3-57所示。

**解**　**分析**　由图3-60及图3-57所示可以看出，相贯线为空间曲线，小圆柱轴线处于铅垂位置，所以小圆柱相贯线的水平投影积聚为与小圆柱等直径的圆，相贯线的水平投影就重影在此圆上。大圆柱轴线处于侧垂位置，所以大圆柱的侧面投影积聚成与大圆柱等直径的圆，相贯线的侧面投影重影在两柱投影轮廓线范围内的一段圆弧上，相贯线左右对称于过小圆柱轴线的侧平面，所以相贯线的左半与右半在侧面上重影，相贯线前后无公共对称平面，所以相贯线前后不对称，其前后部分的正面投影不重影。

**作图**　如图3-60b、c所示。

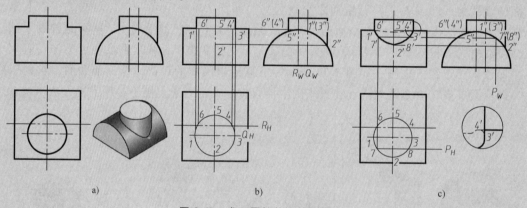

图3-60　求两圆柱偏交的相贯线

[例3-33]　求圆柱和圆锥偏交相贯（两轴线垂直交叉）的相贯线，如图3-61a所示。

**解**　**分析**　由图3-61a所示可以看出，相贯线为空间曲线并分为左右两支。相贯线对于过圆锥轴线的侧平面处于对称位置，由于前后无对称平面，所以相贯线的正面投影前后不重影，圆柱轴线处于侧垂，其侧面投影积聚成与其等直径的圆，故相贯线的侧面投影重影在此圆上。对于圆锥与圆柱相贯的情况，辅助平面可采用如图3-61b、c所示两种形式。

**作图**

1）作特殊点。如图3-61d所示，先作轮廓线点，用辅助水平面$P_1$、$P_2$、$P_3$可求得圆柱正面、水平面的转向轮廓线上的点Ⅰ、Ⅱ、Ⅲ、Ⅳ（由于相贯线的对称性，右边一支不标序号）。用辅助侧垂面$Q$、$T$可求得圆锥面参与相贯的极限素线点Ⅶ、Ⅷ，这些点又称为范围点。点$7''$、$8''$为过$s''$向圆柱侧面投影所作切线的切点。

2）作一般位置点。按连线需要，再作适量一般点，如作水平面$P_4$，求得点Ⅸ、Ⅹ，如图3-61e所示。

3）光顺连点成线并判断可见性。以侧面投影各点的顺序将各点的其他同面投影连成光滑曲线，后半个圆柱面上的正面投影不可见，轮廓线点 1′、2′为虚实分界点，将 1′→5′→8′→4′→6′→2 连成虚线，其余部分画粗实线。下半个圆柱面的水平投影不可见，轮廓线点 3、4 为分界点，将 4→10→6→2→9→3 连成虚线，其余部分画成粗实线如图 3-61e 所示。

4）连轮廓线与校核。正面投影上，将圆柱与圆锥正面的转向轮廓线连至相应的轮廓线点 1′、2′和 5′、6′上，并注意圆锥面正面转向轮廓线上点并非虚实分界点，故圆锥正面的转向轮廓线上点 5′向上至该轮廓线与圆柱正面转向轮廓线交点之间的一部分应画成虚线。同理，点 6′以下的一部分也应画成虚线，如图 3-61e 所示圆圈内的放大图形。

最后以相贯线为分界线，对两立体的三面投影进行校核，可发现水平投影上，锥底圆被圆柱遮住的一部分应画成虚线，如图 3-61e 所示。

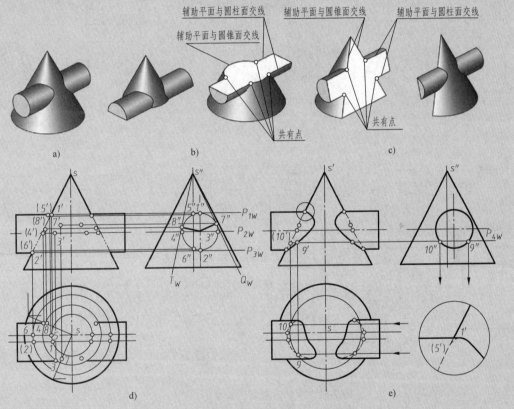

图 3-61 求圆柱与圆锥偏交的相贯线

[例 3-34] 求部分圆球与截头圆锥的相贯线，如图 3-62a 所示。

**解** **分析** 相交的两个立体中，一个是四分之一圆球的前、后被两个正平面对称地切去一部分而形成的部分圆球，另一个是轴线铅垂但不过球心的圆台，它们的相贯线是一条封闭的空间曲线。相贯线对过圆锥、圆球轴线（由于球任一直径都可为轴，所以可将圆球轴线与圆锥轴线视为平行）的正平面（公共对称面）前后对称，所以相贯线的正面投影前、后两部分重影。由于圆球面和圆锥面的三面投影没有积聚性，所以需要求出相贯线的三面投影。

辅助平面选择分析：对于圆球，只有平行投影面的辅助平面，产生的交线投影才能是圆或直线段；对于圆锥，过圆锥轴线的垂直于水平投影面的辅助平面与圆锥面的交线各面投影均为直线段，但其中能同时满足球面截交线要求的，只有过圆锥轴线的正平面 $P$ 和侧平面 $Q$，这两个辅助平面能求出轮廓线点。其他的轮廓线点可利用一个或几个垂直于圆锥轴线的水平辅助面求得，如图 3-62b 所示。

　　**作图**　如图 3-62c~f 所示。

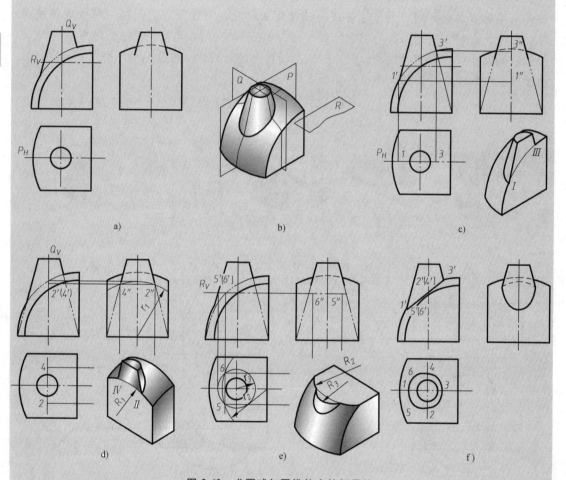

图 3-62　求圆球与圆锥偏交的相贯线

　　**[例 3-35]**　求四分之一的圆环面与圆柱面的交线，如图 3-63a 所示。

**解**　**分析**　圆柱面轴线处于侧垂，其侧面投影积聚成一个圆，故相贯线的侧面投影就重影在此圆上。圆环轴线是正垂线，与圆柱面轴线交叉垂直，且圆柱轴线在圆环前后对称面内，也即两曲面的公共对称平面是正平面，所以相贯线是前后对称的，其前一半与后一半的正面投影重影为一条曲线。

　　**作图**　如图 3-63b、c、d 所示。

　　**注意**　本例中的最右点，仅通过作图的方法不易判定。此时，可在附近多求几点，使相贯线的投影达到所需的准确度。

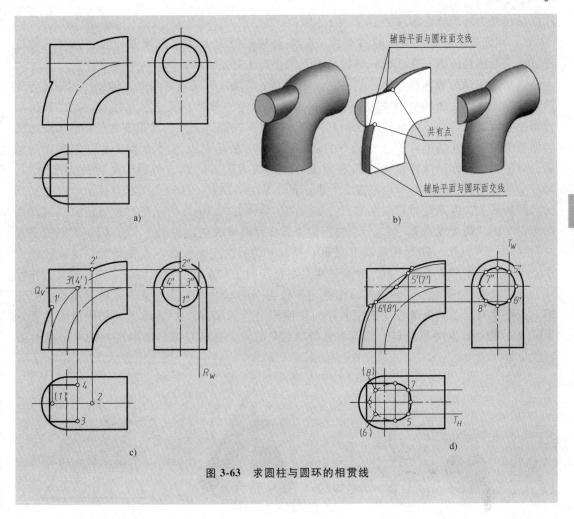

图 3-63　求圆柱与圆环的相贯线

## 六、用辅助球面法求相贯线

借助于三面共点的原理，可以用多种类型的面作为辅助面，去与已知面相交，求得共有点。辅助面按性质可分为平面、曲面，而曲面又可分为柱面、锥面、球面等，球面又可分为定心球面（各辅助面的球心位置不变）和异心球面（各辅助面的球心按一定的规律变动），限于篇幅，这里只介绍定心球面法。

1. 辅助球面法的原理

当球心位于回转面轴线上时，球与回转面的相贯线为一垂直于回转面轴线的圆。如图 3-64a 所示球心位于圆柱的轴线上，如图 3-64b 所示球心落在圆锥轴线上，它们的相贯线在平行于回转体轴线的投影面上投射成一直线段（长度等于截交线圆直径），在垂直于回转体轴线的投影面上的投影反映圆的实形。

2. 使用辅助球面法的条件

1）两相交立体必须是回转体。因为只有球面与回转体面相交时，其相贯线才可能是圆。

2）两回转体轴线必须相交。因为只有相交，球心才能同时在两回转体的轴线上，两轴线的交点即为辅助球面的球心。

3）两回转体的轴线所确定的平面（公共对称平面）必须平行于某一投影面。只有这样，球面与回转体的相贯线圆在该投影面上的投影才能是直线。

当相交的两回转体符合上述条件，而用辅助平面法求解又较麻烦时，辅助球面法就显现出它独特的优点。图 3-65 中的立体图所示为一圆台与一圆锥斜交，求其相贯线时，如果用投影面平行面作辅助平面，则不能同时得到直线或圆的辅助交线，作图不方便。由于此两回转面相交符合上述辅助球面法的条件，可如图 3-65b 所示，以两回转体轴线的交点 $O$ 为球心，以适当半径作一球面，该球面与圆锥面的交线为圆 $L_1$、$L_2$，与斜圆锥台的交线为 $L_3$。同一个球面上的圆 $L_1$、$L_2$ 与 $L_3$ 相交于 Ⅲ、Ⅳ、Ⅴ、Ⅵ四点。这四点既在球面上，又在已知的两回转面上，因而是相贯线上的点。如果两回转体如图 3-65c 所示那样放置，公共对称平面为正平面，则交线圆 $L_1$、$L_2$、$L_3$ 的正面投影分别积聚成直线段 $l'_1$、$l'_2$、$l'_3$，它们的交点 $3'$、$(4')$、$5'$、$(6')$ 即为相贯线上点 Ⅲ、Ⅳ、Ⅴ、Ⅵ的正面投影。改变辅助球面半径的大小，可得到一系列共有点。但这种变动也是有范围的，如从球心向两回转面转向轮廓线作垂线，其中较长的作为最小半径 $R_2$，比这个半径再小的球面就不能与某一回转面相交了，也即不产生共有点了。由球心 $o'$ 到两回转面正面转向轮廓线交点中最远点 $2'$ 的距离为最大球半径 $R_1$，因为比这个半径再大的球面也得不到共有点。这样一来，所取的辅助球半径 $R$ 就只能是 $R_2 \leqslant R \leqslant R_1$。

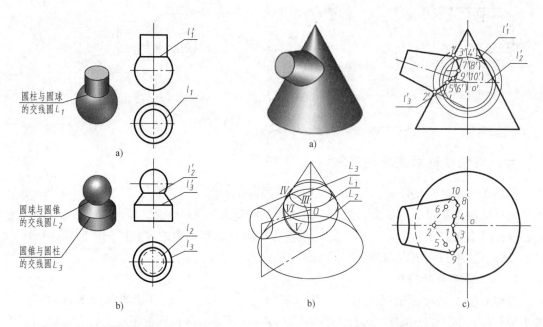

图 3-64  同轴回转体相贯线　　　　图 3-65  球面法作图原理

具体作图步骤如图 3-65c 所示。

1）作最高、最低点。由于两曲面具有正平面的公共对称面，可过此特殊位置作一辅助平面 $P$，平面 $P$ 与两曲面均交得直素线，且是正面轮廓线，在正面投影上它们的交点 $1'$、$2'$ 就是相贯线的最高、最低点，作图时不必作出平面 $P$，由两回转体的正面轮廓线交点直接确定 $1'$、$2'$，再作 1、2。

2）作最大、最小辅助球面上的点。由图 3-65c 可知 $o'$ 到 $2'$ 之距便是最大球半径，因 $2'$ 点已经作出，故不必再求。由 $o'$ 向圆锥和圆台的正面轮廓线作垂线可知，圆锥面的正面轮廓线的距离较大，故以此距离 $R_2$ 为半径，$o'$ 为圆心作圆，此圆与圆锥正面轮廓线相切，连接两切点的直线段便是最小球与圆锥面相切的切线圆的正面投影以 $R_2$ 为半径的圆与斜圆锥台的正面轮廓线相交，连接两交点的直线段为最小球与圆锥台的交线圆的正面投影，两直线段的交点便是相贯线上共有点Ⅶ、Ⅷ的正面投影 $7'$、$8'$。

3）作一般位置点。用介于 $R_2$ 与 $R_1$ 之间适当大小的球半径 $R$，以 $o'$ 为圆心作圆，即为辅助球面的正面投影，此圆与两曲面轮廓线交点间的连线 $l_1'$、$l_2'$、$l_3'$ 分别是半径为 $R$ 的辅助球与两曲面交线圆的正面投影，如图 3-65b 所示，它们交点 $3'$、$(4')$、$5'$、$(6')$ 便是相贯线上共有点Ⅲ、Ⅳ、Ⅴ、Ⅵ的正面投影。变动 $R$ 的大小，可得一系列共有点，其水平投影可利用回转面上取线定点的方法求得。由此可见，应用辅助球面法可以在一个投影图上完成相贯线的全部作图，这是其独特的优点。

4）连线判断可见性。以各点的正面投影虚实的顺序将各同面投影连成光滑曲线，正面投影上，由于对称性，相贯线前半部分画成实线，后半部分与前半部分重影，故虚线不必画出。水平投影上，圆台下半部分的水平投影为不可见，点9、10为虚实分界点（可由正面投影 $9'$、$10'$ 求得），将9→5→2→6→10连成虚线，其余为实线。

5）整理轮廓线并校核。圆台的水平投影转向轮廓线画到9、10为止，两曲面水平投影重合区域内圆锥底圆的一部分被圆台遮挡应画成虚线。

## 七、相贯线的特殊情况

前已提及，两回转体的交线一般情况是空间曲线，但在特殊情况下，也可能是平面曲线或直线，下面介绍几种特殊情况。

1）同轴的两回转体表面相交，相贯线是圆，且圆所在的平面垂直于轴线。如图 3-64a 所示，圆球与圆柱同轴（因圆球的任一直径方向都可认为是轴，当球心在某一回转体轴线上时，则可认为两回转面同轴相交）。交线为圆 $L_1$，正面投影重影为一条直线 $l_1'$，水平投影 $l_1$ 反映实形。如图 3-64b 所示，上部圆锥与圆球同轴相交，交线为圆 $L_2$；下部是圆锥与圆柱相交，交线为圆 $L_3$，相贯线在与轴线平行的投影面上的投影积聚成垂直于回转轴同面投影的直线段 $l_2'$、$l_3'$，直线段的长度等于空间交线圆的直径。在与轴线垂直的投影面上的投影反映交线圆的实形。

2）根据蒙若定理（如果两个二次曲面内切或外切于第三个二次曲面，则它们交于平面曲线），共切于同一球面的圆锥、圆柱相交时，其相贯线为两条平面曲线——椭圆。当两曲面的轴线所确定的平面平行于某投影面时，则这两个椭圆在该投影面上的投影为相交两直线段（连接相应轮廓线交点），如图 3-66 所示。

3）轴线相互平行的两圆柱相交，其相贯线是平行轴线的两条直线段，如图 3-67a 所示。

4）当两圆锥共顶相交时，相贯线为相交两直线段，如图 3-67b 所示。

画相贯线时，若遇上述这些情况，则可直接画出相贯线，而不必用前面介绍的辅助面法求解。

## 八、关于相贯线的讨论

立体相贯线可能产生在外表面上，也可能产生在内表面上，其空间形状与两立体的表面性质、尺寸大小和相对位置等因素有关，现用对比的方式对各种情况归类讨论，以达到加深理解、触类旁通的效果。

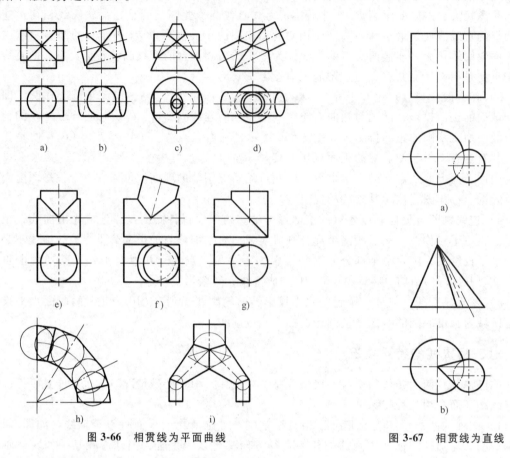

图 3-66　相贯线为平面曲线　　　　　　图 3-67　相贯线为直线

### 1. 空实对比

图 3-68 所示为轴线垂直相交，其直径不等的两个圆柱体相交的三类情况：图 3-68a 所示为两实心圆柱相交，图 3-68b 所示为实心圆柱与空心圆柱相交，图 3-68c 所示为两空心圆柱相交。从这三种情况看来，相贯线的形状和位置与两立体是空心还是实心无关（只是可见性不同），其求解方法是相同的，因此只要掌握"实—实"相贯的解题方法，就可以指导"空—实"和"空—空"相贯的作图。

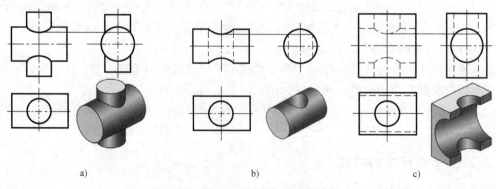

图 3-68　实心、空心圆柱相贯线比较

2. 位移对比

当两圆柱相互位置关系发生变化时，相贯线的形状和位置都会有所改变，特殊点也产生变化，对求解方法有时也会产生影响。图 3-69 所示为当两圆柱偏交，交线从两条空间曲线逐渐变为一条空间曲线的情况。掌握了它们的大概形状，就可以进一步增强空间想象，有目的地把精力集中在选择解题方法、找特殊点位置等问题上去、对于圆柱与圆锥相贯、圆柱与圆球相贯等也可归纳成这些典型形式，这些留待读者自行分析作图。

3. 大小对比

图 3-70 所示为轴线铅垂的圆柱与轴线侧垂的圆柱相贯，它们的轴线垂直相交，当其中的一个（如轴线铅垂的圆柱）直径由小变大时相贯线的变化规律。图 3-70a 所示为铅垂圆柱直径比侧垂圆柱直径较小时，相贯线为上、下两条空间闭合曲线，正面投影为实轴铅垂的双曲线（凸向较大圆柱轴线）。铅垂圆柱的直径逐渐变大，曲线越加弯曲，即双曲线的顶点逐渐靠近较大圆柱的轴线。如图 3-70b 所示，当铅垂圆柱的直径大到等于侧垂圆柱直径时，相贯线由量变到质变。根据蒙若定理，两圆柱共切于一个球，相贯线为两平面曲线——椭圆，正面投影为相交两直线段。如图 3-70c 所示，当铅垂圆柱的直径继续变大，从原来两圆柱中较小的状态，变成较大的状态，相贯线变成左、右两条空间闭合曲线，其正面投影为实轴水平的双曲线（仍然凸向较大圆柱轴线）。若铅垂圆柱直径继续变大，双曲线弯曲程度减小，即双曲线的顶点逐渐离开较大圆柱轴线。

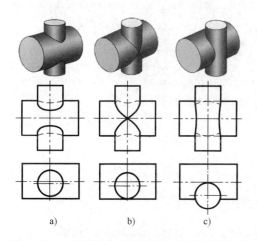

a)    b)    c)

图 3-69　直立圆柱轴线位置变化时相贯线比较

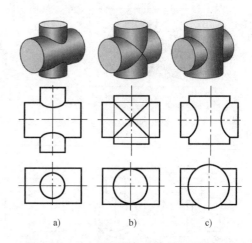

a)    b)    c)

图 3-70　直立圆柱直径变化时相贯线比较

通过对直径大小变化的比较可知，相贯线总是凸向较大圆柱轴线，由于直径大小的改变，相贯线的形状变化了，但求解方法不变。因此，掌握解题的原理与方法，是求作相贯线的关键。圆柱与圆锥轴线正交相贯时，也有类似的讨论，请读者自行作图分析。

# 第五节　相贯线的简化画法与机件表面交线分析

## 一、相贯线的简化画法

当轴线正交的两圆柱直径相差较大时，相贯线在与两圆柱轴线所确定的平面平行的投影面上的投影可用圆弧来近似代替非圆曲线（双曲线）。如图 3-71 所示，以两圆柱正面转向轮廓线交点中的任一点为圆心，以大圆柱半径 $D/2$ 作圆弧，交小圆柱轴线于一点，再以此点为圆心作圆弧交到两圆柱正面转向轮廓线交点，此圆弧即为两圆柱相贯线的正面投影。图 3-71 还根据投影关系找出特殊点，其位置与圆弧近似作法基本一致。

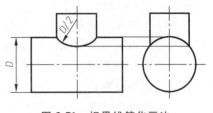

图 3-71 相贯线简化画法

## 二、综合相交

前面介绍了两个立体相贯时，相贯线的各种情况和作图方法。在画实际零件的图样时，由于构成零件的形状较多，交线往往比较复杂，但作图的基本方法与前面介绍的一样，重要的是要掌握分析问题的方法。

[例 3-36] 图 3-72a 所示为汽车制动总泵的泵体，现取其左端并抽象成如图 3-72b 所示的几何模型来分析作图。

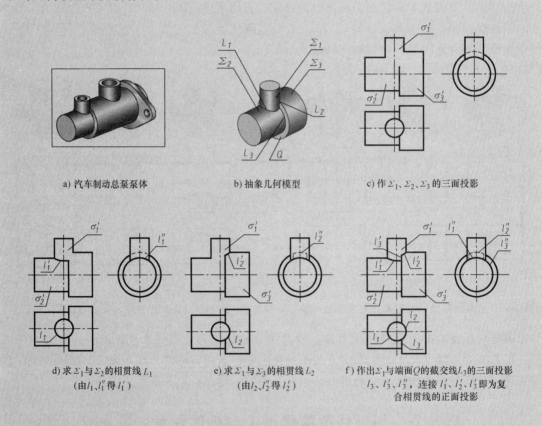

a) 汽车制动总泵泵体     b) 抽象几何模型     c) 作 $\Sigma_1$、$\Sigma_2$、$\Sigma_3$ 的三面投影

d) 求 $\Sigma_1$ 与 $\Sigma_2$ 的相贯线 $L_1$（由 $l_1$、$l_1''$ 得 $l_1'$）

e) 求 $\Sigma_1$ 与 $\Sigma_3$ 的相贯线 $L_2$（由 $l_2$、$l_2''$ 得 $l_2'$）

f) 作出 $\Sigma_1$ 与端面 $Q$ 的截交线 $L_3$ 的三面投影 $l_3$、$l_3'$、$l_3''$，连接 $l_1'$、$l_2'$、$l_3'$ 即为复合相贯线的正面投影

图 3-72 复合相贯线

**解 分析** 模型由 $\Sigma_1$、$\Sigma_2$、$\Sigma_3$ 三个圆柱组成，像这样一个立体同时与两个或两个以上立体相贯称为复合相贯，各立体表面所形成的交线称为复合相贯线。复合相贯线为若干相贯线（有时包括截交线）复合组成，如圆柱 $\Sigma_1$ 与圆柱 $\Sigma_2$ 的相贯线为 $L_1$，圆柱 $\Sigma_1$ 与圆柱 $\Sigma_3$

的相贯线为 $L_2$，圆柱 $\Sigma_1$ 与圆柱 $\Sigma_3$ 的左端面 $Q$ 的截交线为 $L_3$，只要逐个求出彼此相交部分的相贯线 $L_1$、$L_2$、$L_3$，再将各交线在三个表面的共有点（结合点）处连接起来，即可求得三个圆柱综合相交的交线。

　　**作图**　如图 3-72c、d、e、f 所示。

## 三、零件表面过渡线

　　由于铸造和锻造工艺的要求，常常在一些零件的表面相交处作出光滑过渡的小圆角，称为铸造圆角和锻造圆角。这样两表面的交线部分是由圆角所构成的曲面，即使交线不很明显，为了区别机件上不同的表面和便于看图仍画出理论上的相贯线，但两端不与轮廓线接触，只画到两立体表面外形轮廓线的交点处，这种线称为过渡线。过渡线用细实线绘出。下面介绍几种常见过渡线的画法。

　　1）两曲面相交时，按没有圆角的情况画出相贯线，然后在外形轮廓线处画出圆角，交线与圆角轮廓不相交，如图 3-73a 所示。

　　2）两曲面的外形轮廓相切时，过渡线在切点附近断开，如图 3-73b、c 所示。

　　3）零件上肋板与圆柱结合时，按肋板端面的形状以及筋板与圆柱面的结合方式，过渡线的画法是不一样的，如图 3-74 所示。

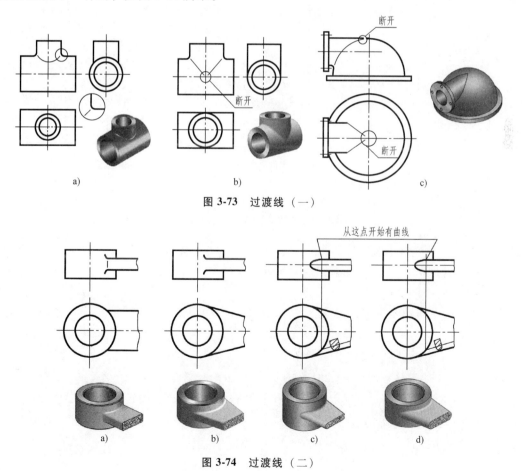

图 3-73　过渡线（一）

图 3-74　过渡线（二）

155

## 第六节　AutoCAD 中图解几何元素相对位置的投影

### 一、图解点、线、面综合问题

在第二章第六节介绍了创建点、线、面、体的三维空间模型的方法，这对几何元素相对位置投影的图示和定位、度量等图解问题带来了很多便捷。

[例 3-37]　已知三直线 *AB*、*CD*、*EF*，求作一直线 *MN*，使其与直线 *AB* 平行，与直线 *CD*、*EF* 相交，如图 3-75a 所示。

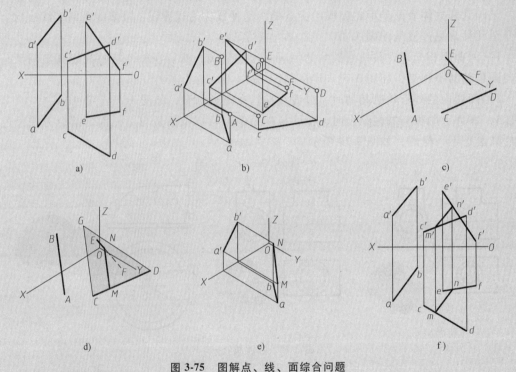

图 3-75　图解点、线、面综合问题

**解**　1）将图 3-75a 所示图形置于投影箱，按前述方法重复应用"逆交点"命令，求出 *A*、*B*、*C*、*D*、*E*、*F* 六个空间点，如图 3-75b 所示。

2）将六个空间点按题设要求连成三条直线 *AB*、*CD*、*EF*。为了便于读图，将由"逆交点"命令完成的逆交点投射线隐去（放在关闭的图层上），只留下空间三条直线，如图 3-75c 所示。

3）过点 *C* 作一平行于 *AB* 的直线 *CG*，并将点 *C*、*G*、*D* 依次相连组成一平面三角形，这个面与直线 *AB* 平行，如图 3-75d 所示。

4）将平面三角形与直线 *EF* 按原位置复制一份并用布尔"交"命令⚙作出其交点 *N*；过点 *N* 作直线 *NM* 使其平行于直线 *CG*（当然也平行于直线 *AB*），交直线 *CD* 于点 *M*，如图 3-75d 所示。

5）应用"面或体投影"命令 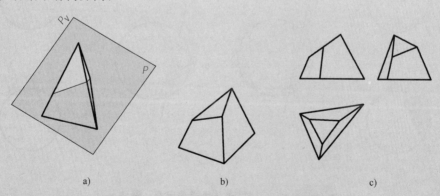（图标）作出直线 *NM* 在投影箱中的 *V*、*H* 面投影并隐去其他图线，如图 3-75e 所示。

6）应用"投影图"命令 ✛ 将直线 *NM* 在投影箱中的 *V*、*H* 面投影展开成投影图，并将第 2 步隐去的图线打开，便完成解题，如图 3-75f 所示。

## 二、图解截交线

[例 3-38]　已知条件如图 3-37a 所示，求截平面下面截断体的三面投影。

**解**　1）创建三棱锥。将图 3-37a 所示图形置于投影箱，按前述方法创建出三棱锥，如图 3-76a 所示。

2）创建空间平面 *P*。单击投影工具栏中"作线的逆射面"按钮 ⬡，命令行提示"指定直线或垂直面的投影："，鼠标单击截平面 *P* 的 *V* 面投影，系统自动创建出空间截平面，如图 3-76a 所示。

3）创建截断体。单击"投影"工具栏中"剖切"按钮 ✂，命令行提示"选择要剖切的对象："，单击空间截断体，命令行提示："找到 1 个"，按〈Enter〉键后命令行提示"指定剖切面的起点或［平面对象（O）/曲面（S）/Z 轴（Z）/视图（V）/XY（XY）/YZ（YZ）/ZX（ZX）/三点（3）]<三点>："，"三点"选项是常用的选项也是默认值，按〈Enter〉键后单击空间平面 *P* 上任意不在一直线上的三点，命令行提示"在所需的侧面上指定点或［保留两个侧面（B）] <保留两个侧面>："，单击平面 *P* 下任一点，系统自动创建出空间截断体，如图 3-76b 所示。

4）应用"面或体投影"命令 ⬚（图标）作出截断体在投影箱中的三面投影；应用"投影图"命令 ✛ 将投影箱中的三面投影展开成投影图，如图 3-76c 所示。把此图与图 3-37 所示比较一下，看结果有何异同？

a)　　　　　　　　　　b)　　　　　　　　　　c)

**图 3-76　用 AutoCAD 图解截交线和截断体的投影**

**讨论**　用 CAD 图解截交线，不管复杂程度如何，关键一步是按题意创建出截断体（形成截交线的截平面可以 ≥1，也可以是另一形体的表面），然后应用"面或体投影"和"投影图"两命令就可得到截交线和截断体的三面投影。

[例 3-39]　求圆柱体上有一梯形切口后的三面投影，如图 3-40a 所示。

**解** 1）圆柱体上有一梯形切口可看作圆柱体切去一梯形柱，用前述方法创建两形体，如图 3-77a 所示。

2）应用布尔运算求出截断体：单击"投影"工具栏中"差集"按钮 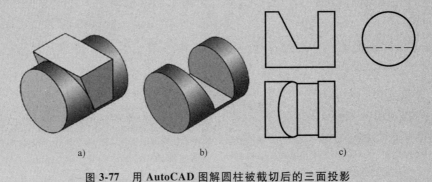，单击圆柱，按〈Enter〉键后再单击梯形柱，按〈Enter〉键后系统自动创建出空间截平面，如图 3-77b 所示。

3）应用"面或体投影"命令 作出截断体在投影箱中的三面投影；应用"投影图"命令 将投影箱中的三面投影展开成投影图，结果如图 3-77c 所示。把此图与图 3-40 所示比较一下，看结果有何异同？

**图 3-77　用 AutoCAD 图解圆柱被截切后的三面投影**

## 三、图解贯穿点

[例 3-40]　如图 3-78a 所示，求直线与圆球的贯穿点。

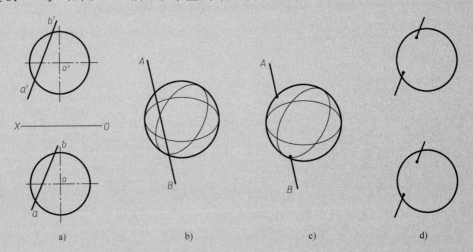

**图 3-78　用 AutoCAD 求直线与圆球的贯穿点**

**解** 1）用前述方法创建出三维形体圆球和直线，如图 3-78b 所示。

2）应用布尔运算将直线与圆球合并成一体，直线与圆球的交点自动形成。单击"投影"工具栏中"并集"按钮 ，选中直线和圆球，按〈Enter〉键后系统自动将直线与圆球合并成一体，如图 3-78c 所示。

3）应用"面或体投影"命令![icon]作出合并体在投影箱中的三面投影；应用"投影图"命令![icon]将投影箱中的三面投影展开成投影图，如图 3-78d 所示。把此图与图 3-52b 所示比较一下，看结果有何异同？

## 四、图解相贯线

[**例 3-41**] 求圆锥与圆柱偏交后的三面投影，如图 3-79a 所示。

**解** 1）用前述方法创建出三维形体圆锥与圆柱，如图 3-79b 所示。

2）应用布尔运算将直线与圆球合并成一体，圆锥与圆柱的表面交线自动形成。单击"投影"工具栏中"并集"按钮![icon]，选中圆锥与圆柱，按〈Enter〉键后系统自动将圆锥与圆柱合并成一体，如图 3-79c 所示。

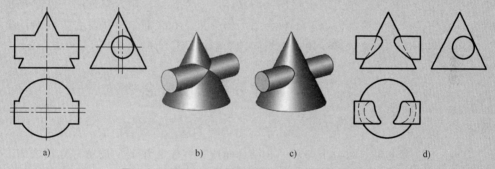

a)　　　　　　b)　　　　　　c)　　　　　　d)

**图 3-79　用 CAD 求圆锥与圆柱偏交后的三面投影**

3）应用"面或体投影"命令![icon]作出合并体在投影箱中的三面投影；应用"投影图"命令![icon]将投影箱中的三面投影展开，如图 3-79d 所示，此图仅为物体的投影，点画线和标注等非投影要素还得另外添加。把此图与图 3-61b 比较一下，看结果有何异同？

**讨论** 用 CAD 图解相贯线，不管复杂程度如何，关键一步是按题意创建出参与相贯的形体（参与相贯的形体可以 ≥2，如图 3-72 所示），然后应用"面或体投影"和"投影图"两命令就可得到含有表面交线的相贯体三面投影图。

# 第四章

# 组 合 体

组合体是由基本体按一定方式组合而成的立体。形体比较复杂，给画图、读图和标注尺寸都带来一定困难。为解决此问题，本章介绍形体分析法和线面分析法。在实践中，读者要自觉地运用这些方法，培养观察问题、分析问题和解决问题的能力。

## 第一节　形体分析法的概念

任何复杂的机器零件（组合体）都可看作由简单的基本体组合而成。如图 4-1 所示的手柄，可看作由左端带倒角的圆台 I 与球体 II 结合而成。球体 II 除上下被对称地切去 P、Q 两部分外，上部还开了一个槽（挖去棱柱 R）。又如图 4-2 所示的轴承座，可看作由凸台 I、轴承 II、支撑板 III、肋板 IV、底板 V 组合而成的。这种把复杂形体分解成简单形体的方法，称为形体分析法。

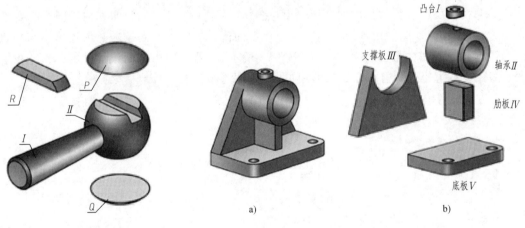

凸台 I
支撑板 III
轴承 II
肋板 IV
底板 V

a)　　　　　　　　　　b)

图 4-1　手柄的组成　　　　　　　　图 4-2　轴承座的组成

由此可见，形体分析的方法就是把物体分解成一些简单基本形体，以及确定它们之间组合形式的一种思维方法。在学习画视图、读视图和标注尺寸时，经常用这种方法使复杂的问题转变为较简单的问题。读者应熟练掌握形体分析法，为解决复杂的问题打下基础。

## 第二节　组合体的组成形式

基本形体组成组合体通常有叠加、挖切、复合三种形式。这些组合形式就决定了各基本形体的相互位置和连接处形状。为了正确地分析形体，必须仔细研究形体组成及其投影特性。

### 一、叠加

1. 堆砌

如图 4-3 所示的形体，可看作在底板Ⅰ上堆砌四棱柱Ⅱ、Ⅲ而成。

2. 共面

当相邻表面间处于共面时，在共面处的分界线就没有了。如图 4-3 所示，四棱柱Ⅱ右面、后面与底板Ⅰ的右面、后面，以及四棱柱Ⅲ左面、后面与底板Ⅰ的左面、后面因共面，就不存在分界线了。

3. 相切

当相邻表面间处于相切时，切线在三个视图上一般不画出，如图 4-4a、图 4-5 和图 4-6 所示。当切平面垂直于某投影面时，则在该平面上应画出切线的投影，如图 4-4b 所示。

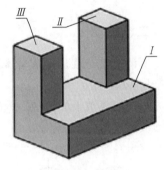

图 4-3　堆砌

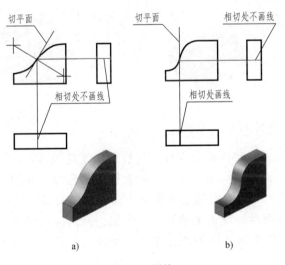

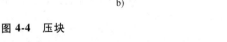

a)　　　　　　　b)

图 4-4　压块

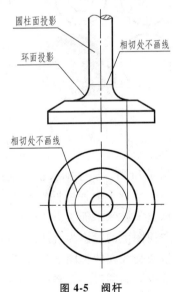

图 4-5　阀杆

4. 相交

两个基本体表面相交时，一定产生交线（截交线或相贯线），应画出交线的投影。如图 4-6 所示，右耳板侧面与圆柱体表面相交，有截交线；圆柱与前面的圆台相交，有相贯线。

161

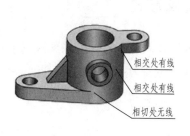
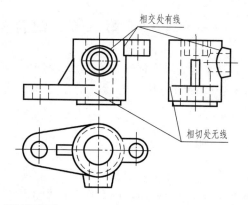

图 4-6　相切与相交

## 二、挖切

所谓挖切，就是把基本体经过切割或穿孔而形成立体。

### 1. 切割

基本形体被平面切割后，画视图时关键是作出其截交线的投影。图 4-7 所示为一个手柄头的形体分析。

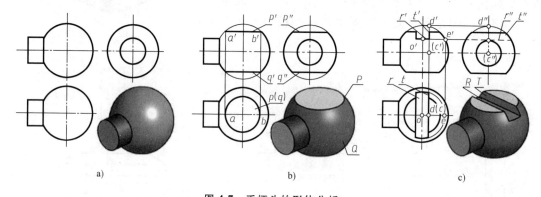

图 4-7　手柄头的形体分析

如图 4-7a 所示，手柄头由基本形体圆柱和球体组合而成，圆柱的轴线通过球心，因而交线是一个平行于侧面的圆，在左视图上为圆的实形，在主、俯视图上为直线。如图 4-7b 所示，球上下被水平面 $P$、$Q$ 所切割，截交线在俯视图上的投影为圆，圆的直径 $ab = a'b'$，在主、左视图上的投影为直线。如图 4-7c 所示，球的上端开了一个槽，槽的底面 $R$ 与球面相交，该截交线在俯视图上为圆弧，其半径为 $oe$，槽的侧面 $T$ 与球面相交，该截交线在左视图上的投影为圆弧，其半径为 $c''d''$。

### 2. 穿孔

当基本体被穿孔时，画图的关键是画出其交线的投影。如图 4-8 所示为靠堵的形体分析。

如图 4-8a 所示，该零件基本上是由同轴的三段异径圆柱 $\Sigma_1$、$\Sigma_2$、$\Sigma_3$ 组成。如图 4-8b 所示，下部圆柱 $\Sigma_3$ 中开了一个棱柱孔 $\Sigma_4$，孔的侧面 $P$ 与圆柱 $\Sigma_3$ 相交，根据尺寸 $y$ 作出截交线在左视图上的投影。孔的上、下底为前后倾斜的斜面（$Q$ 面），由于斜面与圆柱表面的截交线是椭圆，主视图上的曲线 $b'a'd'$ 就是该椭圆投影的一部分。如图 4-8c 所示，$\Sigma_1$ 圆柱上端开了一个方槽 $\Sigma_5$，在圆柱 $\Sigma_3$ 中间横向又贯穿了一个圆柱孔 $\Sigma_6$，其投影如图 4-8c 所示。必须注意：在主视图上，圆柱孔 $\Sigma_6$ 与圆柱 $\Sigma_3$ 表面的相贯线为曲线，而与中间棱柱孔侧面 $P$ 的交线，因在主视图上 $P$ 面有积聚性，故这里是直线，不能画成曲线。

### 三、复合

如图 4-7 所示的形体，可看作先由圆柱和球叠加，然后再切割形成。如图 4-8 所示的形体，可看作先由三个同轴线的异径圆柱叠加，然后再开孔形成。所以它们都是复合组合体。

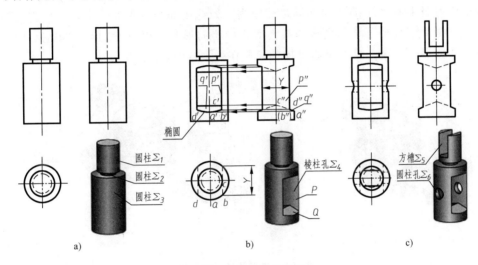

图 4-8 靠堵的形体分析

# 第三节 组合体视图的画法

画组合体视图时，通常按下述顺序进行。

## 一、形体分析

形体分析的目的是通过把组合体分解成若干基本形体，从而确定它们的组合形式，以及相邻表面间的相互位置。如图 4-9a 所示的支架，可看作由直立空心圆柱、底板、肋、U 形柱搭子、水平空心圆柱和扁空心圆柱等组成，如图 4-9b 所示。从图 4-9a 中可看出肋的底面与底板的顶面相结合；扁空心圆柱的顶面与直立空心圆柱的底面相结合；底板的侧面与直立空心圆柱相切；肋和搭子的侧面与直立空心圆柱相交；水平空心圆柱与直立空心圆柱垂直相交；两孔接通。

## 二、选择主视图

选择主视图，就是要解决组合体怎么放置和从那个方向投影的两个问题。下面介绍选择主视图的三个原则。

163

1. 特征原则

主视图是三视图中最主要的视图，因此要求主视图能够较多地反映物体的形状特征。就是说，必须将组合体的各组成部分的形状特点和相互关系反映最多的方向作为主视图的投射方向，如图 4-9a 所示的 $A$ 向。

2. 稳定性原则

通常人们习惯于从物体的自然位置进行观察，所以选择主视图时，常把物体放正，使物体的主要平面（或轴线）平行或垂直于投影面，图 4-9a 即满足这一原则。

3. 虚线最少原则

因主视图是三视图中最主要的视图，因此最能清晰地看到物体的结构形状特征，应尽量避免画虚线。图 4-9a 所示的 $A$ 向即满足此原则。如选用如图 4-9 所示的 $B$ 向作为主视图的投射方向，则 U 形柱搭子全部变成虚线，底板、肋的形状，以及它们与直立空心圆柱的关系也不如 $A$ 向那样清晰，故不应选 $B$ 向的投影作为主视图。

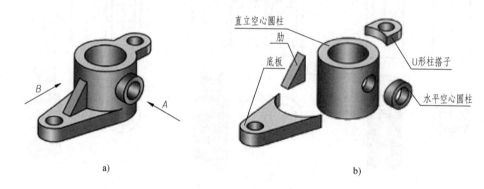

图 4-9　支架及其形体分析

## 三、选定比例

为体现形体的直观性，应首先考虑 1：1 的比例。当组合体过大或过小，不宜采用 1：1 的比例时，应按国家标准（GB/T 14690—1993）规定选择放大或缩小的比例。所选比例，除要保证各视图能清晰反映形体特征外，还要考虑便于标注尺寸。

## 四、确定图幅

根据所选比例，按照各视图所占幅面大小，以及尺寸注写、标题栏、图框等所占图幅面积，选用幅面大小。

## 五、轻画底稿

为使图形清晰，必须匀称布置，并要注意在视图之间留有标注尺寸的位置。

根据上述考虑，按第一章第五节介绍的绘图方法轻画底稿，如图 4-10a 所示。在上述基础上，仍用 2H 铅笔，按先画主要形体后画次要形体、先画外形后画内部结构的顺序，逐一画出各视图，如图 4-10b～e 所示。注意：上述作图，为便于修改，仍应轻轻画出。但中心线、轴线、对称线可一次画清晰。

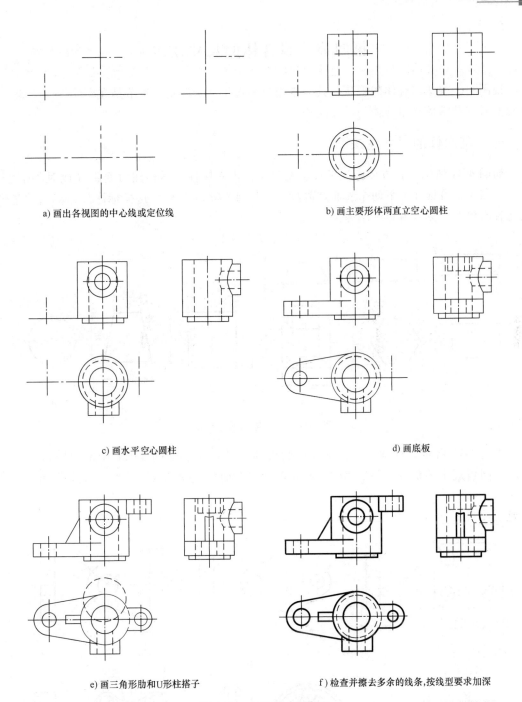

a) 画出各视图的中心线或定位线　　　　　b) 画主要形体两直立空心圆柱

c) 画水平空心圆柱　　　　　d) 画底板

e) 画三角形肋和U形柱搭子　　　　　f) 检查并擦去多余的线条,按线型要求加深

**图 4-10　支架的画图步骤**

## 六、检查、描深

这是制图的最后一道工序,必须认真、耐心、全面、仔细地对画完的底稿按形体进行逐个检查,纠正修改错误和补充遗漏,确认无误后再按先细(线)后粗(线)、从上到下、从左到右的顺序,逐一加深各视图,并在注全尺寸后再进行一次检查。

165

# 第四节　组合体的尺寸注法

视图只能表达组合体的形状，其大小需要通过尺寸来确定。本节是在标注平面图的尺寸基础上研究基本体和组合体的尺寸注法。

## 一、基本体的尺寸注法

如图 4-11 所示，长方体标注了长、宽、高；正六棱柱只需标注对面距（或对角距）及柱高；四棱台可标注上下两个底面及高度。如图 4-11d～f 所示，这样标注尺寸既简明清晰，又能省略视图。读者应熟练掌握。

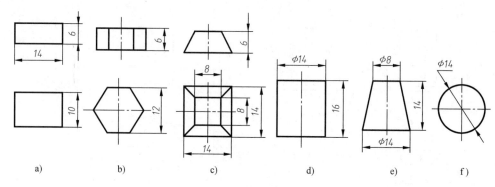

图 4-11　基本体的尺寸注法

如图 4-12 所示，列举了一些不同形状板的尺寸标注。如图 4-12e 所示的圆盘，"C1"是标注倒角规定的形式之一，"C"表示素线与底面的夹角为 45°，"1"表示倒角圆台的高度。

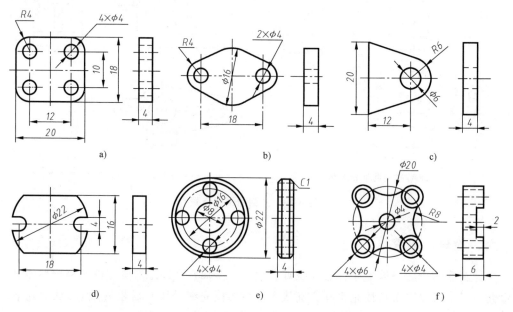

图 4-12　板状形体的尺寸标注

## 二、组合体的尺寸注法

在组合体视图上标注尺寸，要求正确、完整、清晰。因组合体是由若干基本体组成的，只要完整标注这些基本体的尺寸和它们的相对位置关系的尺寸，组合体的尺寸也就标注完整了，所以标注尺寸仍用形体分析法。下面仍以支架为例，说明标注尺寸的方法和步骤。

1. 标注组合尺寸的方法和步骤

（1）形体分析　经过形体分析将图 4-13a 所示的支架，分解为如图 4-13b 所示六个基本体，并考虑下列尺寸。

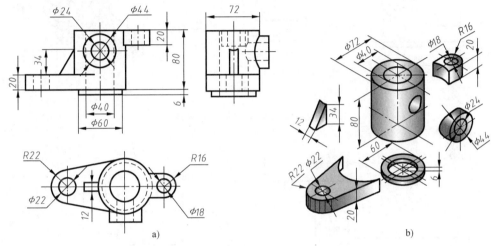

图 4-13　支架的定形尺寸标注

1）定形尺寸。确定组合体中各基本体的形状和大小的尺寸。

2）定位尺寸。确定组合体各基本体之间相对位置的尺寸。标注尺寸的起点称为尺寸基准。通常以对称平面、重要的底面或端面及回转体的轴线等作为尺寸基准。由于物体有长、宽、高三个方向的尺寸，所以每个方向至少有一个尺寸基准。当某方向的尺寸基准多于一个时，其中的一个是主要尺寸基准，其余的是辅助尺寸基准。

3）总体尺寸。直接确定组合体的总长、总宽、总高的尺寸。若总体尺寸中与组合体内某个基本体的定形尺寸相同时，则不再重复标注。

各个基本体的定形尺寸，如图 4-13 所示。

（2）标注定位尺寸　标注定位尺寸必须先选好尺寸基准。如图 4-14 所示，其长、宽方向的尺寸基准为直立圆柱的轴线，高度方向的尺寸基准为上底面。各基本体之间的定位尺寸有 80、56、52、48、28，共五个。

有时某个尺寸既是定形尺寸又是定位尺寸。如图 4-15 所示搭子上的圆柱孔 $\phi$18 的长度方向定位尺寸 52，既确定了圆柱孔长度方向的位置，又确定了搭子长度的大小。

（3）标注总体尺寸　如图 4-13 和图 4-14 所示，两图所标注的尺寸合起来，则支架所需的全部尺寸就标注完整了。现在再标注上总体尺寸，则尺寸就可能有重复，所以要对已标注的尺寸进行适当的调整。如图 4-15 所示，若将图 4-13 和图 4-14 所示合并后的尺寸再标注上总高尺寸 86，就与直立空心圆柱的高度 80 及扁空心圆柱高度的尺寸 6 重复，应当省略其中之一（图中省略了扁空心圆柱的高度尺寸 6），以避免尺寸重复。有时当形体的端部为同轴线的圆柱和圆孔有了定位尺寸后，一般就不再标注总体尺寸了。如图 4-15 所示，标注了空心圆柱 $\phi22$ 的定位尺寸 80、搭子的定位尺寸 52 及圆弧半径 $R22$、$R16$ 后，就不再标注总长尺寸了；标注了直立圆柱外圆柱面直径 $\phi72$ 和水平圆柱宽度方向定位尺寸 48，就不再标注总宽尺寸了。

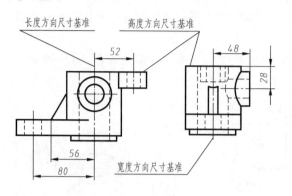 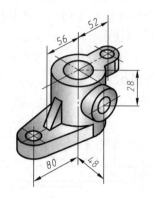

**图 4-14　支架的定位尺寸标注**

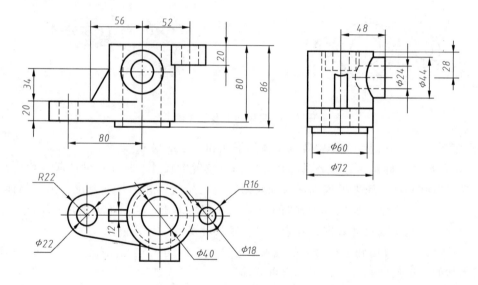

**图 4-15　支架的尺寸标注**

**2. 标注尺寸要清晰**

上述标注尺寸的方法，只能达到完整的要求。为了便于读图，使图面清晰，还应将某些尺寸的安排进行适当调整，如图 4-15 所示。安排尺寸时，应考虑以下几方面。

1）尺寸应尽量标注在形状特征最明显的视图上。如图 4-15 所示，肋的高度 34 标注在主视图上比标注在左视图上好；水平空心圆柱的定位尺寸 28 标注在左视图上比标注在主视图上清晰；搭子的定形尺寸 $R16$ 和 $\phi18$ 应标注在表示该部分最明显的俯视图上。

2）同一形体的尺寸应尽量集中标注。如图 4-15 所示，将水平空心圆柱的定形尺寸 $\phi24$、$\phi44$ 从原来的主视图移到左视图，这样便与它的定位尺寸 28、48 集中在一起，因而比较清晰，又便于寻找相关尺寸。

3）尺寸尽量标注在视图外部，这样能保证视图清晰。为避免标注的尺寸零乱，同一方向连续的尺寸，应放在一条线上。如图 4-15 所示，肋的高度尺寸 34 移到底板高度尺寸 20 的上面成为一条线，这样标注的尺寸显得整齐美观。

4）直径尺寸应标注在投影为非圆的视图上，半径尺寸标注在投影为圆弧的视图上。如图 4-15 所示，水平空心圆柱 $\phi24$ 和 $\phi44$、直立空心圆柱 $\phi72$、扁空心圆柱 $\phi60$、底板 $R22$、搭子 $R16$ 都考虑了这一要求。

5）虚线上应尽量不标注尺寸。如直立空心圆柱中圆孔的直径 $\phi40$，若标注在左、主视图上，则将从虚线标注出，因此便标注在俯视图上。

6）尺寸线、尺寸界线与轮廓线应避免相交。如直立空心圆柱的直径 $\phi72$ 可以标注在主视图或左视图上，若标注在主视图上，则尺寸界线与底板或搭子的轮廓线会相交，影响图面清晰，并考虑到与扁空心圆柱的直径 $\phi60$ 集中在一起，故将该两直径尺寸都标注在左视图的下面较为恰当。对平行尺寸，应将小尺寸标注在里面（靠近视图），大尺寸标注在外面（远离视图），以避免尺寸线与尺寸界线相交。又如定位尺寸 56，若标注在主、俯视图之间，则尺寸界线将与底板的轮廓线相交，因此将此尺寸标注在主视图上方与尺寸 52 并列为一直线较为清晰美观。

以上各点，在标注尺寸时，有时不能兼顾。这时需在保证尺寸完整、清晰的前提下，根据具体情况统筹安排、合理布置。

# 第五节　读组合体视图的方法

读图的目的是要读懂视图所表达形体的形状和大小。运用正投影的规律分析视图，从而想象出空间物体的结构形状的过程就是读图。要读懂图除了掌握投影原理的有关知识外，还必须掌握一定的读图方法。

## 一、形体分析法

形体分析法是读视图的最基本方法。应用这种方法，通常从最能反映物体形状特征的主视图着手，分析该物体是由哪几部分组成，以及它们的组成形式，然后运用投影规律，逐一找出每一部分在其他视图上的投影，从而想象出各部分所表达的基本形体的形状及它们之间的相对位置关系，总结出整个物体的形状。下面以图 4-16a 所示形体为例说明看图的方法步骤。

（1）分线框对投影　从主视图入手，按主视图的投影规则，几个视图联系起来看，把组合体大概分成几个部分，即把投影图分为几组对应的线框。如图 4-16a 所示，将形体分为Ⅰ、Ⅱ、Ⅲ、Ⅳ四个部分，其中形体Ⅲ、Ⅳ为对称形体。

（2）识形体定位置　根据各组线框，想象出形状并确定它们在组合形体中的相对位置，如图 4-16b~d 所示。形体Ⅰ底板为反"L"形的柱体，上面挖两个左右对称分布的圆柱孔，如图 4-16b 所示；形体Ⅱ为在四棱柱上面挖去一半圆柱，叠加在底板Ⅰ的上面，左右居中，后面平齐，如图 4-16c 所示；形体Ⅲ、Ⅳ为三棱柱板，叠加在形体Ⅰ的上面，对称分布在形体Ⅱ的两侧，后面与形体Ⅰ、Ⅱ平齐，如图 4-16d 所示。

（3）综合起来想整体　综上分析，最后可想象出如图 4-16e、f 所示的组合形体。

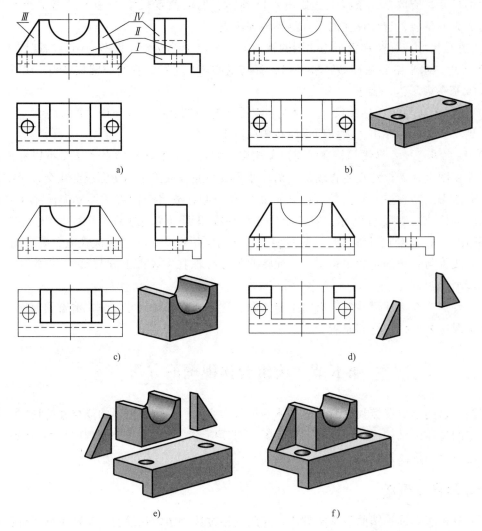

图 4-16　形体分析法读三视图

　　如图 4-17 所示，已知支撑的主、左视图，要求补画出俯视图。从主视图中可看出支撑是由三部分组成的，运用投影规律，对照主、左视图可知，Ⅰ部分是一块左右两侧下部为半圆形耳板的长方体，耳板上各有一个圆柱形通孔，如图 4-18a 所示的直观图。由直观图按投影规律，补画出相应的俯视图，如图 4-18a 所示。Ⅱ部分是一垂直的圆柱体，中间有穿通底板的圆孔，如图 4-18b 所示。对照主、左视图

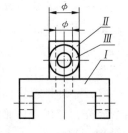
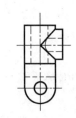

图 4-17　支撑的主、左视图

可看出，Ⅲ部分是一水平圆柱，当中有一通孔与垂直圆柱孔相通。注意此圆柱俯视图，如图 4-18c 所示，一端平底，另一端贴合垂直圆柱的表面。最后将三部分形体叠加起来，就得出如图 4-18d 所示的直观图。

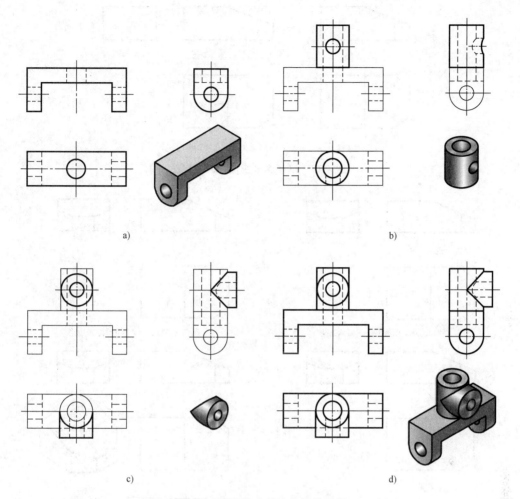

a)             b)

c)             d)

图 4-18　用形体分析法补画俯视图

## 二、线面分析法

线面分析法就是分析组合体视图中的某些线、面的投影关系，以确定组合体该部分形状的方法。通常在用形体分析法读组合体视图时，对组合体某些部分想象不清楚时，才用线面分析法进一步分析帮助弄懂该部分形状。下面举例说明线面分析法在读图中的应用。

如图 4-19a 所示，已知压板的主、俯视图，要求想象出它的形状，并画出左视图。

对照压板的主、俯视图，如图 4-19b 所示，添加的双点画线，将压板初步看作一个四棱柱，其左端被正垂面截去左上方的一块，再前后对称地被铅垂面各截去一块。为补出左视图和想象出物体的形状，需进行线面分析。如图 4-20a 所示，主视图左上方有一直线段，在俯视图上找到一个对应的六边形，可以看出它们是正垂面六边形的主、俯视图。六边形的左右两边是正垂线，按投影关系和类似形性质补画出左视图的六边形。

如图 4-20b 所示，主视图左端有一个四边形线框，在俯视图上找到对应的前后两段直线，可以看出，它们是前后对称的两个铅垂面（四边形）的主、俯视图，四边形的左右两边是铅垂线，由这些条件补全出它们的左视图。

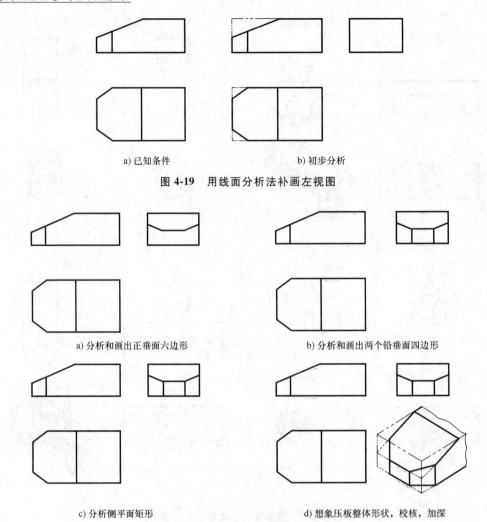

a) 已知条件                                          b) 初步分析

**图 4-19    用线面分析法补画左视图**

a) 分析和画出正垂面六边形              b) 分析和画出两个铅垂面四边形

c) 分析侧平面矩形              d) 想象压板整体形状，校核，加深

**图 4-20    由压板的主、俯视图画左视图**

综上所述，通过线、面的投影分析，想象出压板的整体形状如图 4-20d 轴测图所示。经过校核，并按规定线型加深，就可完成左视图。

在补图过程中，有时要综合运用形体分析和线面分析法进行读图。

如图 4-21 所示为垫块的主、俯视图，要求补画出其左视图。

如图 4-22 所示为垫块的补图分析过程，这里同时采用形体分析法和线面分析法。如图 4-22a 所示，垫块下部的中间为一长方体，分析平面 $P$、$Q$，可知平面 $Q$ 在前，平面 $P$ 在后，故它们是一个凹形长方体。补出长方体的左视图，凹进部分用虚线表示。如图 4-22b 所示，分析主视图上的平面 $R$ 可知，长方体前面有一凸块，因而在左视图的右边补出相应的一块。如图 4-22c

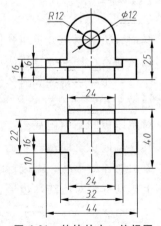

**图 4-21    垫块的主、俯视图**

所示，长方体上面一个带孔的竖板，因图上箭头所指处没有轮廓线，可知竖板的前面与上述的平面 P 是同一平面，补出竖板的左视图。如图 4-22d 所示，从俯视图上分析了垫块后有一凸块，由于在主视图上没有对应的虚线，可知后凸块的背面 T 与平面 R 的正面投影重合，也即前、后凸块的长度、高度相同，补出后面凸块的侧面投影后，垫块的左视图就补完了。

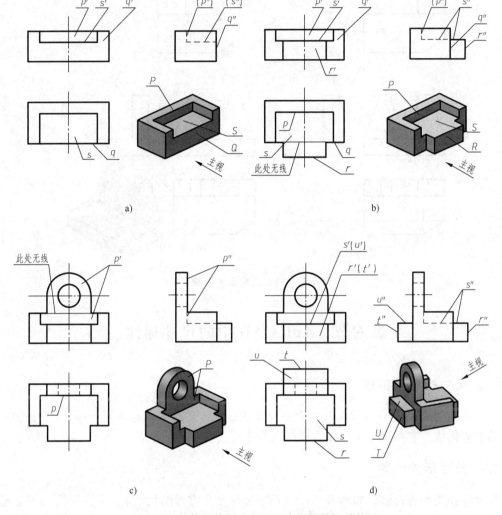

图 4-22 垫块的补图分析——分析面的相对关系

在读图练习中除了由两个已知视图，补第三视图之外，常常还有补画缺漏图线的情形。即已知三个不完整的视图，每个视图都缺漏一些图线，但从其他视图可以看出它们是被唯一确定的，完全可以补画出来。

补画缺漏图线通常分两部分进行：首先，根据前述读图方法，结合已知条件想象出每一部分形体的形状；然后，依据投影规律，从每部分形体的特征视图出发，在另外两个视图中，分别找出对应投影，缺线之处逐一补上。

如图 4-23a 所示，已知物体的三个缺线的视图，要求补全各视图中所缺的图线。补线步骤如图 4-23b～d 所示。

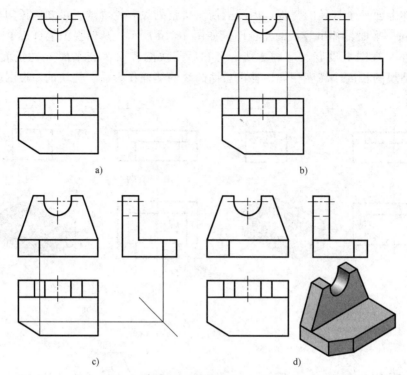

图 4-23　补画三视图中的缺线

# 第六节　AutoCAD 中的尺寸标注

## 一、尺寸标注的组成

一个典型的 AutoCAD 尺寸标注通常由尺寸线、尺寸界线（也称为延伸线）、箭头和尺寸文字等要素构成。有些尺寸标注还有旁引线、中心线和中心标记等要素。

## 二、尺寸标注类型

尺寸标注类型有许多，如水平标注（用于标注水平方向的尺寸）、垂直标注（用于标注垂直方向的尺寸）、对齐标注（用于标注与指定两点连线或所选直线平行的尺寸）、旋转标注（用于标注指定的角度方向的尺寸）、坐标标注（用于标注某一点相对于用户定义的基准点的坐标值）、基线标注（用于标注由某一点开始多个平行的尺寸）、连续标注（用于标注多个首尾相连的尺寸）、角度标注、半径标注和直径标注等。

## 三、尺寸标注命令

1. 尺寸标注的工具栏和菜单
尺寸标注工具栏如图 4-24 所示，尺寸标注菜单如图 4-25 所示。
2. 标注水平尺寸、垂直尺寸、旋转尺寸
在 AutoCAD 中，把水平尺寸、垂直尺寸、旋转尺寸归纳为长度类尺寸，用线性标注命

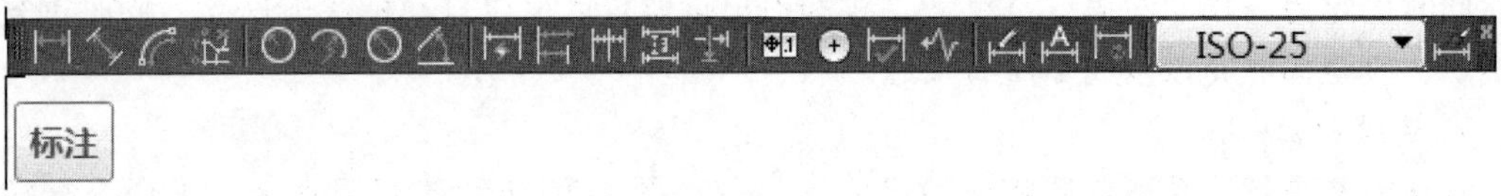

图 4-24　尺寸标注工具栏

令标注。调用命令：①命令行输入"Dimlinear"或"Dimlin"或"DL.I"；②在"标注"菜单中单击"线性"子菜单；③在"标注"工具栏上单击线性标注按钮 ⊢⊣。应用上述三种方式之一，系统都会提示：

指定第一条尺寸界线起点或（选择对象）：

在此提示下有两种选择。

1）一种是直接按〈Enter〉键，系统提示："选择标注对象"。

2）另一种是选择一点作为尺寸界线的起始点，系统提示："指定第二条尺寸界线起点"。

在确定两条尺寸界线的起点后，系统继续提示用户：

多行文字（M）/文字（T）/角度（A）/水平（H）/垂直（V）/旋转（R）：

各选项的意义如下。

• 多行文字：选取该项，可以在多行文本编辑器中输入尺寸文本。

• 文字：在命令行中输入尺寸文本。

• 角度：改变尺寸文本角度。

• 水平：标注水平型尺寸，如图 4-26 中所示尺寸 25。

• 垂直：标注垂直型尺寸，如图 4-26 中所示尺寸 9、15。

• 旋转：标注指定角度型线性尺寸。

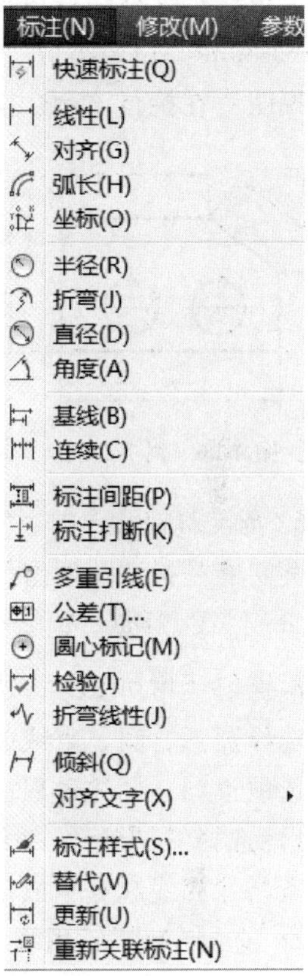

3. 对齐标注

如图 4-26 所示，尺寸 10 的标注为对齐标注。其功能是对斜线和斜面进行尺寸标注。调用命令：①命令行输入"Dimaligned"；②在"标注"菜单中单击"对齐"子菜单；③在"标注"工具栏上单击线性标注按钮 ⟍。应用上述三种方式之一，系统都会提示：

指定第一条尺寸界线起点或（选择对象）：

在此提示下，可以按〈Enter〉键选择标注对象，也可以指定两尺寸界线的起点，相关操作与"Dimlinear"命令类似。

4. 基线标注

其功能是完成从同一基线开始的多个尺寸标注，如图 4-27 所示。调用命令：①命令行输入"Dimbaseline"或"Dimbase"；②在"标注"菜单中单击"基线"子菜单；③在"标注"工具栏上单击基线标注按钮 ⊢。应用上述三种方式之一，系统都会提示：

指定第二条尺寸界线起点【放弃（U）/选择（S）】（选择）：

175

| 标注(N) | 修改(M) | 参数 |
| --- | --- | --- |

快速标注(Q)
线性(L)
对齐(G)
弧长(H)
坐标(O)
半径(R)
折弯(J)
直径(D)
角度(A)
基线(B)
连续(C)
标注间距(P)
标注打断(K)
多重引线(E)
公差(T)...
圆心标记(M)
检验(I)
折弯线性(J)
倾斜(Q)
对齐文字(X)
标注样式(S)...
替代(V)
更新(U)
重新关联标注(N)

图 4-25　尺寸标注菜单

此时确定另一尺寸的第二条尺寸界线的引出点位置就可以自动标注出尺寸。同时重复出现提示，直至标注完该基线下所有尺寸。

5. 连续标注

其功能是进行一系列首尾相连的尺寸标注，如图 4-28 所示。调用命令：①命令行输入"Dimcontinue"或"Dimcint"；②在"标注"菜单中单击"连续"子菜单；③在"标注"工具栏上单击连续标注按钮 ⊬⊬⊦。应用上述三种方式之一，都可进行连续标注。命令的提示与"Dimbaseline"命令类似。

说明：在执行该命令操作之前，应先标注出一个相应的尺寸。

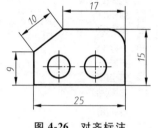

图 4-26　对齐标注

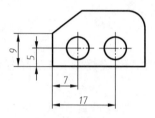

图 4-27　基线标注

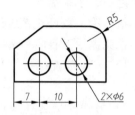

图 4-28　连续标注

6. 角度标注

其功能是标注角度型尺寸，如图 4-29 所示。调用命令：①命令行输入"Dimangular"或"Dimang"或"Dam"；②在"标注"菜单中单击"角度"子菜单；③在"标注"工具栏上单击角度标注按钮 △。应用上述三种方式之一，系统都会提示：

选择圆弧、圆、直线或（指定顶点）：

选项不同，标注过程也不同。

1）选择"圆弧"：系统将以圆弧的中心及端点作为角度标注的顶点和两条尺寸界线起点生成角度标注。

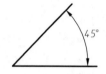

图 4-29　角度标注

2）选择"圆"：系统将以圆心作为角度标注的顶点，以选择圆时指定的点为一条尺寸界线的起点，系统提示用户在圆上指定另一点作为另一条尺寸界线的起点。

3）选择"直线"：用户选择一条直线后，系统提示用户选择第二条直线并以两条直线的交点为角度的顶点，以两条直线为边生成角度标注。如果标注弧与所选直线相交，则用该直线代替尺寸界线，否则画出尺寸界线。标注两直线夹角的标注弧的角度<180°。

系统提示"指定不在同一直线上的三点："，按〈Enter〉键后，系统提示"指定角的端点："。

当输入一个端点后系统提示"指定角的第一个端点："。

当输入一个端点后系统继续提示"指定角的第二个端点："。

当输入第二个端点后系统继续提示"指定标注弧线位置【多行文字（M）/文字（T）/角度（A）】："。

7. 径向尺寸标注

如图 4-30 所示。径向尺寸标注有半径标注和直径标注两种。

（1）半径标注　其功能是标注圆或圆弧的半径尺寸。调用命令：①命令行输入"Dimradius"; ②在"标注"菜单中单击"半径"子菜单; ③在"标注"工具栏上单击半径标注按钮 ⊙。应用上述三种方式之一，系统都会提示：

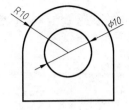

图 4-30　径向尺寸标注

选择圆弧或圆：{选择需要标注的圆或圆弧}

指定尺寸线位置【多行文字（M）/文字（T）/角度（A）】：{要求确定标注线的位置或输入标注文字}

说明：如果要输入新的文字来代替系统提供的文字，则需要在新文字前加"R"才能标注出半径符号。

（2）直径标注　其功能是标注圆或圆弧的直径尺寸。调用命令：①命令行输入"Dimdiameter"；②在"标注"菜单中单击"直径"子菜单；③在"标注"工具栏上单击直径标注按钮 ⊗。应用上述三种方式之一，系统都会提示：

选择圆弧、圆、直线或（指定顶点）：

"Dimdiameter"命令的用法与"Dimradius"命令基本相同，只是用户输入新文字时需要在文字前加直径标注符号"%%C"，如图 4-28、图 4-30 所示。

8. 快速引出标注

功能是实现引出标注。调用命令：命令行输入"Qleader"，系统提示：

指定第一条引线点或【设置（S）】（设置）：

各选项的意义如下。

（1）设置　设置引线标注的格式。选择该选项时，可通过弹出的"引线设置"对话框进行"注释""注释类型"和"多行文字选项"中有关内容的设置。

"引线设置"对话框选项卡介绍如下。

1）"注释"选项卡：用来设置引线标注的注释类型，多行文字选项，确定是否重复使用注释，如图 4-31 所示。

● 注释类型：设置引线标注的注释类型。

● 多行文字：调用多行文字编辑器输入注释文字。

● 复制对象：从图形的其他部分复制文字至当前旁注指引线的终止端。

● 公差：标注尺寸公差。

● 块参照：把块以参照形式插入。

● 无：在该引出标注中只画指引线，不采用注释文字。

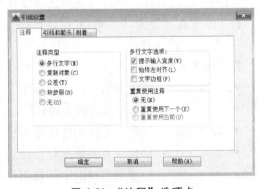

图 4-31　"注释"选项卡

● 多行文字选项：设置多行文字。

● 重复使用注释：确定是否重复使用注释。

2）"引线和箭头"选项卡：通过对话框设置引线和箭头的形式，如图 4-32 所示。

3）"附着"选项卡：通过对话框确定多行文字注释相对于引线终点的位置，如图 4-33 所示。

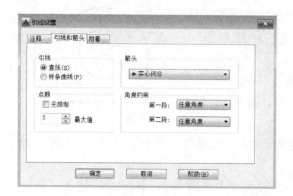

图 4-32 "引线和箭头"选项卡

图 4-33 "附着"选项卡

（2）指定第一条引线点　确定引线的起点后按〈Enter〉键，系统继续提示：

指定下一点：

指定下一点：

指定文字宽度（（））：

输入注释文字的第一行【多行文字（M）】：{输入文字}

输入注释文字的下一行：

输入注释文字的下一行：

用户可按需要根据上述提示完成操作实现引线标注。

9. 快速标注

快速标注是交互式的、动态的和自动化的尺寸标注生成器。调用命令：①命令行输入"Qdim"；②在"标注"菜单中单击"快速标注"子菜单；③在"标注"工具栏上单击快速标注按钮 。应用上述三种方式之一，系统都会提示：

选择要标注的几何图形：{用户选择实体后按〈Enter〉键}

指定尺寸线位置或【连续（C）/并列（S）/基线（B）/坐标（O）/半径（R）/直径（D）/基准点（P）/编辑（E）】（连续）：

各选项含义如下：

- 连续（C）：创建一系列的连续标注。
- 并列（S）：创建一系列的交错标注。
- 基线（B）：创建一系列的基线标注。
- 坐标（O）：创建一系列的坐标标注。
- 半径（R）：创建一系列的半径标注。
- 直径（D）：创建一系列的直径标注。
- 基准点（P）：设置新的零点。用户可以在不改变用户坐标系的条件下改变坐标标注的零点。

如图 4-34 所示，尺寸 5、15 为"快速标注"命令创建基线标注的应用，尺寸 7、10、12 为"快速标注"命令创建连续标注的应用。

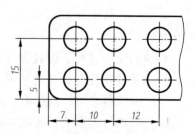

图 4-34 "快速标注"命令的应用

## 四、编辑尺寸标注

**1. 编辑尺寸标注**

功能是编辑尺寸标注中尺寸文字和尺寸界线。调用命令：①命令行输入"Dimedi"；②在"标注"工具栏上单击编辑标注按钮 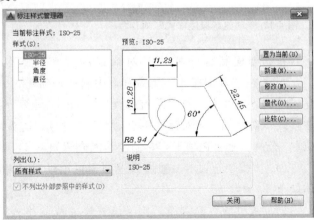。应用上述两种方式之一，系统都会提示：

输入标注编辑类型【默认(H)/新建(N)/旋转(R)/倾斜(O)】(默认)：

各选项的意义如下：

- 默认（H）：按默认位置方向放置尺寸文字。
- 新建（N）：用多行文字编辑器来修改指定尺寸对象的尺寸文字。
- 旋转（R）：将尺寸文字按指定角度旋转。
- 倾斜（O）：用于调整线性标注的尺寸界线的倾斜角度。通常系统生成的线性标注的尺寸界线与标注线是正交的。

**2. 利用对话框编辑尺寸标注**

调用命令：①命令行输入"Dimedi"；②在"修改"菜单中单击"特性"子菜单；③在"标准"工具栏上单击对象特性按钮 ⬛。先选取要修改的尺寸对象，然后用上述方法中的任意一种，都会弹出"特性"对话框，利用该对话框对尺寸标注进行修改。

**3. 编辑标注文字**

其功能是调整尺寸文字的位置。调用命令：①命令行输入"Dimtedit"；②在"标注"工具栏上单击编辑标注文字按钮 ⬛。应用上述两种方式之一，系统都会提示：

指定标注文字的新位置或【左(L)/右(R)/中心(C)/原点(H)/角度(A)】：

各选项的意义如下。

- 指定标注文字的新位置：系统默认选项，用户可以为标注文字指定任意的位置。
- 左（L）：沿标注线左对齐标注文字，该选项仅用于线性和径向标注。
- 右（R）：沿标注线右对齐标注文字，该选项仅用于线性和径向标注。
- 中心（C）：沿标注线中间对齐标注文字。
- 原点（H）：沿标注文字移回默认位置（即原点）。
- 角度（A）：改变标注文字的角度。

**4. 设置尺寸标注样式**

其功能是设置尺寸标注样式。调用命令：①命令行输入"Ddim"或"D"；②在"标注"菜单中单击"标注样式"子菜单；③在"标注"工具栏上单击标注样式按钮 ⬛。用上述任意一种方式，都弹出如图 4-35 所示的"标注样式管理器"对话框，其中各选项含义如下。

- 当前标注样式：当前正在使用的尺寸标注样式。

图 4-35 "标注样式管理器"对话框

- 样式（S）：显示已有的尺寸标注样式。
- 列出（L）：单击下拉列表框右边的箭头，显示出列表内容的类型，分为"所有样式"和"正在使用的样式"两类。用于控制在"样式（S）"中显示所有的样式或正在使用的样式。
- 预览：预览选中的标注样式。在样式预览窗口，可以看到对尺寸样式的更改，这样既减少了出错的可能，也为用户提供了可视化的操作反馈以便及时纠正。
- 说明：显示所选尺寸标注样式的简短说明。
- 置为当前：在"样式（S）"中选定将要使用的尺寸标注样式，再单击"置为当前"按钮，"当前标注样式"右边的内容立即变换为所选标注样式。
- 新建：新建尺寸标注样式（后文详述）。
- 替代：单击该按钮将出现"替换当前样式"对话框。
- 比较：比较尺寸样式。
- 修改：修改所要标注的尺寸样式。单击该按钮，将出现"修改标注样式"对话框，如图 4-37 所示。

现以图 4-35 所示"标注样式管理器"对话框中的"新建"选项为例，详细介绍设置尺寸标注样式的方法步骤。单击"新建"按钮后，系统将显示如图 4-36 所示的"创建新标注样式"对话框，通过该对话框设置新的尺寸标注样式。

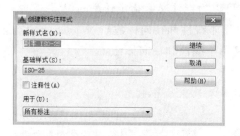

图 4-36 "创建新标注样式"对话框

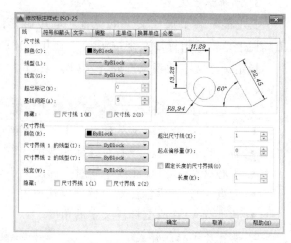

图 4-37 "修改标注样式"对话框

在"创建新标注样式"对话框的"新样式名"文本框中输入新样式的名字，如"iso25"。在"基础样式"下拉列表中确定基础样式，在"用于"选项的下拉列表中确定新建样式的适用范围，如"所有标注"。单击"继续"按钮，弹出如图 4-37 所示的"修改标注样式"对话框。该对话框中有"线""符号和箭头""文字""调整""主单位""换算单位""公差"七个选项卡。它们的功能介绍如下。

（1）"线"选项卡 通过该选项卡可以设置尺寸线的格式与属性，如图 4-37 所示。具体如下。

1）"尺寸线"选项组：用于设置尺寸线的格式。在该选项组中可设置尺寸线的颜色、线型、线宽、超出标记（尺寸线超过尺寸界线的距离）、基线间距（设置基线标注时各尺寸线之间的距离）和抑制（设置是否省略第一段、第二段尺寸线及相应的箭头）。图中把"基线间距"设为"5"，其余按默认设置。

2）"尺寸界线"选项组：用于设置尺寸界线的格式。在该选项组可以设置尺寸界线的颜色、线型、线宽、超出尺寸线（设置尺寸界线超过尺寸线的距离）、起点偏移量（确定尺寸界线的实际起始点超出其定义点的距离）和抑制（确定是否省略第一段、第二段尺寸界线）。图中把"超出尺寸线"设为"1"，"起点偏移量"设为"0"，其余按默认设置。

（2）"符号和箭头"选项卡　可设置箭头、圆心标记、弧长符号，如图 4-38 所示。

1）"箭头"选项组：用于设置尺寸箭头的样式。在该选项组可设置第一个箭头、第二个箭头、引线（确定引线标注时引线起点的样式）和箭头的大小。AutoCAD 中存储了多种箭头样式，用户可以从中选取，也可以自己定义。

2）"圆心标记"选项组：在下拉列表中选择"无""标记""直线"选项来控制圆心的显示方式。

（3）"文字"选项卡　相应的对话框如图 4-39 所示，通过它可以设置尺寸文字的外观、位置及对齐方式。具体如下。

图 4-38　"符号和箭头"选项卡

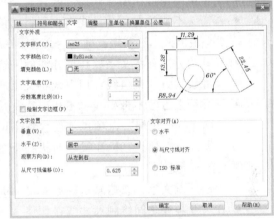

图 4-39　"文字"选项卡

1）"文字外观"选项组：确定尺寸文字的样式和大小。在该选项组可设置文字样式、文字颜色、文字高度、分数高度比例（设置尺寸文字中的分数相对于其他尺寸的缩放比例）和绘制文字边框（确定是否为尺寸文字设置边框）。图中设置"文字样式"为"iso25"，字高在设置文字样式时已设过，此时会变灰，不必重设。

2）"文字位置"选项组：设置尺寸文字的位置。设置尺寸文字在垂直尺寸线和沿尺寸线方向上相对尺寸线的放置位置，尺寸文字相对尺寸线的偏移量，尺寸文字水平或沿尺寸线方向标注。图中"垂直"选"上"，"水平"选"居中"，"从尺寸线偏移"可输入"1"，也可用默认值。

3）"文字对齐"选项组：选择"与尺寸线对齐"。

（4）"调整"选项卡　相应的对话框如图 4-40 所示，通过该选项卡可以设置尺寸文字、尺寸线、尺寸箭头等的位置。具体如下。

1）"调整选项"选项组：当尺寸界线之间没有足够的空间同时放置尺寸文字和箭头时，

确定应首先从尺寸界线之间移出哪一个。其中各选项介绍如下。

- 文字或箭头（最佳效果）：若尺寸界线间的空间能够同时放下文字和箭头，则将两者都放在尺寸界线之间；若尺寸界线间的空间只够文字用，则箭头放在尺寸界线外边；若尺寸界线间的空间不够放下文字，则将箭头放在尺寸界线之间，而文字放在尺寸界线外面；若尺寸界线间的空间两者中的任意一种都放不下，则将两者都放在外面。

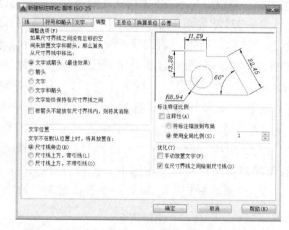

图 4-40 "调整"选项卡

- 箭头：箭头优先。
- 文字：文字优先。
- 文字和箭头：保持文字和箭头的最佳效果。
- 文字始终保持在尺寸界线之间：总是将文字放在尺寸界线之间。
- 若箭头不能放在尺寸界线内，则将其消除：抑制箭头。

2）"文字位置"选项组：确定当文字不在默认位置时放置的位置。其中各选项介绍如下。

- 尺寸线旁边：将文字放在尺寸线的一边。
- 尺寸线上方，带引线：用引线将文字放在尺寸线的上方。
- 尺寸线上方，不带引线：不用引线直接将文字放在尺寸线的上方。

3）"标注特征比例"选项组：设置整个尺寸标注的比例。

4）"优化"选项组：标注尺寸时进行附加调整。该选项组的内容一般用默认设置。在该选项组有如下选项。

- 手动放置文字：忽略默认的放置，而放在用户指定的位置。
- 在尺寸界线之间绘制尺寸线：即使 AutoCAD 将箭头放在尺寸线界线外面，但尺寸线仍放在尺寸界线的里面。

（5）"主单位"选项卡　相应的对话框如图 4-41 所示。用于设置尺寸的格式与精度，以及尺寸文字的前缀和后缀。具体如下。

1）"线性标注"选项组：设置线性标注的格式和精度。在该选项组中可设置单位格式（即除角度标注之外，其余各标注类型的尺寸单位）、精度（确定标注尺寸的精度）、分数格式（当标注单位是分数时确定它的标注格式）、小数分隔符、舍入（确定数字的取舍）、前缀、后缀、测量单位比例和消零（确定是否显示尺寸标注中的前导和后续

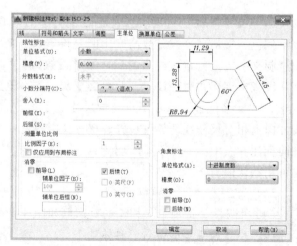

图 4-41 "主单位"选项卡

零）。这里需将"单位格式"设为"小数","精度"在不需要保留小数位时就选"0","小数分隔符"选项设为"逗点"。

2）"角度标注"选项组：确定角度标注的单位、精度及是否消零，一般按默认设置。

（6）"换算单位"选项卡　用于确定换算单位的格式。

（7）"公差"选项卡　用于设置公差标注样式，在本书后续章节将进行详细介绍。

### 五、用 AutoCAD 创建组合体的三维模型

前面已经系统地介绍了用 AutoCAD 绘制点、线、面、体及其相对位置的投影，本小节在此基础上介绍较为复杂的组合形体的投影。组合体是由简单形体组合起来的形体，由此可知，基本投影方法是类似的。图 4-42 所示为图 4-2 所示组合体的三视图，现介绍其创建过程如下。

1）形体分析。前文已述及，不再赘述。这里主要在形体分析的基础上逐步进行创建。这几部分形体都是柱体，都可以用拉伸方式建模。拉伸方式又有两个命令，在第三章第六节介绍了边界拉伸，下面介绍另一命令——"面域拉伸"。

2）作出底板。将三视图置入投影箱，左击"投影"工具栏中"面域拉伸"按钮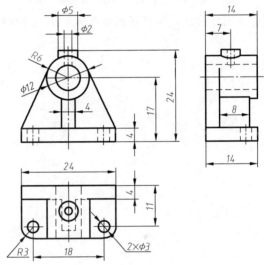，命令行提示"指定封闭线框："，单击将要拉伸区域边线的任一点；命令行提示："指定封闭线框内部点：或按〈Enter〉键结束选择："，此时逐一单击欲拉伸的区域，按〈Enter〉键将结束选择。如图 4-43a 所示，指定封闭线框内部点，或按〈Enter〉

图 4-42　轴承座的三视图

键结束选择。命令行提示"指定拉伸起点：或按〈Enter〉键接受默认值："，在 $V$ 面或 $W$ 面单击底板下底面任一点。命令行提示"指定拉伸终点："，在 $V$ 面或 $W$ 面单击底板上底面任意一点。系统自动创建出底板的三维空间模型，如图 4-43a 所示。

3）用与第二步类似的方法作出轴承、支撑板、肋板、凸台各部分三维空间形体。注意：这里的三维模型与形体分析时有点不同，如肋板是按最高的高度作的四棱柱，而形体分析的肋板上顶面是圆柱面，但两者与轴承部分进行布尔并集运算后的效果是一样的。同理，凸台部分是两圆柱，大圆柱与轴承做并集后再与小圆柱做差集即可。

4）将上述各部分按叠加部分用并集，挖切部分用差集进行布尔运算，即得如图 4-43c 所示的组合体模型。

讨论：由建模过程可知，由三视图按形体分析法逐一创建各部分形体是按该部分形体在组合体中的位置建立的，这与读三视图的方法步骤相统一，对初学者读图、画图颇有益处。读者在读图、补图（二补三、补缺线等）思路不清时可以借助空间思维，在完成后不知正确与否时可以用三维建模来验证，这是培养读者自学能力强有力的高效工具。在后续各课程的课程设计中，可以借助空间思维先建立空间模型，然后用"面或体投影"命令和"投

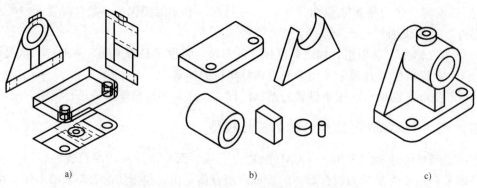

a)  b)  c)

**图 4-43 创建轴承座三维模型的方法步骤**

影图"命令➕自动生成三视图。如将图 4-43c 所示轴承座三维模型应用这两条命令，再应用前述尺寸标注，便可得到如图 4-42 所示的轴承座三视图。

# 第五章

**5**

# 机件的表达方法

由于机件的形状千差万别、多种多样，只采用前面介绍的主、俯、左三个视图，往往不能完整、清晰地表达较为复杂机件的内外结构形状。为此，国家标准《技术制图》（GB/T 17451—1998、GB/T 17452—1998、GB/T 17453—2005 等）中规定了各种表达方法。本章将介绍一些常用的表达方法。

## 第一节 视 图

视图主要用来表达机件的外部结构形状。根据表达机件的结构形状特点不同，视图可分为基本视图、向视图、局部视图等。

### 一、基本视图与向视图

#### 1. 六个基本视图及其配置

物体向基本投影面投影所得的视图，称为基本视图。基本投影面是在原有的三个投影面（$V$ 面、$H$ 面、$W$ 面）的基础上，再增设三个投影面，构成一个正六面体，如图 5-1a 所示。将机件置于其中，然后向各基本投影面投射，便得到了六个基本视图。除了原来的主、俯、左视图外，新增加的有从右向左投射得到的右视图；从下向上投射得到的仰视图；从后向前投射得到的后视图。六个基本投影面在展开时，仍保持 $V$ 面不动，其他各投影面按图 5-1b 所示箭头所指方向展开到与 $V$ 面处于同一平面上。展开后各视图的配置如图 5-2 所示。

六个基本视图之间仍保持"长对正，高平齐，宽相等"的投影关系，即主、俯、后、仰视图长对正，主、左、后、右视图高平齐，俯、左、仰、右视图宽相等。相对主视图来说，除了后视图，仍是"远离主视图是前面"。应该注意：主视图和后视图虽然反映机件的上下方位关系是一致的，但反映的左右方位关系恰好相反；左视图和右视图反映机件的上下方位关系一致，但反映的前后方位关系恰好相反；俯视图和仰视图反映机件的左右方位关系一致，但反映机件的前后方位关系恰好相反。

#### 2. 向视图的投影关系和标注

在同一张图纸内，按图 5-2 配置视图时，一律不标注视图的名称。若不能按图 5-2 所示配置视图或各视图不画在同一张图纸上时，则应在视图的上方标出视图的名称"×"向

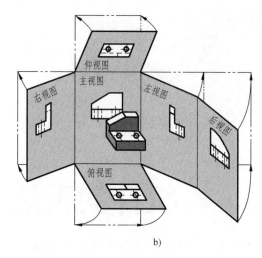

a)                       b)

**图 5-1　六个基本投影面的展开**

（"×"为大写拉丁字母），在相应的视图附近用箭头指明投射方向，并注上同样的字母，如图 5-3 所示。这样可自由配置的视图称为向视图。

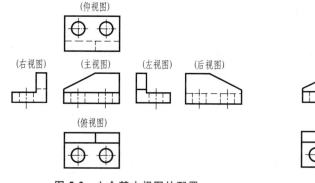 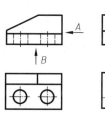  

**图 5-2　六个基本视图的配置**          **图 5-3　向视图的配置与标注**

　　在实际画图时，并非任何机件都需要画六个基本视图，应根据机件的结构特点和复杂程度，选用其中几个。一般优先选用主、俯、左三个基本视图。

## 二、斜视图

　　如图 5-4 所示，压紧杆上倾斜结构的上、下表面垂直于正面投影面，而对其余几个投影面都是倾斜的，因此投影不反映实形，这就不便于画图、读图和标注尺寸。这时，可设置一个与倾斜结构的主要平面平行的辅助投影面，如图 5-5a 所示的正垂面，将倾斜结构向该投影面投射，所得的视图可表达该部分的实形。这种将机件向不平行于任何基本投影面的平面投影所得到的视图，称为斜视图。画斜视图时应注意以下几点。

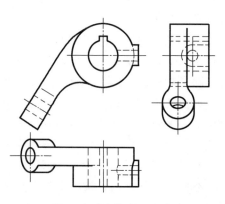

**图 5-4　压紧杆的三视图**

1）斜视图一般按向视图的配置形式配置并标注，表示斜视图名称的字母一律水平书写，如图 5-5b 所示。

2）斜视图尽量按投影关系配置，以便画图和读图，如图 5-5 中所示的 A 视图。但为了合理利用图纸，也可将斜视图平移到其他适当的位置。在不引起误解时，允许将图形旋转摆正后画出。这时应在旋转后的斜视图上方视图名称旁画出旋转符号，旋转符号的方向与实际旋转方向相一致，表示该视图名称的字母应靠近旋转符号的箭头端，如图 5-5c 所示。旋转符号的画法如图 5-5d 所示。

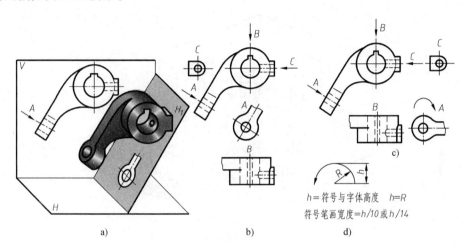

图 5-5　斜视图和局部视图

3）斜视图用来表达机件倾斜部分的形状，故其余部分就不必全部画出，用波浪线断开。

## 三、局部视图

将物体的某一部分向基本投影面投射所得的视图，称为局部视图。当物体的主要结构形状已经表达清楚，只有局部形状未表达清楚，而又没有必要再画一个完整的基本视图时，常采用局部视图。如图 5-5b、c 所示的 B 视图。画出了 A 视图后，在俯视图中不反映实形的投影就不必再画出来了，而只画其余部分，并用波浪线断开。画局部视图时应注意以下几点。

1）一般应在局部视图上方标注视图名称"×"，在相应的视图附近用箭头指明投射方向，并注上同样的字母。如图 5-5b 所示的 B 向局部视图。

2）当局部视图按投影关系配置，中间又没有其他图形隔开时，可省略标注。如图 5-5c 所示，B 视图已省略标注。

3）局部视图的断裂边界用波浪线表示；但当所表示的局部结构是完整的，且外形轮廓又成封闭线框时，波浪线可省略不画。如图 5-5b、c 所示的 C 向局部视图。

# 第二节　剖　视　图

当机件的内部结构形状比较复杂时，在视图中就会出现很多虚线，既影响图形清晰，又不便画图、读图和标注尺寸。为了清晰地表达机件的内部结构形状，可以采用剖视的方法。

187

## 一、剖视图的基本概念

### 1. 剖视图

假想用剖切面（剖切面可以是平面，也可以是柱面，本书介绍的剖切面主要是平面）剖开机件，将处在观察者和剖切面之间的部分移去，而将其余部分向投影面投射所得到的图形，称为剖视图，如图 5-6 所示。

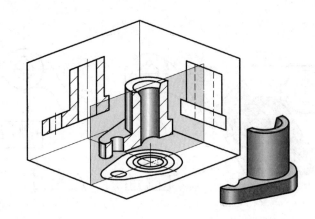

图 5-6　剖视图形成

如图 5-7a 所示，视图中用虚线表达了机件内部的孔。为了清晰地表达这些结构，假想用一个通过各孔轴线的正平面作为剖切面将机件剖开，移去剖切面前面的部分，把留下的部分向正面投射，这样两个圆柱孔的正面投影就可见了，这样的图形就是剖视图，如图 5-7b 所示。

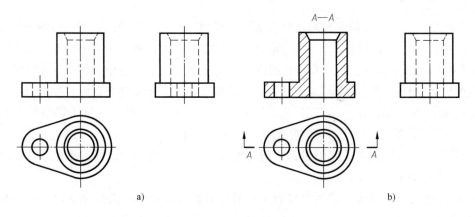

a)　　　　　　　　　　　　　　b)

图 5-7　剖视图的画法

### 2. 剖视图的画法

（1）确定剖切面的位置　画剖视图时，应首先选择最合适的剖切位置，以便最充分地表达机件的内部结构。剖切面一般应通过机件内部孔、槽的轴线或对称面，如图 5-7b 所示。

（2）画剖视图　用粗实线画出机件被剖切面剖切后的截断面（也称为剖面）的轮廓线和剖切面后面的可见轮廓线。

按照国家标准《机械制图　剖面区域的表示法》（GB/T 4457.5—2013）的规定，在截断面上要画剖面符号。各种材料的剖面符号见表5-1。金属材料的剖面符号又称剖面线，最好采用与主要轮廓或剖面区域的对称线成45°角的等距细实线。

表 5-1　剖面符号（GB/T 4457.5—2013）

| 材料类别 | 剖面符号 | 材料类别 | 剖面符号 |
|---|---|---|---|
| 金属材料（已有规定剖面符号除外） |  | 胶合板 |  |
| 线圈绕组元件 | 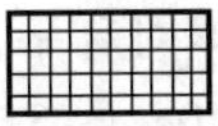 | 基础周围的泥土 | 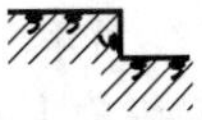 |
| 转子、电枢、变压器和电抗器等的叠钢片 |  | 混凝土 |  |
| 非金属材料(已有规定剖面符号者除外) | 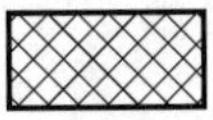 | 钢筋混凝土 |  |
| 型砂、填砂、粉末冶金、砂轮、陶瓷刀片、硬质合金刀片等 | 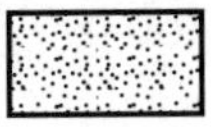 | 砖 | 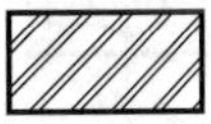 |
| 玻璃及供观察用的其他透明材料 |  | 格网(筛网、过滤网等) | |
| 木材　纵断面 |  | 液体 | 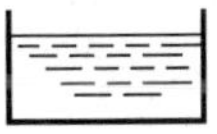 |
| 木材　断面 |  | | |

注：1. 剖面符号仅表示材料的类别，材料的名称和代号必须另行注明。
　　2. 叠钢片的剖面线方向，应与束装中叠钢片的方向一致。
　　3. 液面用细实线绘制。

必须注意，同一机件在各个剖视图、断面图中的剖面线倾斜方向应相同、间隔应相等。当图形中的主要轮廓与水平成45°或接近45°时，该图形上的剖面线应画成与水平线成30°或60°的平行线，且倾斜方向和间隔应与其他视图上的剖面线一致，如图5-8所示。

（3）剖切位置与剖视图的标注　画剖视图时，一般应在剖视图的上方用字母标出剖视图的名称"×—×"，在相应的视图上用剖切符号（线宽 $b \sim 1.5b$，长 $5 \sim 10mm$）表示剖切位置。同时，在剖切符号的外侧画出与之相垂直的箭头表示投射方向，并注上同样的字母，如图5-7b所示。必须注意，剖切符号尽量不要与图形的轮廓线相交，字母一律水平书写。

下列情况可以简化标注。

1）当剖视图按投影关系配置，中间又没有图形隔开时，可省略箭头，如图5-9所示。

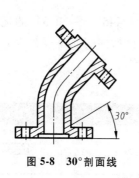

图 5-8　30°剖面线

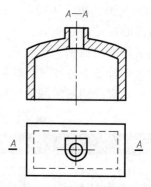

图 5-9　省略箭头的标注方法

2）当单一剖切平面通过机件的对称平面或基本对称平面，且剖视图按投影关系配置，中间又没有其他图形隔开时，可省略标注，如图 5-10、图 5-11 所示。

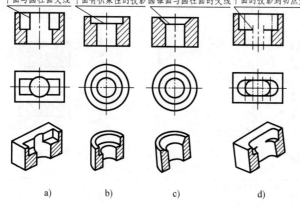

图 5-10　剖视图中易漏画的图线

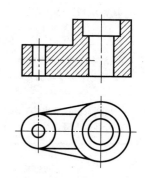

图 5-11　应画虚线的剖视图

3. 画剖视图应注意的问题

1）因为剖切是假想的，所以当机件的某一个视图画成剖视图，其他视图仍应按完整的机件考虑。

2）剖切面后方的可见轮廓线应全部画出，不得遗漏。如图 5-10 所示为几种孔、槽剖视图的画法，箭头所指为初学者易漏画的图线。

3）在剖视图中，一般不画虚线。但若画少量虚线能表达出机件上某些结构的形状或位置，而可以省略某个视图且又不影响图形清晰时，也可画上这种虚线，如图 5-11 所示。

## 二、剖视图的种类

剖视图分为全剖视图、半剖视图和局部剖视图三种。

1. 全剖视图

用剖切面完全地剖开机件所得到的剖视图，称为全剖视图，如图 5-7b 所示。

全剖视图主要用于内部结构复杂、外形相对比较简单的不对称机件，或者用于外形简单的对称机件。

2. 半剖视图

当机件具有对称平面时，在垂直于对称平面的投影面上的图形，可以对称中心线为界，一半画成剖视图，另一半画成视图，这种图形称为半剖视图。

如图 5-12 所示的机件内外结构形状都较复杂，如果主视图采用全剖视，则机件前方的凸台被切去，不能表达其形状。但该机件左、右对称，如图 5-12b 所示，所以在垂直于对称平面的投影面（V 面）上的图形，即主视图可以对称中心线为界，一半画成视图表达外形，另一半画成剖视表达内部结构形状。这样在一个视图上就同时清晰地表达了机件的内外结构形状。

该机件前后也是对称，因此俯视图也采用了半剖视图。剖切平面通过凸台孔的轴线，这样既表达了顶板形状及小圆孔的位置，也表达了圆筒体及凸台，如图 5-12b、c 所示。

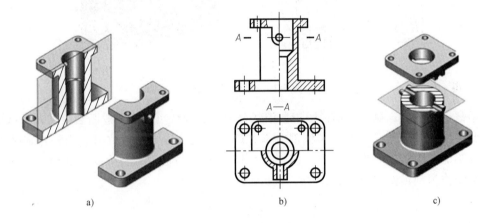

a)                                    b)                                    c)

图 5-12　半剖视图

当机件的形状接近于对称，且不对称的部分已另有图形表达清楚时，也可以画成半剖视图，如图 5-13 所示。

画半剖视图时要注意以下几点。

1）半剖视图中半个视图和半个剖视图的分界线是点画线，而不是粗实线。

2）因为图形对称，内腔的结构形状已在半个剖视图中表达清楚，故在半个视图中应省略表达这些内部结构形状的虚线。

半剖视图的标注如前所述。如图 5-12 所示的主视图中，由于剖切平面通过该机件的对称平面，且剖视图按投影关系配置，中间又无其他图形隔开，因此可省略标注。在俯视图中，因为机件没有对称平面，所以必须注出剖视图的名称，并在主视图中画出剖切符号和书写字母，但因主、俯视图按投影关系配置，中间又无其他图形隔开，故可省略箭头。

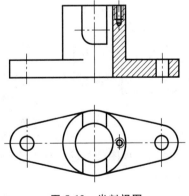

图 5-13　半剖视图

3. 局部剖视图

用剖切平面局部地剖开机件所得的剖视图称为局部剖视图。当机件只有局部内形需要表达，或者既需要表达机件的内部结构，又要保留机件的某些外形，且机件不对称，不能采用半剖视图时，可以采用局部剖视图来表达机件，如图 5-14 所示。

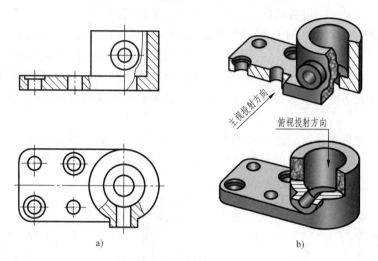

a)                    b)

图 5-14　局部剖视图

在局部剖视图中，视图与剖视图用波浪线分界。波浪线可视为假想断裂处的轮廓线的投影，因此，波浪线应画在机件的实体部分上，既不能超出图形轮廓之外，也不应画入中空处，而且不能与图形上的轮廓线重合，如图 5-15 所示。当被剖结构为回转体时，允许将该结构的轴线作为剖视图与视图的分界线，如图 5-16 所示。

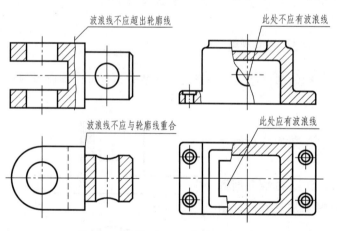

图 5-15　局部剖视图中的错误画法

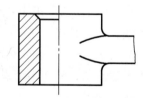

图 5-16　局部剖视图允许画法

局部剖视图的标注方法与全剖视图相同。对于剖切位置明显的局部剖视图，一般可以省略标注。

局部剖视图是一种较灵活的表达方法，若运用得当则可使视图简明清晰。但一个视图中局部剖视的数量不宜过多，以免使图形零乱、视图不清晰。

## 三、剖切面和剖切方法

以上三种剖视图可以采用不同的剖切方法得到。国家标准中规定了以下几种剖切方法。

1. 单一平面剖切

只采用一个剖切面剖开机件的方法称为单一剖。

（1）单一基本剖切平面　只采用一个且平行于基本投影面的平面剖开机件的方法。前面所介绍的剖视图都是采用这种剖切方法获得的剖视图。

（2）单一斜剖切平面　如图 5-17 所示连杆，要看清倾斜结构就要采用过倾斜部分两回转面轴线的正垂面剖开机件从而得到的 *A—A* 剖视图。这种用不平行于任何基本投影面的剖切平面剖开机件的方法，通常称为斜剖，所得到的剖视图称为斜剖视图。

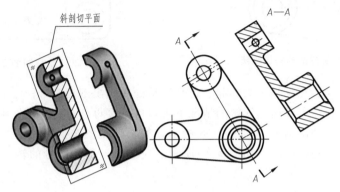

图 5-17　斜剖视图

（3）单一剖切柱面　有些结构需要采用圆柱面进行剖切，这种情况一般应按展开绘制，在剖视图的上方应标出"×—×展开"，如图 5-21 中的 *B—B* 视图所示。

2. 几个平行的平面剖切

用几个平行于某一基本投影面的剖切平面剖开机件的方法也被形象地称为阶梯剖。

当机件上孔和槽的轴线或中心线处在两个或多个相互平行的平面时，宜采用此种剖切方法。如图 5-18b 所示的主视图，就是用阶梯剖的方法画出的全剖视图。

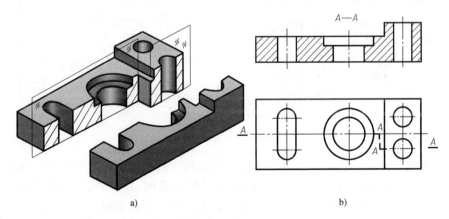

图 5-18　阶梯剖

采用阶梯剖的方法画剖视图时应注意：不应画出各个剖切平面间的交线，也不要在剖视图中画出不完整要素，如图 5-19 所示的画法是错误的。但当两个要素在剖视图中具有公共对称中心线或轴线时，也允许各画一半，如图 5-20 所示。

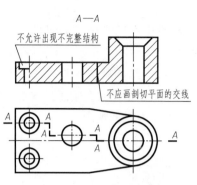

图 5-19　阶梯剖的错误画法

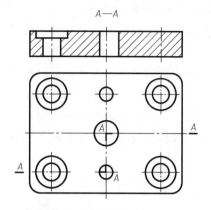

图 5-20　阶梯剖的允许画法

阶梯剖必须标注，在剖切平面的起、讫和转折处要画出剖切符号，注上相同的字母。如果转折处地方太小，在不致引起误解的情况下可以省略字母。在起、讫处画出箭头表示投射方向，在剖视图上方注出名称，如图 5-18 所示。如果剖视图按投影关系配置，中间又没有其他图形隔开时，可省略箭头，如图 5-20 所示。应注意，剖切符号的转折处不允许与图上的轮廓线重合。

3. 几个相交平面剖切

用两相交的剖切平面（交线垂直于某一基本投影面）剖开机件的方法也被形象地称为旋转剖。

采用这种方法画剖视图时，假想按剖切位置剖开机件，然后将其中倾斜部分的结构及其有关部分旋转到与选定的投影面平行再进行投射，如图 5-21 所示。

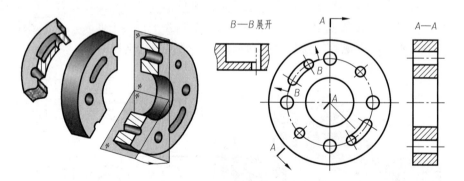

图 5-21　旋 转 剖

画旋转剖时要注意，在剖切平面之后的其他结构一般仍按原来位置投影。如图 5-22 所示的油孔在俯视图中的投影。当剖切后产生不完整要素时，应将此部分按不剖绘制，如图 5-23 所示的中间臂被剖到一部分，但在主视图中仍按不剖切绘制。

旋转剖适用于表达盘、盖等一类具有回转轴的机件。

旋转剖必须标注。在剖切平面的起、讫和转折处要画出剖切符号，注上相同的字母。如果转折处地方太小，在不致引起误解的情况下可以省略字母。在起、讫处画出箭头表示投射方向，在剖视图上方注出名称，如图 5-21 所示。如果剖视图按投影关系配置，中间又没有其他图形隔开时，可省略箭头，如图 5-22、图 5-23 所示。

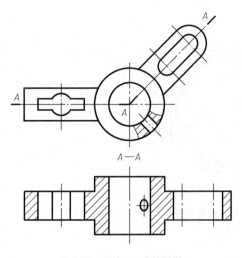

图 5-22　剖切面后的结构

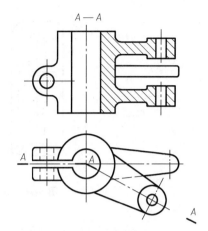

图 5-23　产生不完整要素的处理方法

4. 两个以上相交平面或相交平面与平行平面组合剖切

根据表达结构的需要，有时需采用两个以上相交平面或相交平面与平行平面组合剖切面剖开机件，这种方法通常称为复合剖，如图 5-24、图 5-25 所示。连续几个相交平面剖切时常采用展开画法，即将倾斜剖切平面剖切到的结构及其有关部分依次旋转到与投影面平行，再进行投射，这时在剖视图的上方应标注"×—×展开"，如图 5-24 所示。

195

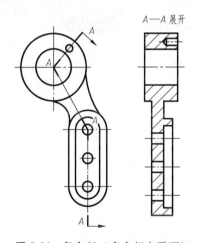

图 5-24　复合剖（多个相交平面）

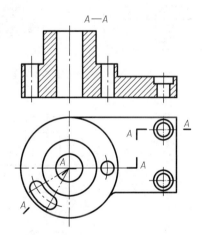

图 5-25　复合剖（阶梯剖加旋转剖）

## 四、剖视图中的一些规定画法

1. 轮辐、肋在剖视图中的画法

当剖切平面通过轮辐、肋的纵向对称平面或对称中心线时，国家标准规定轮辐和肋都不画剖面线，需要用粗实线将它们与其相邻部分分开，如图 5-26、图 5-27 所示。

2. 均匀分布的结构要素在剖视图中的画法

当回转体一类机件上有呈辐射状均匀分布的肋、轮辐、孔等结构并非位于剖切平面处时，可将这些结构旋转到剖切平面处画出，如图 5-28 所示。

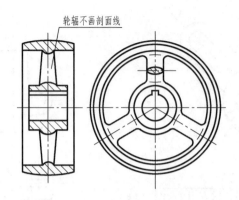

图 5-26　轮辐在剖视图中的规定画法

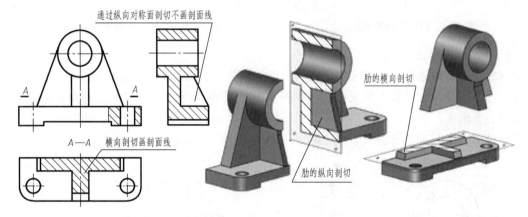

图 5-27　肋在剖视图中的规定画法

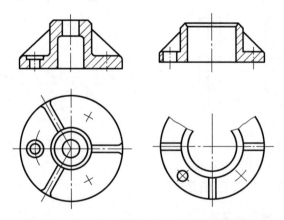

图 5-28　均匀分布的肋与孔在剖视图中的画法

## 五、小结

本节介绍了各种剖视图和剖切方法。画图时应根据机件的结构特点，采用最适当的表达方法。剖视图的各种剖切方法见表 5-2。

表 5-2　剖视图的种类和剖切方法

| 剖视图种类 | 剖切方法 | | | | |
|---|---|---|---|---|---|
| | 单一剖切平面 | 两个相交的剖切平面（旋转剖） | 几个平行的剖切平面（阶梯剖） | 组合的剖切平面（复合剖） | 不平行于任何投影面的剖切平面（旋转剖） |
| 全剖视图 | 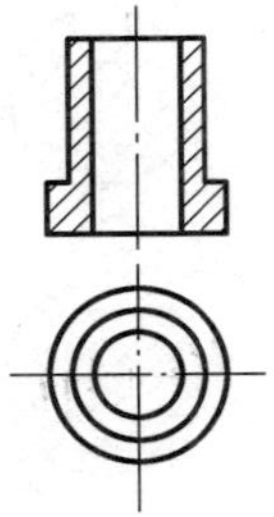 | 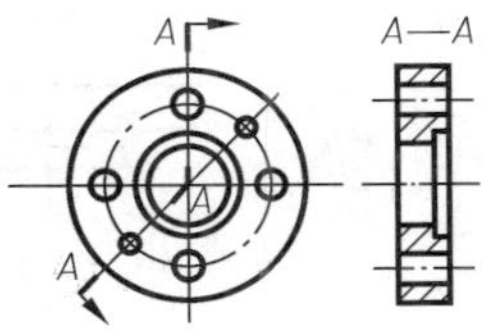 | 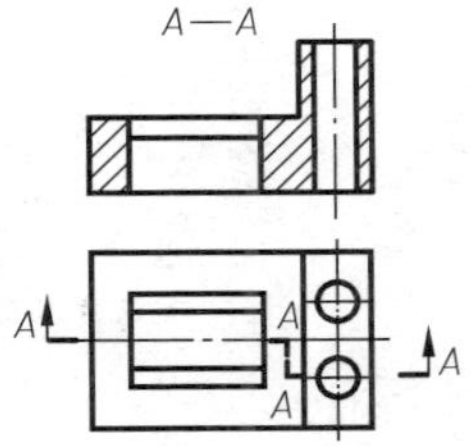 | 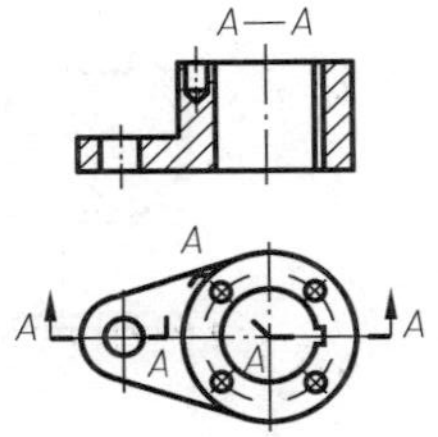 | 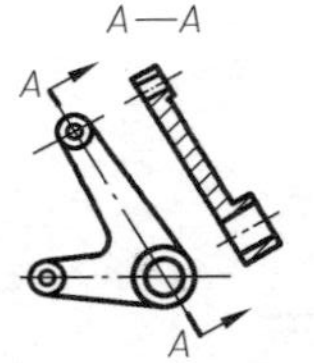 |
| 半剖视图 | 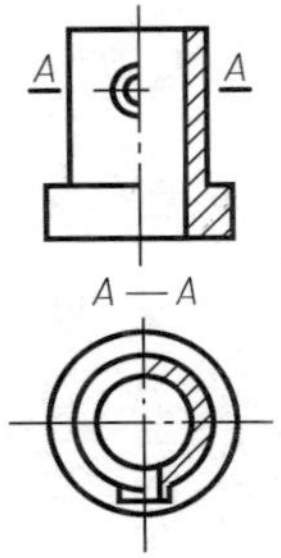 | 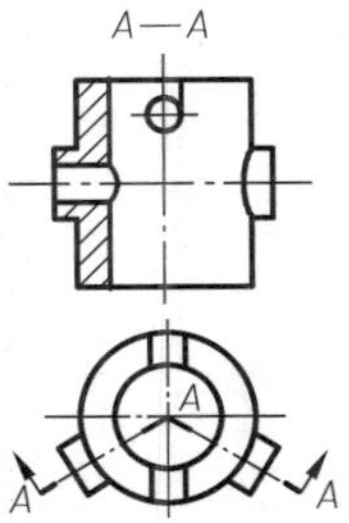 | 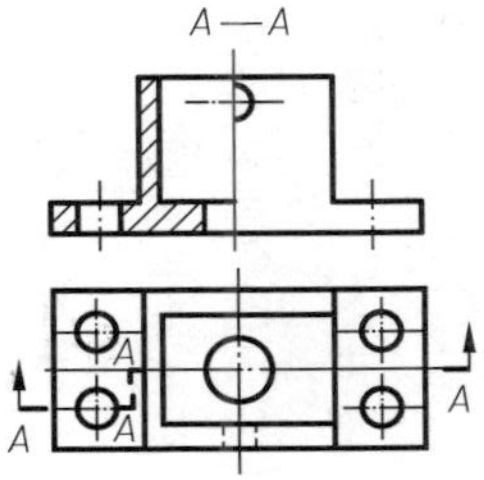 | 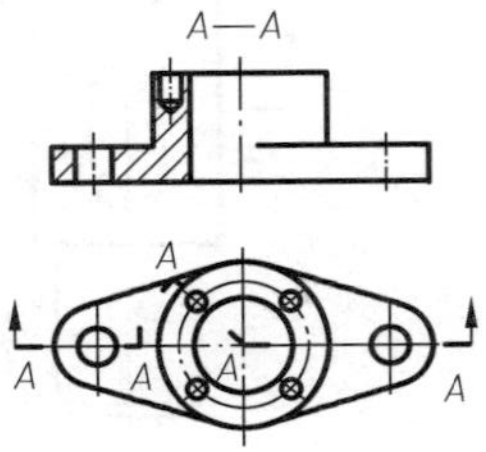 | |
| 局部剖视图 | 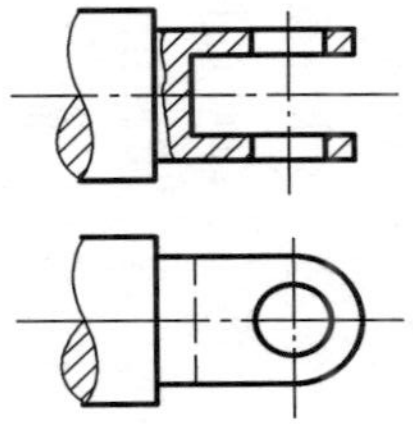 | 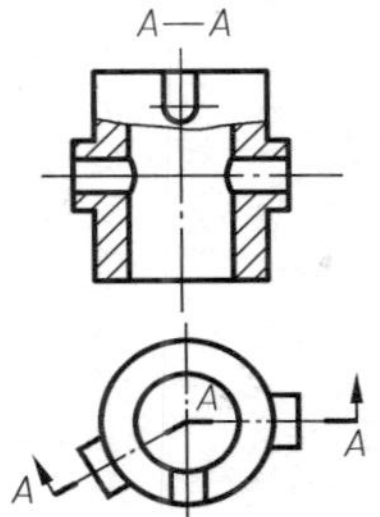 | 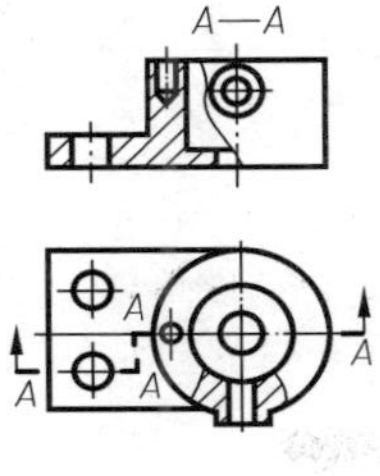 | 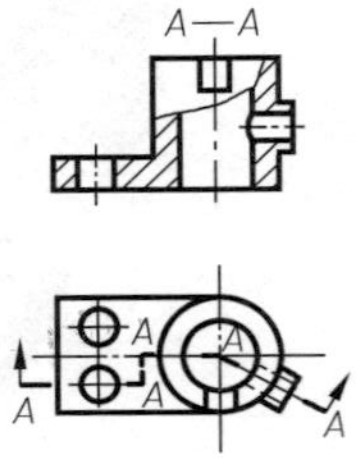 | 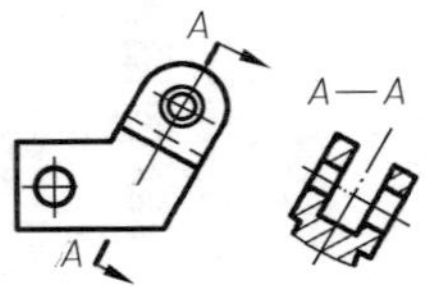 |

# 第三节 断 面 图

## 一、断面图的基本概念

假想用剖切平面将机件的某处切断，如图 5-29a 所示，仅画出该剖切面与物体接触部分的图形，这个图形称为断面图，简称为断面，如图 5-29c 所示。

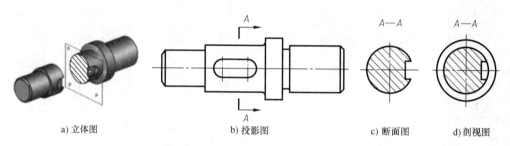

a) 立体图　　　　　　b) 投影图　　　　　　c) 断面图　　　d) 剖视图

图 5-29　断面图与剖视图的区别

断面图与剖视图的区别：断面图只画机件的断面形状，而剖视图则将断面和它后面的可见结构一起画出。如图 5-29c 所示为断面图，图 5-29d 所示为剖视图。

## 二、断面的种类

根据断面图配置的位置，分为移出断面图和重合断面图。

1. 移出断面图

画在视图外的断面图，称为移出断面图，如图 5-30、图 5-31 所示。

（1）移出断面图的画法　移出断面的轮廓线用粗实线绘制，应尽量配置在剖切符号或剖切平面迹线（即剖切平面与投影面的交线，用细点画线表示）的延长线上，如图 5-30b、d 所示。必要时也可将移出断面配置在其他适当位置，如图 5-30c 所示。在不致引起误解时，允许将图形旋转，其标注形式如图 5-31d 所示。

当剖切平面通过回转面形成的孔或凹坑的轴线时，这些结构按剖视图绘制，如图 5-30d、图 5-31b、c 所示。

当剖切平面通过非圆孔会导致出现完全分离的两个剖面时，则这些结构按剖视图绘制，

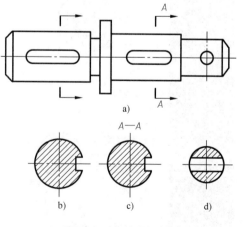

图 5-30　移出断面图

如图 5-31d 所示。当断面图形对称时，移出断面也可画在视图的中断处，如图 5-31e 所示。

为了表示断面的真实形状，剖切平面应垂直于所需表达的机件结构的主要轮廓线或轴线。由两个或多个相交平面剖切的移出断面，中间应断开，如图 5-31a 所示。

（2）移出断面图的标注　移出断面图一般应用剖切符号表示剖切位置，用箭头表示投

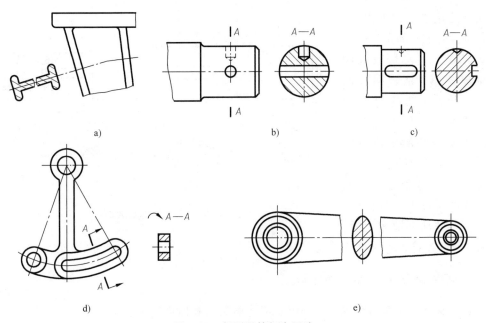

图 5-31　断面图的规定画法

**199**

射方向，并注上字母，在断面图上方标出相应的名称"×—×"，如图 5-31b 所示。配置在剖切符号延长线上的不对称移出断面，应画出剖切符号和箭头，可省略字母，如图 5-30a 所示。按投影关系配置的移出断面，可省略箭头，如图 5-31b、c 所示。对称的移出断面，无论画在什么地方，均可省略箭头。配置在剖切平面迹线延长线上或配置在视图中断处的对称移出断面，可省略标注，如图 5-30c、图 5-31e 所示。

2. 重合断面图

画在视图内的断面称为重合断面图，如图 5-32 所示。

重合断面的轮廓线用细实线绘制，当视图中的轮廓线与重合断面的图形重叠时，视图中的轮廓线仍需完整画出，不可间断，如图 5-32b 所示。若重合断面图形对称，则不需标注，如图 5-32c 所示；若重合断面图形不对称，则需用箭头标出投射方向，如图 5-32b 所示。

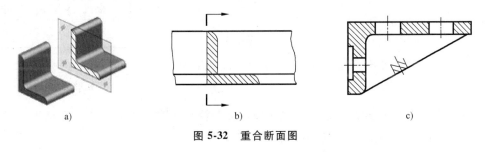

图 5-32　重合断面图

## 第四节　局部放大图、简化画法和其他规定画法

### 一、局部放大图

当机件某些细小结构在视图上表示不清楚或不便标注尺寸时，可以用大于原图形所采用

的比例再把这些结构画出来，这种图形称为局部放大图，如图 5-33 所示。局部放大图可以画成视图、剖视图或断面图，它与被放大部分的表达形式无关。画图时，在原图上用细实线圆圈出被放大部分，尽量将局部放大图配置在被放大部分附近，在放大图上方注明放大图的比例。若图上有多处部分被放大时，还要用罗马数字注明，如图 5-33 所示。

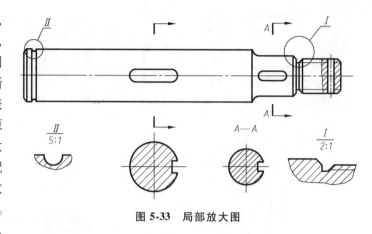

图 5-33　局部放大图

## 二、简化画法和其他规定画法

下面简要介绍国家标准所规定的部分简化画法和其他规定画法。

1) 在不致引起误解的情况下，断面的剖面符号可省略，如图 5-34 所示。

2) 当机件具有若干相同结构（齿、槽等），并按一定规律分布时，只需画出几个完整的结构，其余用细实线连接，并注明结构的总数，如图 5-35 所示。

3) 若干直径相同且成规律分布的孔（圆孔、螺孔、沉孔等），可以仅画出一个或几个，其余只需用点画线表示其中心位置，如图 5-36 所示。

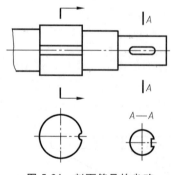

图 5-34　剖面符号的省略

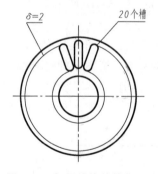

图 5-35　相同结构的简化画法

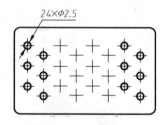

图 5-36　成规律分布的孔的简化画法

4) 网状物、编织物或机件上的滚花部分，可在轮廓线附近用粗实线示意画出，并在图上或技术要求中注明这些结构的具体要求，如图 5-37 所示。

5) 当图形不能充分表达平面时，可用平面符号（相交的两细实线）表示，如图 5-38 所示。

6) 在不致引起误解时，对于对称机件的视图可只画一半或四分之一，并在对称中心线的两端画出两条与其垂直的平行细实线，如图 5-39 所示。

7) 机件上较小的结构，在一个图形中已表示清楚时，其他图形可以简化或省略。如图 5-40a 所示，在主视图上省略了两个小圆。如图 5-40b 所示的小圆弧省略不画，而用标注尺

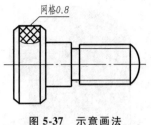

图 5-37　示意画法

图 5-38　平面符号

图 5-39　对称图形画法

寸的方法代替。

8）圆柱形法兰和类似零件上的均匀分布的孔可按图 5-41 所示方法表示（由机件外向该法兰端面方向投射）。

9）与投影面倾斜角度≤30°的圆或圆弧，其投影可用圆弧代替，如图 5-42 所示。

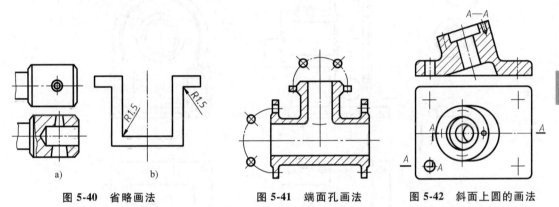

图 5-40　省略画法　　　　　　图 5-41　端面孔画法　　　　　　图 5-42　斜面上圆的画法

10）较长的机件（轴、杆、型材、连杆等）沿长度方向的形状一致或按一定规律变化时，可断开后缩短绘制，如图 5-43 所示。但标注尺寸时仍应标注实际长度。

11）机件上斜度不大的结构，在一个图形中已表达清楚时，其他图形可按小端画出，如图 5-44 所示。

12）在剖视图的断面中可再作一次局部剖。采用这种表达方法时，两个断面的剖面线应同方向、同间隔，但要互相错开，并用指引线标注其名称，如图 5-45 所示。当剖切位置明显时，可省略标注。

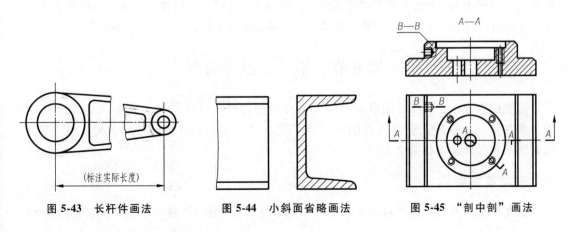

图 5-43　长杆件画法　　　　　图 5-44　小斜面省略画法　　　　图 5-45　"剖中剖"画法

### 三、表达方法应用举例

以上介绍了机件的各种表达方法，在绘制机件图样时，应根据机件的形状和结构特点，灵活、恰当地选用。对于同一机件，可以有多种表达方案，应加以比较，选择较好的一种。确定表达方案所遵循的原则：考虑读图方便，在完整、清晰地表达机件各部分结构形状的前提下，力求制图简便。每一视图要有表达重点，各视图之间应相互补充而不重复。

如图 5-46 所示的机件是减速箱，它的形体可大致分为壳体、圆筒、底板和肋板四部分。图 5-47 所示为减速箱的表达方案。

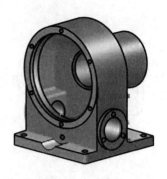

图 5-46　减速箱

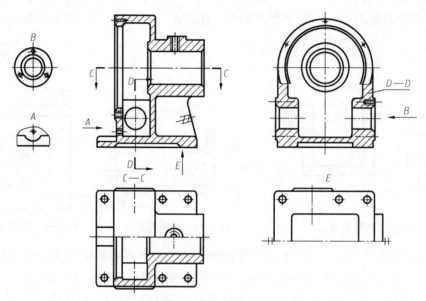

图 5-47　减速箱表达方案

主视图采用全剖视图，表达壳体和圆筒的内部结构。左视图采用局部剖视图，既表达了壳体下部两圆柱孔及内腔凸台，又保留了壳体凸缘形状及六个均匀分布螺纹孔的情况。俯视图因前后对称，画成半剖视图，表达了壳体壁厚及底板形状，还保留了圆筒上方凸台形状。用 A 向局部视图表达底板上的圆弧槽的形状及壳体下部小螺孔的位置。B 向局部视图表达了壳体下方圆凸台的形状及其三个螺孔分布情况。E 向局部视图则表达了底板下面凹槽的形状。

## 第五节　第三角投影简介

国家标准规定，机件的图形采用第一角投影法得到。但目前许多国家（如美国、日本等）采用第三角投影法绘制机件图样。为了便于国际技术交流，便于阅读外国图样资料，现对第三角投影法进行简单介绍。

### 一、基本概念

前文提到，两投影面体系将空间分成了四个分角，如图 2-2 所示。第一角投影是将物体放在第一分角，投影时保持观察者→物体→投影面的相对位置。而第三角投影是将物体放在第三分角，投影时保持观察者→投影面→物体的相对位置。此时将投影面看作透明的，然后按正投影法得到各个视图。由前方向后观察，在 $V$ 面上得到的视图，称为主视图；由上方向下观察，在 $H$ 面上得到的视图，称为俯视图；由右侧向左观察，在 $W$ 面上得到的视图，称为右视图，如图 5-48a 所示。各投影面按图 5-48b 所示方向展开，$V$ 面保持不动，$H$ 面向上旋转 $90°$，$W$ 面向前旋转 $90°$，三个视图的配置如图 5-48c 所示。可以看出，右视图和俯视图靠近主视图的一侧表示物体的前方，远离主视图的一侧表示物体的后方，这与第一角投影恰好相反。

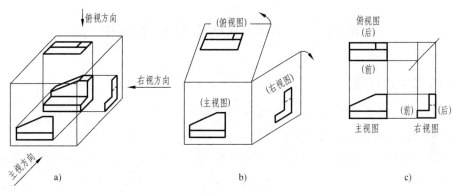

图 5-48　第三角画法

## 二、六个基本视图的配置

若在图 5-48a 所示图上再增加三个投影面，分别与原来的三个投影面垂直或平行，构成一个六面体方箱，将机件置于其中，分别向各个基本投影面投影，便得到第三角投影的六个基本视图，如图 5-49 所示。将上述六个基本投影面按图 5-49a 所示方向展开，便得到如图 5-49b 所示的六个基本视图。这六个基本视图仍保持长对正、高平齐、宽相等的投影关系。

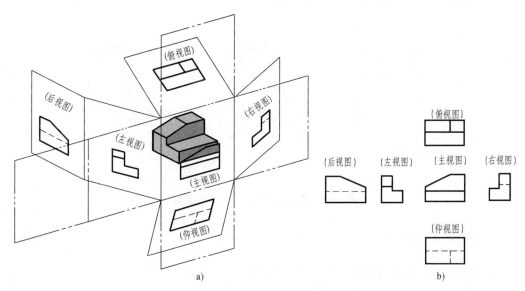

图 5-49　第三角画法中六个基本视图的形成与配置

为了便于识别第一角投影和第三角投影，国际标准（ISO）规定了识别符号，如图 5-50 所示。

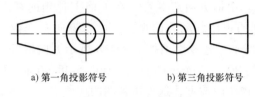

a) 第一角投影符号          b) 第三角投影符号

图 5-50 识别符号

# 第六节 AutoCAD 中绘制剖视图

## 一、绘制全剖视图

将图 5-7a 所示的主视图改画成全剖视图的步骤如下。

1）按前述方法创建出三维模型，如图 5-51a 所示。

2）创建三维模型。单击"剖切"命令按钮 ，命令行提示"选择要剖切的对象："，单击三维模型，命令行提示"指定切面的起点或［平面对象（O）/曲面（S）/Z 轴（Z）/视图（V）/XY（XY）/YZ（YZ）/ZX（ZX）/三点（3）]<三点>："，输入"xy"，命令行提示"指定 XY 平面上的点 <0，0，0>："，单击三维模型前后对称平面上任一点，如上圆圆心，命令行提示"在所需的侧面上指定点或［保留两个侧面（B）]<保留两个侧面>："，按〈Enter〉键使用默认值保留两个侧面，系统自动将三维模型剖切为前后两部分，如图 5-51b 所示。

3）移去前一半，留下后一半，如图 5-51c 所示。应用"面或体投影"命令 作出后一半在投影箱中的 V 面投影；应用"投影图"命令 将投影箱中的 V 面投影展开成投影图，结果如图 5-7b 所示。图 5-7 中所示的点画线、剖面线、标注是后加的。

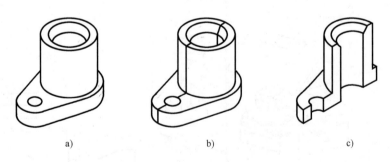

a)             b)             c)

图 5-51 用 AutoCAD 绘制全剖视图

## 二、绘制半剖视图

绘制如图 5-12a 所示的半剖视图用 AutoCAD 实现的步骤如下。

1）按图 5-12b 创建三维模型，如图 5-52a 所示。

2）先按上例在前后对称平面进行全剖，再将前一半按左右对称平面进行全剖，如图 5-52b 所示。

3）移去右前部分（四分之一），其余部分如图 5-52c 所示。应用"面或体投影"命令 ▧ 作出其余部分在投影箱中的 V 面投影；应用"投影图"命令 ✚ 将投影箱中的 V 面投影展开成投影图，结果如图 5-12b 所示的主视图。图 5-12 所示的点画线、剖面线、标注和两处局部剖视是后加的。

4）上述第 2 步，将前一半按过凸台圆孔轴线的水平面进行全剖，如图 5-52d 所示。移去前上部分，其余部分如图 5-52e 所示。后面操作与上述第 3 步类似，便得到图 5-12b 所示的俯视图。

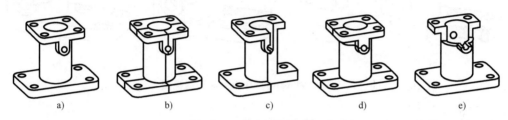

a)　　　　　　b)　　　　　　c)　　　　　　d)　　　　　　e)

图 5-52　用 AutoCAD 绘制半剖视图

## 三、绘制局部剖视图

绘制如图 5-14a 所示的局部剖视图用 AutoCAD 实现的步骤如下。

1）按图 5-14a 所示创建三维模型，如图 5-53a 所示。

2）以图 5-14a 所示主视图左边局部剖视图的区域为拉伸区域，在俯视图中以底板左前阶梯孔的轴线为拉伸起点，以底板前端面任意一点为拉伸终点，拉伸出将要在整体模型中切除的形体，如图 5-53b 所示；再以图 5-14a 所示右边局部剖视图的区域为拉伸区域，在俯视图中以大圆柱轴线为拉伸起点，以底板前端面任意一点为拉伸终点（这个距离可以是大致的，只要能将断裂线右边的过轴线的正平面之前的空心圆柱部分切除即可，操作中会清楚地知道拉伸的距离再大一些，对切除后的形状没有影响），拉伸出将要在整体模型中切除的形体，如图 5-53c 所示。注意这里的拉伸是定位拉伸，拉伸出的形体的位置是一定的，也就是如图 5-53d 所示的位置。

3）应用布尔差集运算，从整个形体中切除如图 5-53b、c 所示的两形体，效果如图 5-53e 所示。应用"面或体投影"命令 ▧ 作出其余部分在投影箱中的 V 面投影；应用"投影图"命令 ✚ 将投影箱中的 V 面投影展开成投影图，结果如图 5-14a 的主视图所示。图 5-14 所示的点画线、剖面线是后加的。

4）以图 5-14a 所示俯视图中局部剖视图的区域为拉伸区域，在主视图中以凸台圆柱孔的轴线为拉伸起点，以最大圆柱上端面上面任一点为拉伸终点，拉伸出将要在整体模型中切除的形体，如图 5-53f 所示。同样，它在整体中的位置如图 5-53g 所示。

5）应用布尔差集运算，进行类似第 3 步的操作便可得到如图 5-53h 所示的结果。投影后可得到图 5-14a 所示的俯视图。

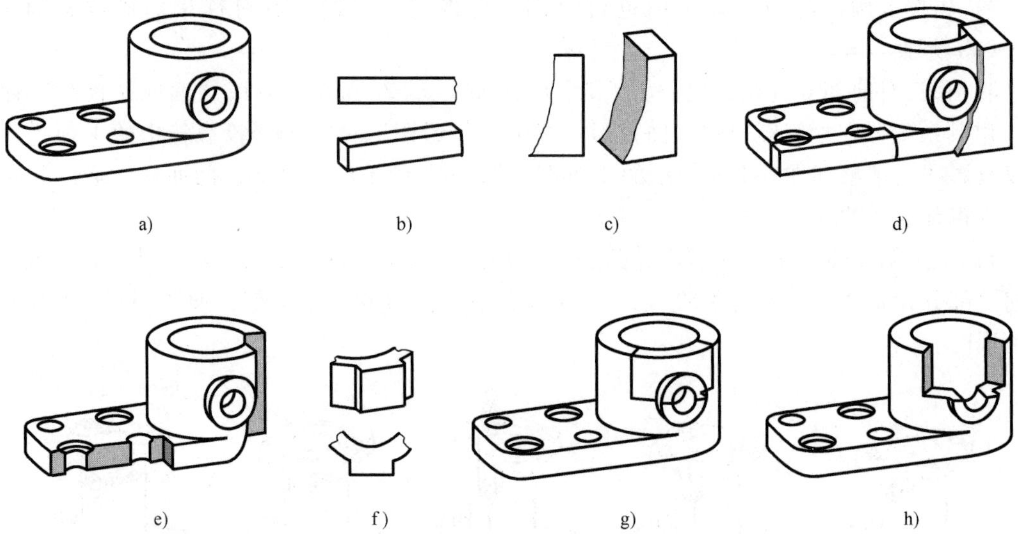

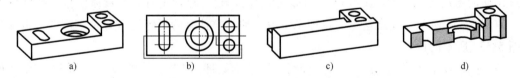

a)    b)    c)    d)

e)    f)    g)    h)

图 5-53　用 AutoCAD 绘制局部剖视图

## 四、绘制采用几个平行剖切面剖切的全剖视图

绘制如图 5-18 所示的阶梯剖视图用 AutoCAD 实现的步骤如下。

1）按图 5-18 所示创建三维模型，如图 5-54a 所示。

2）在如图 5-18 所示俯视图上画一平面图形，主要是上边三条线段要沿着剖切面的位置，两水平方向线的长度要长于轮廓线，其余的线段只要与此三线段构成一个包围将要切去部分的平面图形即可，如图 5-54b 所示。用前述的定位拉伸方法将此平面图形拉伸成一广义柱体（此处为"L"形柱体），如图 5-54c 所示。

3）应用布尔差集运算，从完整形体中减去广义柱体，如图 5-54d 所示。将其投影到 $V$ 面，结果如图 5-18 所示主视图的阶梯剖视图。图 5-18 所示的点画线、剖面线、标注是后加的，还应去除连接两平行于 $V$ 面的剖切面的积聚性投影。

a)    b)    c)    d)

图 5-54　用 AutoCAD 绘制阶梯剖视图

## 五、绘制采用两个相交剖切面剖切的全剖视图

绘制如图 5-22 所示的旋转剖视图用 AutoCAD 实现的步骤如下。

1）按图 5-22 所示创建三维模型，如图 5-55a 所示。

2）在图 5-22 中的主视图上画一平面图形，此处为一直角梯形，其下边线和斜边要沿着左右两部分形体的对称中心线且长度要长于这两部分的轮廓线，其余的线段只要与此两线段构成一个包围将要切去部分的平面图形即可，如图 5-55b 所示。用前述的定位拉伸方法将平

面图形拉伸成一广义柱体（此处为直角梯形柱，拉伸的厚度要大于等于中部空心圆柱的高度），如图 5-55c 所示。

3）应用布尔差集运算，从完整形体中减去直角梯形柱，就像两相交平面剖切一样，如图 5-55d 所示。

4）将倾斜部分绕轴线旋转到水平，如图 5-55e 所示，此时将其投射到 H 面，结果如图 5-22 所示的旋转剖视图。图 5-22 所示的点画线、剖面线、标注是后加的。

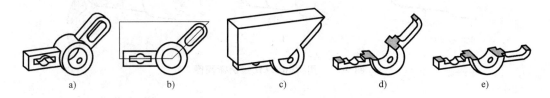

图 5-55　用 AutoCAD 绘制旋转剖视图

207

## 六、绘制采用复合剖切面剖切的全剖视图

绘制如图 5-25 所示的复合剖视图用 AutoCAD 实现的步骤如下。

1）按图 5-25 创建三维模型，如图 5-56a 所示。

2）在图 5-25 中的俯视图上画一平面图形，要求上边三条线段要沿着剖切面的位置，两水平方向线的长度要长于轮廓线，其余的线段只要与此三线段构成一个包围将要切去部分的平面图形即可，如图 5-56b 所示。用前述的定位拉伸方法将此平面图形拉伸成一广义柱体，如图 5-56c 所示。

3）应用布尔差集运算，从完整形体中减去广义柱体，如图 5-56d 所示。

4）将倾斜部分绕最大圆柱轴线旋转到与 V 面平行，如图 5-56e 所示，再将其投影到 V 面，结果如图 5-25 主视图的复合剖视图所示。图 5-25 所示的点画线、剖面线、标注是后加的。

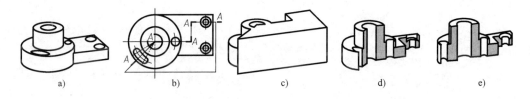

图 5-56　用 AutoCAD 绘制复合剖视图

## 七、绘制断面图

绘制如图 5-31b 所示的移出断面图用 AutoCAD 实现的步骤如下。

1）按图 5-31b 所示创建三维模型，如图 5-57a 所示。

2）在命令行输入"sec"并按〈Enter〉键，命令行提示"选择对象:"，单击三维模型并按〈Enter〉键；命令行提示"指定截面上的第一个点，依照［对象(O)/Z 轴(Z)/视图

（V）/XY（XY）/YZ（YZ）/ZX（ZX）/三点（3）]:"，输入"YZ"（因为断面平行于 *YZ* 投影面）并按〈Enter〉键，系统自动生成断面，如图 5-57b 所示。

3）将断面移出来，如图 5-57c 所示，再将其向 *W* 面投影，补上相应线条便得到如图 5-31b 所示的移出断面图。

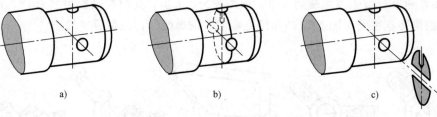

a)　　　　　　　　　b)　　　　　　　　　c)

**图 5-57　用 AutoCAD 绘制断面图**

# 轴　测　图

在工程上应用正投影原理画出的多面正投影通常能较完整、准确地表达物体各部分的形状和大小。依据这种图样可以加工制造出所表达的物体，而且这种图样作图简便、度量性好，但其缺点是直观性差。要想象物体的空间形状往往需要把几个视图联系起来看，这对于缺乏读图知识的人是比较困难的。

轴测图是一种富有立体感的图形，它能同时反映出物体长、宽、高三个方向上的形状，可以用来帮助读懂视图。但是轴测图一般不易反映出物体各个表面的实形，因而度量性差。同时作图比正投影复杂，因此在工程上一般用作辅助图样以弥补正投影的不足。图 6-1 所示为一物体的三视图和轴测图。

## 第一节　轴测投影的基本知识

### 一、轴测图的形成

如图 6-2 所示，如果把空间物体和确定该物体位置的空间直角坐标系按平行投影沿选定的投射方向一并投射到一个投影面上，使其在这个投影面上的投影能反映物体长、宽、高三个方向上的形状，这样所得到的图形称为轴测投影图，简称为轴测图。

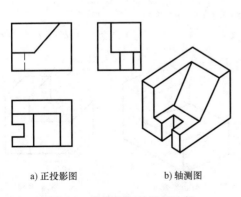

a) 正投影图　　　　b) 轴测图

**图 6-1　投影图与轴测图比较**

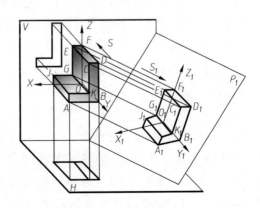

**图 6-2　轴测图的形成**

为便于说明，引入以下名词。

（1）轴测投影面　被选定的投影面 $P$ 称为轴测投影面。

（2）轴测投影轴　空间直角坐标轴 $OX$、$OY$、$OZ$ 在轴测投影面上的投影 $O_1X_1$、$O_1Y_1$ 和 $O_1Z_1$ 称为轴测投影轴，简称为轴测轴。

（3）轴向伸缩系数　轴测轴上的单位长度和相应空间坐标轴上的单位长度之比称为轴向伸缩系数。如设 $p$、$q$、$r$ 分别为 $X$、$Y$、$Z$ 轴向伸缩系数，则有

$$p = O_1A_1/OA, \quad q = O_1B_1/OB, \quad r = O_1C_1/OC$$

（4）轴间角　相邻两轴测轴之间的夹角 $\angle X_1O_1Y_1$、$\angle X_1O_1Z_1$、$\angle Y_1O_1Z_1$ 称为轴间角。

显然，空间物体相对于轴测投影面的位置及投射方向一经确定，就必有一组确定的轴间角和轴向伸缩系数。知道了轴向伸缩系数，就可以在轴测图上量取并确定平行于相应轴测轴的各线段尺寸。所谓"轴测"就是沿轴向测量的意思。

## 二、轴测图的投影特性

由于轴测图是用平行投影法得到的视图，而正投影是平行投影的一种，因此，轴测图也具有正投影的某些投影特性，如全等性、平行性、定比性、从属性、类似性（包括圆与椭圆）等。应当注意的是，所画线段与坐标轴不平行时，绝不可在图上直接量取，而应先作出线段两端点的轴测图，然后连线得到线段的轴测图。另外，在轴测图中一般不画虚线。

## 三、轴测投影的分类

### 1. 按投射方向

按轴测投射方向对轴测投影面所成的角度不同，轴测投影可分为两类。

（1）正轴测投影　投射方向与轴测投影面垂直。

（2）斜轴测投影　投射方向与轴测投影面倾斜。

可见正轴测投影是由正投影法得到的，斜轴测投影是由斜投影法得到的。

### 2. 按轴向伸缩系数

按照轴向伸缩系数的不同，每类轴测投影又可分为三种。

（1）正（或斜）等轴测图（简称为正等测或斜等测）　$p = q = r$。

（2）正（或斜）二等轴测图（简称为正二测或斜二测）　$p = q \neq r$ 或 $p = r \neq q$ 或 $p \neq q = r$。

（3）正（或斜）三等轴测图（简称为正三测或斜三测）　$p \neq q \neq r$。

国家标准《技术制图　投影法》（GB/T 14692—2008）只推荐了正等测、正二测及斜二测三种轴测投影，工程上使用较多的是正等测和斜二测。本章将主要介绍这两种轴测投影的画法。如图 6-3 所示是同一物体的正等测和斜二测图。

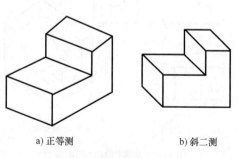

a) 正等测　　　　　b) 斜二测

图 6-3　两种轴测投影图

# 第二节　正等轴测图的画法

## 一、轴间角和轴向伸缩系数

如图 6-4 所示，当投射方向 $S$ 垂直于轴测投影面 $P$，且使确定物体空间位置的三条坐标轴对 $P$ 平面的倾角都处在相等的位置时，所得到的轴测投影图就称为正等轴测图。根据几何关系可以证明：正等测的三个轴间角相等，都是 120°，各轴向的伸缩系数也相等，即 $p = q = r = 0.82$，如图 6-5a 所示。简便起见，轴向尺寸一般都采用各轴向的简化伸缩系数画出，即 $p = q = r = 1$，如图 6-5b 所示。

采用简化伸缩系数作图时，沿各轴向的尺寸都可以用实长度量，作图方便，但作出的图形比原物放大，其放大率为 $K = 1/0.82 \approx 1.22$。不过，这不影响对于物体形状的理解。

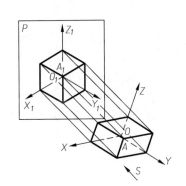
图 6-4　正等测的形成

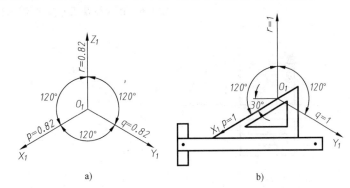
图 6-5　正等测的轴测轴画法、轴间角及轴向伸缩系数

## 二、平面立体正等轴测画法

画平面立体正等轴测图的最基本的方法是坐标法，即沿轴测轴度量定出物体上一些点的坐标，然后逐步由点连线画出图形。在实际作图时，还可以根据物体的形体特点，灵活运用各种不同的作图方法，如切割法、叠加法等。

1. 坐标法

坐标法不仅适用于平面立体，而且适用于曲面立体；不仅适用于正等测图，而且适用于其他轴测图。

如图 6-6 所示为用坐标法绘制正六棱台正等轴测图的方法步骤。

2. 切割法

切割法适用于绘制主要由切割形成的物体的轴测图。该法以坐标法为基础，先用坐标法画出完整的立体，然后依次切割画出切割后的形状。

如图 6-7 所示为用切割法画出一物体正等轴测图的方法步骤。

3. 叠加法

叠加法适用于绘制主要由堆叠形成的物体的轴测图，此时应注意物体堆叠时的定位关系。作图时应首先将物体看作由几部分堆叠而成，然后依次画出这几部分的轴测投影，即得到该物体的轴测图。

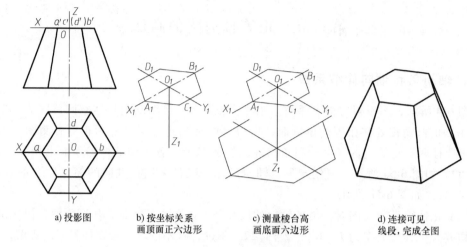

a) 投影图　　　b) 按坐标关系　　　c) 测量棱台高　　　d) 连接可见
　　　　　　　　画顶面正六边形　　画底面六边形　　　线段，完成全图

**图 6-6　正六棱台正等轴测图画法**

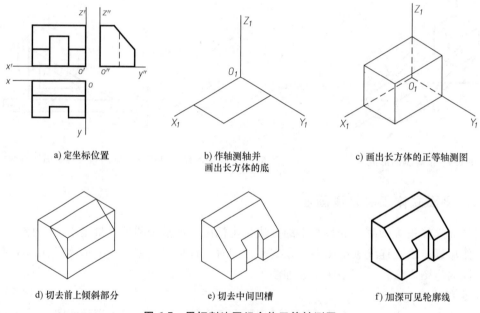

a) 定坐标位置　　　　b) 作轴测轴并　　　　c) 画出长方体的正等轴测图
　　　　　　　　　　画出长方体的底

d) 切去前上倾斜部分　　　e) 切去中间凹槽　　　f) 加深可见轮廓线

**图 6-7　用切割法画组合体正等轴测图**

如图 6-8 所示为用叠加法画一物体的正等轴测图的方法步骤。

以上三种方法都需要定坐标原点，然后按各线、面端点的坐标在轴测坐标系中确定其位置，故坐标法是画图的最基本方法。当绘制复杂物体的轴测图时，往往需要综合使用上述三种方法。

### 三、平行于坐标面的圆的正等轴测图的画法

在回转体的正等轴测作图过程中，必然会遇到圆的正等轴测画法。一般情况下圆的正等轴测图为椭圆。可以采用坐标法，作出圆上一系列点的轴测投影，然后光滑地连接起来即得圆的轴测投影，这种作图方法称为平行弦法，如图 6-9 所示。

根据理论分析，坐标面或其平行面上的圆的正等轴测图——椭圆，大小相等，形状相同，仅长、短轴方向不同，如图 6-10 所示。可以看出：各椭圆的长轴垂直于一根轴测轴（是垂直圆平面的坐标轴的轴测投影），椭圆的短轴平行于该轴测轴。为了简化作图，一般采用由四段圆弧连接的四心近似画法。

现以水平面 $XOY$ 坐标面上圆的正等轴测图为例，说明其画法步骤，如图 6-11 所示。

1）定出直角坐标的原点与坐标轴，在正投影图上作圆的外切正方形，与圆相切于 $A$、$B$、$C$、$D$ 四点，如图 6-11a 所示。

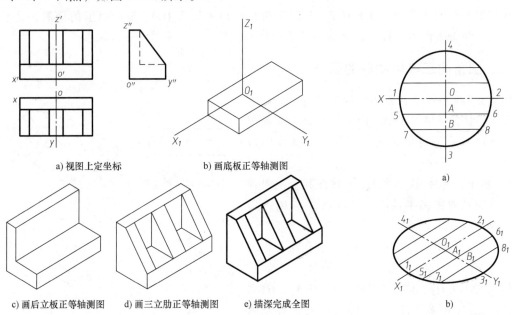

a) 视图上定坐标  b) 画底板正等轴测图

c) 画后立板正等轴测图  d) 画三立肋正等轴测图  e) 描深完成全图

**图 6-8  用叠加法画组合体正等轴测图**

a)

b)

**图 6-9  用坐标法画圆的正等轴测图**

213

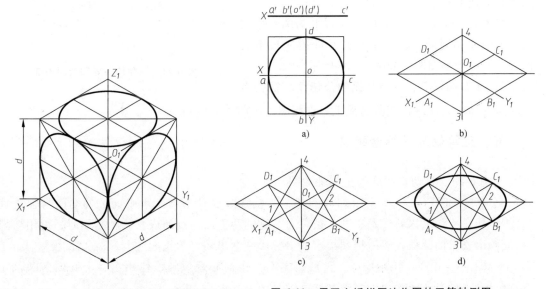

**图 6-10  平行于三个坐标面的圆的正等轴测图**

**图 6-11  用四心近似画法作圆的正等轴测图**

2）过以上四点分别作 $O_1X_1$、$O_1Y_1$ 轴的平行线，得圆的外切正方形的正等轴测图——菱形；菱形长、短对角线方向即为椭圆长、短轴方向；两顶点 3、4 为大圆弧圆心，如图 6-11b 所示。

3）连接 $D_13$、$C_13$、$A_14$ 和 $B_14$，两两相交于点 1、2，点 1、2 即为小圆弧的圆心，如图 6-11c 所示。

4）以点 3、4 为圆心，以 $D_13$、$A_14$ 为半径画大圆弧 $D_1C_1$、$A_1B_1$，然后以点 1、2 为圆心，以 $D_11$、$B_12$ 为半径画小圆弧 $A_1D_1$、$B_1C_1$，四段圆弧光滑连接，即得近似椭圆。如图 6-11d 所示。

在其他坐标面 $X_1O_1Z_1$ 和 $Y_1O_1Z_1$ 上的椭圆，其画法与 $X_1O_1Y_1$ 坐标面上的椭圆画法相同，但长、短轴方向不一样，画图时这一点应特别注意。

### 四、圆角的正等轴测图的画法

如图 6-12a 所示，长方形底板连接直角的是圆弧，等于整圆的 1/4，在轴测图上，它是 1/4 椭圆弧，同样可以采用简化画法近似作出。其作图过程如下。

1）画出长方体的正等测图，并在其上由角顶沿两边分别截取圆弧半径 $R$，得切点 $A_1$、$B_1$、$C_1$ 和 $D_1$，如图 6-12b 所示。

2）过切点 $A_1$、$B_1$、$C_1$ 和 $D_1$ 分别作所在边的垂线，得交点 $O_1$、$O_2$，如图 6-12c 所示。

3）分别以 $O_1$、$O_2$ 为圆心，以 $O_1A_1$、$O_2C_1$ 为半径画弧 $A_1B_1$ 和 $C_1D_1$，即得圆角的正等轴测图，如图 6-12d 所示。

4）下底面圆角的画法与上底面相同。通常采用比较简便的移心法，即将圆心 $O_1$ 和 $O_2$ 下移底板的厚度 $h$，得圆心 $O_3$ 和 $O_4$，再以此为圆心用与上底面圆弧相同的半径分别画弧，即得底板下底面圆角的正等轴测图，如图 6-12e 所示。

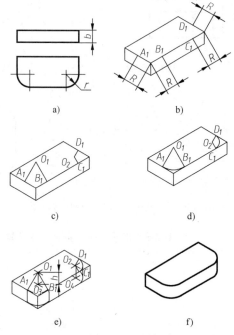

图 6-12　圆角的正等轴测图画法

5）在右端作上、下小圆弧的公切线，擦去多余线条并加深，即得长方形底板正等轴测图，如图 6-12f 所示。

### 五、正等轴测图综合举例

**[例 6-1]**　带切口圆柱的正等轴测图。

**解　分析**　如图 6-13a 所示带切口圆柱，其轴线竖放且垂直于水平面，各端面与轴线垂直。带切口头部可以看成是正圆柱被左右对称的两平面切割而成。画轴测图时，可用切割法先画出完整的圆柱，然后根据给定的坐标尺寸画出切口的投影。

**作图**　1）作轴测轴 $O_1X_1$、$O_1Y_1$、$O_1Z_1$，用四心近似画法作出上、下底面椭圆，并根据尺寸 $a$ 按移心法作出切口根部椭圆，如图 6-13b、c 所示。

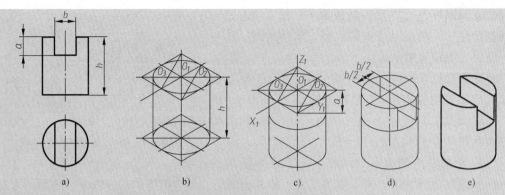

图 6-13　带切口圆柱体的正等轴测图的画法

2）按尺寸 $b$ 画出切口部分，如图 6-13d 所示。

3）擦去多余线条并加深，即得带切口圆柱的正等轴测图，如图 6-13e 所示。

［例 6-2］　作组合体的正等轴测图。

**解　分析**　如图 6-14a 所示立体，可以看作由底板、侧板两部分组成。底板为长方体，左端为 U 形柱（为便于叙述，约定半圆柱加同高度的长方体称为 U 形柱），并且挖通了一个圆柱孔；侧面也是一个长方体，在中间挖通了一个圆柱孔。画轴测图时，可按上述分析，逐个画出组合立体。每一部分先按长方体画出，并按相对位置尺寸组合，然后再画圆孔。

**作图**　1）按整体的长方体画底板和侧板的正等轴测图，作侧板上的圆孔及底板左端半圆柱面，如图 6-14b 所示。

2）作底板左端圆柱孔，如图 6-14c 所示。

3）擦去多余线条并加深，即完成组合体的正等轴测图，如图 6-14d 所示。

215

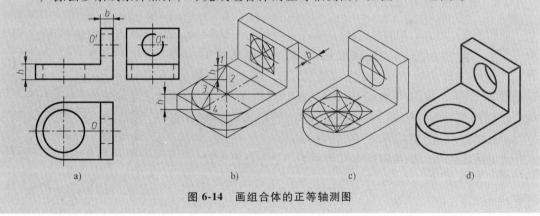

图 6-14　画组合体的正等轴测图

# 第三节　斜二等轴测图的画法

## 一、轴间角和轴向伸缩系数

如图 6-15 所示，如果使确定物体在空间位置的直角坐标系中的 $XOZ$ 坐标面与轴测投影面 $P$ 平行，而投射方向 $S$ 倾斜于轴测投影面 $P$，此时投射方向 $S$ 与三个坐标面都倾斜，这样得到的轴测图称为（正面）斜轴测图。在工程上绘制斜轴测图时，一般采用（正面）斜二等轴测图。本节仅介绍斜二等轴测图的画法。

根据平行投影的性质，在斜二测中，由于坐标面 $XOZ$ 平行于轴测投影面 $P$，故轴测轴 $O_1X_1$ 与 $O_1Z_1$ 垂直，即轴间角 $\angle X_1O_1Z_1 = 90°$；$O_1X_1$ 和 $O_1Z_1$ 轴的轴向伸缩系数都等于 1，即 $p = r = 1$。

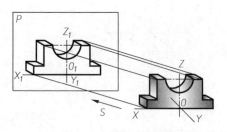

图 6-15　斜二等轴测图的形成

$O_1Y_1$ 轴的轴向伸缩系数和相应的轴间角随着投射方向 $S$ 的变化而变化。为了作图方便，并考虑到斜二等轴测图的立体效果，依据国家标准推荐，通常取 $O_1Y_1$ 轴的轴向伸缩系数为 0.5，即 $q = 0.5$；轴间角 $\angle X_1O_1Y_1 = \angle Y_1O_1Z_1 = 135°$，$\angle X_1O_1Z_1 = 90°$。

图 6-16 所示为斜二等轴测图坐标参数及轴测轴画法。

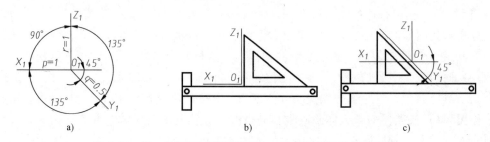

a)　　　　　　　　　b)　　　　　　　　　c)

图 6-16　斜二等轴测图轴测轴画法、轴间角及轴向伸缩系数

## 二、平行于坐标面的圆的斜二等轴测图的画法

如图 6-17 所示，物体上平行于坐标面 $XOZ$ 的圆的斜二等轴测投影反映实形，仍为圆。而平行于另外两个坐标面的圆的斜二等轴测投影为椭圆，两个椭圆除了长、短轴方向不同之外，其余完全相同。根据理论计算，斜二等轴测图中，$X_1O_1Y_1$ 和 $Y_1O_1Z_1$ 坐标面上的椭圆长轴 $= 1.06d$，短轴 $= 0.33d$。椭圆长、短轴分别与 $O_1X_1$ 轴或 $O_1Z_1$ 轴均成 $7°10'$ 的倾角。

为了简化作图，机械制图中常采用四心近似法画椭圆。

现以 $X_1O_1Y_1$ 面上的椭圆为例，说明其画法，作图步骤如图 6-18 所示。

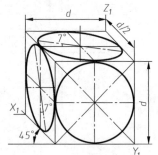

图 6-17　平行于各坐标面圆的斜二等轴测图

1）作圆的外切正方形，如图 6-18a 所示。

2）作 $O_1X_1$、$O_1Y_1$ 轴，作圆的外切正方形的轴测图，得一平行四边形。过 $O_1$ 点作直线 $A_1B_1$ 与 $O_1X_1$ 轴成 $7°10'$，$A_1B_1$ 即为椭圆长轴方向，过 $O_1$ 点作直线 $A_1B_1$ 的垂线 $C_1D_1$，$C_1D_1$ 即为椭圆短轴方向，如图 6-18b 所示。

3）在短轴方向线 $C_1D_1$ 上截取 $O_17 = O_18 = d$，点 7、8 即为大圆弧的圆心；连接点 7、1 和点 8、3 并与长轴交于 5、6 两点，点 5、6 即为小圆弧的圆心，如图 6-18c 所示。

4）分别作大圆弧 93 和 1 10，小圆弧 19 和 3 10，即得所求椭圆，如图 6-18d 所示。

斜二等轴测图的特点是物体上与轴测投影面平行的平面在轴测投影中反映实形。因此，

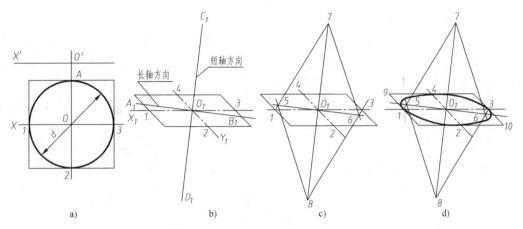

图 6-18 斜二等轴测图椭圆的近似画法

当物体的正面坐标面 $XOZ$ 形状较复杂时，采用斜二等轴测图的画法较合适。斜二测的画法与正等测相似，但它们的轴间角不同，且 $O_1Y_1$ 轴的轴向伸缩系数 $q = 0.5$，所以画斜二测图时，沿 $O_1Y_1$ 轴方向的长度应取物体上相应长度的一半，这一点应特别注意。

［例 6-3］ 作一组合体的斜二等轴测图。

**解 分析** 如图 6-19a 所示立体，由带有圆柱面孔槽的座体和一竖板组成，其竖板上有两个圆角且挖通了两个圆柱孔。立体表面上的圆均平行于正面，确定坐标时，使 $OY$ 轴与竖板大圆柱孔轴线平行，坐标圆点定在立体左右对称面上，位于竖板后底部，使坐标面 $XOZ$ 与其正面平行。这样立体所有的圆与圆角，其轴测投影仍为同样大小的圆和圆角，作图简便。

**作图** 如图 6-19 所示。

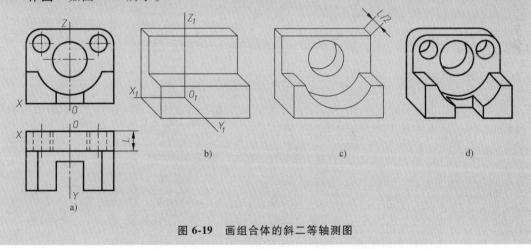

图 6-19 画组合体的斜二等轴测图

# 第四节　轴测图中机件表面交线的画法

## 一、截交线的画法

平面和曲面立体表面的交线，既可以利用坐标作图，也可以利用在立体表面找点的方法求出一系列的点后，再连成光滑曲线。

[例 6-4] 已知圆柱被截切后的两面投影，画出其正等轴测图。

**解 分析** 如图 6-20a 所示，从正面投影不难看出该圆柱体被侧平面截切交线为矩形，被正垂面截切后，截交线为椭圆。

**作图** 如图 6-20 所示。

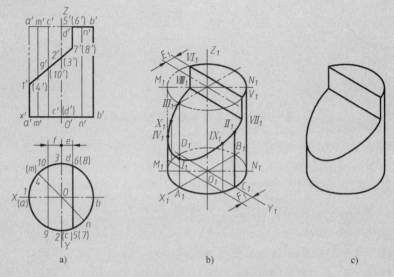

图 6-20 截切圆柱正等轴测图画法

1）选坐标轴，定截交线上点的坐标，如图 6-20a 所示。

2）先作出圆柱的正等轴测图，然后根据正投影，利用点、线从属关系，用坐标法，即可作出截交线上各点的轴测投影，如图 6-20b 所示。

3）依次光滑连接各点，整理加深，即得正等轴测图，如图 6-20c 所示。

## 二、相贯线画法

画轴测图上的相贯线也有两种方法，即坐标法和辅助平面法。作图时，可单独采用其中一种方法，也可两种方法结合起来用。

[例 6-5] 已知两圆柱正交相贯，要求用辅助平面法求其相贯线。

**解 作图** 如图 6-21 所示。

1）画出两圆柱的轴测图，图 6-21b 所示。

2）将正投影图上辅助平面 $P$ 截得的 $B$、$D$ 两点，按坐标移到轴测图上；类似地，可求出一系列相贯线上点的轴测投影，图 6-21b 所示。

3）光滑连接，即完成相贯线的正等测图，如图 6-21b 所示。

## 三、过渡线的画法

物体上相邻部分的圆弧过渡线，不存在明显的棱线，此时在轴测图上可用双细线或一系列小圆弧表示，如图 6-22 所示。

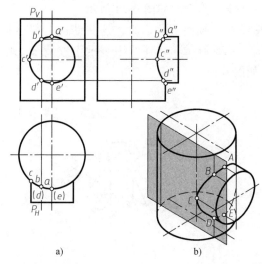

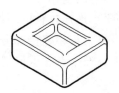

a) 用双细线表示圆角过渡

b) 用小圆弧表示圆角过渡

a)　　　　　　　　b)

图 6-21　两圆柱相贯正等轴测图画法　　　图 6-22　过渡线的正等轴测图画法

# 第五节　轴测剖视图的画法

## 一、剖切平面的取法和剖面线画法

### 1. 剖切平面的取法

同正投影图一样，为了表达清楚物体内部结构形状，轴测图也可假想采用剖切平面来剖开物体，画成轴测剖视图。但为了保持物体外形的清晰，无论物体是否对称，轴测剖视图通常都采用两个互相垂直的平面来剖开物体，即剖切掉物体 1/4 的剖切方法。

图 6-23 所示为一物体轴测图剖切方法比较。

### 2. 剖面线方向

根据国家标准《机械制图　轴测图》（GB/T 4458.3—2013）规定，轴测剖视上剖面线方向应按图 6-24 所示绘制。

## 二、画轴测剖视图的规定

1）应选取通过物体主要轴线或对称面，同时又平行于坐标面的平面作为剖切平面，如图 6-23a 所示。

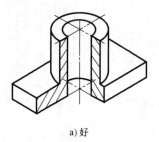
a) 好

b) 不好

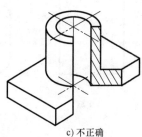
c) 不正确

图 6-23　轴测图剖切方法比较

2）剖切平面所切到的物体实体部分应画上剖面线，其方向如图 6-24 所示。

3）若剖切平面平行地通过物体上的肋或薄壁结构的纵向对称面时，这些结构上都不画剖面线，而用粗实线将它与相邻接部分分开，如图 6-25 所示。若在图中表示不够清晰，也可在肋或薄壁剖面上画细小点表示被剖切部分，如图 6-25b 所示。

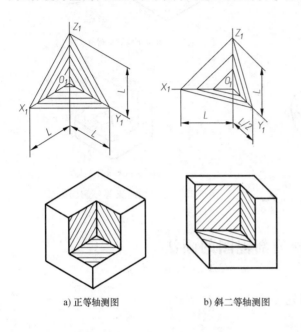

a) 正等轴测图　　　　　b) 斜二等轴测图

图 6-24　轴测剖视图剖面线方向

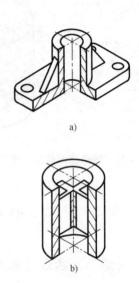

a)

b)

图 6-25　轴测剖视图上
肋的规定画法

## 三、画轴测剖视图的方法

画轴测剖视图方法有以下两种。

（1）先画外形，后取剖视　先把物体的完整轴测图画出，然后沿轴测轴方向用剖切平面剖开。这种方法适合初学者使用，其主要作图步骤如图 6-26 所示。

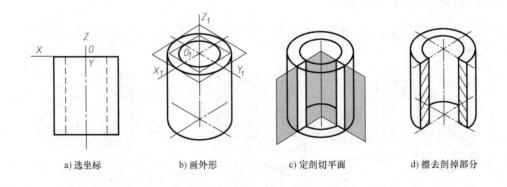

a) 选坐标　　　　　b) 画外形　　　　　c) 定剖切平面　　　　　d) 擦去剖掉部分

图 6-26　套筒轴测剖视图画法

（2）先画剖面，后画外形　这种作图方法是先画剖面的轴测投影，然后画出看得见的轮廓线，这样可以减少一些不必要的作图线，从而提高作图速度和图面质量。这种作图方法适用于内、外结构都较复杂的物体的表达，其主要作图步骤如图 6-27 所示。

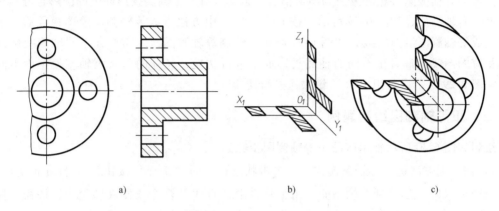

图 6-27　端盖斜二测剖视图的画法

# 第六节　用 AutoCAD 绘制正等轴测图

## 一、设置绘图环境

1. 设置轴测投影模式

（1）使用"草图设置"对话框　单击状态栏上的"捕捉"按钮 ，在弹出的快捷菜单中单击"设置"命令，弹出"草图设置"对话框，如图 6-28 所示。单击菜单栏中"工具"→"草图设置"命令，也会弹出同样的对话框。在此对话框中选择"捕捉和栅格"选项卡，在"捕捉类型"选项组中选择"栅格捕捉"和"等轴测捕捉"，单击"确定"按钮，返回绘图区，等轴测模式设置完成。

（2）执行 SNAP 命令　标准绘图模式与轴测图绘图模式之间的切换也可以用 SNAP 命令来完成。在命令行中输入"SNAP"后按〈Enter〉键，系统提示：

指定捕捉间距或［开（ON）/关（OFF）/纵横向间距（A）/样式（S）/类型（T）］<10.00000000>{S↙}

输入捕捉栅格类型［标准（S）/等轴测（I）］<S>:{I↙}

图 6-28　"草图设置"对话框

指定垂直间距 <10. 00000000>：{按〈Enter〉键确认}

等轴测模式设置完成。

2. 轴测投影面的切换

立体的等轴测图有三个方向的图形信息，也就是有三个轴测投影面上的图形，分别称为左、上、右轴测面，如图 6-29 所示。按上述"1."中方法进入等轴测图绘图模式后，十字光标变成等轴测图绘图模式，如图 6-29 所示。绘制等轴测图时，需要在不同轴测投影面上绘制相应的图线，常需在不同的轴测投影面中进行切换，光标的形状因轴测投影面不同而异，如图 6-29 所示，可用〈F5〉键顺次进行切换。

## 二、正等轴测图绘制题例

绘制如图 6-30 所示轴承座的正等轴测图步骤如下。

1）按上述方法进入等轴测模式后，单击状态栏中的"正交"按钮 ⌐，打开正交模式。通过快捷键〈F5〉切换到上轴测面。用工具栏中"直线"命令绘制底座轮廓，按命令提示输入"34→18→34→C"（封闭）；单击"复制"按钮 ⊙⊙，选中后边线向前依次重复复制到尺寸 4、12 处；再选中左边线向右依次重复复制到 6、128（6+122）处，以确定立板投影线位置、底座圆孔中心和圆弧中心的位置。

单击"椭圆"按钮 ⬭，在命令提示行中输入"I"（选择等轴测方式画椭圆）。捕捉欲画椭圆圆心，以 3、6 为半径画出椭圆，如图 6-31a 所示。

2）单击"删除"按钮 ✐，删除确定椭圆中心的辅助线，单击"修剪"按钮 ⊹，修剪椭圆弧多余的部分。

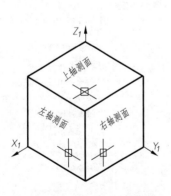

图 6-29 轴测投影面及其切换

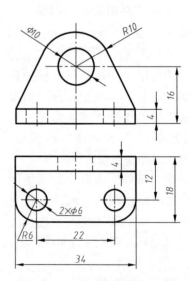

图 6-30 轴承座正等轴测投影图

通过快捷键〈F5〉切换到右轴测面，单击"直线"按钮 ╱，捕捉后边线中点向上绘制长 12（16-4）的辅助直线；选择"椭圆"命令，捕捉辅助直线端点为圆心，分别以 5 和 10 为半径画轴测椭圆，如图 6-31b 所示。

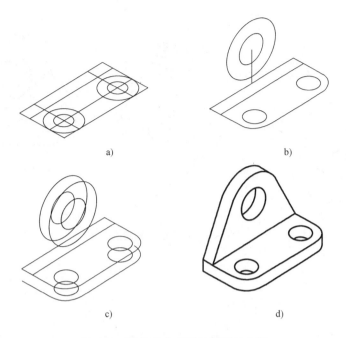

a)                    b)

c)                    d)

图 6-31　画轴承座正等轴测图的步骤

3）通过快捷键〈F5〉切换到左轴测面，单击"复制"按钮 ✍ 将两椭圆复制到前方 4mm 处。再选中轴承底座轮廓向下移动 5 复制，单击"删除"按钮 ✍，删除辅助直线，如图 6-31c 所示。

4）调出"草图设置"对话框，关闭"等轴测捕捉"，回到一般绘图状态。单击"删除"按钮 ✍，删除多余的小圆。单击"直线"按钮 ✎，打开对象捕捉功能连接底座两条垂直线，捕捉切点和交点绘制立板左右两斜面轮廓线。单击"直线"按钮 ✎，打开切点捕捉方式绘制椭圆的公切线。单击"修剪"按钮 ✂，修剪多余图线，便完成了轴承座的正等测图的绘制，如图 6-31d 所示。

## 第七节　在 Projector 下绘制正等轴测图

上一节介绍了在常规 AutoCAD 环境下绘制正等轴测图方法步骤，对于复杂形体有些烦琐。如果在 Projector 下绘制正等轴测图就方便多了，下面用作图题例予以介绍。

绘制如图 6-32 所示轴承座的正等轴测图步骤如下。

1）在 Projector 下先作出轴承座的三维模型，如图 4-43c 所示。

2）单击菜单"投影工具"→"面或体投影"→"正等轴测投影图"，命令行提示："指定组合体"，单击三维模型；命令行提示："指定轴测图的放置位置:"，在空白处单击一下；命令行提示："再指定一个组合体:"，此时再单击一下三维模型，系统立即自动生成正等轴测图，如图 6-32a 所示。用同一模型，将上述三级菜单改为"正二等轴测投影图"或"斜二等轴测投影图"，系统立即自动生成正二等轴测投影图和斜二等轴测投影图，如图 6-32b、c 所示。用同样的方法可生成各种任意方向的轴测投影图。

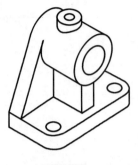

a) 正等轴测图　　　　　　　　b) 正二等轴测图　　　　　　　　c) 斜二等轴测图

图 6-32　轴承座的轴测图

# 第七章

# 零件图上的技术要求

零件在加工制造过程中要达到的一些技术质量指标，应在零件图上加以标注和说明，即为技术要求。技术要求大致有以下几方面的内容。

1）极限与配合（尺寸公差）。

2）几何公差。

3）表面结构。

4）热处理及表面镀涂层要求。

5）特殊的加工要求，检验和试验的说明等。

技术要求有的应按国家标准规定的各种代（符）号标注，还没有规定或不便标注在图形上的内容则用文字在图样下方空白处逐条予以说明。

本章简要介绍极限与配合、几何公差、表面结构的基本要领和标注方法。

## 第一节　极限与配合

从一批相同规格的零件中任取一件，不经任何修配就能顺利地与其他相关零件装配到一起，达到预定的性能要求，这就是互换性。现代化的机械工业，要求机械零（部）件具有互换性。为了满足互换性的要求，零件尺寸并不要求做得绝对准确，而只是要求将零件成品的实际尺寸根据加工工艺的可能性和经济性合理地限定在最大、最小两个极限尺寸的范围之内，国家标准对此做出了统一的规定。

### 一、基本术语和定义

下面以尺寸 $\phi20^{+0.006}_{-0.015}$ 为例逐一介绍基本术语的含义。

（1）公称尺寸　由图样规范确定的理想形状要素的尺寸，如 $\phi20$。

（2）实际尺寸　通过测量加工后零件获得的实际尺寸。

（3）极限尺寸　允许尺寸变化的极限值。它是以公称尺寸为基数确定的，实际尺寸在两极限尺寸之间视为合格。

1）上极限尺寸。尺寸要素允许的最大尺寸，如 $\phi20.006(20+0.006)$。

2）下极限尺寸。尺寸要素允许的最小尺寸，如 $\phi19.985(20-0.015)$。

（4）零线　如图 7-1 和图 7-2 所示，表示公称尺寸的一条直线，一般沿水平方向绘制。

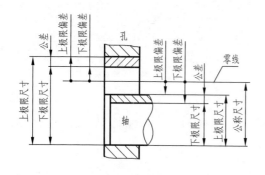

图 7-1　基本术语图解

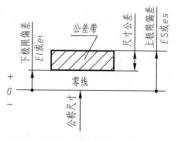

图 7-2　公差带图解

（5）尺寸偏差（简称偏差）　某一尺寸（实际尺寸、极限尺寸等）减去其公称尺寸所得的代数差（可以是正值、负值和零）。在图上以零线为基准确定偏差，正偏差位于零线上，负偏差位于零线下。

（6）极限偏差　偏差的两个极端，有上极限偏差和下极限偏差之分。

1）上极限偏差。上极限尺寸减去其公称尺寸所得的代数差，如 + 0.006（数字前的"+"号可省略，"-"号不可省略）。孔的上极限偏差用大写字母 ES 表示，轴的上极限偏差用小写字母 es 表示。

2）下极限偏差。下极限尺寸减去其公称尺寸所得的代数差，如 − 0.015（数字前的"+"号可省略，"-"号不可省略）。孔的下极限偏差用大写字母 EI 表示，轴的下极限偏差用小写字母 ei 表示。

（7）尺寸公差（简称公差）上极限尺寸与下极限尺寸之差（或上极限偏差减去下极限偏差所得的代数差）。它是尺寸允许的变动量，尺寸公差恒为正（图 7-1、图 7-2）。

## 二、公差带的确定

### 1. 公差带

如图 7-2 所示的公差带图解图，公差带是由代表上极限偏差和下极限偏差（或上极限尺寸和下极限尺寸）的两条直线所限定的一个区域，是由公差大小和其相对零线的位置即基本偏差来确定的。图 7-2 中矩形的上、下两条线表示上极限偏差和下极限偏差，左、右两条线无实际意义。

### 2. 标准公差（IT）

国家标准《产品几何技术规范（GPS）　线性尺寸公差 ISO 代号体系　第 1 部分：公差、偏差和配合的基础》（GB/T 1800.1—2020）将标准公差分为 20 个等级，即 IT01、IT0、IT ~ IT18。IT01 精确程度最高，公差数值最小；IT18 精确程度最低，公差数值最大。同一公差等级对所有基本尺寸的一组公差被认为具有同等精确程度。标准公差数值见附录中的表 A-4。

### 3. 基本偏差

确定公差带相对零线位置的那个极限偏差（图 7-2）。它可以是上极限偏差或下极限偏差，一般是靠近零线的那个极限偏差。如图 7-2 所示，下极限偏差即为基本偏差，是它确定了公差带在零线上方。国家标准对孔和轴分别规定了 28 种基本偏差，基本偏差系列如图 7-3 所示。基本偏差代号用字母或字母组合表示，大写为孔的，小写为轴的。基本偏差数值可查阅 GB/T 1800.1—2020 的基本偏差数值表。

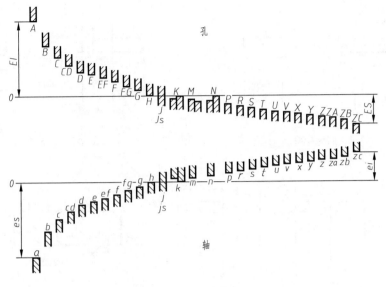

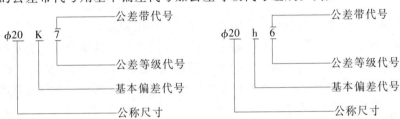

图 7-3　基本偏差系列

4. 公差带代号

孔或轴的公差带代号用基本偏差代号加公差等级代号组成。例如

$\phi 20$ K 7

- 公差带代号
- 公差等级代号
- 基本偏差代号
- 公称尺寸

$\phi 20$ h 6

- 公差带代号
- 公差等级代号
- 基本偏差代号
- 公称尺寸

当孔或轴的基本尺寸、基本偏差代号和公差等级确定后，即可从极限偏差表（见附录中的表 A-1、表 A-2）查得极限偏差数值。

## 三、配合

公称尺寸相同的相互结合的孔轴公差带之间的关系称为配合。这个关系体现了相互结合的孔和轴之间的松紧程度。配合分为以下三类。

（1）间隙配合　具有间隙（包括最小间隙等于零）的配合。此时孔的公差带在轴的公差带之上，如图 7-4 所示。

（2）过盈配合　具有过盈（包括最小过盈等于零）的配合。此时孔的公差带在轴的公差带之下，如图 7-5 所示。

（3）过渡配合　可能具有间隙或过盈的配合。此时孔的公差带与轴的公差带相互交叠，如图 7-6 所示。

## 四、配合制

配合制是指同一极限制的孔和轴形成的一种配合制度，国家标准 GB/T 1800.1—2020 规定了基轴制和基孔制两种配合制度。一般情况下优先采用基孔制配合。

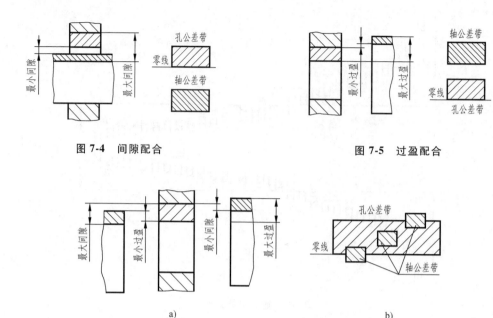

图 7-4　间隙配合　　　　　　　　　　图 7-5　过盈配合

a)　　　　　　　　　　　　　　　b)

图 7-6　过渡配合

（1）基孔制配合　基本偏差为一定的孔（孔的下极限偏差为零，代号为 H）的公差带，与不同基本偏差轴的公差带，形成各种配合的制度（图 7-7），这里的孔称为基准孔。

（2）基轴制配合　基本偏差为一定的轴（轴的上极限偏差为零，代号为 h）的公差带，与不同基本偏差孔的公差带，形成各种配合的制度（图 7-8），这里的轴称为基准轴。

如图 7-7、图 7-8 所示，水平实线代表孔或轴的基本偏差，虚线代表另一极限偏差，表示孔和轴之间可能的不同组合与它们的基本偏差和公差等级有关。

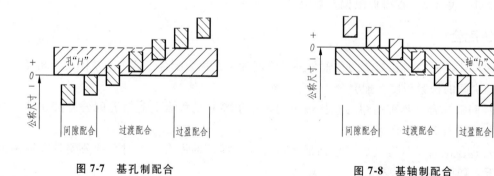

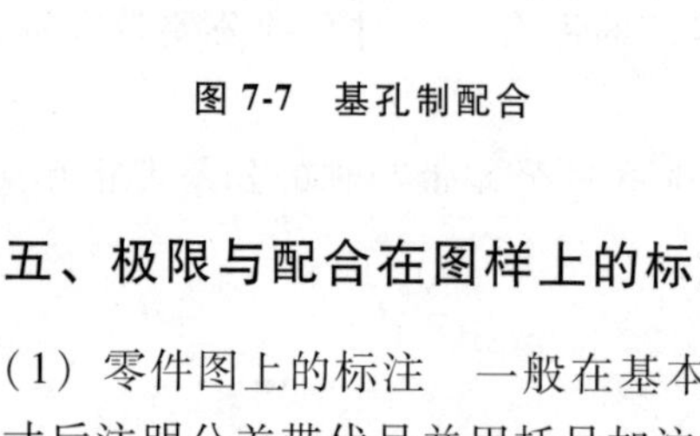

图 7-7　基孔制配合 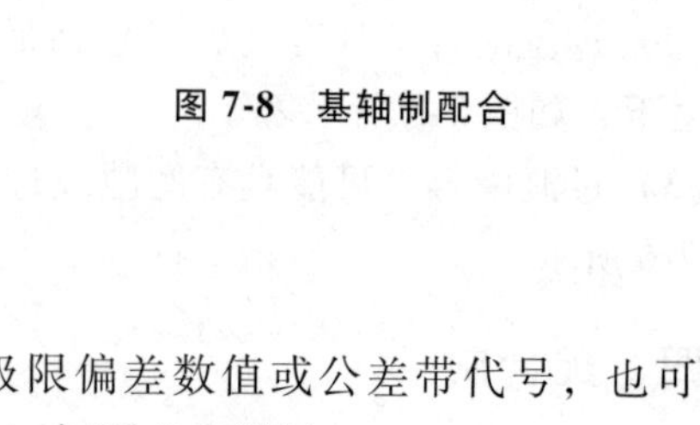　　　　　　　　　　图 7-8　基轴制配合

## 五、极限与配合在图样上的标注

（1）零件图上的标注　一般在基本尺寸后标注极限偏差数值或公差带代号，也可在基本尺寸后注明公差带代号并用括号加注极限偏差数值，如图 7-9 所示。

（2）装配图上的标注　孔和轴有配合要求处，须标注配合尺寸，即在基本尺寸后标注

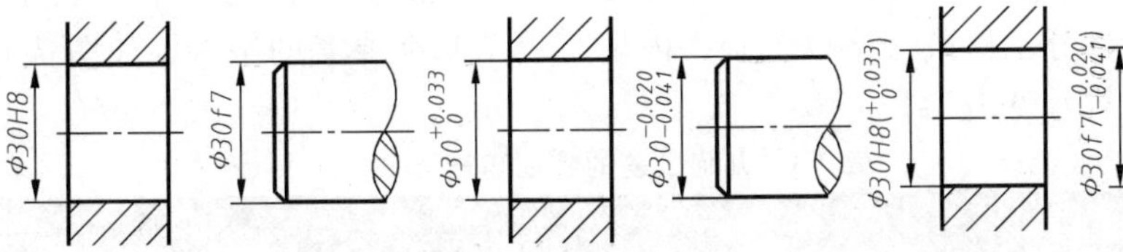

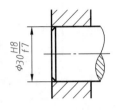

图 7-9　极限偏差（公差带）在零件图上的标注

上配合代号。配合代号由孔和轴的公差带代号组成，写成分数形式，分子为孔的公差带代号，分母为轴的公差带代号，如图 7-10 所示。

例如，$\phi30\dfrac{H8}{f7}$ 表示基本尺寸为 30，孔为公差等级为 8 级的基准孔，基本偏差代号为 H，轴的公差等级为 7 级，基本偏差代号为 f，相互结合组成间隙配合。

图 7-10　配合代号在
装配图上的标注

# 第二节　几何公差

## 一、概述

完工后的零件，由于存在加工误差，其实际形状与理想形状之间、零件某些结构的相对位置与理想位置之间等都会产生一些几何误差。为了保证产品质量，满足使用要求，特别是精确程度要求较高的零件，对这些误差必须加以限制。这种限制几何误差所允许的最大变动量称为几何公差。几何公差包括形状公差、方向公差、位置公差和跳动公差，其术语、定义、代号及其标注详见国家标准《产品几何技术规范（GPS）　几何公差　形状、方向、位置和跳动公差标注》（GB/T 1182—2018），本节仅做简要介绍。

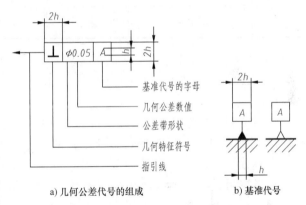

a) 几何公差代号的组成　　b) 基准代号

图 7-11　几何公差代号及基准代号

*229*

## 二、几何公差的标注

在技术图样中，几何公差采用代号标注。当几何公差无法采用代号标注时，允许在技术要求中采用文字说明。如图 7-11a 所示，几何公差代号包括几何公差框格和指引线、几何特征符号，几何公差数值及其他有关符号，以及表示基准代号的字母等。

### 1. 几何公差的框格

几何公差框格用细实线水平或垂直绘制，框格高度为图样上字体高度（$h$）的两倍，框格总长按需而定，框格中的数字、字母和符号与图样上字体等高。

形状公差因其没有基准要素，所以表示形状公差的框格为两格。表示位置公差、方向公差和跳动公差的框格分三格或三格以上。格内填写表示基准要素的字母，如图 7-11a 所示。几何公差的特征和符号见表 7-1。

表 7-1　几何公差的特征和符号

| 分　类 | 名　称 | 符　号 | 分　类 | 名　称 | 符　号 |
|---|---|---|---|---|---|
| 形状公差 | 直线度 | — | 方向公差 | 线轮廓度 | ⌒ |
| | 平面度 | ▱ | | 面轮廓度 | ⌒ |
| | 圆度 | ○ | 位置公差 | 位置度 | ⊕ |
| | 圆柱度 | ⌀ | | 同轴度（同心度） | ◎ |
| | 线轮廓度 | ⌒ | | 对称度 | ＝ |
| | 面轮廓度 | ⌒ | | 线轮廓度 | ⌒ |
| 方向公差 | 平行度 | // | | 面轮廓度 | ⌒ |
| | 垂直度 | ⊥ | 跳动公差 | 圆跳动 | ↗ |
| | 倾斜度 | ∠ | | 全跳动 | ↗↗ |

**2. 被测要素的标注**

用细实线的指引线由公差框格任一侧引出，末端带一箭头与被测要素垂直相连，可不折弯或折弯一次。

1）当被测要素为线或表面时，指引线箭头应指向该要素的轮廓线或其延长线上，并应明显与尺寸线错开，如图 7-12a、b 所示；箭头也可指向某被测要素引出线的水平线上，如图 7-12c 所示。

2）当被测要素是轴线或中心对称平面时，指引线箭头应与该要素尺寸线对齐，如图 7-12d、e、g 所示。

**3. 基准代号及其标注**

基准代号由边长为 $2h$ 的细实线正方形、表示基准要素的字母（与相关几何公差框格内表示基准的字母相同，都为大写字母，高度都为 $h$）、指引线、边长为 $h$ 的等边三角形（涂黑或空白均可）的基准代号四部分组成。正方形、等边三角形、指引线均用细实线绘制，如图 7-11b 所示。

1）当基准要素为线或表面时，基准代号的等边三角形置于基准要素的轮廓线或其延长线上，并应使指引线明显与尺寸线错开，如图 7-12a、f 所示；基准代号的等边三角形也可置于某基准要素引出线的水平线上，如图 7-12h 所示。

2）当基准要素为轴线或中心对称平面时，基准代号的指引线应与基准要素尺寸线对齐，如图 7-12d、g 所示。

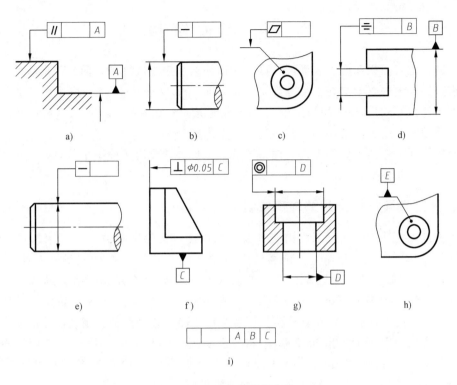

图 7-12　几何公差的标注

3）两个或三个及以上要素建立多基准体系时，将表示各基准的大写字母按基准的优先顺序依次填写在各个框格内，如图 7-12i 所示。

4. 几何公差标注示例

图 7-13 所示为一根气门阀杆，在图中用代号所标注的各项几何公差附近，都用文字做了说明，这是为了帮助读者了解代号的含义而重复写上的，而在正式图样中用了代号标注后不应再用文字重复说明。

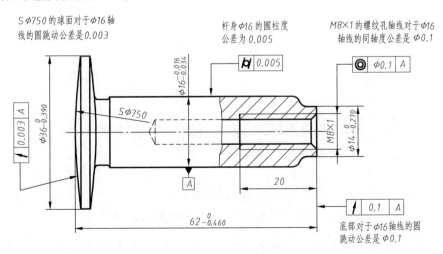

图 7-13　几何公差标注示例

## 第三节　表　面　结　构

表面结构是表面粗糙度、表面波纹度、表面缺陷、表面纹理和表面几何形状的总称。其各项要求在图样中的表示法在国家标准《产品几何技术规范（GPS）　技术产品文件中表面结构的表示法》（GB/T 131—2006）中均有具体规定。本节主要介绍表面粗糙度在图样上的表示法，并简略介绍表面结构的一些其他补充要求。

表面粗糙度是在加工后的零件表面留下的加工痕迹，显得粗糙不平，具有较小间距的峰谷所组成的微观几何形状特征。

### 一、评定表面结构常用的轮廓参数

对于零件表面结构的状况，可由三种参数加以评定：轮廓参数［由国家标准《产品几何技术规范（GPS）　表面结构　轮廓法　术语、定义及表面结构参数》（GB/T 3505—2009）定义］、图形参数［由国家标准《产品几何技术规范（GPS）　表面结构　轮廓法　图形参数》（GB/T 18618—2009）定义］、支承率参数［由国家标准《产品几何量技术规范（GPS）　表面结构　轮廓法　具有复合加工特征的表面　第2部分：用线性化的支承率曲线表征高度特性》（GB/T 18778.2—2003）和《产品几何技术规范（GPS）　表面结构　轮廓法　具有复合加工特征的表面　第3部分：用概率支承率曲线表征高度特性》（GB/T 18778.3—2006）定义］。其中轮廓参数是我国机械图样中最常用的评定参数。本节主要介绍轮廓参数中评定粗糙度轮廓（$R$ 轮廓）的两个参数 $Ra$ 和 $Rz$。

（1）算术平均偏差 $Ra$　在一个取样长度 $l$（用于检测评定具有表面粗糙度特征的一段基准线长度）内，被评定轮廓在任一位置距 $X$ 轴的高度（纵坐标）$Z(x)$ 绝对值的算术平均值，如图 7-14 所示。用公式表示为

$$Ra = \frac{1}{l} \int_0^l |Z(x)| \, \mathrm{d}x$$

或近似表示为

$$Ra = \frac{|Z_1| + |Z_2| + |Z_3| + \cdots + |Z_n|}{n}$$

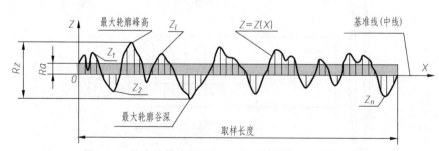

**图 7-14　轮廓的算术平均偏差 $Ra$ 和轮廓的最大高度 $Rz$**

算术平均偏差 $Ra$ 的常用值（单位为 μm）有 0.1、0.2、0.4、0.8、1.6、3.2、6.3、12.5、25、50、100。

（2）轮廓最大高度 *Rz*　在一个取样长度内，最大轮廓峰高与最大轮廓谷深之和，如图 7-14 所示。

## 二、表面结构的图形符号与表面结构代号

**1. 表面结构的图形符号**

表面结构的图形符号和意义及说明见表 7-2。

表 7-2　表面结构图形符号和意义及说明

| 符号名称 | 符　　号 | 意义及说明 |
|---|---|---|
| 基本图形符号 | $\checkmark$ | 基本图形符号,仅用于简化代号标注,没有补充说明时不能单独使用,当通过一个注释解释时可单独使用 |
| 扩展图形符号 | $\checkmark$ | 在基本图形符号上加一短横,表示指定表面是用去除材料的方法获得。仅当其含义是"被加工表面"时可单独使用,如车、铣、钻、磨、剪切、抛光、腐蚀、电火花加工、气割等 |
| | $\checkmark$ | 在基本图形符号上加一个圆圈,表示指定表面是用不去除材料方法获得。如铸、锻、冲压变形、热轧、冷轧、粉末冶金等,或者是用于保持原供应状况的表面(包括保持上道工序的状况,不管这种状况是用去除材料或不去除材料形成的) |
| 完整图形符号 | $\checkmark$　$\checkmark$　$\checkmark$ | 在上述各种图形符号的长边上加一横线,以便标注表面结构的各种要求 |

视图上构成封闭轮廓的各个表面有相同的表面结构要求时，在完整图形符号上加一圆圈，如图 7-15 所示，图中表面结构符号是指对视图方向的六个面的共同要求。

**2. 表面结构图形符号的尺寸及表面结构和补充要求的注写**

表面结构图形符号的尺寸如图 7-16 所示。

为了明确表面结构要求，除了注写表面结构参数和数值外，必要时还应注写如取样长度、加工工艺、加工余量、表面纹理及方向等补充要求，如图 7-16 所示。

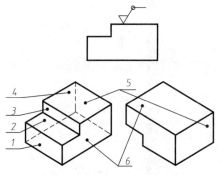

图 7-15　周边表面具有相同表
面结构的注法

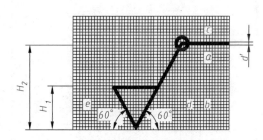

图 7-16　表面结构图形符号的尺寸和补
充要求的注写

图 7-16 中字母的意义如下。

1）$d' = 1/10h$，$h$ 为字体高度，$H_1 = 1.4h$，$H_2 = 3h$。

2）$a$：注写表面结构的单一要求或第一个表面结构要求。

233

3）$b$：若要注写两个表面结构要求，则在此处注写第二个表面结构要求；若要注写第三个或更多个要求，图形符号应在垂直方向上扩大以空出足够空间，$a$、$b$ 的位置随之上移，其下方紧接书写第三个或更多个要求，每个要求各自写成一行。

4）$c$：注写加工方法、表面处理等，如"车""铣""磨""镀"等符号。

5）$d$：注写表面纹理方向符号，如"＝""⊥""X""M"等，分别表示纹理平行、垂直于视图所在的投影面，纹理呈两斜向交叉与视图所在的投影面相交，以及纹理呈多方向等。

6）$e$：注写加工余量（单位为 mm）。

3. 表面结构代号

表面结构符号中注写了具体参数及数值等要求后，称为表面结构代号。为避免误解，在参数与数值之间插入一空格，如 $Ra$ 3.2。

## 三、表面结构要求在图样中的注法

表面结构要求在图样中的标注就是表面结构代号在图样中的标注，对每一表面一般只标注一次，并尽可能标注在相应的尺寸及其公差的同一视图上。除非另有说明，所标注的表面结构要求是完工零件表面的要求。具体注法见表 7-3。

表 7-3　表面结构标注示例

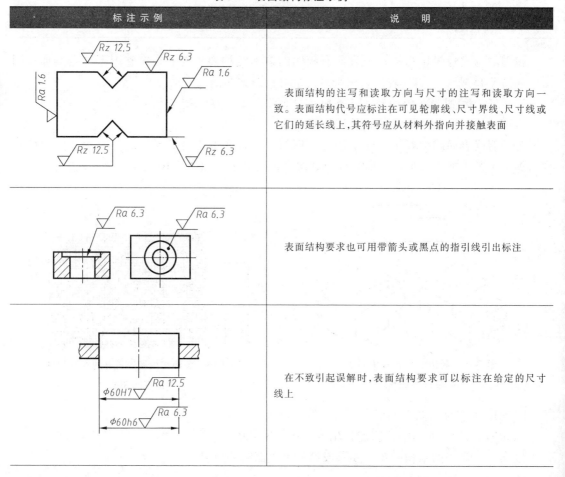

| 标 注 示 例 | 说　　明 |
|---|---|
| | 表面结构的注写和读取方向与尺寸的注写和读取方向一致。表面结构代号应标注在可见轮廓线、尺寸界线、尺寸线或它们的延长线上，其符号应从材料外指向并接触表面 |
| | 表面结构要求也可用带箭头或黑点的指引线引出标注 |
| | 在不致引起误解时，表面结构要求可以标注在给定的尺寸线上 |

（续）

| 标 注 示 例 | 说 明 |
|---|---|
| 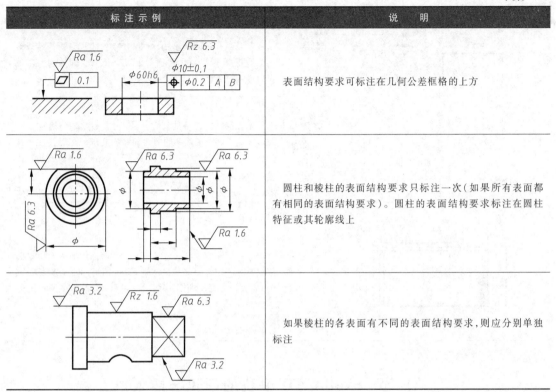 | 表面结构要求可标注在几何公差框格的上方 |
| | 圆柱和棱柱的表面结构要求只标注一次（如果所有表面都有相同的表面结构要求）。圆柱的表面结构要求标注在圆柱特征或其轮廓线上 |
| | 如果棱柱的各表面有不同的表面结构要求，则应分别单独标注 |

## 四、表面结构要求在图样中的简化注法

表面结构要求在图样中的简化注法见表 7-4。

### 表 7-4　表面结构简化标注示例

| 标 注 示 例 | 说 明 |
|---|---|
| 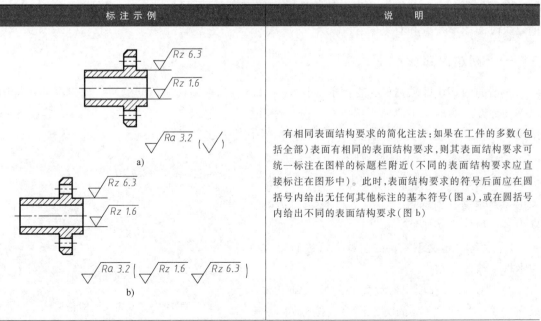 | 有相同表面结构要求的简化注法：如果在工件的多数（包括全部）表面有相同的表面结构要求，则其表面结构要求可统一标注在图样的标题栏附近（不同的表面结构要求应直接标注在图形中）。此时，表面结构要求的符号后面应在圆括号内给出无任何其他标注的基本符号（图 a），或在圆括号内给出不同的表面结构要求（图 b） |

（续）

| 标 注 示 例 | 说 明 |
|---|---|
| （多表面符号 Z、Y 标注图示）$\sqrt{Z} = \sqrt{Ra\ 1.6}$  $\sqrt{Y} = \sqrt{Ra\ 6.3}$ | 多个表面有共同要求的注法：用带字母的完整符号以等式的形式，在图形或标题栏附近对有相同表面结构要求的表面进行简化标注 |
| $\sqrt{} = \sqrt{Ra\ 6.3}$ a) $\quad$ $\sqrt{} = \sqrt{Ra\ 6.3}$ b) $\quad$ $\sqrt{} = \sqrt{Ra\ 6.3}$ c) | 只用表面结构符号的简化注法：用表面结构符号以等式的形式给出多个表面共同的表面结构要求。三种简化注法分别表示未指定工艺方法（图 a）、要求去除材料（图 b）、不允许去除材料（图 c）的表面结构代号 |
| （圆柱零件标注图示）$Fe/Ep \cdot cr50$ 磨 $\sqrt{Rz\ 6.3}$ $\sqrt{Rz\ 1.6}$ $\phi 30h7$ 40 | 由几种不同的工艺方法获得的同一表面，当需要明确每种工艺方法的表面结构要求时，可按图所示进行标注。图中 Ep 表示电镀，磨削工序仅对长为 40mm 的圆柱表面有效 |

## 第四节　AutoCAD 中块的创建与插入

用 AutoCAD 绘图的最大优点就是 AutoCAD 具有库的功能并且能重复使用图形的部件。利用 AutoCAD 提供的块、写入块和插入块等操作就可以把用 AutoCAD 绘制的图形作为一种资源保存起来，在一个图形文件或者不同的图形文件中重复使用。

AutoCAD 中的块分为内部块和外部块两种，用户可以通过"块定义"对话框精确设置创建块时的图形特点和对象取舍。

### 一、创建内部块

所谓的内部块即数据保存在当前文件中，只能被当前图形所访问的块。创建内部块可用以下几种方式实现：①命令调用——在命令待命状态时输入"Block"或"Bmake"；②菜单调用——在"绘图"菜单上单击"块"子菜单中的"创建"选项；③工具栏调用——在绘图工具栏上单击创建块按钮 。应用上述任一方式都会弹出"块定义"对话框，如图 7-17 所示。该对话框中各选项的含义如下。

1) 名称。定义创建块的名称。可以直接在其文本框中输入。

2) "基点"选项组。设置块的插入基点。可以在"X""Y""Z"的文本框中直接输入 $x$、$y$、

图 7-17　"块定义"对话框

236

z 的坐标值。也可以单击"拾取点"按钮，用十字光标直接在图上选取。

3)"对象"选项组。选取要定义块的实体。在该选项组中有三个单选项，其含义如下。

- 选择对象。提示用户在图形屏幕中选取组成块的对象。可以使用构成选择集的所有方式，选择完毕，在对话框中显示选中对象的总和。
- 保留。创建块后，保留图形中构成块的对象。
- 转换为块。创建块后，同时将图形中被选择的对象转换为块。
- 删除。删除所选取的实体图形。

4)块单位。设置块的单位。单击下拉箭头，用户可以从下拉列表中选取块的单位。

5)说明。详细描述。可以在其文本框中详细描述所定义图块的资料。

完成以上各项设置后，单击"确定"按钮，则该块将建立在当前文件中。

## 二、创建外部块

所谓的外部块即块的数据可以是以前定义的内部块，或是整个图形，或是选择的对象，它保存在独立的图形文件中，可以被所有图形文件所访问。注意：该命令只能从命令行中调用。

在命令行待命状态时输入"Wblock"或"W"，并按〈Enter〉键，出现如图 7-18 所示的"写块"对话框。该对话框中各选项的含义如下。

1)"源"选项组在该选项组中可以通过以下选项设置块的来源。

- 块。来源于块。
- 整个图形。来源于当前正在绘制的整个图形。
- 对象。来源于所选的实体。

2)"基点"选项组。插入的基点。

3)"对象"选项组。选取对象。

4)"目标"选项组。目标参数描述。在该选项组中可以设置块的以下信息。

图 7-18 "写块"对话框

- 文件名和路径。设置输出文件名和路径。
- 插入单位。插入块的单位。

在"写块"对话框中设置的以上信息将作为下次调用该块时的描述信息。

完成以上各项设置后，单击"确定"按钮，则该块将保存到指定的文件中。

## 三、插入块

在当前图形中可以插入外部块和当前图形中已经定义的内部块，并可以根据要求调整其比例和角度。调用命令的方法有以下三种：①命令调用——在命令待命状态时输入"Ddinsert"或"Insert"；②菜单调用——在"插入"菜单中单击"块"命令；③工具栏调用——

在"绘图"工具栏上单击插入块按钮 。应用上述任一方式都会弹出"插入"对话框，如图 7-19 所示。利用该对话框就可以插入图形文件，具体操作如下。

1）单击"浏览"按钮选择某一个块名或直接在"名称"文本框中输入块名，则该块将作为插入的块。

2）在"插入点""比例""旋转"三个选项组中，插入点默认坐标（0，0，0），"X""Y""Z"比例因子默认值 1，旋转角度默认值 0。选择"在屏幕上指定"复选框可以在图形屏幕插入块时分别设置插入点、比例、旋转角度等参数，也可以在该对话框内直接设置以上参数。

图 7-19 "插入"对话框

3）"分解"复选框决定是否将插入的块分解为独立的实体，默认为不分解。如果设置为分解，则 X、Y、Z 比例因子必须相同，即选择"统一比例"复选框。

插入块时，块中的所有实体保持定义时的层、颜色和线型属性，在当前图形中增加相应层、颜色、线型信息。如果构成块的实体位于 0 层，则其颜色和线型为 Bylayer（随层），块插入时，这些实体继承当前层的颜色和线型。

完成以上各项设置后，单击"确定"按钮，则该块将插入到当前文件中。

## 第五节 用 AutoCAD 标注技术要求

### 一、标注表面结构符号

1. 创建表面结构符号

1）绘制如图 7-20a 所示的表面结构符号。

2）命令行输入"ATT"，在弹出如图 7-21 所示的"属性定义"对话框"标记"文本框中输入"Ra"，在"默认"文本框中输入"3.2"，在"对正"下拉列表中选取"左对齐"，并设置文本格式、文字字高，单击图 7-18 所示的"拾取点"按钮，可在图上拾取"Ra 3.2"的合适位置。为了能找到恰当位置，可将"Ra 3.2"先标注到表面结构符号上，如图 7-20b 所示。在点 A 处单击即可作为属性插入

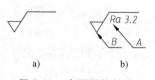

图 7-20 表面结构符号

点（此时应关闭对象捕捉），删去事先标注的"Ra 3.2"。回到对话框单击"确定"按钮完成属性定义。

3）单击"绘图"工具栏上的创建块按钮 ，弹出如图 7-22 所示"块定义"对话框，在"名称"文本框中输入"表面结构代号"，单击"选择对象"按钮 ，在图上将表面结构符号与属性一起定义成块，回到"块定义"对话框单击"拾取点"按钮，如图 7-20b 所示，在点 B 处单击，回到对话框单击"确定"按钮，即完成块定义。

图 7-21 "属性定义"对话框

图 7-22 "块定义"对话框

**2. 插入表面结构代号**

单击"绘图"工具栏上的"插入块"按钮 ,弹出如图 7-23 所示的"插入"对话框,在"名称"下拉列表框选择"表面结构代号",确定"插入点"和"旋转"为"在屏幕上指定",缩放比例为"统一比例",在屏幕上选取插入点(应用对象捕捉中的"最近点"选项),将表面结构符号插入到需要的位置并旋转角度,按〈Enter〉键后会弹出如图 7-24 所示的"编辑属性"对话框,在右侧的文本框中可输入新的表面结构数值(如 3.2 改成 6.3),结果如图 7-25 所示。

## 二、标注尺寸公差

在第五章第六节第四小节第 4 条中最后一项简单提及"公差"选项卡,这里做进一步介绍。如图 4-37 所示,在"新建标注样式"对话框中单击"公差"选项卡,弹出如图 7-26 所示对话框。

图 7-23 "插入"对话框

图 7-24 "编辑属性"对话框

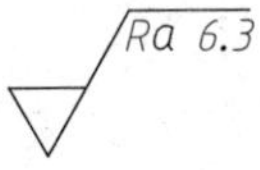

(1)"公差格式"选项组 设置公差格式。

1)方式。设置公差表示形式,其下拉列表中有五种选项:①无——无公差标注,如图 7-27a 所示;②对称——对称分布标注,如图 7-27b 所示;③极限偏差——上下偏差数值不等,符号为正或负,如图 7-27c 所示;④极

Ra 6.3

图 7-25 修改表
面结构值

限尺寸——用极限尺寸标注，如图 7-27d 所示；⑤基本尺寸——标注基本尺寸，如图 7-27e
所示。

2）精度。确定公差的精度。图例中选择"0.000"。

3）上偏差。确定上极限偏差值。图例中为"+0.025"。

4）下偏差。确定下极限偏差值。图例中为"-0.005"。

5）高度比例。输入公差文本的比例。图例中选择"0.7"。

6）垂直位置。确定上下极限偏差与公称尺寸数字对齐方式。"上"为上极限偏差与公称尺寸对齐；"中"为上、下极限偏差的中间与公称尺寸对齐；"下"为下极限偏差与公称尺寸对齐。图例中选择"中"。

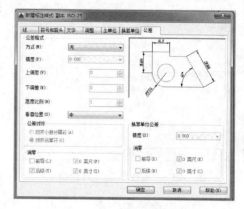

图 7-26　设置公差格式

（2）"消零"选项组　设置如何显示公差中小数点前面的零和尾数后面的零。

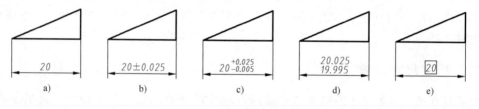

图 7-27　尺寸公差格式图

（3）"换算单位公差"选项组　设置替换单位的公差样式（在主对话框中选择了"替换"才能操作）。

1）"精度"下拉列表框。设置替换单位的精度。

2）"消零"选项组。设置如何显示替换单位公差中的小数点前后的零（同样，只有在主对话框中选择了"替换"才能操作）。

## 三、标注几何公差

功能是标注几何公差。命令调用：①命令行输入"Tolerance"；②在"标注"菜单单击"形位公差"子菜单；③在"标注"工具栏上单击"几何公差"按钮⊕1。用上述方式之一都会弹出如图 7-28 所示的"形位公差"对话框。该对话框中各选项的含义如下。

1）符号。单击下面的任何一个方框，将出现"符号"对话框，从中选取几何公差特征符号。

2）公差 1。创建公差框中的第一个公差值。该值包含两个修饰符号——直径和包容条件。公差值表示相应的几何公差值。

3）基准 1、基准 2、基准 3。有多基准时依次填写。

[**例 7-1**]　标注如图 7-29 所示零件图中的圆度和圆柱度公差。

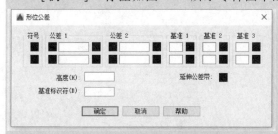

图 7-28　"形位公差"对话框

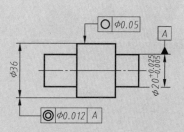

图 7-29　圆度与圆柱度公差

**解**　具体操作如下。

1）绘制基准符号，用文字输入方法和"移动"命令在其中输入"A"。

2）在"标注"工具栏中单击"快速引线标注"按钮 🖉 启动快速引出标注命令，绘制几何公差标注引线。

3）在"标注"工具栏单击"形位公差"按钮 ⊞，在弹出的"形位公差"对话框中单击"符号"，弹出如图 7-30 所示"特征符号"对话框，选择圆柱度符号；单击"公差 1"，拾取直径符号"$\phi$"，在其文本框中输入"0.012"；在"基准 1"中输入"A"，如图 7-31 所示。

4）单击"确定"按钮，完成该项几何公差的标注。

用类似的方法标注圆度公差。

图 7-30　"特征符号"对话框

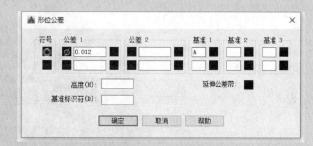

图 7-31　"形位公差"对话框

241

# 第八章

# 标准件和常用件

　　任何机器或部件都是由许多零件装配而成的。图 8-1 所示为二级减速机，它是刀具磨床自动送料机构上的一个部件。动力和运动由电动机带动 V 带轮，V 带轮通过键带动蜗杆转动，再经蜗轮和一对直齿锥齿轮啮合传动，动力和运动传了锥齿轮轴，同时改变了转动的速度大小和方向。最后由锥齿轮轴上的直齿圆柱齿轮将动力和运动传到机器的其他应用部件。

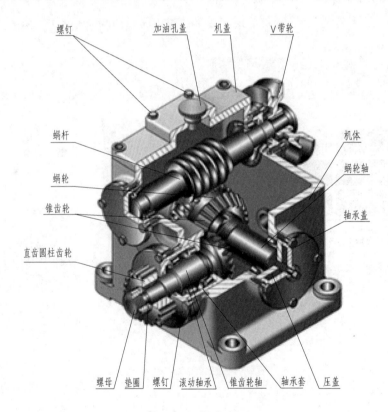

**图 8-1　二级减速机**

　　减速机箱体用于支撑包容蜗轮、蜗杆及锥齿轮等零件，箱内盛放一定量的润滑油，为了防止污物侵入箱体和润滑油飞溅，以及装拆零件方便，箱体上配有箱盖。为了加注润滑油，箱盖上还配置加油孔盖。加油孔盖上装有透气手柄以便排除摩擦生热后箱内膨胀的气体。在箱体下部装有油标以指示油量，还装有螺塞以排出污油。为减少摩擦，蜗杆轴和装有蜗轮、锥齿轮的蜗轮轴两端支撑处，以及锥齿轮轴中部都装有滚动轴承。为便于装拆，支撑锥齿轮轴的滚动轴承装在轴承套内。轴端均有轴承盖，在轴穿过轴承盖的地方均有密封用的毡圈以防漏油。箱盖、轴承盖与箱体均用螺栓或螺钉连接。

通过上述对减速机的分析，根据零件在机器上的作用，一般可分为以下三类。

1. 标准件

如螺栓、螺母、螺钉、垫圈、键、销、滚动轴承、油标、毡圈、螺塞等，它们主要起零件间的连接、支撑、油封等作用。这些零件在各类机械设备中应用十分广泛。为了适应专业化大批量生产，便于提高产品质量，降低生产成本，国家标准对这类零件的结构和尺寸都进行了规定，是已标准化、系列化了的零件，故称为标准件。这些标准件，只要根据已知条件，查阅相关标准，即能得到全部的结构和尺寸，不必画出零件图。标准件由专门工厂生产，用户只需根据标准件的规格、代号，从市场上购买即可。

2. 常用件

如圆柱齿轮、锥齿轮、蜗轮蜗杆和弹簧等，它们的结构较为典型，并具有标准参数，部分结构（如起传动作用的轮齿部分等）已标准化，并有规定画法。由于这些零件在各类机器设备中也应用广泛，故通常称为常用件。常用件一般需画出零件图。

3. 一般零件

如箱体、箱盖、轴、套等这些零件的形状、结构、大小都必须按部件或机器的性能和结构要求设计。这种一般性零件都要画出零件图以供制造。

本章将分别讨论上述前两类零件的画法、标记及相关标准、参数的查阅和拟定。第三类零件将在下一章介绍。

# 第一节  螺纹的规定画法和标注

螺纹是在圆柱或圆锥表面上根据螺旋线的形成原理加工而得的一种零件结构。在圆柱（或圆锥）外表面上加工形成的螺纹称为外螺纹；在圆柱（或圆锥）内表面上加工形成的螺纹称为内螺纹。

如图 8-2a、b 所示为车削内、外螺纹的情况。对于加工直径较小的螺孔，可先用钻头钻

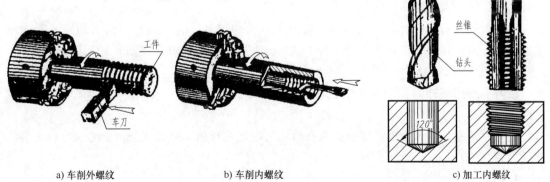

a) 车削外螺纹        b) 车削内螺纹        c) 加工内螺纹

图 8-2  螺纹的加工

出光孔，再用丝锥加工出内螺纹，如图 8-2c 所示。由于钻头端部接近 120°，所以孔底画成 120°的圆锥面。

## 一、螺纹的要素

螺纹的要素是指螺纹的牙型、直径、螺距、线数和旋向。内外螺纹连接时，螺纹以上要素必须一致。

**1. 牙型**

在通过螺纹轴线的剖面上，螺纹的剖面形状称为螺纹的牙型。常见的螺纹牙型有三角形、梯形、锯齿形和矩形等，如图 8-3 所示。

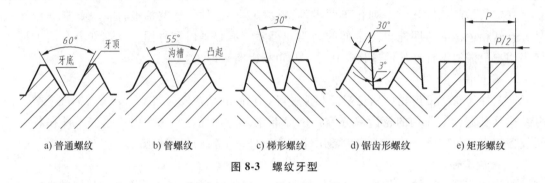

a) 普通螺纹　　　b) 管螺纹　　　c) 梯形螺纹　　　d) 锯齿形螺纹　　　e) 矩形螺纹

**图 8-3　螺纹牙型**

**2. 螺纹直径**

（1）螺纹大径（公称直径）　螺纹大径是指与外螺纹牙顶或与内螺纹牙底相重合的假想圆柱面直径，是螺纹的最大直径。外螺纹的大径用 $d$ 表示，内螺纹大径用 $D$ 表示（图 8-4 所示）。

（2）螺纹小径　螺纹小径是指与外螺纹牙底或与内螺纹牙顶相重合的假想圆柱面直径，是螺纹的最小直径，分别用 $d_1$ 和 $D_1$ 表示（图 8-4 所示）。外螺纹的大径或内螺纹的小径又称为顶径；外螺纹的小径或内螺纹的大径又称为底径。

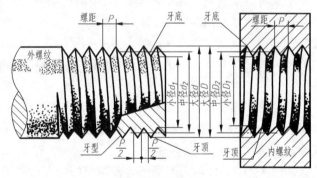

**图 8-4　螺纹直径**

（3）螺纹中径　在螺纹大径和小径之间有一假想圆柱，在其母线上牙型的厚度和沟槽宽度相等，则该假想圆柱面的直径称为中径，分别用 $d_2$ 和 $D_2$ 表示（图 8-4 所示）。

**3. 螺纹的线数**

在同一圆柱（锥）面制有螺纹的条线，称为螺纹线数，以 $n$ 表示。螺纹有单线和多线之分。

制有一条螺纹，称为单线螺纹；制有沿轴向等距分布的两条或两条以上螺纹，称为多线螺纹，如图 8-5 所示。

**4. 螺距和导程**

螺纹相邻两牙在中径线上对应两点间的轴向距离，称为螺距，以 $P$ 表示（图 8-5）。同一条螺纹上相邻两牙在中径线上对应两点的轴向距离，称为导程，以 $P_h$ 表示（图 8-5）。导程、线数、螺距之间的关系为

$$P_h = nP$$

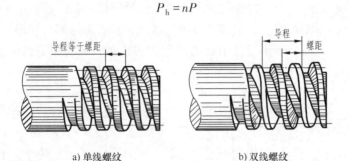

a) 单线螺纹  b) 双线螺纹

**图 8-5　螺纹的线数、螺距与导程**

### 5. 旋向

螺纹有左旋和右旋之分（图 8-6）。内、外螺纹旋合时，顺时针旋入的螺纹，称为右旋螺纹；逆时针旋入的螺纹，称为左旋螺纹。常用螺纹为右旋螺纹。

凡牙型、公称直径和螺距都符合国家标准的螺纹称为标准螺纹；仅牙型符合标准的螺纹称为特殊螺纹；牙型不符合标准的螺纹称为非标准螺纹。

## 二、螺纹的规定画法

螺纹一般不按实际投影绘制，而是遵照国家标准规定的画法来表示。

### 1. 外螺纹的画法

外螺纹的画法如图 8-7 所示。在投影为非圆的视图上，螺纹大径用粗实线画，螺纹的小径（$d_1 = 0.85d$）用细实线画，且要画入倒角内，螺纹的终止线用粗实线画；在投影为圆的视图上，表示螺纹大径的圆用粗实线画，表示螺纹小径的圆用细实线画约 3/4 圈，倒角圆不画。

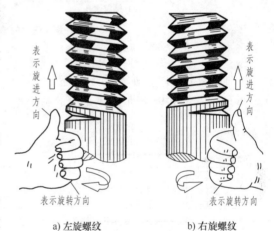

a) 左旋螺纹  b) 右旋螺纹

**图 8-6　螺纹的旋向及判别**

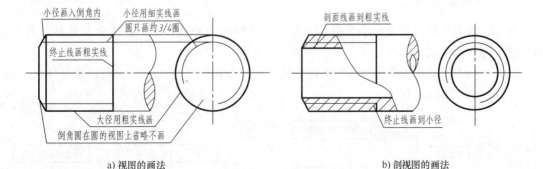

小径画入倒角内　小径用细实线画
圆只画约3/4圈
终止线画粗实线
大径用粗实线画
倒角圆在圆的视图上略去不画

剖面线画到粗实线
终止线画到小径

a) 视图的画法　b) 剖视图的画法

**图 8-7　外螺纹的画法**

## 2. 内螺纹的画法

内螺纹的画法如图 8-8 所示。在投影为非圆的剖视图上，螺纹大径用细实线画，螺纹的小径（$D1 = 0.85D$）用粗实线画，螺纹终止线用粗实线画，剖面线应画到小径的粗实线为止；在投影为非圆的不剖视图上，螺纹全按虚线画出；在投影为圆的视图上，表示螺纹大径的圆用细实线画约 3/4 圈，表示螺纹小径的圆用粗实线画，倒角圆不画。如图 8-8b 所示为螺纹不通孔的画法。

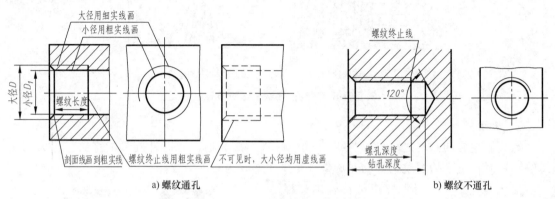

图 8-8 内螺纹的画法

## 3. 内、外螺纹连接的画法

在剖视图上，内、外螺纹连接部分，按外螺纹画，其余部分仍按各自的画法表示，如图 8-9b 所示。图 8-9a 所示为不剖时的画法。

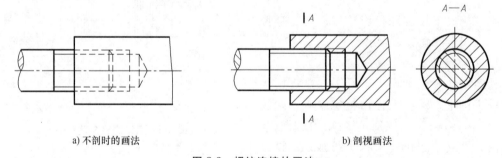

图 8-9 螺纹连接的画法

# 三、螺纹的标注

螺纹按国家标准的规定画法绘制后，为了表明螺纹的种类、其余各项要素和相关要求，国家标准规定了螺纹的标注方法，标记示例见表 8-1。

由表 8-1 可知，普通螺纹和梯形螺纹是从大径处引出尺寸界线和尺寸线，按标注尺寸的形式进行标注，标注顺序为

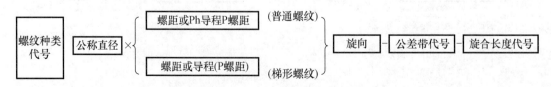

管螺纹必须从大径轮廓线上引出标准，标注顺序为

| 螺纹种类代号 | 尺寸代号 | 公差等级代号 |一| 旋向 |

**表 8-1 常用螺纹的种类和标注示例**

| 螺纹种类 | 种类代号 | 标注示例 | 标注说明 |
|---|---|---|---|
| 普通螺纹 | M | 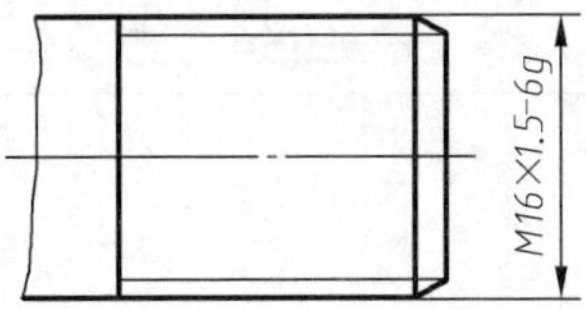 M16×1.5-6g | 表示公称直径为 16mm、螺距为 1.5mm 的右旋细牙普通螺纹（外螺纹），中径和顶径公差带代号均为 6g，中等旋合长度 |
| | | M10-6H | 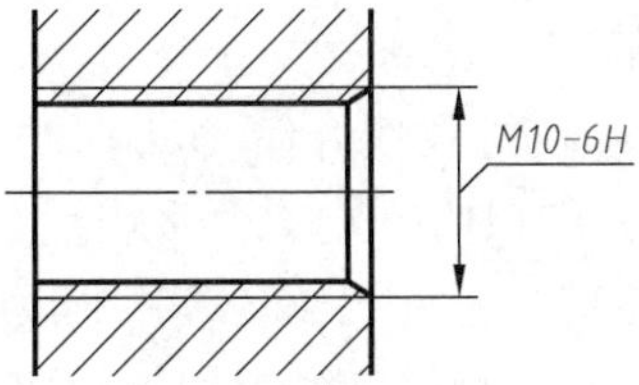 表示公称直径为 10mm 的右旋粗牙普通螺纹（内螺纹），中径和顶径公差带代号均为 6H，中等旋合长度 |
| 连接螺纹 55°密封管螺纹 | Rp | 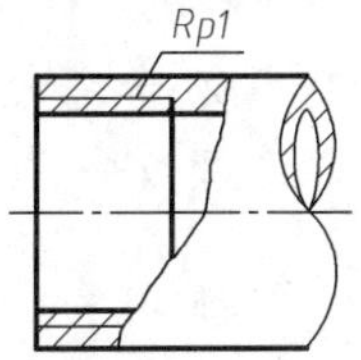 Rp1 | 表示尺寸代号为 1、55°密封圆柱内螺纹 |
| | Rc | 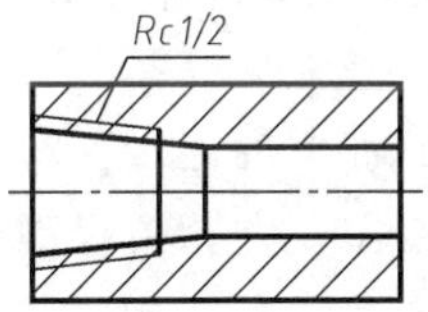 Rc1/2 | 表示尺寸代号为 1/2、55°密封圆锥内螺纹 |
| | $R_1/R_2$ | 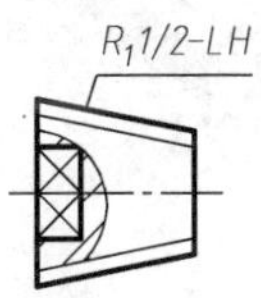 $R_1$1/2-LH | 表示尺寸代号为 1/2、与圆柱内螺纹配合的 55°密封圆锥外螺纹，左旋 |
| 55°非密封管螺纹 | G | 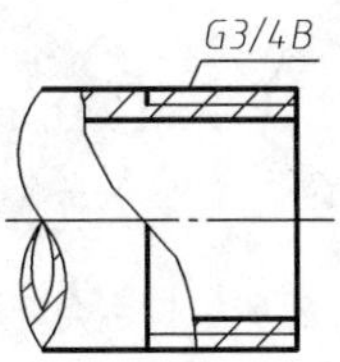 G3/4B | 表示尺寸代号为 3/4、55°非密封 B 级圆柱外螺纹 |

（续）

| 螺纹种类 | | 种类代号 | 标注示例 | 标注说明 |
|---|---|---|---|---|
| 传动螺纹 | 梯形螺纹 | Tr | 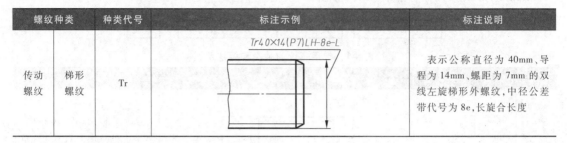 | 表示公称直径为40mm、导程为14mm、螺距为7mm的双线左旋梯形外螺纹，中径公差带代号为8e，长旋合长度 |

螺纹标注的相关说明如下。

1）螺纹种类代号见表8-1。

2）公称直径是指螺纹大径；管螺纹的尺寸代号指的不是螺纹大径而是管的孔径。

3）粗牙普通螺纹的螺距省略标注；细牙普通螺纹和单线梯形螺纹必须标注螺距；多线梯形螺纹需要标注"导程（P螺距）"。

4）右旋螺纹不必注出旋向，左旋螺纹应标注"LH"。

5）螺纹的公差带代号如"6g""6H"，左边数字表示公差等级，右边拉丁字母表示基本偏差代号，大写表示内螺纹，小写表示外螺纹。普通螺纹要求依次注写中径和顶径的公差带代号，当两者相同时只需标注一个；梯形螺纹只标注中径的公差带代号。对于管螺纹的公差等级代号，若为内螺纹则不标注，若为外螺纹则标注分A、B两级。

6）旋合长度是指两个相互旋合的螺纹旋合部分的长度。普通螺纹的旋合长度分短、中、长三种，其代号分别为S、N、L；梯形螺纹分中（N）、长（L）两种。若采用中等旋合长度则代号N不必标注。

## 第二节　螺纹紧固件的连接画法

螺纹紧固件连接是应用最广泛的一种可拆连接。螺纹紧固件种类很多，如图8-10所示，结构形式和尺寸均已标准化，用户可按需要在相关标准中查出，按规定标记购买。

a) 开槽盘头螺钉　b) 内六角圆柱头螺钉　c) 十字槽沉头螺钉　d) 开槽锥端紧定螺钉　　e) 六角头螺栓

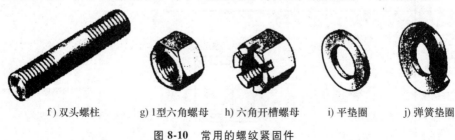

f) 双头螺柱　　　g) 1型六角螺母　　h) 六角开槽螺母　　i) 平垫圈　　　j) 弹簧垫圈

图8-10　常用的螺纹紧固件

## 一、螺纹紧固件的连接形式

螺纹紧固件的连接形式主要包括螺栓连接（图 8-11）、双头螺柱连接（图 8-12）和螺钉连接（图 8-13）等。

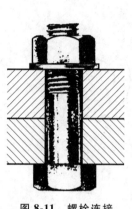

图 8-11　螺栓连接

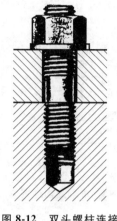

图 8-12　双头螺柱连接

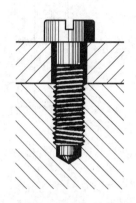

图 8-13　螺钉连接

### 1. 螺栓连接

螺栓连接用于连接不太厚的并能钻成通孔的零件。如图 8-11 所示为螺栓连接的剖视图。螺栓伸进两块板上的光孔（孔径应略大于螺栓大径，取孔径≈1.1d），然后套上垫圈，再用螺母拧紧，即为螺栓连接。

### 2. 双头螺柱连接

若被连接的零件之一太厚而不宜钻成通孔则在此零件上制出螺纹孔。将两端都制有螺纹的双头螺柱的一端旋紧在这个螺纹孔里，而双头螺柱的另一端穿过另一个被连接零件的通孔，然后套上垫圈拧紧螺母，即为双头螺柱连接，如图 8-12 所示。

### 3. 螺钉连接

将螺钉穿过被连接零件之一的光孔（孔径≈1.1d），同时旋进另一个被连接零件的螺孔里并拧紧，即为螺钉连接，如图 8-13 所示。螺钉连接用于被连接零件受力不大又不常拆装的场合。

## 二、螺纹紧固件的连接画法

### 1. 螺纹紧固件连接画法的基本规定

对于螺纹紧固件连接的画法有以下三条基本规定。

1）两零件表面接触，画一条线；表面不接触、有间隙，则画两条线。

2）在剖视图上，两零件邻接时，剖面线方向相反；不得已时应互相错开，间隔不等。

3）当剖切平面通过螺纹紧固件的轴线时，这些零件都按不剖处理，画出外形。

### 2. 连接图画法

画连接图时，应先知道所用螺纹紧固件的类型、公称直径，依此按相关标准查得它们的全部尺寸后绘图。为了方便作图，省去查表时间，常用近似画法，即螺纹紧固件的各部分尺寸都与螺纹公称直径 $d$ 按一定比例进行作图，如图 8-14 所示。

d
C0.15d
2d
l
0.7d
30°
1.5D
r
0.8D
D
0.15d
D
2D
2.2d
1.1d

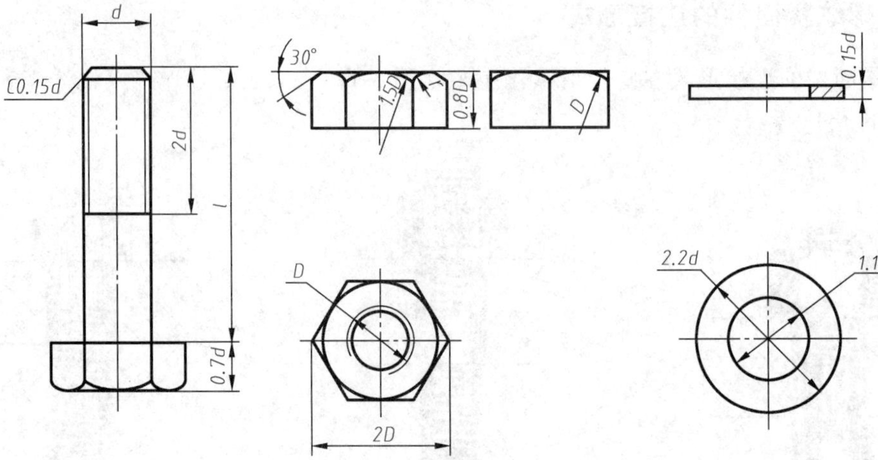

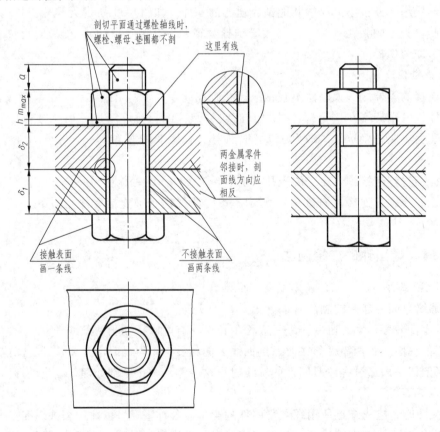

a) 螺柱　　b) 螺母　　c) 垫圈

图 8-14　单个紧固件近似画法

螺栓、螺柱和螺钉的公称长度 $l$ 可按下列算式得出，再与国家标准中的标准长度对照，选取与之相近的值，如图 8-15、图 8-16、图 8-17 所示。

剖切平面通过螺栓轴线时，
螺栓、螺母、垫圈都不剖
这里有线
a
h $m_{max}$
$\delta_2$
$\delta_1$
两金属零件
邻接时，剖
面线方向应
相反
接触表面
画一条线
不接触表面
画两条线

图 8-15　螺栓连接的画法

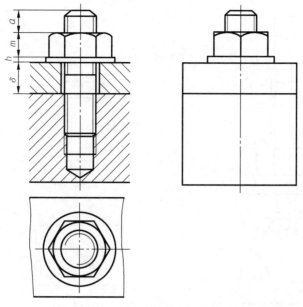

图 8-16 双头螺柱连接画法

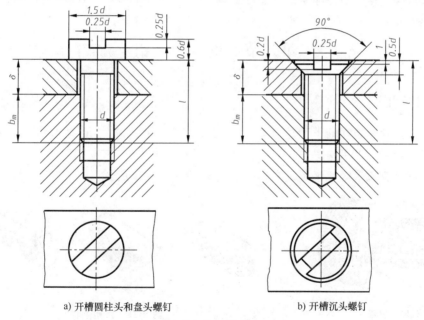

a) 开槽圆柱头和盘头螺钉                b) 开槽沉头螺钉

图 8-17 螺钉连接画法

（1）螺栓的公称长度 $l \geqslant \delta_1 + \delta_2 + h + m + a$（$a \approx 0.03d$）。

（2）双头螺柱的公称长度 $l \geqslant \delta + h + m + a$。

（3）螺钉的公称长度 $l \geqslant \delta_1 + b_m$（$b_m$ 为螺钉拧入螺孔的深度）。

三种连接形式的连接图画法如图 8-15~图 8-17 所示。

在装配图中常采用简化画法，将螺杆端部的倒角，以及六角螺母和六角螺栓头部因倒角而产生的截交线均省略不画，如图 8-18、图 8-19 所示。

251

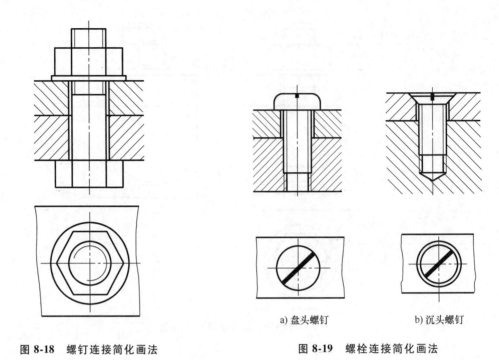

a) 盘头螺钉　　　　　b) 沉头螺钉

图 8-18　螺钉连接简化画法　　　　　图 8-19　螺栓连接简化画法

# 第三节　键　和　销

## 一、键连接

键用于连接轴与装在轴上的传动零件（如齿轮、皮带轮等），以使两者一起同步转动，称为键连接，如图 8-20 所示。

常用的键有普通平键、半圆键和钩头楔键等，如图 8-21 所示。

a) 平键　　　　b) 半圆键　　　　c) 钩头楔键

图 8-20　键连接　　　　　图 8-21　常用的键

键是标准件，普通平键的型式尺寸（GB/T 1096—2003）和键槽的剖面尺寸（GB/T 1095—2003）可参见附录中的表 D-11。

画平键连接时，应已知轴的直径、键的类型，然后根据轴的直径 $d$ 查阅相关标准选取键和键槽的剖面尺寸，键的长度按轮毂的长度在标准长度中选取。

平键连接与半圆键连接的画法类似，如图 8-22、图 8-23 所示，它们都是键与键槽两侧面接触，而顶面留有一定间隙，倒角不画。

轴上和轮毂上都有键槽，键槽的画法和尺寸标注如图 8-24 所示。

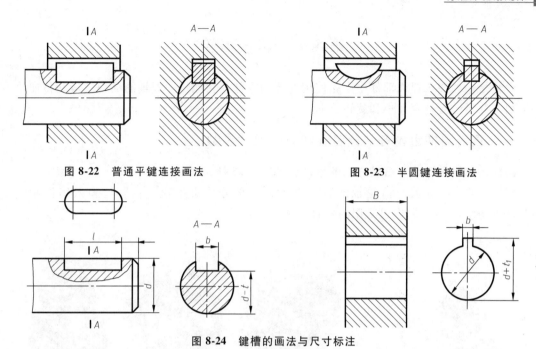

图 8-22  普通平键连接画法          图 8-23  半圆键连接画法

图 8-24  键槽的画法与尺寸标注

## 二、销连接

销常用于零件间的连接和定位。常用的销有圆柱销、圆锥销和开口销等，如图 8-25 所示。

销是标准件，它的类型、尺寸和标注可查阅附表 D-8～附表 D-10。销连接的画法如图 8-25 所示。

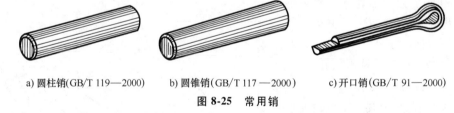

a) 圆柱销(GB/T 119—2000)    b) 圆锥销(GB/T 117—2000)    c) 开口销(GB/T 91—2000)

图 8-25  常用销

用销连接和定位的两个零件上的销孔，一般要在装配时一起加工，在零件图上须注明"与××件配作"。圆锥销和锥销孔的公称直径指小端直径，如图 8-26 所示。图 8-27 所示为开口销锁紧防松的连接图。

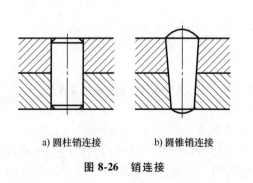

a) 圆柱销连接       b) 圆锥销连接

图 8-26  销连接

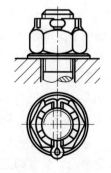

图 8-27  开口销锁紧防松

## 第四节 齿 轮

齿轮是一种在机器或部件中广泛使用的传动零件。它能将一根轴的动力及运动传递给另一根轴，并可改变转速大小和旋转方向。

### 一、直齿圆柱齿轮各部分名称和有关尺寸参数

圆柱齿轮常用于两平行轴之间的传动，如图 8-28 所示。

圆柱齿轮由于轮齿与齿轮轴线方向的不同，可分为直齿轮、斜齿轮和人字齿轮，如图 8-29 所示。工程实际中最常用的是直齿圆柱齿轮。

a) 直齿轮　　　　b) 斜齿轮　　　　c) 人字齿轮

图 8-28　圆柱齿轮传动　　　　图 8-29　圆柱齿轮的种类

图 8-30 所示为相啮合的一对标准直齿圆柱齿轮的示意图，图中给出了齿轮各部分名称和代号。

（1）齿数 z　主动轮齿数用 $z_1$ 表示，从动轮齿数用 $z_2$ 表示。

（2）齿顶圆直径 $d_a$　过齿顶面所作圆的直径。

（3）齿根圆直径 $d_f$　过齿根面所作圆的直径。

（4）节圆直径 $d'$ 和分度圆直径 $d$　两啮合齿轮的中心分别为 $O_1$ 和 $O_2$，两齿轮一对齿廓的啮合接触点是在连线 $O_1O_2$ 上的点 $P$，此点称为节点。分别以 $O_1$、$O_2$ 为圆心，$O_1P$、$O_2P$ 为半径所作的两个圆称为节圆，其直径用 $d'$ 表示。齿轮的传动可以假想是这两个节圆作无滑动的纯滚动。

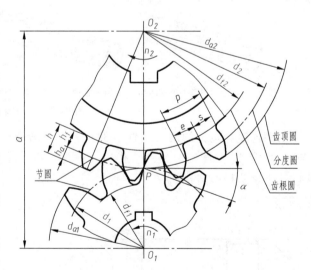

图 8-30　直齿圆柱齿轮各部分名称及代号

对单个齿轮来说，分度圆是设计、制造齿轮时进行各部分尺寸计算的基准圆，其直径用 $d$ 表示。一对正确安装的标准齿轮，其分度圆是相切的，因此，对标准齿轮而言，分度圆与

节圆是一致的，即 $d=d'$。

（5）齿距 $p$、齿厚 $s$ 和槽宽 $e$　分度圆周上相邻两齿廓对应点之间的弧长称为齿距 $p$。相互啮合的两个齿轮的齿距应相等。每个轮齿在分度圆周上的弧长，称齿厚 $s$，对于标准齿轮，齿厚为齿距的一半，即 $s=\frac{1}{2}p$。

两齿相邻两侧面在分度圆周上的弧长，称为槽宽 $e$。在标准齿轮的分度圆周上，齿厚等于槽宽，即 $s=e=\frac{1}{2}p$。

（6）模数 $m$　若齿轮的齿数为 $z$，则分度圆周的周长为 $\pi d=zp$，即有 $d=\frac{p}{\pi}z$。式中 $p$ 与 $\pi$ 的比值称为齿轮的模数，以 $m$ 表示，即 $m=\frac{p}{\pi}$。相互啮合的两个齿轮模数应相等。

模数 $m$ 不是齿轮上某一具体结构的尺寸，但它是计算和制造齿轮的一个重要参数。模数的意义在于它的大小决定了齿厚的大小，因而也就反映了齿轮承载能力的大小。模数越大，齿轮各部分的尺寸越大，齿轮承载能力就越大。

模数的单位为 mm，其数值主要由受力大小、所用材料等因素在设计时确定。不同模数的齿轮要用不同的刀具来加工。为了便于设计和加工齿轮，模数的数值已标准化。国家标准规定的齿轮标准模数见表 8-2。

表 8-2　齿轮模数系列

| 系　　列 | 模　　数/mm |
| --- | --- |
| 第一系列 | 1、1.25、1.5、2、2.5、3、4、5、6、8、10、12、16、20、25、32、40、50 |
| 第二系列 | 1.125、1.375、1.75、2.25、2.75、3.5、4.5、5.5、（6.5）、7、9、11、14、18、22、28、36、45 |

注：1. 应优先采用第一系列，其次是第二系列，括号内数值尽可能不用。
　　2. 对斜齿轮是指法向模数。
　　3. 对锥齿轮是指大端模数。

（7）齿顶高 $h_a$ 齿根高 $h_f$ 和全齿高 $h$

1）齿顶圆与齿根圆之间的径向距离称为全齿高，用 $h$ 表示。

2）齿顶圆与分度圆之间的径向距离称为齿顶高，用 $h_a$ 表示。

3）分度圆与齿根圆之间的径向距离称为齿根高，用 $h_f$ 表示。

（8）压力角 $\alpha$　标准齿轮传动时，两相啮合齿廓在节点 $P$ 处的公法线方向（即齿廓受力方向）与两分度圆公切线方向（即节点 $P$ 处的瞬时运动方向）之间所夹的锐角。我国标准齿轮所采用的齿形角一般为 20°。

（9）传动比 $i$　指主动轮的转速 $n_1$（单位为 r/min）与从动轮转速 $n_2$（单位为 r/min）之比，即 $i=n_1/n_2$。由于转速与齿数成反比，故有

$$i=n_1/n_2=z_2/z_1$$

（10）中心距 $a$　两啮合齿轮的轴线之间距离称为中心距，用 $a$ 表示，有

$$a=\frac{1}{2}(d_1+d_2)$$

## 二、直齿圆柱齿轮各部分尺寸计算公式

计算齿轮各部分尺寸的基本参数是齿数 $z$、模数 $m$ 和压力角 $\alpha$，齿轮各部分尺寸的计算

公式见表 8-3，供画图时参考。

表 8-3　直齿圆柱齿轮的计算公式

| 名　　称 | 代号 | 计　算　式 | 示例（$z=30, m=10mm$） |
|---|---|---|---|
| 分度圆直径 | $d$ | $d=mz$ | $d=10mm \times 30=300mm$ |
| 齿顶高 | $h_a$ | $h_a=m$ | $h_a=10mm$ |
| 齿根高 | $h_f$ | $h_f=1.25m$ | $h_f=1.25 \times 10mm=12.5mm$ |
| 全齿高 | $h$ | $h=h_a+h_f=2.25m$ | $h=2.25 \times 10mm=22.5mm$ |
| 齿顶圆直径 | $d_a$ | $d_a=d+2h_a=m(z+2)$ | $d_a=10mm \times (30+2)=320mm$ |
| 齿根圆直径 | $d_f$ | $d_f=d-2h_f=m(z-2.5)$ | $d_f=10mm \times (30-2.5)=275mm$ |
| 中心距 | $a$ | $a=(d_1+d_2)/2=m(z_1+z_2)/2$ | |

## 三、直齿圆柱齿轮的规定画法

1. 单个圆柱齿轮的画法

根据国家标准《机械制图　齿轮表示法》（GB/T 4459.2—2003）规定，齿轮轮齿部分的画法按图 8-31 所示绘制。

1）齿顶圆和齿顶线用粗实线绘制，如图 8-31a 所示。

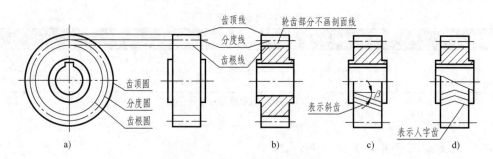

图 8-31　单个圆柱齿轮的画法

2）分度圆和分度线用细点画线绘制，如图 8-31a 所示。

3）齿根圆和齿根线用细实线绘制，也可省略不画，如图 8-31a 所示。

4）在剖视图中，沿轴线剖切时，轮齿规定不画剖面线，齿根线用粗实线绘制，如图 8-31b 所示。

5）当需要表示齿线的方向时，如对于斜齿轮和人字齿轮等，可用三条细实线（与齿线方向一致）表示，如图 8-31c、d 所示。

2. 圆柱齿轮的啮合画法

啮合画法一般采用两个视图，如图 8-32 所示。

1）平行轴线投影面上的视图若取剖视，在啮合区内，两节线重合画成细点画线。将一齿轮的轮齿用粗实线绘制，而另一个齿轮的轮齿被遮挡部分用虚线绘制，如图 8-32a 所示。由于齿顶高与齿根高相差 $0.25m$，因此一齿轮的齿顶线与另一个齿轮的齿根线之间应相差 $0.25m$ 的间隙，如图 8-33 所示。若不取剖视，啮合区内的齿顶线不画，而分度线用粗实线绘制，如图 8-32c、d 所示。

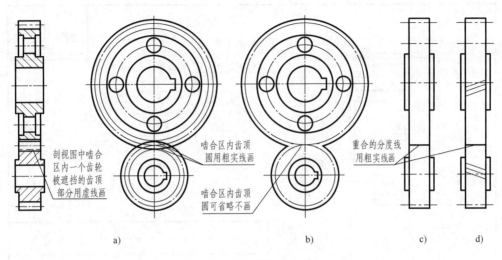

剖视图中啮合
区内一个齿轮
被遮挡的齿顶
部分用虚线画

啮合区内齿顶
圆用粗实线画

啮合区内齿顶
圆可省略不画

重合的分度线
用粗实线画

a)　　　　　　　　　　　　b)　　　　　c)　　d)

图 8-32　圆柱齿轮啮合画法

2）轴向视图中，啮合区内齿顶圆均用粗实线绘制（图 8-32a），也可省略，如图 8-32b 所示。

图 8-34 所示为齿轮齿条啮合时的画法。齿条可以看作直径无限大的齿轮，此时齿顶圆、齿根圆和分度圆都是直线。

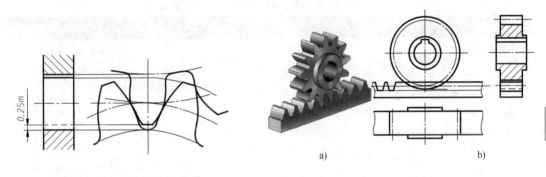

0.25m

图 8-33　两个齿轮啮合的间隙

a)　　　　　　　　　　b)

图 8-34　齿轮、齿条的啮合画法

257

图 8-35 所示为一直齿圆柱齿轮零件图（关于零件图的定义，除图形外的其他一些内容将在第九章详细介绍），供画图时参考。

## 四、直齿锥齿轮各部分的名称及尺寸计算 *

锥齿轮用于传递相交两轴之间的旋转运动，通常两轴相交成直角，如图 8-36 所示。

锥齿轮同样有直齿和斜齿之分，常用的是直齿锥齿轮。由于其轮齿是在圆锥面上加工出来的，因而一端大、一端小。为了设计和制造的方便，国家标准规定以大端模数作为标准模数，一对相互啮合的锥齿轮模数相同，其大端模数的具体数值按表 8-2 选取。

锥齿轮各部分名称如图 8-37 所示。直齿锥齿轮各部分的尺寸与圆柱齿轮一样，也与模数和齿数有关。标准规定以大端模数为准，以此计算和确定齿轮其他各部分尺寸。轴线相交成直角的一对相互啮合的直齿锥齿轮的基本参数是齿数 $z$、模数 $m$ 和分锥角 $\delta$，各部分尺寸

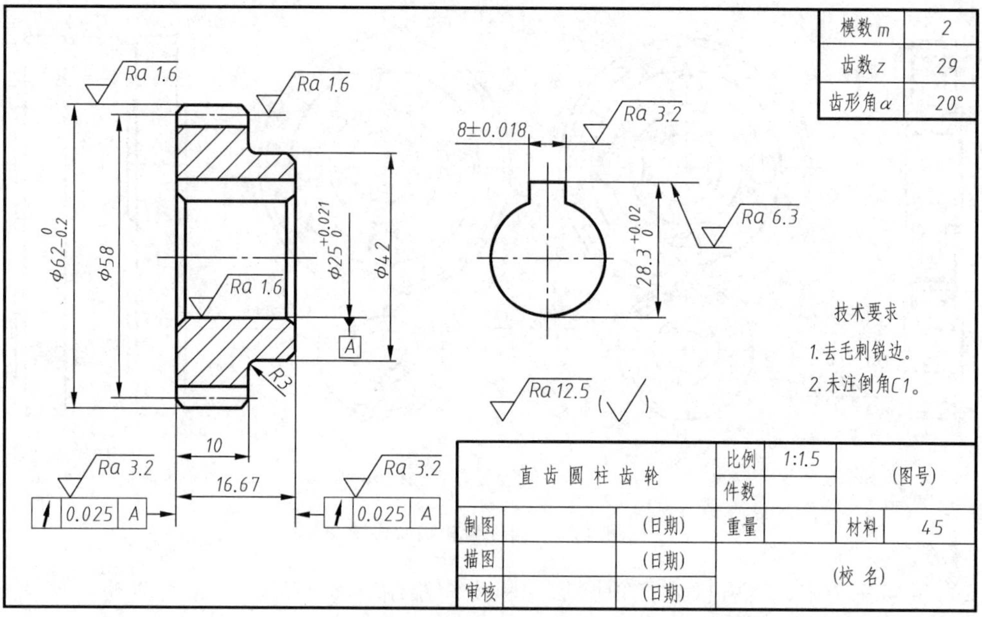

图 8-35　直齿圆柱齿轮零件图

计算公式见表 8-4。

表 8-4　直齿锥齿轮各部分尺寸计算公式

| 名称 | 代号 | 计 算 式 | 计算示例（$z=25$，$m=2\text{mm}$，$\delta=60°$） |
|---|---|---|---|
| 分度圆直径 | $d$ | $d=mz$ | $d=2\text{mm}×25=50\text{mm}$ |
| 齿顶高 | $h_a$ | $h_a=m$ | $h_a=2\text{mm}$ |
| 齿根高 | $h_f$ | $h_f=1.2m$ | $h_f=1.2×2\text{mm}=2.4\text{mm}$ |
| 齿高 | $h$ | $h=h_a+h_f=2.2m$ | $h=2.2×2\text{mm}=4.4\text{mm}$ |
| 齿顶圆直径 | $d_a$ | $d_a=m(z+2.4\cos\delta)$ | $d_a=2\text{mm}×(25+2.4×\cos60°)=52.4\text{mm}$ |
| 齿根圆直径 | $d_f$ | $d_f=m(z-2.4\cos\delta)$ | $d_f=2\text{mm}×(25-2.4×\cos60°)=47.6\text{mm}$ |
| 锥距 | $R$ | $R=mz/2\sin\delta$ | $R=28.87\text{mm}$ |
| 齿顶角 | $\theta_a$ | $\tan\theta_a=2\sin\delta/z$ | $\theta_a=3°58'$ |
| 齿根角 | $\theta_f$ | $\tan\theta_f=h_f/R$ | $\theta_f=4°45'$ |
| 分锥角 | $\delta$ | $\tan\delta_1=z_1/z_2$ <br> $\tan\delta_2=z_1/z_2$（或 $\delta_2=90°-\delta$） | |
| 顶锥角 | $\delta_a$ | $\delta_a=\delta+\theta_a$ | $\delta_a=63°58'$ |
| 根锥角 | $\delta_f$ | $\delta_f=\delta-\theta_f$ | $\delta_f=55°15'$ |
| 齿宽 | $b$ | $b\leqslant R/3$ | $b\leqslant9.62\text{mm}$ |

## 五、直齿锥齿轮的规定画法*

锥齿轮的规定画法基本与圆柱齿轮相同，一般也采用两个视图。

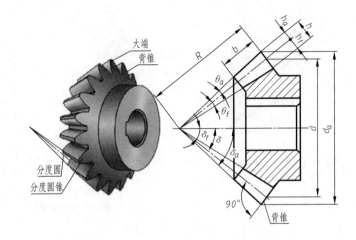

图 8-36　锥齿轮传动　　　　　　　　图 8-37　锥齿轮各部分名称及代号

1. 单个锥齿轮的画法

1）单个锥齿轮的主视图通常采用全剖视图，如图 8-38a 所示；若主视图不剖，则齿根线不画，如图 8-38b 所示。

2）在反映圆的视图中，用粗实线画出齿轮大端和小端的齿顶圆，用细点画线画出大端的分度圆，如图 8-38a 所示。

3）对于斜齿锥齿轮，仍然用三条细斜线表示齿线的方向，如图 8-38c 所示。

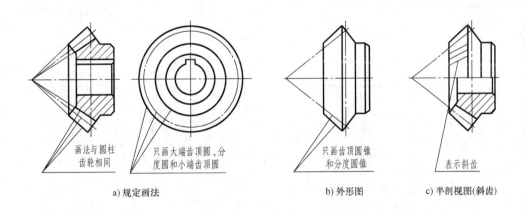

a) 规定画法　　　　　　　　　b) 外形图　　　　c) 半剖视图(斜齿)

图 8-38　单个锥齿轮的画法

图 8-39 所示为单个锥齿轮的画图步骤。

2. 锥齿轮的啮合画法

锥齿轮的啮合画法如图 8-40c 所示，主视图采用全剖视图，啮合部分与圆柱齿轮类似；左视图则画外形视图。作图步骤如图 8-40 所示。

图 8-41 所示为锥齿轮零件工作图，供画图时参考。

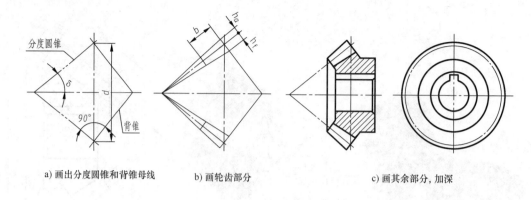

a) 画出分度圆锥和背锥母线    b) 画轮齿部分    c) 画其余部分, 加深

图 8-39　锥齿轮画图步骤

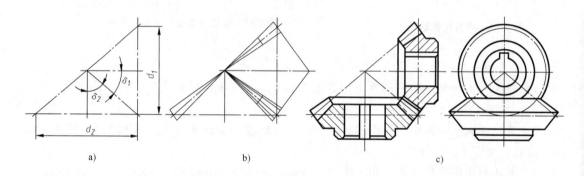

a)    b)    c)

图 8-40　锥齿轮的啮合画法

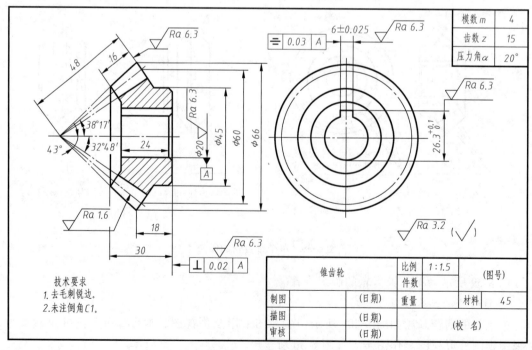

| 模数 m | 4 |
|---|---|
| 齿数 z | 15 |
| 压力角 α | 20° |

技术要求
1. 去毛刺锐边。
2. 未注倒角C1。

| 锥齿轮 | | 比例 | 1:1.5 | （图号） |
|---|---|---|---|---|
| | | 件数 | | |
| 制图 | （日期） | 重量 | | 材料 | 45 |
| 描图 | （日期） | | | |
| 审核 | （日期） | | （校 名） | |

图 8-41　锥齿轮零件图

## 第五节　弹　簧

弹簧是一种用途很广的常用件。其特点是在弹性限度内，受外力作用而变形，去掉外力后则立即恢复原状。其主要作用是减振、夹紧、测力，以及存储和输出能量等。

弹簧的种类很多，常用的是圆柱螺旋弹簧，根据国家标准规定，此弹簧又分为压缩弹簧、拉伸弹簧和扭转弹簧三种，如图 8-42a、b、c 所示。此外还有蜗卷弹簧（图 8-42d）板弹簧和碟形弹簧等。本节仅介绍最常用的圆柱螺旋压缩弹簧的表示方法及尺寸计算等，至于其他弹簧可查阅国家标准《机械制图　弹簧表示法》（GB/T 4459.4—2003）的有关规定。

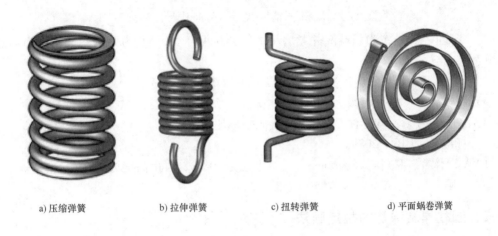

a) 压缩弹簧　　　b) 拉伸弹簧　　　c) 扭转弹簧　　　d) 平面蜗卷弹簧

图 8-42　常见的几种弹簧

### 一、圆柱螺旋压缩弹簧各部分名称及尺寸关系

螺旋压缩弹簧名称及尺寸如图 8-43 所示。

（1）弹簧丝直径 $d$　制造弹簧的材料直径。

（2）弹簧外径 $D_2$　弹簧的最大直径，即外圈直径。

（3）弹簧内径 $D_1$　弹簧的最小直径，即内圈直径，$D_1 = D_2 - 2d$。

（4）弹簧中径 $D$　弹簧的平均直径，$D = \frac{1}{2}(D_2 + D_1) = D_1 + d = D_2 - d$。弹簧中径为弹簧规格的直径。

（5）节距 $t$　除支承圈外，相邻两圈的轴向距离。

（6）支承圈数 $n_0$、有效圈数 $n$ 和总圈数 $n_1$　为了使压缩弹簧在工作时受力均匀、支承平稳，要求两端面与弹簧轴线垂直。制造时，弹簧两端节距要逐渐缩小，两端弹簧圈并紧磨平，不

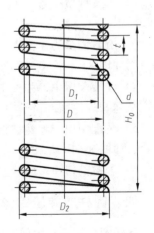

图 8-43　螺旋压缩弹簧
名称及尺寸

起弹性作用，仅起支承作用，这部分就称为支承圈，一般支承圈取 1.5、2、2.5 圈三种。大多数弹簧的支承圈取 2.5 圈。其余各圈起弹性作用，并保持相等节距，称为有效圈数。总圈

数是支承圈数与有效圈数之和，即 $n_1=n_0+n$。

（7）自由高度 $H_0$    弹簧不受外力作用时的高度，$H_0=n_1+(n_0-0.5)d$。弹簧受力后的高度称为工作高度，用 $H$ 表示。

（8）弹簧展开长度 $L$    制造弹簧的材料长度（或坯料长度），$L=n_1\sqrt{(\pi D_2)^2+t^2}$。

（9）旋向    弹簧螺旋方向与螺旋线相同，分左、右旋两种，没有专门规定时制成右旋。

## 二、圆柱螺旋弹簧的标记

圆柱螺旋弹簧为标准件，其标记由类型代号、规格、精度代号、旋向代号和标准号组成

$$\boxed{类型代号}\ \boxed{规格}-\boxed{精度代号}\ \boxed{旋向代号}\ \boxed{标准号}$$

（1）类型代号    YA 为两端圈并紧磨平的冷卷压缩弹簧，YB 为两端圈并紧制扁的热卷压缩弹簧。

（2）规格    材料直径 $d$×弹簧中径 $D$×自由高度 $H_0$。

（3）精度代号    精度等级为 3 级标注"3"，2 级则不标注。

（4）旋向代号    左旋标注"左"，右旋则不标注。

（5）标准号    GB/T 2089。

如 YA 型弹簧，材料直径为 2mm，弹簧中径为 20mm，自由高度为 50mm，精度等级为 2级，右旋，则其标记：YA    2×20×50    GB/T 2089。

## 三、圆柱螺旋弹簧的规定画法

弹簧的真实投影较为复杂，为此国家标准对弹簧的画法做了如下规定。

1）在轴线平行于投影面的视图中，各圈轮廓以直线代替螺旋线，如图 8-43 所示。

2）螺旋弹簧一般画成右旋，但左旋弹簧无论画成左旋或右旋，一律都要注出旋向"左"字。

3）有效圈数为 4 圈以上的弹簧，中间各圈可以省略，用表示簧丝中心的细点画线相连即可，如图 8-43 所示。中间部分省略后，可适当缩短图形长度。

4）在装配图中，弹簧中间各圈省略后，弹簧后面被遮住部分的轮廓不必画出。可见部分应从弹簧外轮廓或簧丝中心线画起，如图 8-44a 所示。

5）装配图中，弹簧被剖切时，若在图样中簧丝剖面直径≤2mm，此时剖面可以用涂黑表示，如图 8-44b 所示。

6）若被剖切弹簧的簧丝直径≤1mm，则可采用示意画法，如图 8-44c 所示。

## 四、圆柱螺旋压缩弹簧的作图步骤

已知圆柱螺旋压缩弹簧的簧丝直径 $d=6mm$，外径 $D_2=42mm$，节距 $t=12mm$，有效圈数 $n=6$，支承圈 $n_0=2.5$，左旋。作图步骤如图 8-45 所示。

1）计算出弹簧中径 $D$ 和自由高度 $H_0$，作出矩形，如图 8-45a 所示。

$$D=D_2-d=42mm-6mm=36mm$$

$$H_0=nt+(n_0-0.5)d=6×12mm+(2.5-0.5)×6mm=84mm$$

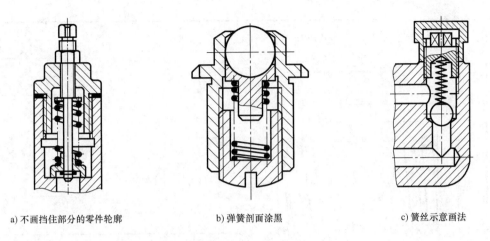

a) 不画挡住部分的零件轮廓　　　　　b) 弹簧剖面涂黑　　　　　c) 簧丝示意画法

**图 8-44　装配图中弹簧的表示方法**

2) 画出支承部分簧丝剖面，如图 8-45b 所示。

3) 画出有效部分簧丝的剖面轮廓，如图 8-45c 所示。

4) 按右旋方向作相应圆的公切线和剖面线，即完成全图，如图 8-45d 所示。

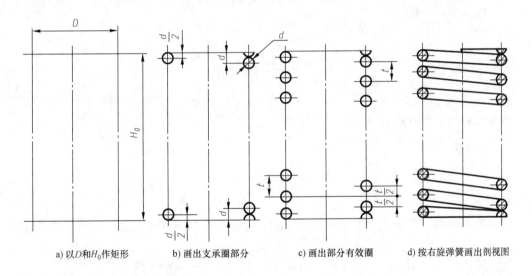

a) 以 $D$ 和 $H_0$ 作矩形　　　b) 画出支承圈部分　　　c) 画出部分有效圈　　　d) 按右旋弹簧画出剖视图

**图 8-45　圆柱螺旋压缩弹簧的作图步骤**

## 五、螺旋压缩弹簧零件工作图

图 8-46 所示为一张标准的螺旋压缩弹簧零件工作图样，它可作为画其他形式弹簧零件工作图时的参考。

绘制弹簧零件工作图时，应注意以下两点。

1) 弹簧的参数应直接标注在图形上，若直接标注有困难，则可在技术要求中说明。

2) 当需要表示弹簧的力学性能时，必须用图解表示。

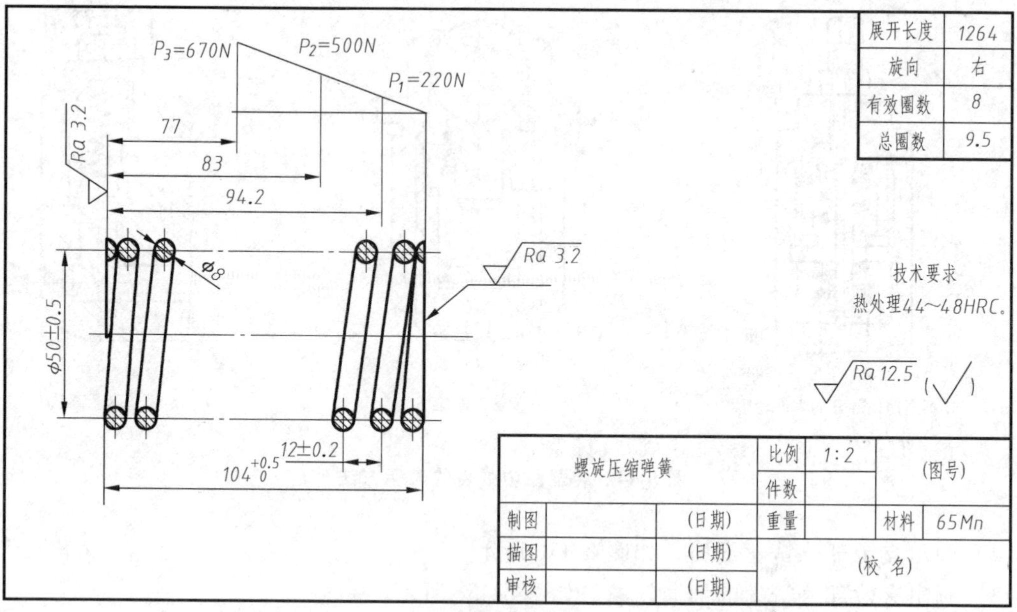

$P_3=670N$  $P_2=500N$  $P_1=220N$

Ra 3.2

77
83
94.2

$\phi 8$

Ra 3.2

$\phi 50\pm0.5$

$12\pm0.2$
$104^{+0.5}_{0}$

| 展开长度 | 1264 |
|---|---|
| 旋向 | 右 |
| 有效圈数 | 8 |
| 总圈数 | 9.5 |

技术要求
热处理44~48HRC。

$\sqrt{Ra\ 12.5}$  $(\sqrt{\ })$

| 螺旋压缩弹簧 | | 比例 | 1:2 | | (图号) |
|---|---|---|---|---|---|
| | | 件数 | | | |
| 制图 | （日期） | 重量 | | 材料 | 65Mn |
| 描图 | （日期） | | | (校名) | |
| 审核 | （日期） | | | | |

图 8-46  螺旋压缩弹簧零件工作图

# 第六节  滚 动 轴 承

滚动轴承是一种用于支承旋转轴并承受轴上载荷的部件。它具有摩擦力小、结构紧凑、维护方便等特点，故而广泛用作仪表、电机、机床等机器设备或部件中的标准件。它由专业化工厂生产，需要时根据要求确定型号选购即可。

## 一、滚动轴承的结构及其分类

### 1. 结构

滚动轴承的种类很多，但其结构大致相似，一般由下列四部分组成，如图 8-47 所示。

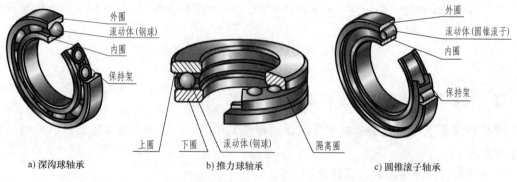

a) 深沟球轴承        b) 推力球轴承        c) 圆锥滚子轴承

图 8-47  滚动轴承的种类

（1）外圈（或下圈）  一般固定在机座上，外表面与机座配合，内表面制有滚道。

（2）内圈（或上圈） 它的内孔与支承的轴颈紧紧配合，其外表面制有滚道，与外圈内表面的滚道相对应，使滚动体可以在此滚道内滚动。

（3）滚动体 有滚珠、滚锥、滚柱等，放在内、外圈之间，当内圈转动时，它在滚道内滚动。

（4）保持架 用来隔离滚动体，并引导滚动体使之保持在轴承内。

2. 分类

滚动轴承的分类方法很多，按照它所承受负荷力的性质不同，可分为以下三种类型。

（1）径向轴承 适用于承受径向负荷（即负荷力垂直于轴线方向），也能承受部分轴向负荷，典型代表为深沟球轴承，如图 8-47a 所示。

（2）推力轴承 适用于承受轴向负荷（即负荷力平行于轴线方向），典型代表为推力球轴承，如图 8-47b 所示。

（3）径向推力轴承 适用于同时承受径向和轴向载荷，典型代表为圆锥滚子轴承，如图 8-47c 所示。

## 二、滚动轴承代号

由于滚动轴承种类繁多且是标准件，在装配图中采用规定画法，因此为了便于选择和使用，国家标准规定用代号表示滚动轴承的类型、规格和性能。

滚动轴承代号由前置代号、基本代号和后置代号组成，用字母和数字等表示。轴承代号的构成见表 8-5。

基本代号用于表明轴承的内径、直径系列、宽度系列和类型，一般最多为五位数，现分述如下。

1）轴承内径用基本代号右起第一、二位数字表示。对常用内径 $d = 20 \sim 480$mm 的轴承，内径一般为 5 的倍数。这两位数字表示轴承内径尺寸被 5 除得的商数，如 04 表示 $d = 20$mm，12 表示 $d = 60$mm 等。对于内径为 10mm、12mm、15mm 和 17mm 的轴承，其内径代号依次为 00、01、02 和 03。

表 8-5 滚动轴承代号的构成

| 前置代号 | 基本代号 | | | | | 后置代号 | | | | | | | |
|---|---|---|---|---|---|---|---|---|---|---|---|---|---|
| | 五 | 四 | 三 | 二 | 一 | | | | | | | | |
| | | 尺寸系列代号 | | | | | | | | | | | |
| 用字母表示，经常用于表示轴承分部件 | 类型代号 | 宽度系列代号 | 直径系列代号 | 内径代号 | | 内部结构代号 | 密封、防尘与外部形状变化代号 | 保持架代号 | 轴承零件材料代号 | 公差等级代号 | 游隙代号 | 配置代号 | 振动及噪声代号 | 其他特性代号 |

2）轴承的直径系列（即结构相同、内径相同的轴承在外径和宽度方面的变化系列）用

基本代号右起第三位数字表示。例如，对于深沟球轴承，0、1表示特轻系列，2表示轻系列，3表示中系列，4表示重系列。各系列之间的尺寸对比如图 8-48 所示。推力轴承除了用 1 表示特轻系列之外，其余与深沟球轴承的表示一致。

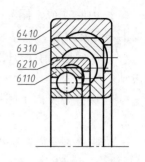

6410
6310
6210
6110

**图 8-48　直径系列的对比**

3）轴承的宽度系列（即结构、内径和直径系列都相同的轴承，在宽度方面的变化系列）用基本代号右起第四位数字表示。当宽度系列为 0 系列（正常系列）时，对多数轴承在代号中可不标出宽度系列代号 0。直径系列代号和宽度系列代号统称为尺寸系列代号。

4）轴承类型代号用基本代号右起第五位数字表示，常用的类型包括：60000 为深沟球轴承；30000 为圆锥滚子轴承；51000 为推力球轴承。

### 三、滚动轴承的标记

滚动轴承标记由名称、代号及标准号组成。

标记：滚动轴承　6208　GB/T 276—2013，表示按代号为 GB/T 276—2013 的国家标准制造的，内径代号为 08（$d = 8 \times 5\text{mm} = 40\text{mm}$），尺寸系列代号为 02（宽度代号类型为 "0" 时可省略），类型代号为 60000 的深沟球轴承。

标记：滚动轴承　51207　GB/T 301—1995，表示按代号为 GB/T 301—2015 的国家标准制造的，内径代号为 05（$d = 7 \times 5\text{mm} = 35\text{mm}$），尺寸系列代号为 12，类型代号为 51000 的推力球轴承。

### 四、滚动轴承在装配图中的画法

滚动轴承是标准件，由专门工厂生产，故在机器设计中，一般不画单个轴的零件图。在装配图中要表达滚动轴承的结构时，可采用规定画法或特征画法，同一图样应采用同一种画法。常用的几种滚动轴承的规定画法和特征画法见表 8-6，供参考。

**表 8-6　常用滚动轴承的省略画法**

| 类型代号 | 深沟球轴承（60000 型） | 推力球轴承（51000 型） | 圆锥滚子轴承（30000 型） |
|---|---|---|---|
| 查表数据 | $D$、$d$、$B$ | $D$、$d$、$T$ | $D$、$d$、$B$、$T$、$C$ |
| 规定画法 | | | |

特征画法

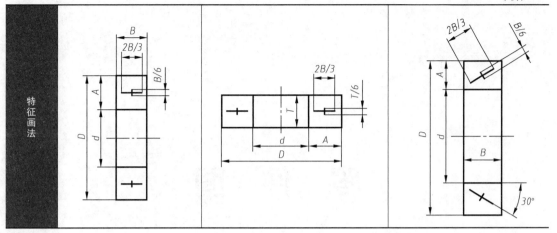

# 第九章

# 零 件 图

## 第一节 概　述

### 一、零件图与装配图的概念及其相互关系

任何机器或部件都是由零件按一定的装配关系和技术要求装配而成的。在生产中用于表达整台机器或机器中的某些部件的图样就称为总装配图或部件装配图；用于表达单个机械零件的图样就称为零件图。由于零件的制造、加工和检验都要按零件图上的尺寸和技术要求来进行，因此，一张零件图必须具备制造和检验该零件所需的一切资料。当一个零件的加工制造涉及铸、锻、冷加工、热处理等不同的工序时，不同的车间都应有该零件的零件图，以便按图样的要求进行加工。当部件或机器上的各种零件都加工完毕后，就汇总到装配车间，而装配车间则按该部件或机器的装配图及图上的相关技术要求和资料零件装配成部件或产品。故尽管零件图和装配图都是生产上必不可少的两大类图样，但它们的作用却截然不同，因此它们的内容和要求也各不相同。在部件或机器中相邻的零件又往往是互相关联的，它们在形体结构、尺寸配合和加工要求等方面常有相同之处。在学习零件图时必须建立这一概念，才能在阅读整套图样时有较深入的理解。

一般说来，产品在设计过程中总是先有装配图才有零件图的，先应根据设计要求画出机构传动的示意图；然后按此画装配草图，这时在机构设计的基础上就要引进形体结构、尺寸配合等概念；在画装配草图时，主要零件的视图及主要的装配关系都已确定下来；下一步就是根据装配草图画零件工作图，这时所有零件的视图、尺寸和技术要求都应定下来；再根据零件图及装配草图画装配工作图，一方面校核各相关零件的尺寸，特别是配合尺寸，另一方面再补充各种装配技术要求；零件图和装配图在设计制图阶段完成后，再经描图和复制，印成蓝图后分发到产品加工和装配的各相关车间。所以在生产上要做到对某一零件深入理解，除应查阅它本身的零件图外，往往还应查阅装配图及与它相关零件的零件图才能达到要求。

### 二、零件图的内容

一张完整的零件图通常应有以下基本内容。

（1）一组视图　用一组视图（包括机件常用表达方法中所讲述的视图、剖视图、断面图、局部放大图、简化画法和其他规定画法等）清楚表达零件的内、外形状和结构。

（2）完整的尺寸　正确、完整、清晰、合理地标注出零件制造检验时的全部尺寸。

（3）技术要求　用一些规定的符号或代号、数字、字母和文字注解，简明、准确地给出零件在制造、检验和使用时应达到的一些技术要求（包括表面粗糙度、尺寸公差、几何公差、表面处理和材料热处理的要求等）。

（4）标题栏　填写零件的名称、数量、材料、比例、图号，设计、绘图、审核等人员的签名，以及日期等。

## 第二节　零件图的视图选择和尺寸标注

### 一、零件图的视图选择

用一组视图表达零件时，首先要求进行零件图的视图选择，也就是要求选用适当的表达方法，正确、完整、清晰、简便地表达出零件的结构形状。零件图视图选择的原则：将表示物体信息量最多的那个视图作为主视图，通常是物体的工作位置或加工位置或安装位置。主视图是一组图形的核心，读图、画图一般都是先从主视图入手，主视图的合理选择直接关系到读图、画图的方便。然后，根据零件的复杂程度和内外结构全面地考虑所需要的其他视图，使每一个视图有一个表达的重点。在选取其他视图时，应在完整、清晰地表达零件内外结构的前提下，尽量减少图形数量，以便画图与读图。

### 二、零件图的尺寸标注

零件图上标注的尺寸是加工和检验零件的重要依据，除了应符合前面所述的正确、完整、清晰的要求外，在可能的范围内，还要标注得合理。所谓合理，即标注的尺寸既符合零件的设计要求，又便于加工、测量和检验，这就要根据零件设计和工艺要求，正确地选取尺寸基准和恰当地配置尺寸。尺寸基准，就是标注和度量尺寸的起点。常用的尺寸基准有基准面（底板的安装面、重要的端面、装配结合面和零件的对称面等）和基准线（回转体的轴线）两种。在具体标注尺寸时，零件在长、宽、高三个方向的尺寸各至少要有一个尺寸基准，从基准出发标注定位尺寸、定形尺寸。显然，只有具备较多零件设计和工艺知识，才能满足尺寸标注合理的要求，有关这方面的知识，要通过今后专业课的学习和生产实践的锻炼来逐渐掌握，本节只作一些初步介绍。

### 三、零件图的视图选择和尺寸标注

零件种类繁多，结构形状也不尽相同。但也可根据它们的结构、用途、加工制造等方面的特点，将零件分为轴套、盘盖、叉架、箱体四类典型零件。每一类零件在结构上相似，所以在视图选择和尺寸标注上也有共通之处。

1. 轴套类零件

如图 9-1 所示的蜗杆轴属于轴套类零件。它的基本形状是同轴回转体，主要在车床上加工。零件上常有键槽、退刀槽、钻孔、凹坑、倒角和中心孔等结构。

（1）视图选择　轴套类零件的视图常采用一个基本视图（即主视图），外加若干其他视图（如剖面图、局部放大图、局部剖视图、局部视图等）来表达。

如图 9-1 所示的蜗轮轴零件图中主视图用主轴线平放的方向作为主视图的投影方向，这样既可把各段圆柱的相对位置和形状大小表示清楚，也能反映出轴肩、退刀槽、倒角和圆角等结构。为了符合轴在车削或磨削时的加工位置，一般将轴线水平横放，且将直径较小的一端放在右侧，并将键槽转向正前方，主视图即能反映平键的键槽形状和位置。轴的各段圆柱，在主视图上标注直径尺寸后已能表达清楚，为了表示键槽的深度，采用移出断面的方法。至此蜗轮轴的全部结构形状可表达清楚。

（2）尺寸标注　在标注轴套类零件的尺寸时，常以水平位置的轴线作为径向尺寸基准，它也是高度与宽度方向的尺寸基准，所有各节轴段回转体的尺寸都是以轴线为基准两侧等分的。如图 9-1 中所示的尺寸 $\phi15^{\ 0}_{-0.011}$、$\phi17^{+0.012}_{+0.001}$ 等。这样就把设计上的要求和加工时的工艺基准（轴类零件在车床上车削时，两端用顶尖顶住轴的中心孔）统一起来了。

轴套类零件长度方向的尺寸基准，常选择重要的端面、接触面（轴肩）或加工面等。在图 9-1 所示的表面粗糙度 $Ra$ 值为 $6.3\mu m$ 的右轴肩（这里紧靠蜗轮），被选为长度方向的尺寸基准，由此可标注 5、10、33、2×1 等尺寸；再以轴的右端面为长度方向尺寸的辅助基准，从而标出轴的总长尺寸为 154。

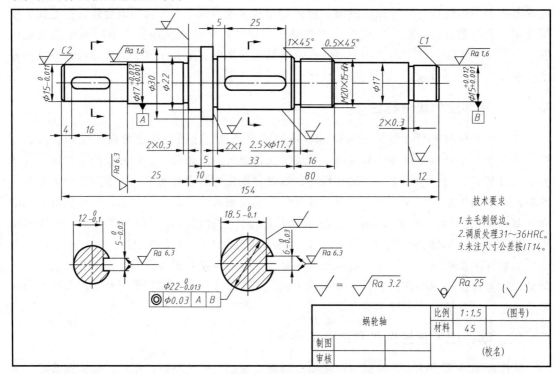

图 9-1　蜗轮轴零件

2. 盘盖类零件

如图 9-2 所示的端盖属于盘盖类零件。这类零件的基本形状是扁平的盘状，其轴向尺寸小，而径向尺寸较大，零件的主体多数是由同轴回转体构成（也有主体形状为矩形的），并有径向分布的螺孔、光孔、销孔和轮辐等结构，一般在车床上进行加工。此类零件在机器或设备上使用较多，如齿轮、手轮、端盖、法兰等。

（1）视图选择　盘盖类零件一般选择两个视图：主视图一般为轴向剖视图，表达轴向剖面的结构；左视图是径向视图，表达外形特征。基本视图未能表达清楚的结构形状，可用断面图或局断视图表达，较小结构可用局部放大图表达。

在图 9-2 所示的端盖零件图中，主视图为剖视图，其层次分明，显示了多处内腔的形状及相对位置，也符合该零件的主要加工位置；左视图反映零件的外部形状，显示带圆角的方形凸缘和四个均匀分布的柱形沉孔，在其前下方位置还有一弧形缺口。

（2）尺寸标注　由于盘盖类零件的主要形体结构为回转体（面），所以在标注盘盖类零件的尺寸时，通常选用通过轴孔的轴线作为径向尺寸基准，亦即宽度和高度方向的主要尺寸基准。如图 9-2 所示的端盖就是这样选择的，径向尺寸基准也是标注方形凸缘的高度、宽度方向的尺寸基准。

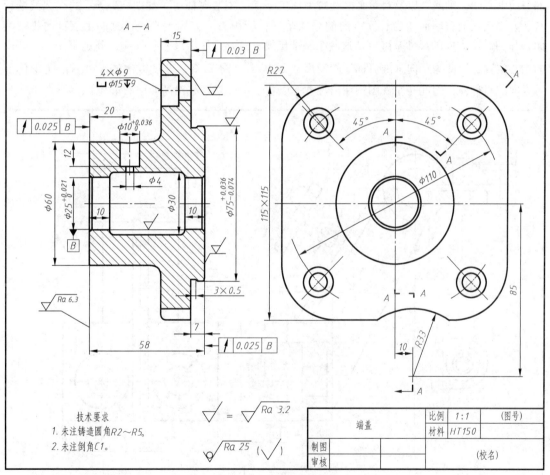

图 9-2　端盖零件

长度方向的尺寸基准是经过加工的大端面和其他零件的结合面或对称中心平面，例如端盖零件就选用表面粗糙度 $Ra$ 值为 3.2μm 的方形凸缘右端面作为长度方向的尺寸基准，标注出 7、15、3×0.5 等尺寸。

3. 叉架类零件

如图 9-3 所示的支架属于叉架类零件。这类零件形状差别较大，结构不规则，外形比较复杂，包括拨叉、连杆、支架等零件，通常起传动、连接、调节、制动、支承等作用。毛坯多用铸件或锻件。

（1）视图选择　叉架类零件加工工序较多，一般按工作位置和形状特征原则选择主视图，并将零件放平。主视图常采用局部剖视图表达主体外形和局部内形。如图9-3所示的主视图就是这样选择的。

叉架类零件需要两个或两个以上的基本视图，并且要用局部剖视图、断面等表达零件的细部结构。如图9-3所示的支架零件图中，除主视图外，左视图表示固定板形状及两个沉孔的分布情况，上方圆筒的局部剖视表示通孔结构和圆筒宽度；移出断面表达连接肋板的T形形状；A向的局部视图表示开槽凸缘的形状。

（2）尺寸标注　叉架类零件长度、宽度、高度三个方向的主要基准一般为工作部分或支承部分的中心线、轴线，以及对称平面和较大加工平面、安装基面等。如图9-3所示的支架就选用右下方固定板的右端面作为长度方向的尺寸基准；选用右下方固定板开口处的上表面（A基准面）作为高度方向的尺寸基准；从这两个基准出发，分别标注出尺寸60、80，确定了左上方圆筒的中心位置，以此为径向基准可标注圆筒尺寸 $\phi20^{+0.027}_{0}$、$\phi35$ 等；宽度方向的尺寸基准为形体前后方向的对称面，因此在左视图中注出尺寸50、40、82，以及移出断面中的尺寸8、40。

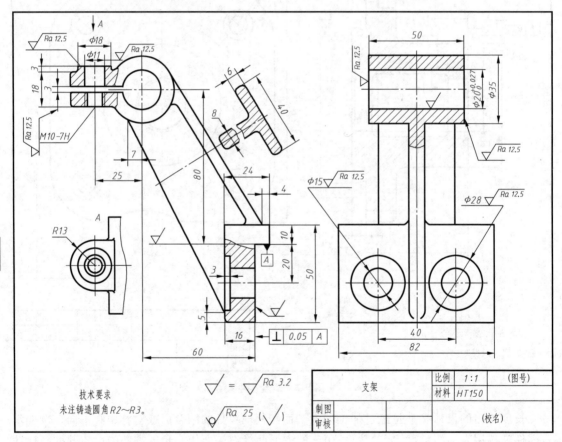

图9-3　支架零件

4. 箱体类零件

如图9-4所示的阀体属于箱体类零件。这类零件一般是机器或部件中的主要零件，包括

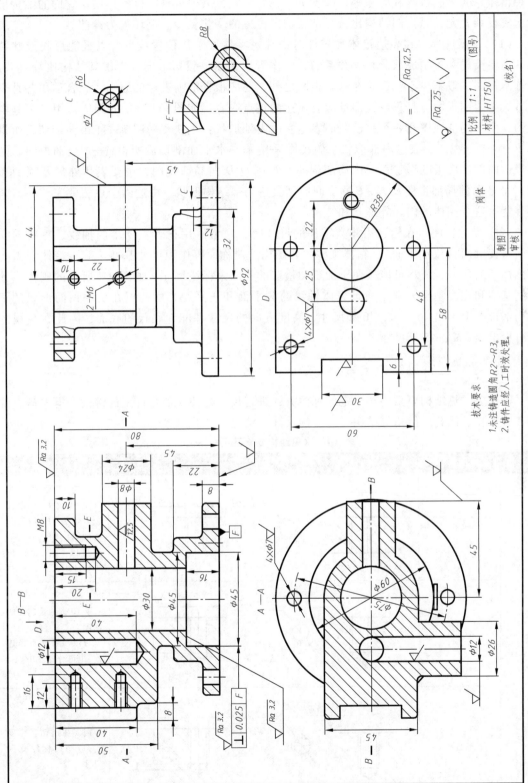

图 9-4　阀体零件

技术要求
1.未注铸造圆角R2～R3。
2.铸件应经人工时效处理。

各种箱体、壳体、机座和底座等，起支承、包容、定位其他机械零件的作用。它们的结构形状比较复杂，尤其是内部结构比较复杂，加工位置的变化更多。毛坯多为铸件。

（1）视图选择　在表达箱体类零件时，常将零件按工作位置放置，以最能反映形状特征、主要结构和各组成部分相互关系的方向作为主视图的投影方向。考虑其结构比较复杂，故基本视图一般不少于三个。在基本视图之外，还应根据清晰表达的原则，综合运用各种表达方法来绘制视图，且每个视图都应有表达的重点内容。如图9-4所示的阀体，用三个基本视图、两个局部视图和一个移出断面表达它的内外形状：主视图采用单一正平面剖切后所得的 B—B 全剖视图，表达内部形状；俯视图采用单一水平面剖切后所得 A—A 全剖视图，同时表达内部和底板的形状；采用局部剖的左视图及 D 向局部视图，主要表达外形及顶面形状；而 C 向的局部视图及 E—E 移出断面则表达局部结构形状。由这六个视图就完整、清晰地表达了这个阀体的内、外形状和结构。

（2）尺寸标注　在标注箱体类零件的尺寸时，通常选用设计上要求的轴线、重要的安装面、接触面（或加工面）、箱体某些主要结构的对称面等作为尺寸基准。对于箱体上需要切削加工的部分，应尽可能按便于加工和检验的要求来标注尺寸。如图9-4所示的阀体，其长度基准和宽度基准分别是通过壳体轴线的侧平面和正平面，由此可在反映顶面形状的 D 向局部视图上标出 25、46、30 等尺寸；高度方向的尺寸基准为底板的底面，因此在主视图中可标出 8、22、45 等尺寸。

## 四、零件上常见结构要素

零件上常见结构要素要按一定的标注方式进行尺寸标注。如零件上的键槽、退刀槽、锥销孔、螺孔、沉孔、倒角等结构，它们的尺寸注法见表9-1。

表9-1　常见结构要素及尺寸注法

| 零件结构类型 | | 标注方法 | 说　　明 |
|---|---|---|---|
| 螺孔 | 通孔 | 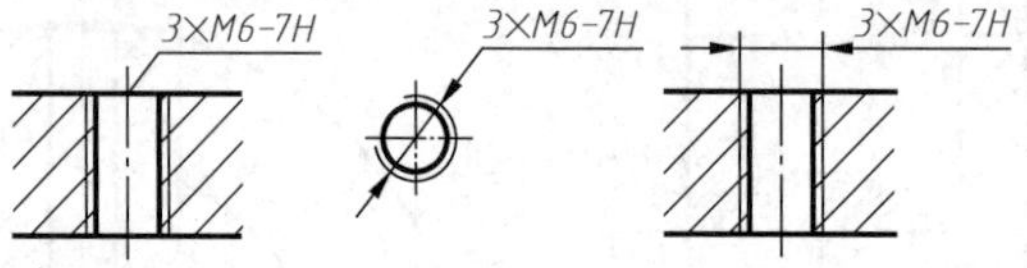 3×M6-7H　3×M6-7H　3×M6-7H | 表示 3 个直径为 6mm、螺纹中径、顶径公差带为 7H、均匀分布的螺孔<br><br>可以旁注，也可以直接注出 |
| | 不通孔 | 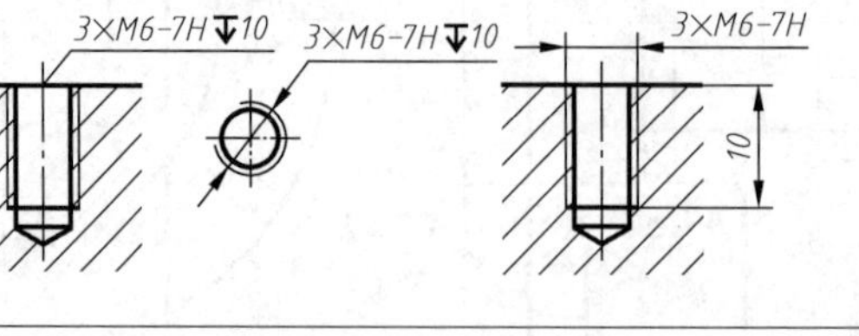 3×M6-7H↓10　3×M6-7H↓10　3×M6-7H　10 | ↓10 指的是螺孔的深度<br><br>可以与螺孔直径连注，也可分开注出 |
| | 不通孔 | 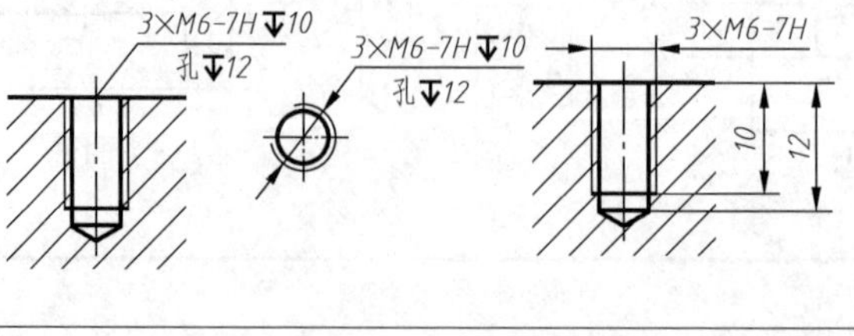 3×M6-7H↓10　孔↓12　3×M6-7H↓10　孔↓12　3×M6-7H　10　12 | 需要注出钻孔深度时，应明确标注孔深尺寸 |

| 零件结构类型 | | 标注方法 | 说　　明 |
|---|---|---|---|
| 光孔 | 一般孔 | $4\times\phi5\downarrow10$　$4\times\phi5\downarrow10$　$4\times\phi5\downarrow10$ | $4\times\phi5$ 表示 4 个直径为 5mm 均匀分布的光孔<br>孔深可与孔径连注，也可分开注出 |
| | 精加工孔 | $4\times\phi5^{+0.012}_{0}\downarrow10$<br>孔$\downarrow12$　$4\times\phi5^{+0.012}_{0}\downarrow10$<br>孔$\downarrow12$　$4\times\phi5^{+0.012}_{0}$ | 钻孔深为 12mm，钻孔后需精加工至 $\phi5^{+0.012}_{0}$，深度为 10mm |
| | 锥销孔 | 锥销孔$\phi5$<br>装配时作　锥销孔$\phi5$<br>装配时作 | $\phi5$ 为与锥销孔相配的圆锥销小头直径。锥销孔通常是相邻两零件装配后一起加工的 |
| 倒角 | | $C\times$　$C\times$ | 倒角 45°时，可用 $C$ 与倒角的轴向尺寸连注 |
| 沉孔 | 锥形沉孔 | $6\times\phi7$<br>$\vee\phi13\times90°$　$6\times\phi7$<br>$\vee\phi13\times90°$　90°<br>$\phi13$<br>$6\times\phi7$ | $6\times\phi7$ 表示 6 个直径为 7mm 均匀分布的孔；锥形部分尺寸可以旁注，也可以直接注出 |
| | 柱形沉孔 | $4\times\phi6$<br>$\sqcup\phi10\downarrow3$　$4\times\phi6$<br>$\sqcup\phi10\downarrow3$　$\phi10$<br>3<br>$4\times\phi6$ | $4\times\phi6$ 表示四个直径为 6 均匀分布的孔；柱形沉孔的直径为 10mm，深度为 3mm，可以旁注，也可直接注出 |
| | 锪平 | $4\times\phi7\sqcup\phi16$　$4\times\phi7\sqcup\phi16$　$\sqcup\phi16$<br>$4\times\phi7$ | 锪平 $\phi16$ 的深度不需标注，一般锪平到不出现毛面为止 |

275

（续）

| 零件结构类型 | 标注方法 | | 说　明 |
|---|---|---|---|
| 平键键槽 | | | 键槽深度标注 $D \times t$ 以便于测量 |
| 退刀槽及砂轮越程槽 | | | $2 \times \phi 10$ 代表"槽宽×直径" $2 \times 1$ 代表"槽宽×槽深" |

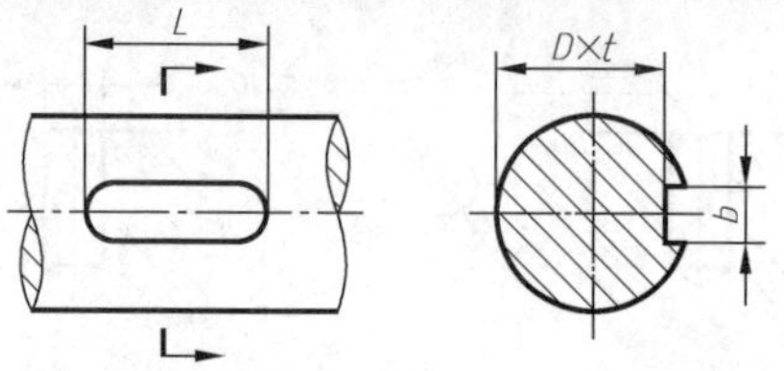

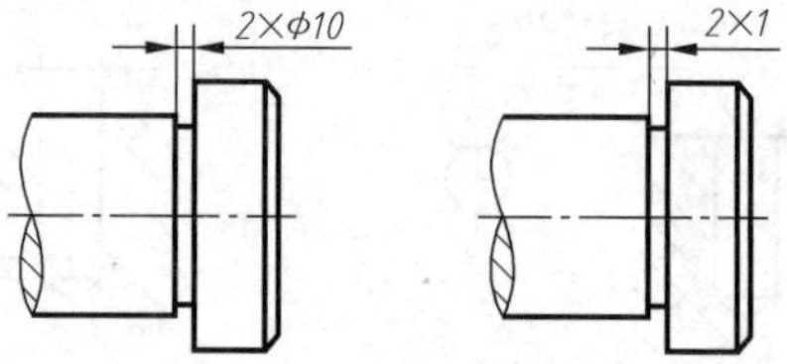

# 第三节　零件图上的技术要求

在零件图上，应注明制造和检验零件时所需的各项技术要求，其中，公差与配合、几何公差、表面粗糙度等大部分内容在前面章节里已介绍，这里不再赘述。为了零件图内容的完整性，这里对那些无法标注在图形上而要用文字统一书写的内容进行简单说明。

当技术要求不能用代号（符号）在图形上注出时，可以用文字写在标题栏的上方或左下方及其他空白处，要写明标题"技术要求"。

技术要求的内容应简明扼要，一般包括下列内容。

1）对有关结构要素的统一要求，如圆角、倒角尺寸及表面粗糙度等，如图 9-2 所示，未注铸造圆角 $R2 \sim R5$，以及未注倒角 $C1$，即是这方面的技术要求。

2）对材料、毛坯热处理的要求，如图 9-1 所示的要求材料调质处理 $31 \sim 36$HRC，如图 9-4 所示的要求铸件经人工时效处理，消除内应力。

3）按指定方法加工，如有时会要求两相配零件合铸加工后再分开。

4）试验、测试条件与方法及其他必要的说明。

# 第四节　常见的零件工艺结构

零件的结构形状，主要取决于它在机器或部件中的作用及相互间的位置。但是，制造工艺对零件的结构也有某些要求。因此在绘制零件图时，应该使零件的结构既能满足使用上的要求，又要便于制造。本节列举一些常见的工艺结构，供画图时参考。

## 一、铸造零件的工艺结构

叉架类和箱体类零件多数为铸件，铸件的毛坯是将液态金属（铁水）浇铸到砂箱的型腔内冷却成型而得到的，考虑其形成过程的特殊性，故在绘制铸造零件时必须考虑起模斜度、铸造圆角、铸件壁厚等因素。

1. 起模斜度

为了在铸造时便于将木模从砂型中取出，在铸件的内外壁上沿拔模方向常作成一定的斜度，称为起模斜度，一般斜度为1：20，如图9-5a所示。铸件的起模斜度在图中可不画、不注，必要时可在技术要求或图形中注出，如图9-5b所示。

2. 铸造圆角

如图9-6所示，为了防止在浇铸前砂型落砂和浇铸后铸件产生裂缝和缩孔，在铸件上各表面的交接处都应有小圆角过渡而不做成尖角，这种圆角称为铸造圆角。铸件上圆角半径一般取壁厚的0.2~0.4。画图时，应注意毛坯面的转角处都有圆角；若是加工面，则原圆角已被加工掉了，要画成尖角或倒角。铸造圆角在图上一般不标注，常集中注写在技术要求中，如图9-2~图9-4所示的铸件。

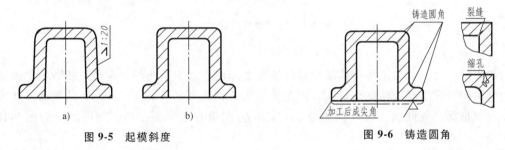

图9-5 起模斜度　　图9-6 铸造圆角

3. 铸件壁厚

铸件的壁厚应尽可能均匀，以防止因铸件壁厚不均、铁水冷却速度不同而产生缩孔、裂纹等铸造缺陷；还应让壁厚逐渐变化，避免突然改变壁厚及局部过厚的情况，如图9-7所示。

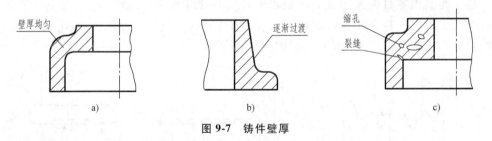

图9-7 铸件壁厚

## 二、零件上机械加工工艺结构

1. 倒角和倒圆

为了去掉切削零件时产生的毛刺、锐边，使操作安全、装配面便于装配，常在轴和孔的端部等处加工成倒角，其画法和尺寸标注如图9-8所示。

倒角多为45°，也有时为30°或60°。45°倒角注成C×形式；其他角度的倒角应分别注出倒角宽度和角度。为了避免在轴肩等转折处由于应力集中而产生裂纹，常在轴肩处加工成圆角的过渡形式。

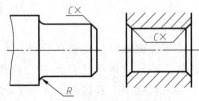

图9-8 倒角和倒圆

277

### 2. 退刀槽和越程槽

为了在切削时容易退出刀具，保证加工质量及装配时与相关零件易于靠紧，常在零件的待加工面末端先加工成退刀槽或越程槽。常见的有螺纹退刀槽、砂轮越程槽、刨削越程槽等，其画法如图 9-9 所示。

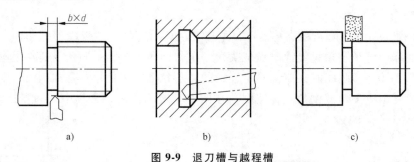

图 9-9　退刀槽与越程槽

### 3. 钻孔结构

用钻头钻孔时，被加工零件的结构设计应考虑到便于加工。此外，应避免使钻头单边受力产生弯曲而将孔钻斜或使钻头折断，因此，钻头的轴线应尽量垂直于被钻孔的端面。如果钻孔处表面是斜面或曲面，则应预先设置与钻孔方向垂直的平面、凸台或凹坑，如图 9-10 所示。

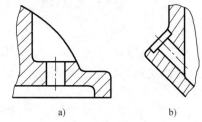

钻削不通孔时，孔的底部有 120° 的锥角，这是由钻头切削部分的结构所决定的，且钻孔的深度尺寸不包括锥角，具体画法及尺寸注法参见表 9-1 所列的光孔结构。

### 4. 凸台和凹坑

零件上与其他零件的接触面，一般都要经过加工。为了减少加工面积，并保证零件表面间的良好的接触，常在接触处制成凸台和凹坑等结构，如图 9-11 所示。

图 9-10　钻孔结构

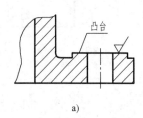 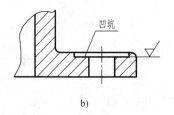 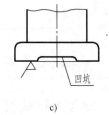

图 9-11　凸台和凹坑

## 第五节　读零件图

读零件图的目的是根据零件图了解零件的名称、用途、材料等，通过分析视图、分析尺寸想象出零件结构形状和大小，了解零件的各种技术要求，以确定加工方法和检测手段。任何零件的零件图，其读图方法和步骤均基本相同。现以图 9-12 所示的拨叉零件图为例，进行分析和说明。

278

1. 读标题栏，初步了解零件

读零件图标题栏，了解零件的名称、材料、件数、图样比例和图号等，大致了解零件的用途、结构特点、毛坯形式和大小等。

从图 9-12 所示可知，该零件名称为拨叉，属于叉架类零件，故视图表达、尺寸分析等都具有该类零件的特点；又知其材料为铸铁，牌号为 HT200，因此该零件在结构上具有铸铁的特性；图样比例为 1：1；数量为 1 件。由此可对该零件有一大致的了解。

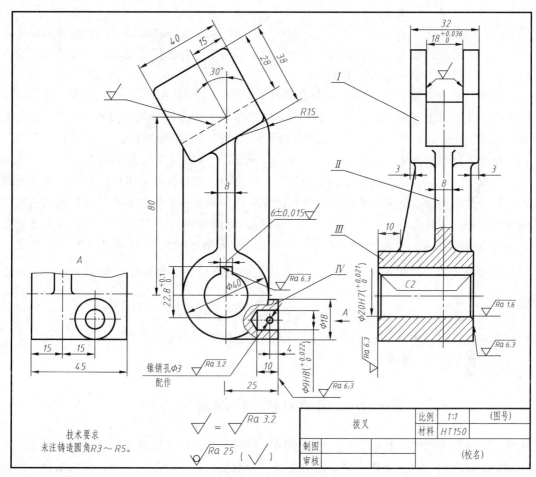

| | 拨叉 | 比例 | 1:1 | (图号) |
| --- | --- | --- | --- | --- |
| | | 材料 | HT150 | |
| 制图 | | | | |
| 审核 | | | (校名) | |

**图 9-12　拨叉零件图**

2. 分析视图，了解结构形状

先从主视图入手，读零件的内外形状和结构，是读图的重点。组合体读图的形体分析法，仍适用于读零件图。可将视图分成几部分，在相应的视图上找出该部分的投影，并了解该部分投影采用的是哪种表达方法，明确各部分的结构形状；然后，综合各部分的形状，想出零件的整体结构形状。

如图 9-12 所示的拨叉零件，共采用两个基本视图外加一个 A 向局部视图表达，两个基本视图均采用的是局部剖视的表达方法，用于清楚表达局部孔的结构。通过形体分析，可以看出整个零件大致可分成四个形体。其下端是带键槽的空心圆柱 Ⅲ，圆柱的右后下方是一圆柱形凸台 Ⅳ，凸台内部开有不通孔，顶端是一斜置的方形带凹槽的叉口 Ⅰ，通过中间的

十字肋 $II$ 把顶端的叉口与下端的圆柱相连。再从两个基本视图及局部视图中分别找到这四个形体的投影，并分别把每一形体的两视图联系起来，就不难想象出各个形体及整个零件的形状。其次，拨叉为一铸件，在结构上必然具备铸件的特点，例如从技术要求可知铸造圆角半径为 $R3 \sim R5$，在主视图中铸造后未经机械加工的部分表面，均应有圆角过渡；两面相交处只需有一表面经过加工，即应呈现尖角。通过形体与结构分析，对该零件的认识又更进了一步。

3. 分析尺寸和技术要求

分析零件在长度、宽度、高度三个方向的尺寸基准，了解零件各部分的定形、定位尺寸和零件的总体尺寸，联系零件的结构形状和尺寸，分析图上各项技术要求，最终明确零件加工面的要求，以便考虑采用的加工方法。

如图 9-12 所示，主视图上除斜面及凸台外，其余绝大部分形体均左右对称，故以空心圆柱孔的轴线为长度方向和高度方向的主要尺寸基准。叉口的倾斜部分则由 30° 角定位。宽度方向以左视图中叉口的对称线为主要尺寸基准。根据所分析的基准、对照图上所注的尺寸，可见图中尺寸的标注方法是合理的。另外，根据下端的尺寸注解 "锥销孔 $\phi3$ 配作"，说明与右端 $\phi9H8$（$^{+0.022}_{0}$）孔相配合的必然还有一根轴，它与孔的基本尺寸相同，并应与孔同时配钻，故它们的定位尺寸亦同。再看表面粗糙度与几何公差，该零件总体说来制造精度不是很高，故尺寸精度由尺寸公差保证，不再提几何公差的要求，零件上加工精度要求较高的表面为 $\phi20H7$（$^{+0.021}_{0}$）及 $\phi9H8$（$^{+0.022}_{0}$）两孔面，其表面粗糙度 $Ra$ 值为 $1.6\,\mu m$，其他加工面要求都不太高，图样下方 $\sqrt{Ra\ 25}$（$\sqrt{\phantom{x}}$）代表拨叉未标表面粗糙度代号的表面均不需要切削加工。

4. 综合分析

综合上述内容，就可对拨叉零件有一全面的认识，在读懂零件图的基础上，还可以提出一些读图问题来解答以加深对该零件的了解。

# 第六节　用 AutoCAD 绘制零件图

零件图有四项内容，其中一组图形中的每个视图都是二维平面图形，关于平面图形的绘制前面章节已介绍。尺寸及其公差、几何公差、表面结构标注等也已介绍，在此基础上绘制零件图就是把这些绘图方法和技术的综合应用，已不是难事。本节以滑动轴承的轴承座为例介绍先三维设计绘图再投影成二维视图的方法、步骤。

（1）三维建模　不管已知条件是测绘现有零件、已测绘好的零件草图、在现有零件图上进行改进设计或抄画现有的纸质图等，首先应设计、绘制零件的三维模型，如图 9-13a 所示。按第二章中介绍的内容，应用"面或体投影"按钮 ▧ 和"投影图"命令 ➕，系统自动按三维模型生成并展平其正投影图，还可以按剖视图的剖切位置将三维模型先剖切好，再进行投射。

（2）生成二维图　若主视图采用了半剖视，则可先按图 9-13b 所示剖切，再向 $V$ 面进行投射，其他视图可进行类似操作。投射后的视图如图 9-14a 所示。这种用三维模型投射成二维平面图的方法对于初学者是比较有利的，既直观、易操作，又不会多线、漏线。

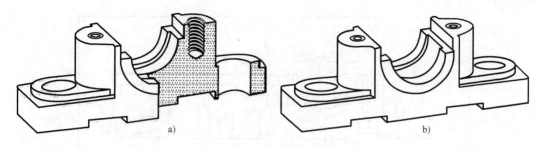

图 9-13　零件的三维建模

（3）整理图线　由投影图可知，视图需按国家标准规定整理一下。

1）因剖切面是人为加的，主视图上半剖视的剖切面投影实线必须去掉，对称部分应添加上对称线（点画线）。左视图也做同样处理。

2）回转面轴线、对称中心线都要加上点画线。

3）螺纹按规定画法改画。

4）截断面上需画上剖面线。

5）有些视图还应适当标注。

（4）标注技术要求　对照零件图的四项内容，可知还需进行尺寸及其公差、几何公差、表面结构等的标注，不便用代号表达的技术要求还应用文字注写出来，最后完工的零件图如图 9-14b 所示。

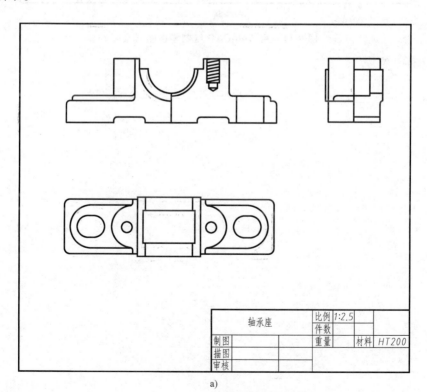

a)

图 9-14　用 AutoCAD 绘制零件图

281

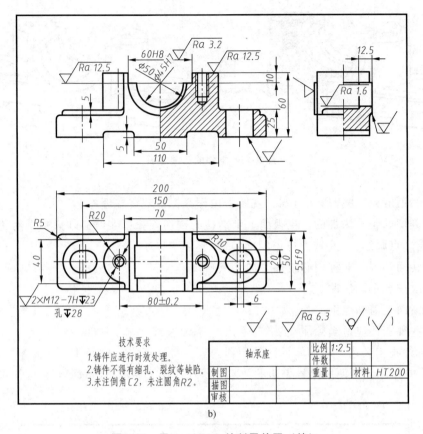

b)

图 9-14　用 AutoCAD 绘制零件图（续）

# 装 配 图

## 第一节 概　述

### 一、装配图的作用

　　表示产品及其组成部分的连接、装配关系的图样称为装配图。在产品设计过程中，通常先按设计要求画出装配图以表达机器或部件的工作原理、传动路线和零件间的装配关系，并通过装配图表达各零件的作用、结构和它们之间的相对位置、连接方式，以便于拆画零件图（见图 10-1）。在生产过程中，根据装配图组装完整的机器或部件；在使用和维修机器中，根据装配图决定其保养和维修方法。因此，装配图既是制订装配工艺规程，进行装配、检验、安装及维修的技术文件，也是表达设计思想、指导生产和进行技术交流的重要文件。

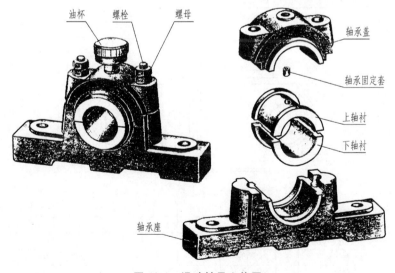

油杯　螺栓　螺母

轴承盖

轴承固定套

上轴衬

下轴衬

轴承座

图 10-1　滑动轴承立体图

### 二、装配图的内容

如图 10-2 所示为滑动轴承的装配图，可以看出，一张完整的装配图应具备下列基本内容。

（1）一组图形　用于表达机器或部件的工作原理、传动路线、装配关系、连接方式、各组成零件的相对位置和零件的主要结构形状等。

（2）必要的尺寸　表示机器或部件的性能、规格、装配、安装外形所必需的几类尺寸。

（3）技术要求　用文字或符号说明机器或部件在性能、装配、调试、检验、作用等方面的要求和注意事项。

（4）零部件序号、明细栏和标题栏　按一定的顺序和方法在图上将各组成零部件进行编号，并编写明细栏，在明细栏中相应地列出零件的序号、名称、数量、材料等，这样便于读图和管理图样，以及进行生产准备工作。标题栏中填写机器或部件的名称、图号、比例、重量和相关人员的签名等。

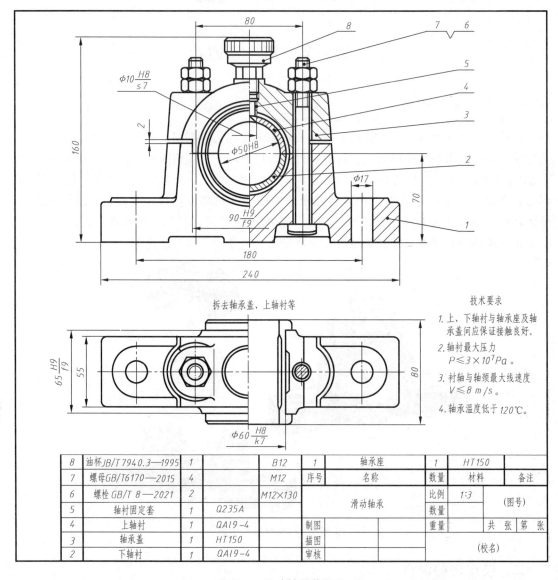

图 10-2　滑动轴承装配图

## 第二节　装配图的表达方法

装配图主要用于表达装配体的结构、工作原理及零件间的装配关系。零件图的各种表达方法和适用原则，对装配图同样适用。但由于表达的侧重点不同，国家标准对装配图还提出了一些规定画法和特殊表达方法。

### 一、装配图的规定画法

装配图的规定画法在第八章第二节螺纹紧固件的连接画法中已简单介绍过，这里再强调一下。

1）相邻两零件的接触面和配合面之间只画一条轮廓线，非接触面、非配合面即使间隙很小，也必须画两条线。如图 10-3 所示，轴与支座在接触表面处画一条轮廓线，在不接触表面处轮廓线分别画出。

2）在剖视图中，相邻零件的剖面线应画成不同方向或间距不等加以区别。而对于同一零件，即使被其他零件分隔开，也应保持剖面线方向和间距相同。如图 10-3 所示，轴与支座剖面线方向相反，而支座在各视图中剖面线方向和间距一致。

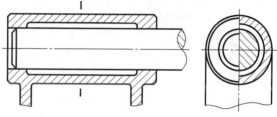

图 10-3　装配图规定画法

3）在剖视图中对标准件（如螺栓、螺母、垫圈、键、销和铆钉等），以及一些轴、杆、球等实心零件，当剖切平面通过其轴线或纵向对称平面时，这些零件均按不剖绘制。若需特别表明零件结构或键、销等连接，则可用局部剖视表示。

### 二、装配图的特殊画法

为了清晰、简便地表示机器或部件，并适应其结构的多样性，装配图有以下特殊画法。

（1）沿零件结合面剖切或拆卸画法　在装配图中，为了把遮挡的结构表达清楚，可以假想沿某些零件的结合面剖切或者拆去某些零件后绘制。需要说明时，可以标注"拆去××"，结合面不画剖面线，而被剖切的零件必须画出剖面线。如图 10-2 所示的俯视图上右半部分沿轴承盖与轴承座结合面剖切即采用此表达方法。

（2）夸大画法　在装配图中，对于薄片件（厚度≤2mm）及小间距、小锥度、小斜度等零件不按比例画，而适当夸大，使之醒目。如图 10-5 所示垫片的画法。

（3）假想画法　在装配图中，当需要表达某零件（部）件与相邻零（部）件的装配关系时，或者表示某些运动零件的极限位置时，可用双点画线画出其假想轮廓。如图 10-4 所示主轴箱的画法及三星轮 I 在 II、III 位置的画法即采用了此种假想轮廓画法。

（4）展开画法　在装配图中，为了表达传动机构的传动路线及轴上各零件间的装配关系，可以假想按照传动顺序沿轴线用几个相交的剖切面剖切机件，并把它们展开在一个平面上，画出其剖视图，称为展开画法，在该图上方应标注"××展开"，如图

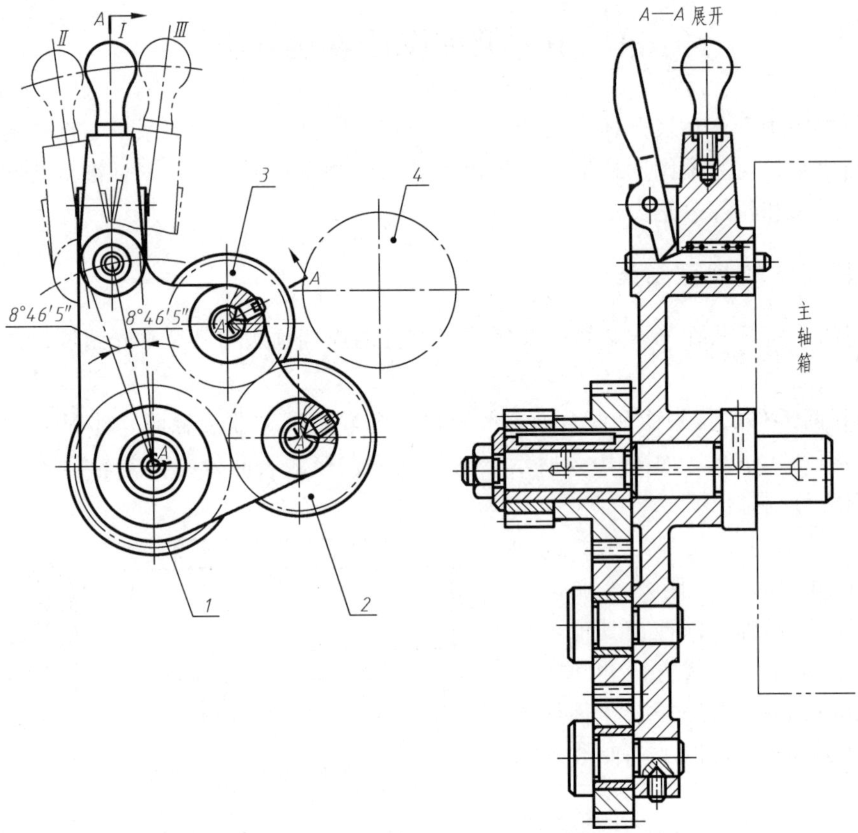

图 10-4　三星齿轮传动机构的展开画法

10-4 所示。

（5）单独表达个别零件　在装配图中，若个别零件未表达清楚，则可以单独画出该零件的某一个视图，并在视图上标出该零件的名称。

## 三、简化画法

为了使装配图简明、清晰，减少不必要的重复工作，提高绘图速度，装配图还规定了若干简化画法。

1）在装配图中，零件的工艺结构（如倒角、退刀槽、砂轮越程槽、铸造圆角等）均可不画出。

2）对于在装配图中若干相同零件组可以详细地画出一处或几处，其余只需用点画线或中心线表示其装配位置。如图 10-5 所示的螺钉画法。

3）在装配图中，若机器或部件某些部分已有视图表达清楚，则在另外视图中可省略不画。剖视图中，当不致引起误解时，剖切平面后面不需要表达到的部分可省略不画。

4）装配图中的滚动轴承轮廓内的结构可按简化画法或示意画法绘制，但同一图样中应采用同一种画法，如图 10-5 所示。

5）在装配图中当剖切平面通过的某些部件为标准件或该部件已由其他视图表达清楚时，可按不剖绘制，如图 10-2 所示的油杯。

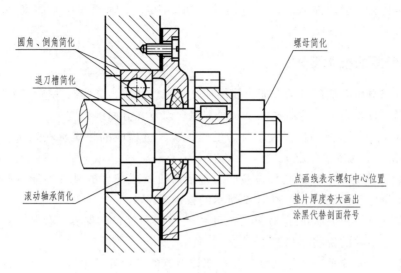

圆角、倒角简化

螺母简化

退刀槽简化

点画线表示螺钉中心位置
垫片厚度夸大画出
涂黑代替剖面符号

滚动轴承简化

图 10-5　简化画法

# 第三节　装配图中的尺寸标注和技术要求

## 一、装配图中的尺寸标注

装配图的作用与零件图不同，因此装配图对尺寸标注的要求也不同。零件图的尺寸主要用于零件的制造与检验，所以图上要求注出全部尺寸；而装配图只需要标注与其相关的几类主要尺寸即可。

（1）性能尺寸　用于表示机器部件的性能、规格和特征，它通常是设计和选型的依据。如图 10-2 所示的滑动轴承孔径 $\phi50H8$。

（2）装配尺寸　用于表示机器或部件有关零件之间装配关系和主要相互位置的尺寸，一般有下列三种。

1）配合尺寸。零件间有公差配合要求的一些重要尺寸，如图 10-2 中的 $\phi60H8/k7$、$65H9/f9$ 等。

2）相对位置尺寸。表示装配时需要保证的零件之间的较重要的距离、间隙等相对位置尺寸。如图 10-2 所示，两紧固螺栓中心距 180 影响轴承盖和轴承座装配，制造时应予以保证。

3）装配时加工尺寸。有些零件需要装配在一起后才能进行加工，这时在装配图上标注装配加工尺寸，如有的定位销孔需要注上"配作"等。

（3）安装尺寸　安装尺寸是指将机器或部件安装到基础或其他机器上所需要的尺寸，如图 10-2 所示，滑动轴承的底座孔直径 $\phi17$ 及其中心距 180。

（4）外形尺寸　这种尺寸主要指机器或部件外部轮廓尺寸，即总长、总宽、总高。为包装、运输、安装、厂房设计等提供尺寸依据，如图 10-2 所示的 240、80、160 等。

（5）其他重要尺寸　在设计过程中经过计算确定的重要尺寸，以及一些主要零件的重要尺寸、结构特征、运动件运动范围等尺寸，如图 10-2 中轴承座中心高度 70、轴承座宽 55 等。

## 二、装配图的技术要求

装配图要求对机器或部件的性能、使用环境、工作状态、装配时注意事项和所要达到的质量指标等提出技术要求。这些技术要求通常包含以下几方面的内容。

（1）装配要求　装配要求指装配时的说明、装配过程中的注意事项和所要达到的要求等。如图 10-2 所示的技术要求 1。

（2）试验和检验要求　试验和检验要求包括对机器或部件的基本性能试验和检验的方法，以及技术指标等的说明。如图 10-2 所示的技术要求 4。

（3）使用要求　使用要求是对机器或部件的性能和维护、保养、包装、运输、安装及操作、使用注意事项的说明。如图 10-2 所示的技术要求 2、3。

装配图上的技术要求一般用文字注写在图样下方的空白处，也可以另编技术文件，附于图样。

# 第四节　装配图中的零、部件序号与明细栏

为了便于读图和产品装配，也为了便于图样管理和组织生产等，需要对装配图中所有的零、部件编写序号并填写标题栏和明细栏等。

## 一、零、部件的序号及其编排方法

1. 基本规定

1）装配图中所有零、部件都必须编写序号。

2）装配图中一个零、部件只可编写一个序号；同一装配图中相同的零、部件应编写同样的序号。

3）装配图中零、部件序号应与明细栏（表）中的序号一致。

2. 序号的编排方法

1）零件序号标注有三种形式，按如图 10-6a、b 所示的形式标注时，序号字高应比该装配图中的尺寸数字高度大一号或大两号，当采用图 10-6c 所示的形式标注时，序号字高应比尺寸数字高度大两号。

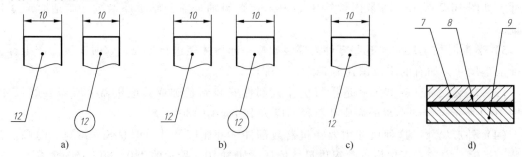

a)　　　　　　　　b)　　　　　　　　c)　　　　　　　　d)

图 10-6　零件序号的标注方法

2）指引线（包括指引线的水平线或圆）用细实线绘制，其端部圆点须画在所指零件的轮廓线内，当所指部分内不便画圆点（如很薄的零件或涂黑剖面）时，其指引线端部用箭头指向轮廓线，如图 10-6d 所示。

3）指引线互相不能相交，也不能与剖面线平行。必要时可画成折线，但只能曲折一次，如图 10-7 所示。

4）一组紧固件或装配关系清楚的零件组，可以采用公共指引线，如图 10-8 所示。

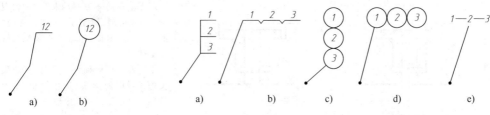

图 10-7　指引线可曲折一次　　　　　　　图 10-8　公共指引线画法

5）装配图中的序号应按顺序沿水平或垂直方向整齐排列，并沿顺（或逆）时针方向按顺序填写。

## 二、明细栏

明细栏是机器或部件中全部零、部件的详细目录。

如图 10-9 所示，其内容包括序号、零件的名称、数量、材料和备注等。明细栏一般配置在装配图中，紧靠在标题栏上方，按自下而上的顺序填写。如位置不够，则可紧靠在标题栏左侧接着画明细栏。明细栏左侧外框线为粗实线，内格线和顶线为细实线。对较复杂的部件也常将单独的明细栏装订成册，作为装配图的附件。

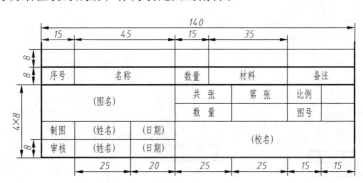

图 10-9　明细栏和标题栏格式

## 第五节　装配结构的工艺性

为了保证装配质量和装卸方便，达到机器或部件规定的性能精度要求，机械零件除要满足制造工艺、制造精度和技术要求外，还必须适应装配工艺的要求。表 10-1 以正误对比的方式简述了这一问题。

表 10-1　装配体上几种常见的工艺结构

| 内容 | 合理图例 | 不合理图例 | 说　明 |
|---|---|---|---|
| 接触面结构 |  | 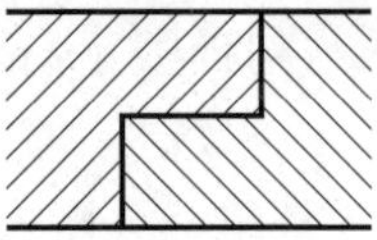 | 　两零件在同一方向（图示三种情况分别是长度方向、轴线方向和半径方向）只能有一对接触面，这样便于装配又降低加工精度<br>　不同方向接触面的交界处，不应做成尖角或相同的圆角（图中倒角、退刀槽等），否则不能很好地接触 |
| 定位销安装 | 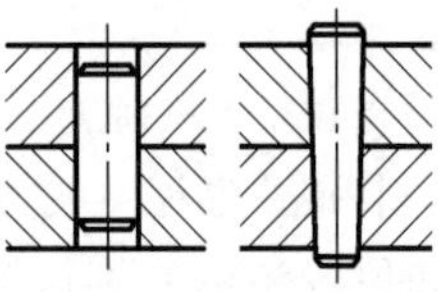 | 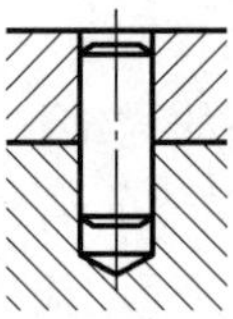 | 　为使两零件在拆装时易于定位，并保证一定的装配精度，常采用销定位<br>　为了加工和装拆方便，应将销孔制成通孔 |
| 防松装置 | 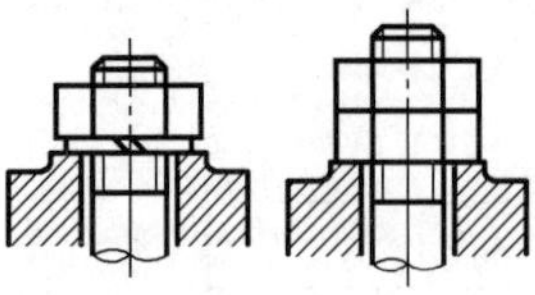 | | 　对于受振动或冲击的机器与部件，其螺纹连接常采用防松装置，以防松脱发生事故<br>　常采用的防松装置有双螺母防松、弹簧垫圈防松、止动垫圈防松、开口销防松 |
| 拆装结构 | 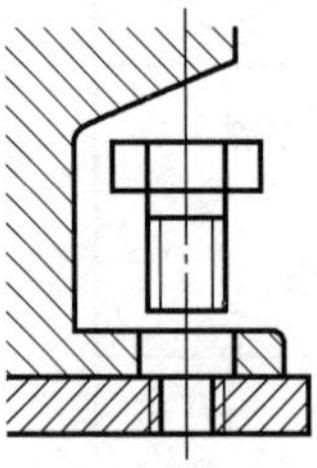 | 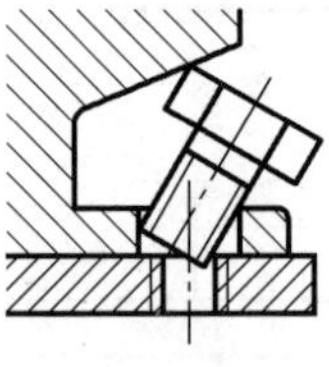 | 　为便于拆装和维修，必须留出装拆螺纹紧固件的空间，同时要留有扳手、螺丝刀等工具的操作空间 |
| 轴承拆装结构 | 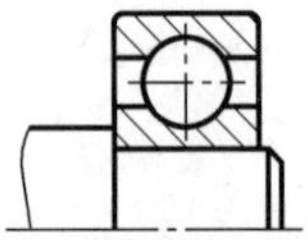 | 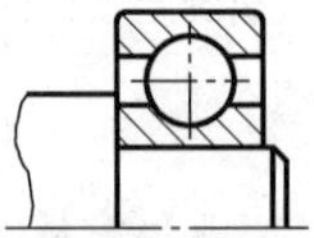 | 　滚动轴承的拆卸要求能顺利进行，不致毁坏轴承，轴上的轴肩过高或箱体中的孔径太小都将无法拆卸 |

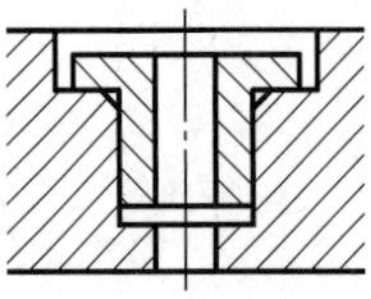

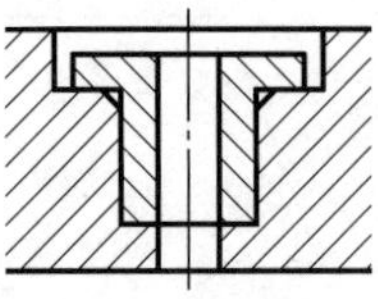

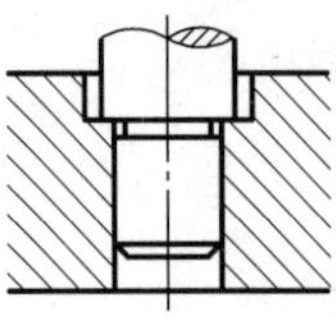

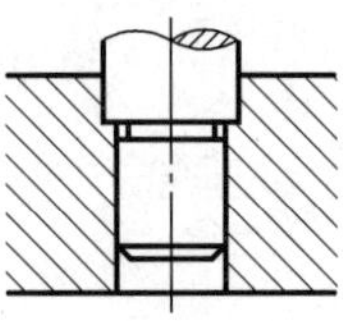

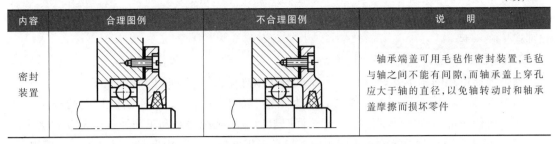

| 内容 | 合理图例 | 不合理图例 | 说　明 |
|---|---|---|---|
| 密封装置 | | | 　轴承端盖可用毛毡作密封装置，毛毡与轴之间不能有间隙，而轴承盖上穿孔应大于轴的直径，以免轴转动时和轴承盖摩擦而损坏零件 |

# 第六节　画装配图的方法和步骤

## 一、画装配图的基本要点

画装配图时应注意以下基本要点。

1）机器或部件的功能、工作原理、结构形状、装配关系等要表达完全、正确。

2）视图、剖视、断面及装配图特有的表达方法要正确使用。

3）视图表达应清楚易懂，便于读图。

4）主视图的选择原则，应以最能体现机器或部件的工作原理、结构特征、主要装配关系及主要零件的主要结构形状为准。

5）选择其他视图时，应使用最少数量、最简明的视图、剖视、断面等，准确、完整、清晰地表达出主视图未表达清楚的结构形状、装配关系、工作原理等方面的内容。

## 二、画装配图

现以千斤顶装配图为例，介绍画装配图的方法和步骤。

1．了解和分析装配体

如图 10-10 所示千斤顶是汽车修理或机器安装等行业常用的一种起重或顶压工具，其顶压高度不太大。在顶举重物时，旋转螺旋杆顶部孔中的绞杠，即把螺旋杆从螺套中旋出，套

**图 10-10　千斤顶立体图**

在螺旋杆上面的顶垫把重物顶起，螺套镶在底座里，并用紧定螺钉固定。为使顶垫不随螺旋杆旋转，且不脱落，在螺旋杆顶部开有一个环形槽，将螺钉端部伸进槽里，使顶垫与螺旋杆顶部连接在一起。

2. 确定表达方案

根据前面所述的基本要领，结合千斤顶的具体情况，确定视图的表达方案。

（1）主视图　将千斤顶的工作位置作为主视图的投射方向，采用全剖视图的表达方法反映该方向的内部结构和外部形状，这样就把千斤顶的装配关系和工作原理全部反映出来。

（2）其他视图　为补充表达千斤顶的外形和各零件的主要结构形状，又画了一个俯视图，画成 A—A 全剖视图的形式。为了表达清楚螺钉连接形式，又采用了一个局部放大视图。

3. 作图方法

作图具体步骤如图 10-11 所示。

1）确定图幅、比例，安排各视图位置，注意留出零件序号、尺寸标准等位置。

2）画图框、标题栏、明细栏位置，画各视图主要轴线、中心线和图形定位基准线。

3）由主视图入手，按装配干线，从螺旋杆开始，由里向外、由下向上逐个画出，完成底稿。

4）校核、修正底稿、加深图线，画剖面线、尺寸界线、尺寸线、箭头等。

5）标注尺寸、公差配合、技术要求。

6）编写序号，填写明细栏、标题栏，完成全图。

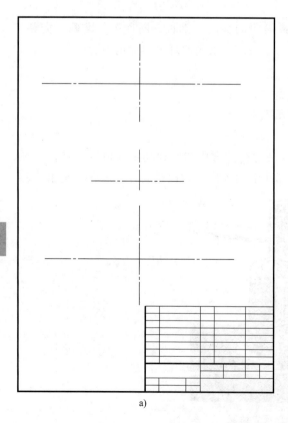
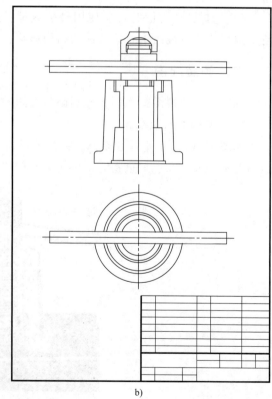

a)                                    b)

**图 10-11　作图具体步骤**

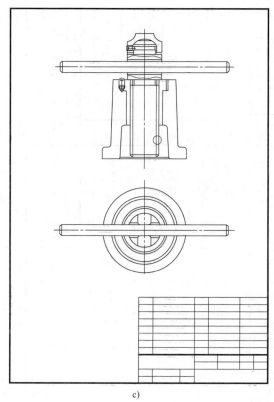

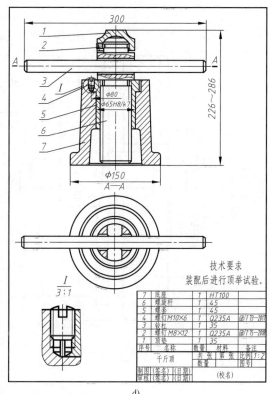

| 7 | 底座 | 1 | HT100 | |
|---|---|---|---|---|
| 6 | 螺旋杆 | 1 | 45 | |
| 5 | 螺套 | 1 | 45 | |
| 4 | 螺钉M10×6 | 1 | Q235A | GB/T 73—2017 |
| 3 | 铰杠 | 1 | 35 | |
| 2 | 螺钉M8×12 | 1 | Q235A | GB/T 75—2018 |
| 1 | 顶垫 | 1 | 35 | |
| 序号 | 名称 | 数量 | 材料 | 备注 |

技术要求
装配后进行顶举试验。

千斤顶 / 共 张 第 张 比例 1:2 / 数量 / 图号

制图（签名）（日期） / 审核（签名）（日期） / （校名）

c)　　　　　　　　　　　　　　　d)

**图 10-11　作图具体步骤（续）**

# 第七节　读装配图及由装配图拆画零件图

在生产中，设计机器、部件，交流技术思想，以及使用和维修设备等都需用到装配图。因此，要求工程技术人员应具备绘制和阅读装配图的能力。

## 一、读装配图

阅读装配图应达到如下目的：即读懂机器或部件的工作原理、各零件间的装配关系和连接方式，以及图中主要零件和相关零件的结构形状，并能按装配图拆绘出除标准件外的各种零件，特别是主要零件的零件图。

装配图的具体内容虽各不相同，但其读图方法却基本相同。现以图 10-12 所示钻模装配图为例来说明装配图读图步骤。

1. 概括了解

看装配图时可先从标题栏和相关资料了解它的名称和用途。从明细栏和所编序号中，了解各零件的名称、数量和它们的所在位置，以及标准件的规格、标记等。

如图 10-12 所示，部件名称是钻模，钻模是为了在工件上钻孔时提高劳动生产率和保证加工精度而使用的专用模具。对照明细栏和序号可以看出，钻模共有九种零件，分别由底座、钻模板、钻套、轴、开口垫圈、特制螺母、衬套七种零件组成，另外还有销、六角螺母

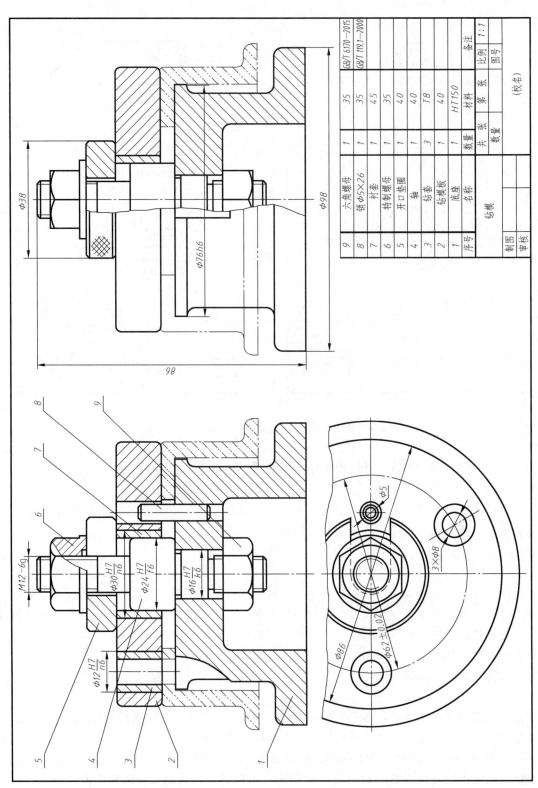

| 序号 | 名称 | 数量 | 材料 | 备注 |
|---|---|---|---|---|
| 9 | 六角螺母 | 1 | 35 | GB/T 6170—2015 |
| 8 | 销 φ5×26 | 1 | 35 | GB/T 119.1—2000 |
| 7 | 衬套螺母 | 1 | 45 | |
| 6 | 特制螺母 | 1 | 35 | |
| 5 | 开口垫圈 | 1 | 40 | |
| 4 | 轴套 | 1 | 40 | |
| 3 | 钻模板 | 3 | T8 | |
| 2 | 钻模座 | 1 | 40 | |
| 1 | 底座 | 1 | HT150 | |

钻模

共 张 第 张 比例 1:1 图号

制图 （校名）
审核

图 10-12 钻模装配图

两种标准件，是比较简单的部件。钻模共用三个视图表达：主视图采用了通过前后对称的全剖视图，清楚地表达了通过钻模轴线（即装配主干线）上所有零件间的装配关系；俯视图是一外形图，主要反映部件的外部形状，由于部件前后完全对称，为了节省视图所占位置，故俯视图上省去了后面一部分形体；左视图采用的是局部剖视的表达方法，使形体的外部形状和内部结构表达得更加清楚。

2. 分析工作原理及零件间的装配关系

从主视图入手，结合视图中的尺寸、配合代号等，分析装配主干线上的各零件的作用，结构特点及零件间的配合关系，以及连接方式和运动零件的传动情况，搞清楚部件的工作原理及零件间的装配关系。

从图 10-12 可看出，钻模只有一条装配干线：其下端是底座 1，轴 4 和销 8 直接装在底座 1 上，并与其形成过渡配合，轴 4 的下端用六角螺母 9 将轴 4 与底座 1 固定好，双点画线部分是工件，工件上方压有钻模板 2，钻模板 2 内镶有钻套 3 和衬套 7，它们与钻模板 2 之间形成较紧的过渡配合，衬套 7 的内孔与轴 4 之间则是较松的间隙配合，钻模板 2 上盖有开 U 形槽的开口垫圈 5，顶部拧有一特制螺母 6，其将工件、钻模板 2 及开口垫圈 5 等与底座 1 连接成一个整体。

通过以上装配关系的分析，不难看出钻模的工作原理：为了在工件上钻出三个直径为 $\phi 8$ 的小孔，特制作该专用模具。加工时，按装配图所示位置将工件装好，再盖上钻模板和开口垫圈，拧紧特制螺母，使钻头对准钻套即可钻孔。钻套起到引导钻头上下运动和定位的作用。底座上的三个弧形沟槽则是在钻孔时出屑和起到保护底座表面不致损坏的作用。工件上的三个孔钻好后，松开螺母，卸下开口垫圈和钻模板，即可取出工件。重复进行加工，不仅保证了工件上孔的加工位置精度，也节省了加工时间，提高了劳动生产率。

3. 分析零件，读懂零件的结构形状

分析零件，就是要弄清每个零件的结构形状和作用。一般从主要零件开始，再扩展到其他零件。读图时，可借助于剖面线的方向和间隔识别同一零件在不同视图上的位置。当零件在装配图中表达不完整时，可对相关的其他零件仔细观察和分析后，再进行结构分析，从而确定该零件的内外形状。

4. 综合分析

通过以上分析，对钻模的工作原理、装拆顺序、安装方法等都有了一定认识，同时结合尺寸标注、技术要求等进行分析考虑，以加深对整个部件的进一步认识，从而获得对整台机器或部件的完整概念。

*295*

## 二、由装配图拆画零件图

如图 10-13 所示为从钻模装配图中拆画出的底座的零件图，由装配图拆画零件图是设计工作中的一个重要环节，应在全面读懂装配图的基础上进行。首先要将所拆画的零件的结构形状分析或构思清楚，然后确定视图的表达方案，最后再用画零件图的方法和步骤画出零件图。

在拆画零件图的过程中，要注意以下几个问题。

1) 装配图中的标准件、通用件等，在拆画时一般不绘制其图样，可查标准，借用其现有图样。

2）装配图中复杂的零件，若表达不够完整，则要根据其功用及装配的关系，对其结构形状加以构思、补充和完善。装配图中省略的工艺结构，如倒角、退刀槽等，在零件图中应加以补充。

3）装配图的视图选择是从表达装配关系和工作原理考虑的，因此对零件的视图选择不能简单照抄，而要从零件的整体结构形状出发选择视图。

4）装配图中已标注的尺寸，是设计时确定的重要尺寸，不能随意改动，其他尺寸可按比例从图中量取。对标准结构，如键槽尺寸，应查阅相关标准。对于需要通过计算的尺寸，如齿轮传动中心距，应通过计算注出尺寸。

5）标注表面粗糙度、公差配合、几何公差等技术要求时，要根据装配图所示该零件在机器中的功用，以及与其他零件的相互关系，并结合自己掌握的结构和制造工艺方面的知识来确定。

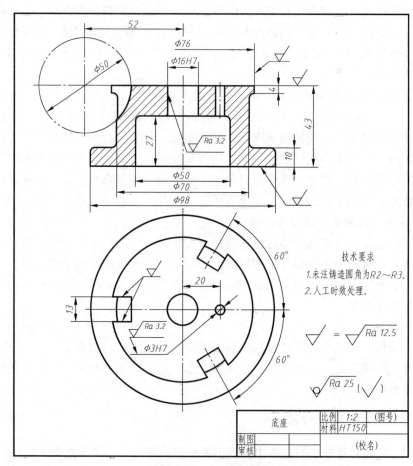

图 10-13　底座零件图

# 第八节　用 AutoCAD 绘制装配图

根据部件（或机器）的零件图和装配示意图（或部件立体图）绘制装配工作图是机械

设计制造工程中常有的工作内容。装配图中的视图表达可以由两种方式形成：一种是将零件的三维图拼装成部件三维图，如图 10-14 所示，然后投射成二维投影图（根据投影图的剖切位置可将部件三维图先进行相应的剖切）；第二种是在前述手工绘制装配图的基础上，改用 AutoCAD 进行绘制。本节以绘制滑动轴承装配图为例介绍用 AutoCAD 绘制装配图的方法和步骤。零件图如图 10-15~图 10-18 所示，轴承座零件图如图 10-19 所示。

图 10-14　创建滑动轴承三维模型

1）按照能反映部件的工作原理、连接关系和反映主要零件的主要形状拟订装配图表达方案，画出主要结构的中心线、回转面轴线、大面的基线等，如图 10-20a 所示。

2）将零件图中的尺寸、技术要求、剖面线（因装配图表达的剖切位置可能与零件图不同）等内容删去（或关闭它们所在层），将需要表达的零件视图一一复制到相应的位置（零件视图拼装），视图拼装后可能有多线、缺线等，要进行增删整理，如图 10-20b 所示。

以上两步骤主要是针对第二种表达方式，对于第一种表达方式就较为简单，只需投影即可，然后补上一些对称线、回转面轴线和进行增删整理。

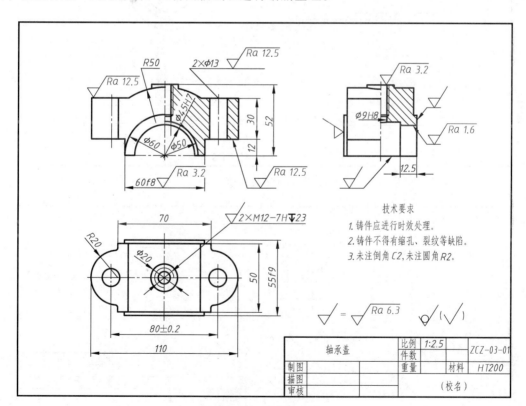

图 10-15　轴承盖零件图

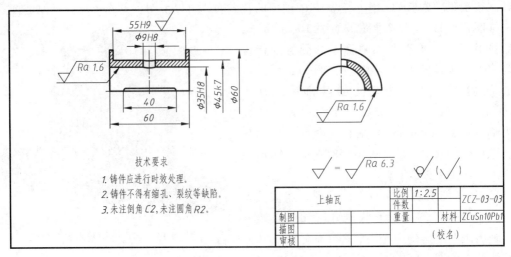

图 10-16　上轴瓦零件图

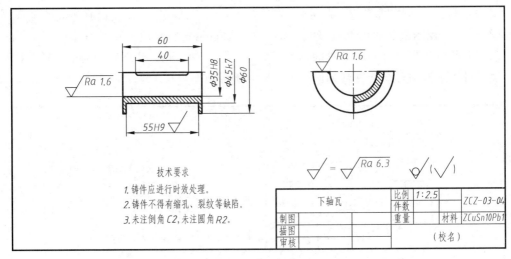

图 10-17　下轴瓦零件图

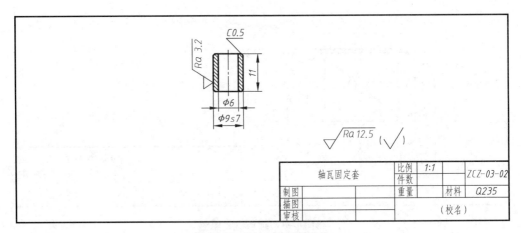

图 10-18　轴瓦固定套零件

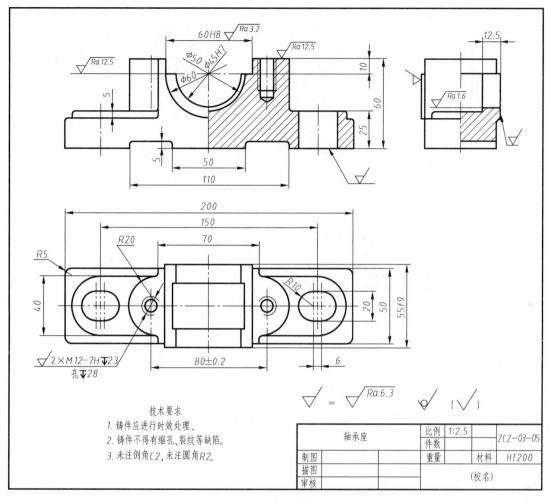

图 10-19　轴承座零件图

技术要求
1. 铸件应进行时效处理。
2. 铸件不得有缩孔、裂纹等缺陷。
3. 未注倒角C2, 未注圆角R2。

| 轴承座 | | 比例 | 1:2.5 | | ZCZ-03-05 |
|---|---|---|---|---|---|
| | | 件数 | | | |
| 制图 | | 重量 | | 材料 | HT200 |
| 描图 | | | | | |
| 审核 | | | (校名) | | |

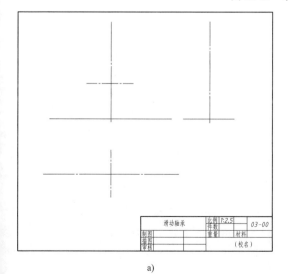

a)

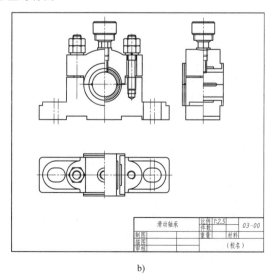

b)

图 10-20　绘制滑动轴承装配图的方法、步骤

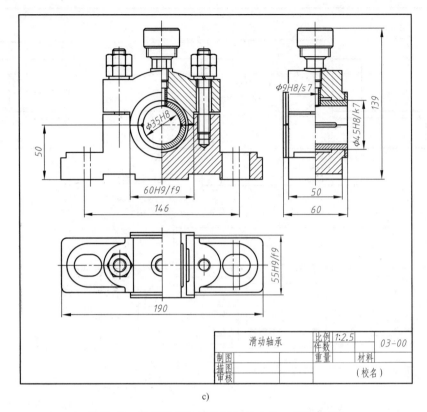

c)

**图 10-20　绘制滑动轴承装配图的方法、步骤（续）**

3）标注装配图中必要的几类尺寸，绘制剖面线（因文字不能被任何图线穿过，所以放在标注后），如图 10-20c 所示。

4）编写零件序号、绘制明细栏（表）、注写技术要求等，完成全图。

# 第十一章

## 房屋建筑图

### 第一节 概　　述

#### 一、房屋图与非土建类专业的关系

建造房屋时首先要把想象中的房屋用图的形式表示出来，这种图统称为房屋建筑图，简称房屋图。

从事非土建类专业领域的工程技术人员除了熟悉和精通各自专业的业务外，还应具备房屋建筑图的基本知识和阅读能力，以便向建筑设计人员提出房屋的要求和建议，甚至提供相关资料，以保证所建房屋更加合乎工艺上的要求。例如，所建工业厂房必须考虑生产设备的合理布置和方便检修的要求；建筑物、构筑物和道路的布置必须符合生产工艺流程和运输的要求；还要考虑到生产辅助设施的各种管线、地沟的敷设要求等。由此可见，工艺设计与土建工程，特别是房屋建筑，有着密切的关系。

#### 二、房屋的类型、组成及作用

房屋按其功能通常可分为以下三类。

（1）民用建筑　民用建筑又可分为：①居住建筑，如住宅、宿舍、公寓等；②公共建筑，如学校、办公楼、车站、旅馆、剧院等。

（2）工业建筑　如厂房、仓库、动力站等。

（3）农业建筑　如粮仓、饲养场、拖拉机站等。

以上这些房屋，无论其使用功能和使用对象有何不同，它们的基本构造都是类似的。一幢房屋，一般是由基础、墙或柱、楼面及地面、屋顶、楼梯、门窗六大部分组成。图 11-1 所示为一幢三层楼的学生宿舍，它的屋面、楼面、梁、墙、基础等起着直接或间接承受风、雪、人、物和房屋本身自重荷载的作用；屋面、雨篷和外墙等起着防止风、沙、雨、雪和阳光的侵蚀和干扰等作用；门、走廊、楼梯、台阶等起着内外沟通或上下交通的作用；窗户等起着通风、采光的作用；天沟、雨水管、散水、明沟等起着排水作用；勒脚、防潮层等起着保护墙身的作用。了解这些对绘制和阅读房屋图都是必要的。

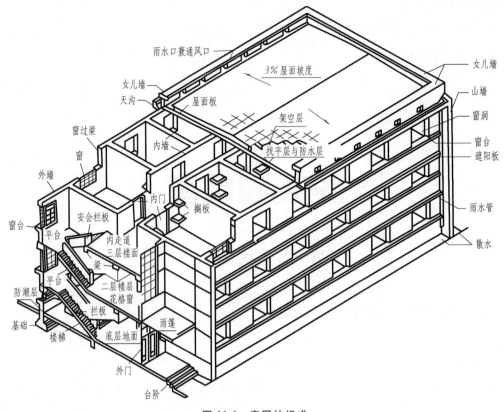

**图 11-1　房屋的组成**

### 三、房屋建筑图的分类

房屋设计过程中用于研究、比较、审批等反映房屋功能组合、房屋内外概貌和设计意图的图样，称为房屋初步设计图，简称设计图。为施工服务的图样称为房屋施工图，简称施工图。施工图通常分为以下三类。

（1）建筑施工图（简称"建施"）　具体反映房屋的内外形状、大小、布局、构造和所用材料等情况。它包括总平面图、建筑平面图、立面图、剖面图、详图等。

（2）结构施工图（简称"结施"）　主要用于表示房屋的承重构件，如基础、楼层、屋架及梁、板、柱等，具体反映这类构件的布置、形状、大小、结构和所用材料等。包括结构计算说明书、基础图、楼层及屋顶结构布置平面图，以及各种构件的详图。

（3）设备施工图（简称"设施"）　反映各种设备、管道和线路的布置、走向、安装要求等情况，包括给水排水、采暖通风与空调、电气等设备布置平面图、系统图及各种详图等。

### 四、房屋图的图示特点

房屋图与机械图样都按正投影绘制。但由于建筑物的形状、大小、结构及材料与机械存在很大差别，所以在表达方法上也有所不同。在学习本章时，要熟悉国家标准《房屋建筑制图统一标准》（GB/T 50001—2017）的相关规定，掌握房屋图的表达方法和图示特点，搞清楚房屋图与机械图样的区别与联系，从而能够借助已掌握的机械图样知识来学习房屋图。

1. 视图名称

房屋图与机械图样中各视图名称的区别见表11-1。

表 11-1　视图名称对照表

| 房屋图 | | | 机械图样 | 房屋图 | | 机械图样 |
|---|---|---|---|---|---|---|
| 建筑立面图 | 正立面图 | | 主视图 | 建筑平面图 | 各层平面图 | 水平剖视图 |
| | 侧立面图 | 左侧立面图 | 左视图 | | 基础平面图 | 水平剖视图 |
| | | 右侧立面图 | 右视图 | | 屋面平面图 | 俯视图 |
| | 背立面图 | | 后视图 | 剖面图 | | 垂直剖视图 |
| | 朝某向立面图 | | 向视图 | 建筑详图（大样图） | | 局部放大图 |

2. 视图配置

与机械图样类似，可把各视图配置在正立面图周围相应的投影位置，比如把平面图配置在正立面图的下方。如图 11-2a 右下角所示的房屋常用的三面视图来表示，其中平面图由图 11-2b 形成，剖面图由图 11-2c 形成。房屋图也允许各视图不按投影位置配置而布置在图样的合适位置处或另外的图样上，并且各图可采用不同的比例。

房屋图的每个视图都应在其下方或一侧标注图名，图名下绘一粗横线，如图 11-2 所示。

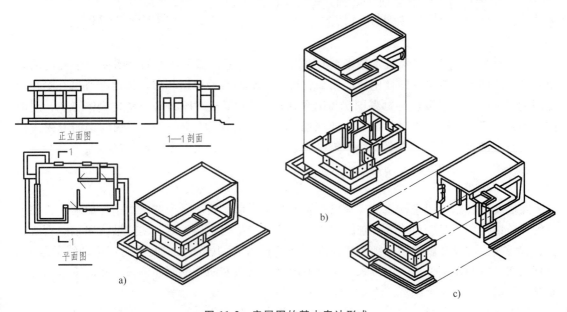

图 11-2　房屋图的基本表达形式

3. 比例

房屋的平、立、剖面图常用的比例为 1∶50、1∶100、1∶200，详图常用比例为 1∶1（1∶2、1∶5、1∶10、1∶20、1∶50 等）。比例应写在图名的右侧，比例的字高应比图名的字高小一号或二号。

4. 图线

房屋图中所采用的线型、宽度见表11-2。

表 11-2　建筑工程图中使用的线型

| 线型 | 线条宽度示例 | | | | | |
|------|------|------|------|------|------|------|
| | 粗线 | | 中粗线 | | 细线 | |
| 实线 | | | | | | |
| 虚线 | $b$ | | $b/2$ | | $b/4$ | |
| 点画线 | | | | | | |
| 折断线 | $b/4$ | | | | | |
| 波浪线 | $b/4$ | | | | | |

### 5. 尺寸

房屋图中的尺寸端部采用与尺寸界线成顺时针 45°的中粗斜实线，长约 3mm，尺寸界线与图形轮廓线不连接（离开距离≥2mm）。尺寸单位除总平面图及标高以 m 为单位外（精确到小数点后第三位），均以 mm 为单位。标高符号为直角等腰三角形，如图 11-3 所示。一般以底层室内地面的相对标高为 ±0.000，高于它为正，数字前不必加"+"号；低于它为负，数字前加注"−"，如图 11-3 所示。

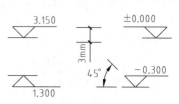

图 11-3　标高符号

### 6. 图例

建筑材料图例可参考第五章中表 5-1 的相关剖面符号。需要注意的是房屋图中的砖墙和金属材料的图例，与机械图样中砖墙和金属材料的剖面符号恰恰相反，其他材料也有不相同的图例。房屋图中常用建筑材料图例可查阅 GB/T 50001—2017。比例≤1：50 的平、剖面图，剖到的砖墙一般不画材料图例（或在透明图纸的背面涂红表示），剖到的钢筋混凝土构件的断面可涂黑表示。晒成蓝图后，砖墙部分呈浅蓝色，钢筋混凝土部分呈深蓝色。

房屋图中常用构配件的图例见附录 F 中的表 F-1。

### 7. 定位轴线

在房屋建筑施工图中，通常应画出房屋的基础、墙、柱、屋架等承重构件的轴线，并进行编号，以便施工时定位放样和查阅图样。这些轴线称为定位轴线。定位轴线用细点画线绘制，轴线编号注写在轴线端部细实线圆内，圆直径为 8~10mm。平面图上定位轴线的编号，宜标注在下方和左侧，横向编号采用阿拉伯数字，按从左向右的顺序编写，竖向编号采用大写拉丁字母，自下而上编写。

对于非承重的隔墙、次要的局部承重构件等，有时采用分轴线，分轴线的编号可用分数表示，分母表示前一轴线的编号，分子表示附加轴线的编号（用阿拉伯数字按顺序编写）。立面图或剖面图上一般只需画出两端的定位轴线。

### 8. 索引符号和详图符号

图中某一局部或某一构件和构件间的构造若需另见详图，应以索引符号索引，即在需要另画详图的部位编上索引符号，并在所画的详图上编上详图符号，两者必须对应一致，以便读图时查找相应的图样。有关索引符号和详图符号的上述规定和编号方法均见附录 F 中的表 F-2。

9. 指北针

在底层建筑平面上，均应画上指北针，指北针画成直径为 24mm 的细实线圆，指针尖指向北，尾端宽度约为圆直径的 1/8（或 3mm）。

# 第二节　建筑总平面图及施工总说明

## 一、建筑总平面图

建筑总平面图是在画有等高线或加上坐标方格网的地形图上，将拟建工程附近一定范围内的建筑物、构筑物及其自然状况的外轮廓线，用水平投影方法和相应的图例画出的图样。它主要反映原有与新建房屋的平面形状、所在位置、朝向、标高、占地面积和周围环境情况等内容。总平面图是新建房屋定位、施工放线、土方施工及施工总平面设计和其他工程管线设置的依据。

图 11-4 所示为某学校拟建学生宿舍的总平面图。现结合此例介绍总平面图的一些基本内容和读图方法。

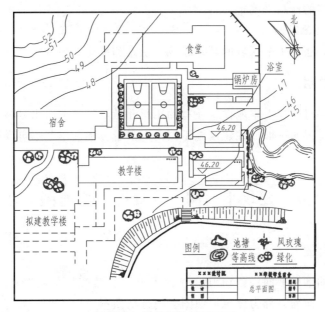

图 11-4　某学校的总平面图

1. 了解图样的比例、图例及有关文字的说明

本例的比例注在标题栏中，若是一些简单的工程图、总平面布置图，则可直接画在首页图的空白处，并在图的下方注写图名与比例。总平面图所表示的区域一般都较大，因此在实际工程中常采用较小的比例绘制，如 1∶500、1∶1000、1∶2000 等。总平面图上所注尺寸一律以 m 为单位。某些场地因其尺寸较小、形状不规则，若按其投影绘制则有一定难度，而实际上也不必要，故在总平面图上需用国家标准规定的图例表示，国家标准中所规定的常用图例见附录 F 中的表 F-3。若用到一些国家标准中没有规定的图例，则必须在图中另加说明，如图 11-4 的下方所示。

2. 建筑定位、田地范围和周围环境

按图例可从图中看出用粗实线围成的线框为拟建两幢相同的学生宿舍。线框右上角各有三个圆点，可知都是三层楼房。北面（按风向玫瑰图的北向定）一幢宿舍在浴室的南侧，在东西方向平齐。宿舍的东侧有挡土墙、池塘、绿化。为了整洁，东南角要拆除一原有建筑。由此可见，学生宿舍置于此环境是合适的。

3. 等高线和绝对标高

从图中的等高线及所注数值可知该区域地势是自西北向东南倾斜。这是雨水排除及计算填挖土方的依据。同时，为了表示每个建筑物与地形之间的高度关系，常在房屋平面图形内标注底层地面标高。此外，构筑物、道路中心的交叉口等处也需标注标高，以表明该处的高低程度。

总平面图中所注标高均为绝对标高。所谓绝对标高，是指以我国青岛市附近的黄海平均海平面作为零点而测量的尺寸。其他各地标高均以此为基准。绝对标高的数值一律以 m 为单位，一般注至小数点后两位。室外平整标高，用涂黑的三角符号表示，见附录 F 中的表 F-3。房屋底层室内地面的标高（本例是 46.20），是根据拟建房屋所在位置的前后等高线的标高（图中是 45 和 47），并估算到填挖土方基本平衡而确定的。如果图上无等高线，则可根据原有房屋或道路的标高来确定。

4. 了解区域的其他信息

除了以上三点，还要了解区域的其他建筑、道路和绿化规划等。

## 二、施工总说明

施工总说明主要对图样上未能详细注写的用料和做法等要求给出具体的文字说明。中小型房屋建筑的施工总说明一般放在建筑施工图内。限于篇幅，本节不再详细叙述，读者可参阅有关教材或资料。

# 第三节　建筑平面图、立面图、剖面图、详图

## 一、建筑平面图

假想用一水平的剖切平面沿门窗洞（窗台上方）把整幢房屋剖开移去上部，将剖切面以下部分作出水平剖面图，称为建筑平面图，简称平面图。

建筑平面图主要表示建筑物的平面形状、水平方向各部分（如出入口、走廊、楼梯、房间、阳台等）的布置和组合关系、门窗位置、墙和柱的布置，以及其他建筑构配件的位置和大小等。它是房屋施工图中最基本的图样之一，同时也是施工放线、砌筑墙体、安装门窗和编制预算的主要依据。

对于楼房，沿底层门窗洞剖切得到的平面图称为底层平面图或一层平面图。用同样的方法可得到二层平面图、三层平面图等，以及顶层平面图。如果中间各层的平面布置相同或仅有局部不同，则相同楼层可用一个平面图表示，称为标准层平面图。对于局部不同之处，则需另画局部平面图。不相同的楼层都要画出平面图。当建筑平面图具有对称图形时，可将两层平面图各取一半，画在同一张图纸上，中间用点画线作为分界，并在图的下方分别注明图

名。除了上述各层平面图之外，还应画出屋顶平面图，对于构造简单的也可不画，只在剖面图中注出屋顶坡度即可。

现以图11-5所示的平面图为例，介绍平面图的内容及其阅读方法。

（1）图名、比例、朝向及内部配置　从图名可知该图是底层平面图。比例采用1∶100，这是根据房屋大小及复杂程度由国家标准《建筑制图标准》（GB/T 50104—2010）选用的。由指北针可知房屋坐北朝南。从图中墙的分隔情况和房间的名称，可了解到房屋内部各房间的配置、用途、数量及其相互间的联系情况。

（2）图线　由于在面图上要表示的内容较多，为了分清主次，增加图面效果，常选用不同的线型和线宽表达不同的内容。国家标准中规定，凡是被剖切到的主要建筑构造，如承重墙柱等断面轮廓线（实际上就是截交线）用粗实线绘制（截交线不包括粉刷层厚度），粉刷层在1∶100的平面图中不必画出，而在大于或等于1∶50的平面图中则用细实线画出。被剖切到的次要建筑构配件及没有剖切到的可见轮廓线，如窗台、台阶、阳台、楼梯、门扇和散水等，用中粗实线画出，其余的尺寸线、标高符号、定位轴线和圆圈等用细实线（点画线）画出。

（3）定位轴线和图例　定位轴线和分轴线的编号方法见本章第一节，各建筑构配件图例见附录F中的表F-1。其中用两条平行细实线表示窗框和窗扇，用45°倾斜的中粗实线表示门及其开启方向。

（4）门窗　从图中门窗的图例及其编号，可了解到门窗的类型、数量及其位置。国家标准中规定的常用门窗图例见附录F中的表F-1，门窗的代号分别为M、C，钢门、钢窗的代号分别为GM、GC，代号后面的阿拉伯数字是它们的型号，同型号门窗的构造和尺寸都一样。一般情况下，在首页图或与平面图同页的图纸上，附有一张门窗表，如图11-5所示，表中列出了门窗的编号、名称、尺寸、数量及其所选标准图集的编号等内容。至于门窗的具体做法，则要看门窗的构造详图（若选用标准图集则不必绘制详图）。

（5）尺寸　从尺寸的标注可了解各房间的开间、进深、门窗及室内设备的大小和位置。尺寸分为外部尺寸和内部尺寸两种。

1）外部尺寸。为读图和施工方便，需在外墙外侧标注三道尺寸。最内侧（靠墙边线的一侧）的第一道尺寸是外墙的门、窗洞的宽度和洞间墙的尺寸（从轴线注起）；中间的第二道尺寸是轴线间距尺寸，其中横墙轴线间的尺寸称为开间尺寸，纵墙轴线间的尺寸称为进深尺寸；最外侧的第三道尺寸是房屋两端外墙面之间的总尺寸，即总长、总宽。通过此尺寸可算出所建房屋占地面积。

2）内部尺寸。内部尺寸是指外墙以内的全部尺寸，它主要用于注明内墙门窗洞口的位置及其宽度、墙体厚度、房间大小、卫生器具和洗涤盆等固定设备的位置及其大小。还要注出楼、地面的相对标高（规定一层地面标高为±0.000，其他各处标高均以此为基准）。本例一层的±0.000相当于绝对标高46.20。

（6）内部其他配置　从图中还可了解诸如楼梯、搁板、墙洞和各种卫生设备等构配件的位置情况。

（7）外部配置　底层平面图上还画出了如室外台阶、花池、散水等的大小和位置。

（8）剖切符号　底层平面图上还画出了剖切符号，如1-1、2-2处等，以便与剖面图对照查阅。

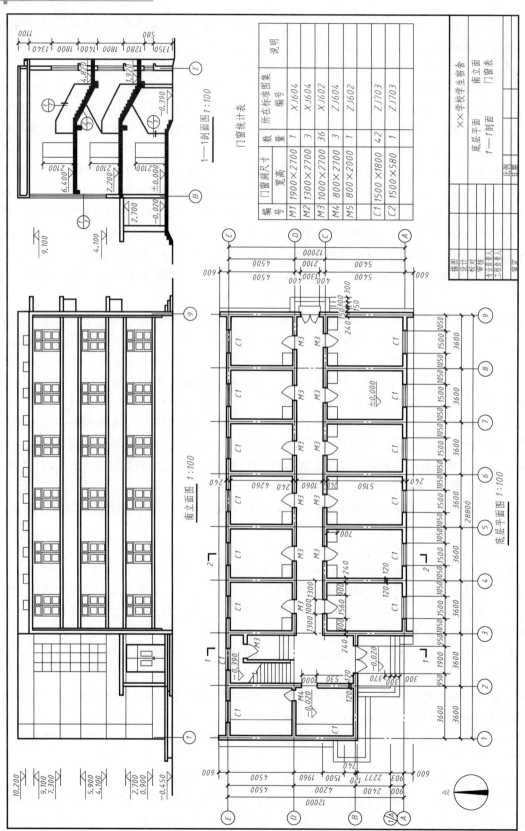

图 11-5 某校学生宿舍建筑平、立、剖面图

## 二、立面图

建筑立面图是在与房屋立面平行的投影面上所作的正投影图，简称立面图。它主要表示房屋的外部造型和各部分配件的形状及相互关系，以及立面装饰材料及其做法。

房屋有多个立面，通常把房屋的主要出入口或反映外貌主要特征的立面图称为正立面图，从而确定左、右侧立面图和背立面图。有时也可按房屋的朝向称为南立面图、北立面图、东立面图、西立面图，如图 11-5 所示。还可按立面图两端的轴线编号命名，如①~⑨立面图、Ⓐ~Ⓔ立面图等。

现按图 11-5 所示的立面图，介绍立面图的图示内容及阅读方法。

（1）图名、比例及外貌 从图名知该图是南向立面图。比例与平面图一样，并将该图配置于平面图上面，这些都便于对照阅读。从图上可看到该房屋的整个外貌形状，也可了解该房屋的屋面、门窗、雨篷、檐口、阳台、台阶、花池及勒脚等细部的形式和位置。

（2）图线 为了使立面图中的主次轮廓线层次分明，增强图面效果，应采用不同的线型。室外地面线用特粗实线（$1.4b$）表示；房屋立面的最外轮廓线用粗实线绘制；门窗洞、台阶、花池、阳台、雨篷、檐口、勒脚等轮廓线用中粗实线；门窗扇、栏杆、雨水管、墙面分格线、文字说明引出线等均用细实线画出。

（3）定位轴线 立面图中，一般只画两端的定位轴线及其编号，以便与平面图对照确定立面图的方向。

（4）图例及省略画法 立面图中的门窗等可按国家标准中规定的图例绘制。外墙面的装饰材料除可画出部分图例外，还应用引出线加注文字说明。图中相同的门窗、阳台、外檐装饰、构造做法等可在局部重点表示，画出其完整图形，其余可只画出轮廓线。

（5）尺寸标注 立面图中应注出外墙各主要部位的标高及高度方向的尺寸，如室外地坪、出入口地面、窗台、门窗上口及檐口等处的标高。对于外墙预留洞除注出标高外，还应注出其定量（定形）尺寸和定位尺寸。

（6）索引符号 有时在图上还要用索引符号表明详图的位置。

## 三、剖面图

建筑剖面图是房屋的垂直剖视图，也就是假想用铅垂的剖切平面剖开房屋，移去剖切平面与观察者之间的部分后的正投影图，简称剖面图。建筑剖面图主要表示房屋内部结构、分层情况、各层高度、楼面和地面的构造，以及各种配件在铅垂方向上的相互关系等内容，如图 11-5 所示。

剖面图的剖切位置应选在房屋的主要部位，即内部结构和构造比较复杂或有变化及有代表性的部位，如剖切平面通过门窗洞和楼梯间。当一个剖切平面不能同时剖切到这些部位时，可采用若干个平行的剖切平面（即阶梯剖切方式）。剖面图的数量应根据房屋的复杂程度而定。剖切平面一般取侧平面，所得剖面图为横向剖面图；必要时也可取正平面，所得剖面图为纵向剖面图。

现按图 11-5 所示的剖面图，介绍剖面图的内容及阅读方法。

（1）图名、比例及内部构造 由图名知该图是通过大门、门厅、楼梯及窗的横向剖面图。比例与前述平面图、立面图相同。由图可看出房屋在铅垂方向上的内部构造，也可了解雨篷、柱、各楼层、地面及楼梯、门窗等构造形式和位置。

（2）图线　在剖面图中，除了具有地下室外，一般不画出室内、外地面以下部分，而只把室内、外地面以下的基础墙画上折断线，因为基础部分将由结构施工图中的基础图来表达。室内、外地面的层次和做法一般将由剖面节点详图或施工说明来表达，故在剖面图中只画一条特粗实线（1.4$b$）来表达室内外地面线，并标注各处不同高度的标高，如±0.000、−0.450等。各层楼面都设置楼板，屋面设置屋面板，它们搁置在砖墙或楼面屋面梁上。为了屋面排水需要，屋面板铺设成一定的坡度，并在檐口处和其他部位设置天沟板，以便于导流屋面上的雨水经天沟排向雨水管。楼（屋、天沟）面板的详细形式及它们的层次和做法，可另画剖面节点详图，也可在施工说明中表明。故在1∶100的剖面图中可示意性地用两条粗实线（若图形小则可涂黑）表示楼（屋）面层的总厚度，在1∶50的剖面图中，一般不但要表示出多孔板的分块线，而且需在楼板上应用细实线加绘面层（粉刷层）线。此外，凡剖切到的部位（如散水、墙身、地面、楼梯、圈梁、过梁、阳台、雨篷等）的断面线（截交线），均用粗实线或图例表示，对未剖切到的可见轮廓线，如门窗洞、楼梯梯段及栏杆扶手，以及可见的女儿墙压顶、内外墙轮廓线、踢脚线、勒脚线等均画中粗实线，门、窗扇及其分格线、水斗及雨水管、外墙分格线（包括引条线）等均画细实线。

（3）定位轴线及图例　在剖面图中，凡被剖切到的承重墙、柱宜都画出定位轴线并标注其间距尺寸，定位轴线的编号应与按平面图中剖视方向投射后所得的投影图一致，以便于读图。剖面图中的门窗等构配件及材料的图例与平面图、立面图相同。

（4）尺寸注法　剖面图中除注出定位轴线间的尺寸外，还需注出高度尺寸及标高。

1）高度尺寸。剖面图中的高度尺寸可类似于平面图的尺寸标注，即外部尺寸也注成三道，但门、窗的洞间墙一般将楼面上下部分分别标注，内部尺寸应注出室内门窗及墙裙的高度尺寸。本例中是把高度尺寸与标高配合标注。

2）标高。注出室内外地面、各层楼面、阳台、楼梯、平台檐口、门窗、台阶等处的标高。

（5）坡度标注　房屋倾斜的地方（如屋面、散水、排水沟与出入口的坡道等），需用坡度来表明倾斜的程度。如图11-5所示的剖面图及屋面上的3%是坡度较小时的表示方法，箭头表示流水方向，3%表示屋面坡度的高宽比。对于坡屋面的坡度可用 $\frac{屋面坡度}{N}$ 的形式表示，读作1∶$N$，直角三角形的斜边应平行于屋面。

## 四、建筑详图

建筑平面图、立面图、剖面图一般采用较小的比例，因而某些建筑物配件（如门、窗、楼梯、阳台和各种装饰等）和某些削面节点（如檐口、窗台、散水或明沟，以及楼地面和屋顶层等）的详细构造（包括式样、层次、做法、用料和详细尺寸等）都无法表达清楚。根据施工需要，必须另外绘制较大比例（1∶20、1∶10、1∶5、1∶2、1∶1等）的图样进行表达，这种图样称为建筑详图，简称详图或大样图。由此可见，建筑详图是建筑平面图、立面图、剖面图的补充。建筑详图类似于机械图样中的局部放大图，它可以是局部的视图、剖视图、断面图，也可以是详图中的下一级详图。

图11-6所示为外墙剖面详图，从图名的剖面编号对照图11-5所示平面图中的相应的剖

切线便知该图的剖切位置和投射方向。

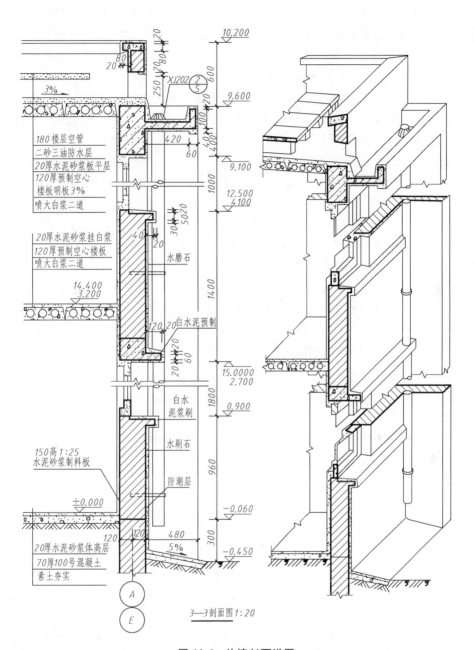

图 11-6　外墙剖面详图

　　该详图选用了较大的比例（1：20），它实际上是建筑剖面图的局部放大图，是檐口、窗顶、窗台、勒脚、散水等处的几个剖面节点详图的组合，详细地表达了屋面、楼面、地面、檐口、门窗顶、窗台、勒脚、散水及楼板与墙的连接等构造情况，是施工的重要依据。详图的线型要求与前述剖面图相同。

　　图中注有轴线的两个编号，表示这个详图适用于 A、E 两个轴线的墙身，也即南、北两墙身的任何地方（不局限于 3—3 剖面处）各相应部分的构造情况都相同。

　　从檐口部分，可了解屋面层、女儿墙、防（排）水构造。屋面层采用多层构造说明方式进行表达，即引出线的一端通过被引出的各构造层，另一端画出若干条与其垂直的横线，横线的上方或端部注写文字说明，顺序与结构层次一致。由图及文字说明可知屋面是120mm厚的预制钢筋混凝土多孔板，在檐口外侧是预制钢筋混凝土天沟，并将屋面做成3%的斜坡。然后在板上做20mm厚水泥砂浆找平层，再做二毡三油的防水覆盖层和180mm的高架空层，以加强屋面的防漏和隔热保温性能。屋面层底面用纸筋石灰粉平后刷白二度。屋面上的雨水沿斜坡经女儿墙底部的雨水口（兼通风口）流向天沟，再经雨水管流向散水等。雨水管的位置和数量可参阅平面图、立面图。

　　从窗顶部分，可了解窗顶钢筋混凝土过梁处的构造做法。在梁底外侧应粉出滴水槽（或滴水斜口）使墙外侧的雨水直接滴到有斜坡的窗台上。窗过梁上侧外表面应粉成斜坡，以利排水。从窗台部分，可了解砖砌窗台的做法。除了窗台底面做出滴水斜口（或滴水槽口）外，窗台面的外侧还须向外粉成一定的斜坡，以利于排水。从楼板与墙身连接部分，可了解各楼面层的构造和做法、各层楼板（或梁）的搁置方向及与墙身的连接关系。预制钢筋混凝土多孔板平行纵向外墙（平行 A、E 轴线）布置，因而它们搁置在两端的横墙上。在每层的室内墙角处需做一踢脚板，以保护墙壁。踢脚板的厚度可大于或等于内墙面的粉刷层。厚度一样时，在其立面图中可不画出其分界线。

　　从勒脚部分，可知房屋底层墙身的防潮层及防、排水的构造和做法。在室内地面以下60mm处用钢筋混凝土做一厚约60mm的防潮层，以防止地下水对墙身的侵蚀。在外墙外表面，离室外地面300~500mm高度范围内，用坚硬防水的材料做成勒脚。在勒脚的外侧地面，用1:2的水泥砂浆抹面，做出5%坡度的散水，以防止雨水或地面水对墙基础的侵蚀。

　　在详图中，一般应注出各部位的标高、高度方向和细部结构的大小尺寸。图中标高注写有两个数字时，括号内的数字表示高一层的标高。从外墙剖面详图中，还可了解内、外墙各部位墙面粉刷的用料、做法和颜色等。

　　图 11-7 所示为楼梯的踏步、扶手和栏板的节点剖面详图，它们的剖切位置和投射方向参阅图 11-5 中的 1—1 剖面图。由图可知楼梯中这些部位的类型、大小、材料的构造情况等。

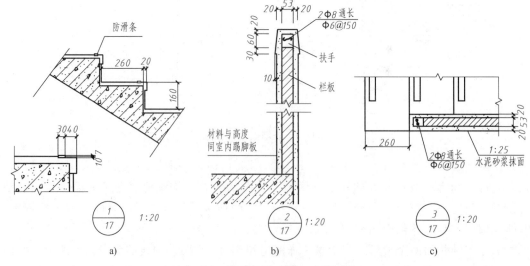

**图 11-7　楼梯踏步、扶手、栏板详图**

关于其他构配件（如楼梯、门、窗等）的详图请参阅相关教材的资料。限于篇幅，本节不再一一介绍。

# 第四节　钢筋混凝土结构图及上部结构平面图

房屋图除了建筑施工图所表达的房屋的外部造型、内部布置、建筑构造和内、外装修等内容外，还应按建筑各方面的要求进行力学和结构计算，决定房屋承重构件（如基础、承重墙、梁、板、柱等）的具体形状、大小、材料、内部构造及结构造型与构件布置等，并将其结果绘制成指导施工的图样，这种图样称为结构施工图，简称"结施"。结构施工图主要用作施工放线、挖基槽、支模板、绑扎钢筋、设置预埋件和预留孔洞、浇捣混凝土，安装梁、板、柱等构件，以及编制预算和施工组织等的依据。

结构施工图一般有上部结构布置图、基础图和结构详图等。

## 一、钢筋混凝土结构的基本知识和图示方法

混凝土由水泥、石子、砂和水按一定比例配合搅拌而成，灌入定型模板，经振捣密实和养护凝固后就形成坚硬如石的混凝土构件。混凝土的抗压强度高，抗拉强度低，易受拉而断裂。为提高其抗拉能力，常在混凝土构件的受拉区内配置一定数量的钢筋，这样便形成了钢筋混凝土构件。它们有工地现浇的，也有在工厂（或工地）预制的，分别称为现浇钢筋混凝土构件和预制钢筋混凝土构件。为了提高构件的抗拉和抗裂性能，常在制作构件时先张拉钢筋，预加一定的内应力，这种构件称为预应力钢筋混凝土构件。

1. 钢筋等级

常用钢筋的种类、级别和符号见表 11-3。

**表 11-3　钢筋种类、级别和符号**

| 种类 | 级别 | 符号 | 种类 | 级别 | 符号 |
|---|---|---|---|---|---|
| 热轧钢筋（或热处理钢筋） | Ⅰ级钢筋(3号光钢) | Φ | 冷拉钢筋 | Ⅰ级钢筋 | $\Phi^L$ |
| | Ⅱ级钢筋(16锰) | Φ | | Ⅱ级钢筋 | $\Phi^L$ |
| | Ⅲ级钢筋(25锰硅) | Φ | | Ⅲ级钢筋 | $\Phi^L$ |
| | Ⅳ级钢筋(45锰硅矾) | Φ | | Ⅳ级钢筋 | $\Phi^L$ |
| | Ⅴ级钢筋(44锰,硅) | $\Phi^L$ | 钢丝 | 冷拔低碳钢丝 | $\Phi^b$ |

2. 钢筋的名称和作用

钢筋的名称和作用如图 11-8 所示。

（1）受力筋　承受拉、压应力的钢筋（有时也称为主筋），可分为直钢筋和弯折钢筋。

（2）箍筋（钢箍）　固定受力筋的位置，并承受部分斜拉应力。

（3）架立筋　固定受力筋、箍筋的位置，构成梁内钢筋的骨架。

（4）分布筋　与板内的受力筋垂直固定，形成整体受力的骨架。

（5）构造筋　因构件的构造要求和施工安装需要而配置的钢筋，如预埋在构件中的锚固筋、吊环等。

具体施工时，钢筋端部将做成各种形式，详见附录 F 中的表 F-4。

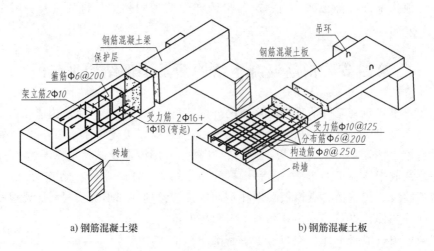

a) 钢筋混凝土梁                                    b) 钢筋混凝土板

**图 11-8  钢筋混凝土构件的配筋构造**

3. 保护层

为了保护钢筋，增加钢筋与混凝土的黏结力和抗焚能力，构件中的钢筋不允许外露，必须留有一定厚度的保护层，该层的最小厚度，梁柱为 25mm，板、墙为 10~15mm。

4. 图示方法

钢筋混凝土构件的外观只能看到混凝表面和它的外形，内部钢筋的形状和布置是不可见的（如图 11-8 所示梁、板的右部）。为了表达内部钢筋的配置情况，可假定混凝土为透明体。主要表示构件内部钢筋配置的图样，称为配筋图。配筋图常用立面图和断面图组成。立面图中构件轮廓线用中粗实线绘出，钢筋简化为粗实线表示。断面图中剖切到的钢筋圆截面画成黑圆点，圆点直径为 $3b$，其余未剖切到的钢筋仍画成粗实线，并规定不画材料图例。对于外形较为复杂或设有预埋件（因构件安装或与其他构件连接的需要，在构件表面预埋钢板吊钩或螺栓等）的构件，还要另外画出表示构件外形和预埋位置的图样，称为模板图。在模板图中，应注出构件的外形尺寸（也称为模板尺寸）和预埋件型号及其定位尺寸，它是制作构件模板和安放预埋件的依据。

5. 钢筋的尺寸标注

钢筋的直径、根数或相邻钢筋中心距一般采用引出线方式标注，有以下两种方式

## 二、钢筋混凝土梁结构详图

如图 11-9 所示，钢筋混凝土梁的结构详图包括梁的立面图、截面图和钢筋详图。从图名可知这是第二层楼第二号梁，截面尺寸是宽度为 150mm、高度为 250mm，图的比例是 1：40。梁的立面图表示其立面轮廓、长度尺寸及钢筋在梁内上下、左右的配置。截面图表示梁

的截面形状、宽度、高度尺寸和钢筋上下前后的排列情况。对照立面图和截面图可知该梁是一根矩形梁，全长 3640mm、宽 150mm、高 250mm。在 1—1 截面图中，①号筋 2Φ12 表示编号为①的是两根Ⅰ级钢筋，直径为 12mm，置于梁内的下面；②号筋也是直径为 12mm 的Ⅰ级钢筋，两端弯起置于梁内下面中间；③号筋是两根直径为 6mm 的架立筋，置于梁内的上面；④号筋是箍筋，它是直径为 6mm 的Ⅰ级钢筋，箍筋间距为 200mm。

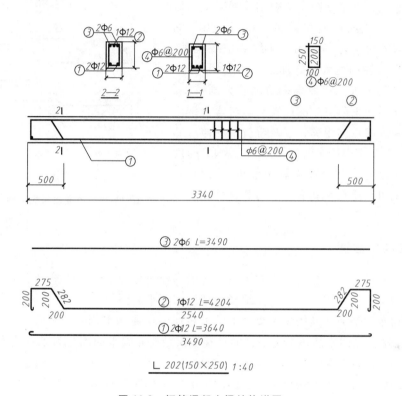

图 11-9　钢筋混凝土梁结构详图

对于配筋较复杂的钢筋混凝土构件，除画出其立面图和截面图外，一般还要把每种规格的钢筋抽出，另画出钢筋详图，如图 11-9 下方所示，以便于下料。此外，为了便于编造施工预算、统计用料，还要列出钢筋表，表内说明构件的名称、数量、钢筋的规格、钢筋简图、直径、长度、每件数、总数和质量等，见表 11-4。

表 11-4　钢筋表

| 构件名称 | 构件数 | 钢筋编号 | 钢筋规格 | 简图 | 长度/mm | 每件根数 | 总根数 | 总长/m | 质量累计/kg |
|---|---|---|---|---|---|---|---|---|---|
| ⵡ202 | 1 | ① | Φ12 | | 3640 | 2 | 2 | 7.280 | 7.41 |
| | | ② | Φ12 | | 4204 | 1 | 1 | 4.204 | 4.45 |
| | | ③ | Φ6 | | 3490 | 2 | 2 | 6.980 | 1.55 |
| | | ④ | Φ6 | | 700 | 18 | 18 | 12.600 | 2.80 |

### 三、钢筋混凝土板结构详图

钢筋混凝土板的结构详图，一般由其平面图、剖面图（截面图）和钢筋详图组成。图 11-10 所示为现浇钢筋混凝土楼板的结构详图，该图是把梁、楼板的截面图重合在平面图中，把钢筋混凝土的截面部分涂黑，并注明楼面和梁底的标高。板下的梁、柱、墙等不可见轮廓线用细实线或虚线表示。图中表明各受力筋的配置和弯曲情况，注明编号、规格、直径、间距等。每种规格的钢筋只画一根，按其立面形状画在钢筋安放的位置上。对弯折钢筋要注明轴线到弯起点的距离，以及弯折钢筋伸入邻板的长度。④ 号筋只画出形状和直线段长度 800mm。与受力筋垂直配置的是分布筋不必画出，但要在图中说明，或在钢筋表中注明其直径、间距及总长。

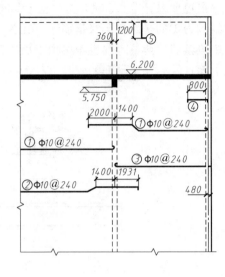

图 11-10　现浇楼面板结构布置平面图

### 四、结构平面图

结构平面图是表示建筑物各构件平面布置的图样，分为基础平面图、楼层结构布置平面图和屋面结构平面布置图。这里只介绍楼层结构布置平面图。

楼层结构布置平面图是假想沿楼面板的上表面将房屋水平剖开后所作的楼层水平投影，如图 11-11 所示，该图是前述学生宿舍的二楼楼层结构布置平面图。为了画图方便，习惯上把楼板下的不可见墙、梁、柱和门窗洞位置线（应画虚线）改画成细实线。各种梁用粗点画线表示它们的中心位置。楼层结构平面图上的定位轴线及其编号，必须与相应的建筑平面图一致。楼层上的各种梁板构件，在图上都用国家标准规定的代号和型号及其组合的标记进行标注。常用构件代号见附录 F 中的表 F-5。对照这些代号，标记和定位轴线就可以了解各构件的位置和数量。图上打了对角交叉线的方格表示楼梯间，其结构布置另用详图表示。由图可知，这座楼房属于混合结构，用砖墙承重。阳台靠悬臂梁支承。楼面结构分为两部分，在轴线①~③范围内是现浇板结构，轴线③~⑨部分铺设预制预应力钢筋混凝土多孔板。预制板的布置不必按实际投影分块画出，而简化为一对角线（细实线）来表示楼板的布置范围，并沿着对角线的方向注写出预制板的块数和型号。板的型号各地不同，未有统一规定，现以上海地区定型的预应力多孔板为例说明：如在标注 9-YKB-5-36-2 中，9 表示板的块数；YKB 表预制预应用多孔板；5 是板的宽度型号，有 4、5、6、8、9、12 等，它们分别表示板的名义宽度为 400mm、500mm、600mm、800mm、900mm、1200mm，而板的实际宽度比名义宽度减小 20mm；36 表示板长代号，只要乘以 100 便为板的名义长度（单位为 mm）；2 表示板中两圆孔间有两根钢筋。

结构平面图中应标注出各轴线间尺寸和轴线总尺寸，还应标明相关承重构件的表面尺寸，而且要注明各种梁板的结构底面标高，作为安装或支模的依据。梁、板的底面标高可以注写在构件标记后的括号内，也可用文字统一说明。

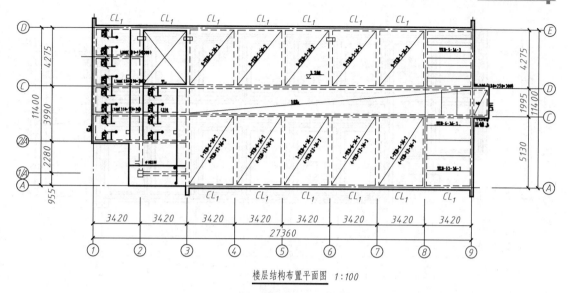

图 11-11　楼层结构布置平面图

# 第五节　基　础　图

　　基础是建筑物的地下承重结构部分，它把建筑物的各种荷载传递到地基，起着承上启下的作用。

　　基础图是表示建筑物室内地面以下基础部分的平面布置和详细构造的图样，它是施工放线、开挖基坑和施工基础的依据。基础图通常包括基础平面图和基础详图。

　　基础的形式一般取决于上部承重结构的形式、建筑物荷载大小、地基承受能力等因素。常用的有条形基础和单独基础，如图 11-12 所示。

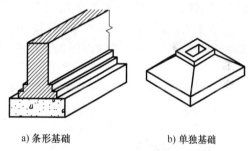

a)条形基础　　　　　b)单独基础

图 11-12　基础的类型

## 一、条形基础

　　图 11-12a 所示为条形基础立体图，基础上部是墙，下部是逐渐加宽后形成的台阶砌体，称为大放脚。

　　1. 基础平面图

　　假想用一水平剖切平面，沿室内地面与防潮层之间将房屋剖开，移去上面房屋后的水平剖面图称为基础平面图，如图 11-13 所示为前述学生宿舍的基础平面图。

　　从图 11-13 中可以看出，该房屋绝大部分的基础属条形基础（只有门前和②轴线相交处是单独基础）。定位轴线、编号与建筑平面图一致，轴线两侧的粗实线是墙边线（剖切面与墙身的截交线），中实线是基坑边线（可见轮廓线）。在基础平面图中，应注出基础定位轴线间的尺寸和横向、纵向两端轴线间的尺寸。此外还应注出内、外墙宽尺寸和基础底部宽度尺寸等。

317

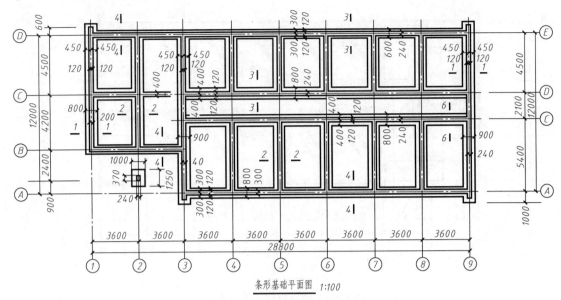

条形基础平面图 1:100

**图 11-13 条形基础平面图**

2. 基础详图

假想用铅垂剖切平面剖切基础，用较大比例画出的断面图称为基础详图，如图 11-14 所示。基础平面图表示基础各部分的形状、大小、材料、构造及基础的埋置深度等。若有钢筋混凝土构件，则还需用图表示钢筋的配置。

为了表示剖切位置和投射方向，在基础平面图上还应画出剖切符号，并在基础详图的下面标注与之相应的详图符号。

在基础详图中，不仅要详细注出基础断面各部分尺寸，还要注出室内、外地面及基础底面的标高。

## 二、单独基础

在工业厂房和某些民用建筑中，经常采用单独基础。常见的钢筋混凝土杯形基础的立体图如图 11-12b 所示。

1. 基础平面图

如图 11-15 所示为某厂房的钢筋混凝土杯形基础平面

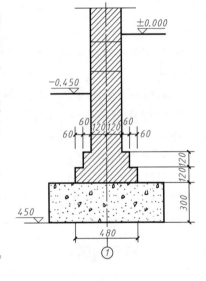

1—1 1:20

**图 11-14 条形基础的详图**

图，这种图不但要表示出基础的平面形状，而且要标明各单独基础的相对位置。对不同类型的单独基础要分别编号。如图中编号为 J-1 的基础有 10 个，分前后两排布置在②~⑥轴线之间；编号为 J-2 的是两端山墙抗风柱基础，共有 4 个布置在①、⑦轴线上；编号为 J-1a 的基础也有 4 个，布置在车间的四角。单独基础之间一般设置有基础梁，其编号为 JL-1、JL-2。

2. 基础详图

钢筋混凝土单独基础详图一般应画出平面图和剖面图，用于表达每一基础的形状、尺寸和配筋情况，如图 11-16 所示。在基础详图中，要将整个基础的外形尺寸、钢筋尺寸和基础边缘到定位轴线尺寸，以及杯口等细部尺寸标注清楚。对线型、比例的要求与钢筋混凝土梁、板结构详图相同。

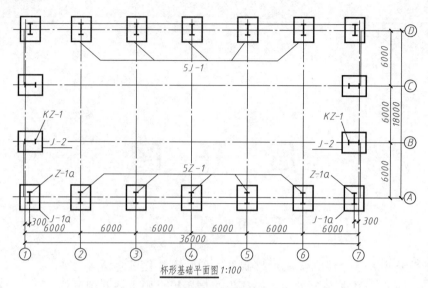

图 11-15　杯形基础平面图

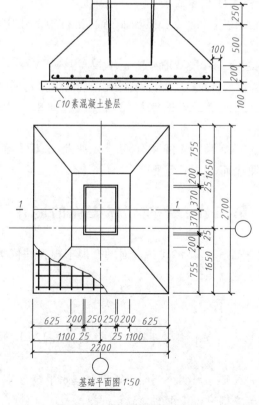

图 11-16　杯形单独基础详图

## 第十二章

# 展 开 图

## 第一节 概 述

在工业生产中，常会遇到金属板材制件，如管道、化工容器等，如图 12-1 所示。制造这类板材制件时，必须先在金属板上画出展开图，然后再下料加工成形。

将立体表面按其实际形状，依次摊平在同一平面上，称为立体表面展开，展开后所得的图形称为展开图。

展开图在化工、锅炉、造船、冶金、机械制造、建材等工业领域中得到广泛应用。

不同几何性质的立体表面，其展开图画法也不相同。

（1）平面立体 其表面都为平面多边形，展开图由若干平面多边形组成。

（2）可展曲面 在直线面中，若连续相邻两素线彼此平行或相交（共面直线），则为可展曲面。

（3）不可展曲面 直线面中的连续相邻两素线彼此交叉（异面直线），则为不可展曲面；曲线面都是不可展面。

**图 12-1 集粉筒**

## 第二节 平面立体表面的展开

平面立体的表面都是平面，只要将其各表面的实形求出，并依次摊平在一个平面上，即能得到平面立体的展开图。

### 一、棱柱管的展开

图 12-2a 所示为方管弯头，其由斜口四棱柱管组成。图 12-2b 所示为带斜切口的四棱柱管表面展开图的画法。

四棱柱管的两个侧面是梯形，另两个侧面是矩形，其水平投影 $abcd$ 反映实形和各边实长。同时，由于棱柱管的各条棱线都平行于正面，故正面投影 $(a')(1')$、$b'2'$、$c'3'$、$(d')(4')$ 均反映棱线实长。

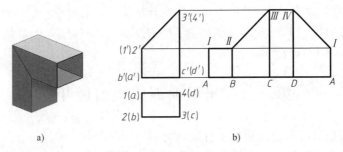

图 12-2　四棱柱管制件的展开

**作图**

1）将棱柱管底边展开成一直线，取 $AB = ab$、$BC = bc$、$CD = cd$、$DA = da$。

2）过 $A$、$B$、$C$、$D$ 作垂线，量取 $AI = (a')(1')$，$B\mathrm{II} = b'2'$，…，并依次连接I、II、III、IV 各点，即得四棱柱管的展开图。

## 二、棱锥管的展开

图 12-3a 所示为方口管接头，主体部分是截头四棱锥。图 12-3b 所示为截头四棱锥表面展开图的画法。

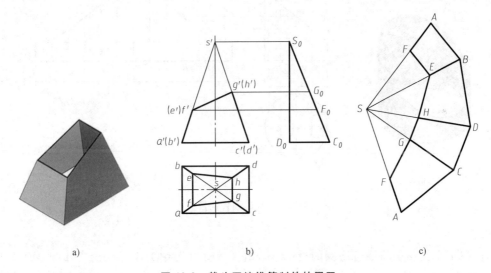

图 12-3　截头四棱锥管制件的展开

画展开图时，先将棱线延长并相交于 $S$ 点，求出整个四棱锥各侧面三角形的边长，画出整个棱锥的表面展开图，然后在每一条棱线上减去截去部分的实长，即得截头四棱锥的展开图。

**作图**

1）利用直角三角形法求棱线实长，把它画在主视图的右边。量取 $S_0 D_0$ 等于锥顶 $S$ 距底面的高度，并取 $D_0 C_0 = sc$，则 $S_0 C_0$ 即为棱线 $SC$ 的实长，这也是其余三条棱线的实长。

2）经过点 $g'$、$f'$ 作水平线，与 $S_0 C_0$ 分别交于点 $G_0$ 和 $F_0$，$S_0 G_0$、$S_0 F_0$ 即为截去部分的线段实长，如图 12-3b 所示。

3）以 $S$ 为顶点，分别截取 $SB$、$SC$、…等于棱线实长，$BC = bc$，$CD = cd$，…，依次画出三角形，即得整个四棱锥的展开图。然后取 $SF = S_0F_0$，$SG = S_0G_0$，…，截去顶部即为截头棱锥的展开图，如图 12-3c 所示。

## 第三节　可展曲面的表面展开

可展曲面上的相邻两素线是互相平行或相交的，能展开成一个平面。因此，在作展开图时，可以将相邻两素线间的曲面当作平面来展开。由此可知，可展曲面的展开方法与棱柱、棱锥的展开方法相同。

### 一、圆柱管的展开

#### 1. 斜口圆柱管的展开

当圆管的一端被一平面斜截后，即为斜口圆管。斜口圆管表面上相邻两素线Ⅰ $A$、Ⅱ $B$、Ⅲ $C$、…的长度不等。画展开图时，先在圆管表面上取若干素线，分别量取这些素线的实长，然后用曲线把这些素线的端点光滑连接起来，如图 12-4 所示。

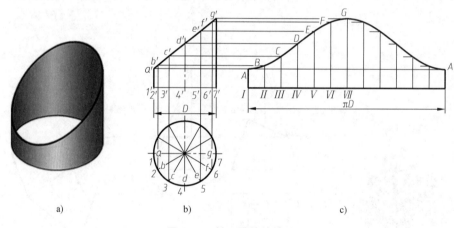

图 12-4　斜口圆管的展开

**作图**

1）在水平投影中将圆管底圆的投影进行若干等分（图中为 12 等分），求出各等分点的正面投影 $1'$、$2'$、$3'$、…，并求出素线的投影 $1'a'$，$2'b'$，$3'c'$、…。在图示情况下，斜口圆管素线的正面投影反映实长。

2）将底圆展成一直线，使其长度为 $\pi D$，取同样等份，得各等分点Ⅰ、Ⅱ、Ⅲ、…。

3）过各等分点Ⅰ、Ⅱ、Ⅲ、…作垂线，并分别量取各素线长，使Ⅰ $A = 1'a'$、Ⅱ $B = 2'b'$、Ⅲ $C = 3'c$，…，得各端点 $A$、$B$、$C$、…。

4）光滑连接各素线的端点 $A$、$B$、$C$、…，即得斜口圆管的展开图。

#### 2. 三通管的展开

如图 12-5 所示的三通管，由两个不同直径的圆管垂直相交而成。根据三通管的投影图作展开图时，必须先在投影图上准确地求出相贯线的投影，然后分别将两个圆管展开，如图 12-5 所示。

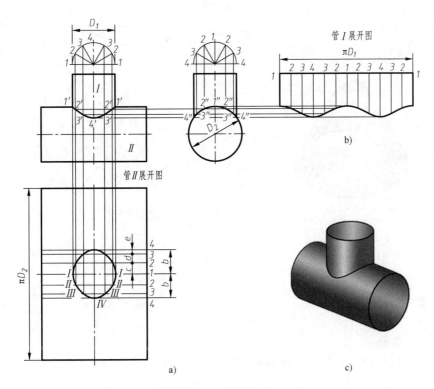

图 12-5　三通管的展开

**作图**

1) 求相贯线。

2) 展开管Ⅰ。将管Ⅰ顶圆展成直线并等分（如图 12-5 所示为 12 等份），过各等分点作垂直并截取相应素线的实长，再将各素线的端点光滑连接起来。

3) 展开管Ⅱ。先将管Ⅱ展开成矩形，再将侧面投影 1″4″展开成直线 $b$，使 $c = 1″2″$、$d = 2″3″$、$e = 3″4″$，得等分点 1、2、3、4。过各等分点引横线与正面投影的点 1′、2′、3′、4′，所引的竖线分别相交得Ⅰ、Ⅱ、Ⅲ、Ⅳ点，然后光滑连接，即得相贯线的展开图。

在生产实际中，往往只将小圆管放样展开，弯成圆管后，凑在大圆管上划线开口，然后把两管焊接起来。

## 二、斜口圆锥管的展开

斜口圆锥管是圆锥管被一平面斜截去一部分得到的，其展开图为扇形的一部分，如图 12-6 所示。

**作图**

1) 等分底圆周（这里进行 8 等分），投影图中的 $s′5′$、$s′1′$ 是圆锥素线的实长，将底圆展开为一弧线，依次截取Ⅰ Ⅱ = 12、Ⅱ Ⅲ = 23、…，过各等分点在圆锥面上引素线 $S$Ⅰ、$S$Ⅱ、…。画出完整圆锥的表面展开图。

2) 在投影图上求出各素线与斜口椭圆周的交点 A、B、C、… 的投影（$a$、$a′$）、（$b$、$b′$）、（$c$、$c′$）、…。用比例法求各段素线Ⅱ$B$、Ⅲ$C$、… 的实长。其方法是过 $b′$、$c′$、…

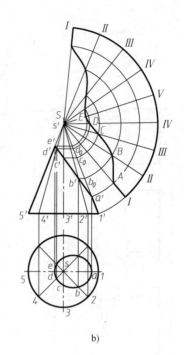

a)                                          b)

**图 12-6　斜口圆锥管的展开**

作横线与 $s'1'$ 相交（因各素线绕过顶点 $S$ 的铅垂轴旋转成正平线时，它们均与 $S\,\mathrm{I}$ 重合）得交点 $b_0$、$c_0$、…，由于 $s'1'$ 反映实长，所以 $s'b_0$、$s'c_0$、…也反映实长。

3）在展开图上切取 $SA=s'a'$、$SB=s'b_0$、$SC=s'c_0$、…。用曲线依次光滑连接 $A$、$B$、$C$、…各点，即得斜口圆锥管的展开图，如图 12-6b 所示。

# 第四节　变形接头的表面展开

为了画出各种变形接头的表面展开图，应按其具体形状把它们划分成许多平面及可展曲面（柱面、锥面），然后依次画出其展开图，即可得到整个变形接头的展开图。如图 12-7a 所示的上圆下方变形接头，它由 4 个相同的等腰三角形和 4 个相同的部分斜圆锥面组成。图 12-7 所示为变形接头展开图的作法。

**作图**

1）用直角三角形法求出各三角形的两腰实长 $A\,\mathrm{I}$、$A\,\mathrm{II}$、$A\,\mathrm{III}$、$A\,\mathrm{IV}$，其中 $A\,\mathrm{I}=A\,\mathrm{IV}$，$A\,\mathrm{II}=A\,\mathrm{III}$，如图 12-7b 所示。

2）在展开图上取 $AB=ab$，分别以 $A$、$B$ 为圆心，以 $A\,\mathrm{I}$ 为半径作圆弧，交于点 $\mathrm{IV}$，得 $\triangle AB\,\mathrm{IV}$；再以 $\mathrm{IV}$ 和 $A$ 为圆心，分别以 3、4 的弧长和 $A\,\mathrm{II}$ 为半径作圆弧，交于点 $\mathrm{III}$，得 $\triangle A\,\mathrm{III}\,\mathrm{IV}$，同理依次作出各个 $\triangle A\,\mathrm{II}\,\mathrm{III}$、$\triangle A\,\mathrm{I}\,\mathrm{II}$。

3）光滑连接 $\mathrm{I}$、$\mathrm{II}$、$\mathrm{III}$、$\mathrm{IV}$ 等点，即得一个等腰三角形和一个部分锥面的展开图。

4）用同样的方法依次作出其他各组成部分的表面展开图，即得整个变形接头的展开图，如图 12-7c 所示，接缝线为 $\mathrm{I}\,E$，且 $\mathrm{I}\,E=1'e'$。

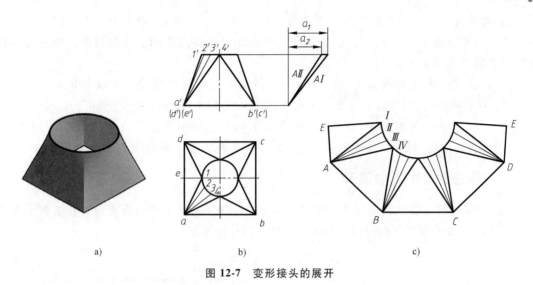

图 12-7　变形接头的展开

## 第五节　不可展曲面的表面近似展开

工程中常见的不可展曲面有球面、圆环面等，由于不可展曲面不能将其形状、大小准确地摊平在一个平面上，所以它们的展开图只能用近似的方法来绘制。也就是先将不可展曲面分成若干部分，然后把每一部分近似地看作可展的柱面、锥面或平面，再依次拼接成展开图。

### 一、球面的近似展开

由于球面属于不可展曲面，因此只能用近似的方法展开。如图 12-8 所示，将半球面若干等分，把每等份近似地看作球的外切圆柱面的一部分，然后按圆柱面展开，得到的每块展开图呈柳叶状，如图 12-8c 所示。

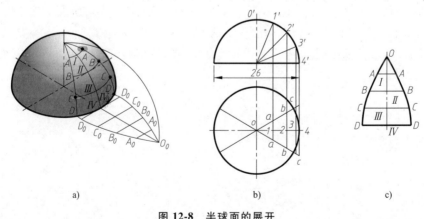

图 12-8　半球面的展开

作图

1）用通过球心的铅垂面，把半球面的水平投影若干等分，这里进行 6 等分。

2）将半球正面投影的轮廓线若干等分（图中进行 4 等分），得等分点 $1'$、$2'$、$3'$、$4'$。对应求出水平投影 1、2、3、4 点，并用辅助平面法过这些点作同心圆与切线，分别与半径水平投影的等分线交于 $a$、$b$、$c$、$d$ 点。

3）在适当位置画横线 $DD$，使 $DD = dd$，过 $DD$ 的中点作垂线，并取 $O\text{Ⅳ} = O'4'$（即 $\frac{1}{4}\pi D$）、$O\text{Ⅰ} = O'1'$；然后过 Ⅰ、Ⅱ、…点作横线，取 $AA = aa$，$BB = bb$，…。

4）依次光滑连接各点 $A$、$B$、…，便完成了六分之一半球面的展开图，如图 12-8c 所示。并以此作样板，将 6 个柳叶状展开图连续排列下料，即可组合成半球面。

## 二、环形圆管的近似展开

图 12-9a 所示为等径直角弯管，相当于四分之一圆环，属于不可展曲面。在工程上对于大型弯管常近似采用多节料斜口圆管拼接而成，俗称虾米腰。

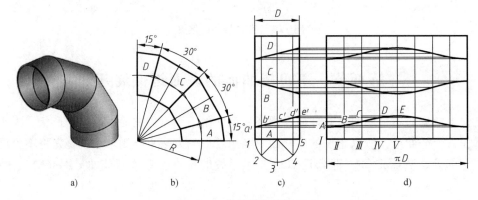

图 12-9　直角弯头的展开

**作图**

1）将直角弯头分成几段，图 12-9b 所示分为四段，两端为半节，中间各段为全节。

2）将分成的各段拼成一直圆管，如图 12-9c 所示。

3）按斜口圆管的展开方法将其展开，如图 12-9d 所示。

# 附　　录

## 附录 A　公差与配合

表 A-1　常用及优先用途轴的极限偏差（尺寸至 500mm）（摘自 GB/T 1800.1—2020 和 GB/T 1800.2—2020）

| 基本尺寸/mm 大于 | 至 | 常用及优先公差带(带圈者为优先公差带)/μm a11 | b11 | b12 | c9 | c10 | c11 | d8 | d9 | d10 | d11 | e7 | e8 | e9 |
|---|---|---|---|---|---|---|---|---|---|---|---|---|---|---|
| — | 3 | −270/−300 | −140/−200 | −140/−240 | −60/−85 | −60/−100 | −60/−120 | −20/−34 | −20/−45 | −20/−60 | −20/−80 | −14/−24 | −14/−28 | −14/−39 |
| 3 | 6 | −270/−345 | −140/−215 | −140/−260 | −70/−100 | −70/−118 | −70/−145 | −30/−48 | −30/−60 | −30/−78 | −30/−108 | −20/−32 | −20/−38 | −20/−50 |
| 6 | 10 | −280/−370 | −150/−240 | −150/−300 | −80/−116 | −80/−138 | −80/−170 | −40/−62 | −40/−76 | −40/−98 | −40/−130 | −25/−40 | −25/−47 | −25/−61 |
| 10 | 14 | −290/−400 | −150/−260 | −150/−330 | −95/−138 | −95/−165 | −95/−205 | −50/−77 | −50/−93 | −50/−120 | −50/−160 | −32/−50 | −32/−59 | −32/−75 |
| 14 | 18 | −290/−400 | −150/−260 | −150/−330 | −95/−138 | −95/−165 | −95/−205 | −50/−77 | −50/−93 | −50/−120 | −50/−160 | −32/−50 | −32/−59 | −32/−75 |
| 18 | 24 | −300/−430 | −160/−290 | −160/−370 | −110/−162 | −110/−194 | −110/−240 | −65/−98 | −65/−117 | −65/−149 | −65/−195 | −40/−61 | −40/−73 | −40/−92 |
| 24 | 30 | −300/−430 | −160/−290 | −160/−370 | −110/−162 | −110/−194 | −110/−240 | −65/−98 | −65/−117 | −65/−149 | −65/−195 | −40/−61 | −40/−73 | −40/−92 |
| 30 | 40 | −310/−470 | −170/−330 | −170/−420 | −120/−182 | −120/−220 | −120/−280 | −80/−119 | −80/−142 | −80/−180 | −80/−240 | −50/−75 | −50/−89 | −50/−112 |
| 40 | 50 | −320/−480 | −180/−340 | −180/−430 | −130/−192 | −130/−230 | −130/−290 | −80/−119 | −80/−142 | −80/−180 | −80/−240 | −50/−75 | −50/−89 | −50/−112 |
| 50 | 65 | −340/−530 | −190/−380 | −190/−490 | −140/−214 | −140/−260 | −140/−330 | −100/−146 | −100/−174 | −100/−220 | −100/−290 | −69/−90 | −60/−106 | −60/−134 |
| 65 | 80 | −360/−550 | −200/−390 | −200/−500 | −150/−224 | −150/−270 | −150/−340 | −100/−146 | −100/−174 | −100/−220 | −100/−290 | −69/−90 | −60/−106 | −60/−134 |
| 80 | 100 | −380/−600 | −220/−440 | −220/−570 | −170/−257 | −170/−310 | −170/−390 | −120/−174 | −120/−207 | −120/−260 | −120/−340 | −72/−107 | −72/−126 | −72/−159 |
| 100 | 120 | −410/−630 | −240/−460 | −240/−590 | −180/−267 | −180/−320 | −180/−400 | −120/−174 | −120/−207 | −120/−260 | −120/−340 | −72/−107 | −72/−126 | −72/−159 |
| 120 | 140 | −460/−710 | −260/−510 | −260/−660 | −200/−300 | −200/−360 | −200/−450 | −145/−208 | −145/−245 | −145/−305 | −145/−395 | −85/−125 | −85/−148 | −85/−185 |
| 140 | 160 | −520/−770 | −280/−530 | −280/−680 | −210/−310 | −210/−370 | −210/−460 | −145/−208 | −145/−245 | −145/−305 | −145/−395 | −85/−125 | −85/−148 | −85/−185 |
| 160 | 180 | −580/−830 | −310/−560 | −310/−710 | −230/−330 | −230/−390 | −230/−480 | −145/−208 | −145/−245 | −145/−305 | −145/−395 | −85/−125 | −85/−148 | −85/−185 |
| 180 | 200 | −660/−950 | −340/−630 | −340/−800 | −240/−355 | −240/−425 | −240/−530 | −170/−242 | −170/−285 | −170/−355 | −170/−460 | −100/−146 | −100/−172 | −100/−215 |
| 200 | 225 | −740/−1030 | −380/−670 | −380/−840 | −260/−375 | −260/−445 | −260/−550 | −170/−242 | −170/−285 | −170/−355 | −170/−460 | −100/−146 | −100/−172 | −100/−215 |
| 225 | 250 | −820/−1110 | −420/−710 | −420/−880 | −280/−395 | −280/−465 | −280/−570 | −170/−242 | −170/−285 | −170/−355 | −170/−460 | −100/−146 | −100/−172 | −100/−215 |
| 250 | 280 | −920/−1240 | −480/−800 | −480/−1000 | −300/−430 | −300/−510 | −300/−620 | −190/−271 | −190/−320 | −190/−400 | −190/−510 | −110/−162 | −110/−191 | −110/−240 |
| 280 | 315 | −1050/−1370 | −540/−860 | −540/−1060 | −330/−460 | −330/−540 | −330/−650 | −190/−271 | −190/−320 | −190/−400 | −190/−510 | −110/−162 | −110/−191 | −110/−240 |
| 315 | 355 | −1200/−1560 | −600/−960 | −600/−1170 | −360/−500 | −360/−590 | −360/−720 | −210/−299 | −210/−350 | −210/−440 | −210/−570 | −125/−182 | −125/−214 | −125/−265 |
| 355 | 400 | −1350/−1710 | −680/−1040 | −680/−1250 | −400/−540 | −400/−630 | −400/−760 | −210/−299 | −210/−350 | −210/−440 | −210/−570 | −125/−182 | −125/−214 | −125/−265 |
| 400 | 450 | −1500/−1900 | −760/−1160 | −760/−1390 | −440/−595 | −440/−690 | −440/−840 | −230/−327 | −230/−385 | −230/−480 | −230/−630 | −135/−198 | −135/−232 | −135/−290 |
| 450 | 500 | −1650/−2050 | −840/−1240 | −840/−1470 | −470/−635 | −480/−730 | −480/−880 | −230/−327 | −230/−385 | −230/−480 | −230/−630 | −135/−198 | −135/−232 | −135/−290 |

（续）

| 基本尺寸/mm 大于 | 至 | f5 | f6 | f⑦ | f8 | f9 | g5 | g⑥ | g7 | h5 | h⑥ | h⑦ | h8 | h⑨ | h10 | h11 | h12 |
|---|---|---|---|---|---|---|---|---|---|---|---|---|---|---|---|---|---|
| — | 3 | -6 / -10 | -6 / -12 | -6 / -16 | -6 / -20 | -6 / -31 | -2 / -6 | -2 / -8 | -2 / -12 | 0 / -4 | 0 / -6 | 0 / -10 | 0 / -14 | 0 / -25 | 0 / -40 | 0 / -60 | 0 / -100 |
| 3 | 6 | -10 / -15 | -10 / -18 | -10 / -22 | -10 / -28 | -10 / -40 | -4 / -9 | -4 / -12 | -4 / -16 | 0 / -5 | 0 / -8 | 0 / -12 | 0 / -18 | 0 / -30 | 0 / -48 | 0 / -75 | 0 / -120 |
| 6 | 10 | -13 / -19 | -13 / -22 | -13 / -28 | -13 / -35 | -13 / -49 | -5 / -11 | -5 / -14 | -5 / -20 | 0 / -6 | 0 / -9 | 0 / -15 | 0 / -22 | 0 / -36 | 0 / -58 | 0 / -90 | 0 / -150 |
| 10 | 14 | -16 / -24 | -16 / -27 | -16 / -34 | -16 / -43 | -16 / -59 | -6 / -14 | -6 / -17 | -6 / -24 | 0 / -8 | 0 / -11 | 0 / -18 | 0 / -27 | 0 / -43 | 0 / -70 | 0 / -110 | 0 / -180 |
| 14 | 18 | -16 / -24 | -16 / -27 | -16 / -34 | -16 / -43 | -16 / -59 | -6 / -14 | -6 / -17 | -6 / -24 | 0 / -8 | 0 / -11 | 0 / -18 | 0 / -27 | 0 / -43 | 0 / -70 | 0 / -110 | 0 / -180 |
| 18 | 24 | -20 / -29 | -20 / -33 | -20 / -41 | -20 / -53 | -20 / -72 | -7 / -16 | -7 / -20 | -7 / -28 | 0 / -9 | 0 / -13 | 0 / -21 | 0 / -33 | 0 / -52 | 0 / -84 | 0 / -130 | 0 / -210 |
| 24 | 30 | -20 / -29 | -20 / -33 | -20 / -41 | -20 / -53 | -20 / -72 | -7 / -16 | -7 / -20 | -7 / -28 | 0 / -9 | 0 / -13 | 0 / -21 | 0 / -33 | 0 / -52 | 0 / -84 | 0 / -130 | 0 / -210 |
| 30 | 40 | -25 / -36 | -25 / -41 | -25 / -50 | -25 / -64 | -25 / -87 | -9 / -20 | -9 / -25 | -9 / -34 | 0 / -11 | 0 / -16 | 0 / -25 | 0 / -39 | 0 / -62 | 0 / -100 | 0 / -160 | 0 / -250 |
| 40 | 50 | -25 / -36 | -25 / -41 | -25 / -50 | -25 / -64 | -25 / -87 | -9 / -20 | -9 / -25 | -9 / -34 | 0 / -11 | 0 / -16 | 0 / -25 | 0 / -39 | 0 / -62 | 0 / -100 | 0 / -160 | 0 / -250 |
| 50 | 65 | -30 / -43 | -30 / -49 | -30 / -60 | -30 / -76 | -30 / -104 | -10 / -23 | -10 / -29 | -10 / -40 | 0 / -13 | 0 / -19 | 0 / -30 | 0 / -46 | 0 / -74 | 0 / -120 | 0 / -190 | 0 / -300 |
| 65 | 80 | -30 / -43 | -30 / -49 | -30 / -60 | -30 / -76 | -30 / -104 | -10 / -23 | -10 / -29 | -10 / -40 | 0 / -13 | 0 / -19 | 0 / -30 | 0 / -46 | 0 / -74 | 0 / -120 | 0 / -190 | 0 / -300 |
| 80 | 100 | -36 / -51 | -36 / -58 | -36 / -71 | -36 / -90 | -36 / -123 | -12 / -27 | -12 / -34 | -12 / -47 | 0 / -15 | 0 / -22 | 0 / -35 | 0 / -54 | 0 / -87 | 0 / -140 | 0 / -220 | 0 / -350 |
| 100 | 120 | -36 / -51 | -36 / -58 | -36 / -71 | -36 / -90 | -36 / -123 | -12 / -27 | -12 / -34 | -12 / -47 | 0 / -15 | 0 / -22 | 0 / -35 | 0 / -54 | 0 / -87 | 0 / -140 | 0 / -220 | 0 / -350 |
| 120 | 140 | -43 / -61 | -43 / -68 | -43 / -83 | -43 / -106 | -43 / -143 | -14 / -32 | -14 / -39 | -14 / -54 | 0 / -18 | 0 / -25 | 0 / -40 | 0 / -63 | 0 / -100 | 0 / -160 | 0 / -250 | 0 / -400 |
| 140 | 160 | -43 / -61 | -43 / -68 | -43 / -83 | -43 / -106 | -43 / -143 | -14 / -32 | -14 / -39 | -14 / -54 | 0 / -18 | 0 / -25 | 0 / -40 | 0 / -63 | 0 / -100 | 0 / -160 | 0 / -250 | 0 / -400 |
| 160 | 180 | -43 / -61 | -43 / -68 | -43 / -83 | -43 / -106 | -43 / -143 | -14 / -32 | -14 / -39 | -14 / -54 | 0 / -18 | 0 / -25 | 0 / -40 | 0 / -63 | 0 / -100 | 0 / -160 | 0 / -250 | 0 / -400 |
| 180 | 200 | -50 / -70 | -50 / -79 | -50 / -96 | -50 / -122 | -50 / -165 | -15 / -35 | -15 / -44 | -15 / -61 | 0 / -20 | 0 / -29 | 0 / -46 | 0 / -72 | 0 / -115 | 0 / -185 | 0 / -290 | 0 / -460 |
| 200 | 225 | -50 / -70 | -50 / -79 | -50 / -96 | -50 / -122 | -50 / -165 | -15 / -35 | -15 / -44 | -15 / -61 | 0 / -20 | 0 / -29 | 0 / -46 | 0 / -72 | 0 / -115 | 0 / -185 | 0 / -290 | 0 / -460 |
| 225 | 250 | -50 / -70 | -50 / -79 | -50 / -96 | -50 / -122 | -50 / -165 | -15 / -35 | -15 / -44 | -15 / -61 | 0 / -20 | 0 / -29 | 0 / -46 | 0 / -72 | 0 / -115 | 0 / -185 | 0 / -290 | 0 / -460 |
| 250 | 280 | -56 / -79 | -56 / -88 | -56 / -108 | -56 / -137 | -56 / -186 | -17 / -40 | -17 / -49 | -17 / -69 | 0 / -23 | 0 / -32 | 0 / -52 | 0 / -81 | 0 / -130 | 0 / -210 | 0 / -320 | 0 / -520 |
| 280 | 315 | -56 / -79 | -56 / -88 | -56 / -108 | -56 / -137 | -56 / -186 | -17 / -40 | -17 / -49 | -17 / -69 | 0 / -23 | 0 / -32 | 0 / -52 | 0 / -81 | 0 / -130 | 0 / -210 | 0 / -320 | 0 / -520 |
| 315 | 355 | -62 / -87 | -62 / -98 | -62 / -119 | -62 / -151 | -62 / -202 | -18 / -43 | -18 / -54 | -18 / -75 | 0 / -25 | 0 / -36 | 0 / -57 | 0 / -89 | 0 / -140 | 0 / -230 | 0 / -360 | 0 / -570 |
| 355 | 400 | -62 / -87 | -62 / -98 | -62 / -119 | -62 / -151 | -62 / -202 | -18 / -43 | -18 / -54 | -18 / -75 | 0 / -25 | 0 / -36 | 0 / -57 | 0 / -89 | 0 / -140 | 0 / -230 | 0 / -360 | 0 / -570 |
| 400 | 450 | -68 / -95 | -68 / -108 | -68 / -131 | -68 / -165 | -68 / -223 | -20 / -47 | -20 / -60 | -20 / -83 | 0 / -27 | 0 / -40 | 0 / -63 | 0 / -97 | 0 / -155 | 0 / -250 | 0 / -400 | 0 / -630 |
| 450 | 500 | -68 / -95 | -68 / -108 | -68 / -131 | -68 / -165 | -68 / -223 | -20 / -47 | -20 / -60 | -20 / -83 | 0 / -27 | 0 / -40 | 0 / -63 | 0 / -97 | 0 / -155 | 0 / -250 | 0 / -400 | 0 / -630 |

常用及优先公差带（带圈者为优先公差带）/μm

| 基本尺寸/mm | | 常用及优先公差带(带圈者为优先公差带)/μm | | | | | | | | | | | | | | |
|---|---|---|---|---|---|---|---|---|---|---|---|---|---|---|---|---|
| | | js | | | k | | | m | | | n | | | p | | |
| 大于 | 至 | 5 | 6 | 7 | 5 | ⑥ | 7 | 5 | 6 | 7 | 5 | ⑥ | 7 | 5 | ⑥ | 7 |
| — | 3 | ±2 | ±3 | ±5 | +4<br>0 | +6<br>0 | +10<br>0 | +6<br>+2 | +8<br>+2 | +12<br>+2 | +8<br>+4 | +10<br>+4 | +14<br>+4 | +10<br>+6 | +12<br>+6 | +16<br>+6 |
| 3 | 6 | ±2.5 | ±4 | ±6 | +6<br>+1 | +9<br>+1 | +13<br>+1 | +9<br>+4 | +12<br>+4 | +16<br>+4 | +13<br>+8 | +16<br>+8 | +20<br>+8 | +17<br>+12 | +20<br>+12 | +24<br>+12 |
| 6 | 10 | ±3 | ±4.5 | ±7 | +7<br>+1 | +10<br>+1 | +16<br>+1 | +12<br>+6 | +15<br>+6 | +21<br>+6 | +16<br>+10 | +19<br>+10 | +25<br>+10 | +21<br>+15 | +24<br>+15 | +30<br>+15 |
| 10 | 14 | ±4 | ±5.5 | ±9 | +9<br>+1 | +12<br>+1 | +19<br>+1 | +15<br>+7 | +18<br>+7 | +25<br>+7 | +20<br>+12 | +23<br>+12 | +30<br>+12 | +26<br>+18 | +29<br>+18 | +36<br>+18 |
| 14 | 18 | | | | | | | | | | | | | | | |
| 18 | 24 | ±4.5 | ±6.5 | ±10 | +11<br>+2 | +15<br>+2 | +23<br>+2 | +17<br>+8 | +21<br>+8 | +29<br>+8 | +24<br>+15 | +28<br>+15 | +36<br>+15 | +31<br>+22 | +35<br>+22 | +43<br>+22 |
| 24 | 30 | | | | | | | | | | | | | | | |
| 30 | 40 | ±5.5 | ±8 | ±12 | +13<br>+2 | +18<br>+2 | +27<br>+2 | +20<br>+9 | +25<br>+9 | +34<br>+9 | +28<br>+17 | +33<br>+17 | +42<br>+17 | +37<br>+26 | +42<br>+26 | +51<br>+26 |
| 40 | 50 | | | | | | | | | | | | | | | |
| 50 | 65 | ±6.5 | ±9.5 | ±15 | +15<br>+2 | +21<br>+2 | +32<br>+2 | +24<br>+11 | +30<br>+11 | +41<br>+11 | +33<br>+20 | +39<br>+20 | +50<br>+20 | +45<br>+32 | +51<br>+32 | +62<br>+32 |
| 65 | 80 | | | | | | | | | | | | | | | |
| 80 | 100 | ±7.5 | ±11 | ±17 | +18<br>+3 | +25<br>+3 | +38<br>+3 | +28<br>+13 | +35<br>+13 | +48<br>+13 | +38<br>+23 | +45<br>+23 | +58<br>+23 | +52<br>+37 | +59<br>+37 | +72<br>+37 |
| 100 | 120 | | | | | | | | | | | | | | | |
| 120 | 140 | ±9 | ±12.5 | ±20 | +21<br>+3 | +28<br>+3 | +43<br>+3 | +33<br>+15 | +40<br>+15 | +55<br>+15 | +45<br>+27 | +52<br>+27 | +67<br>+27 | +61<br>+43 | +68<br>+43 | +83<br>+43 |
| 140 | 160 | | | | | | | | | | | | | | | |
| 160 | 180 | | | | | | | | | | | | | | | |
| 180 | 200 | ±10 | ±14.5 | ±23 | +24<br>+4 | +33<br>+4 | +50<br>+4 | +37<br>+17 | +46<br>+17 | +63<br>+17 | +51<br>+31 | +60<br>+31 | +77<br>+31 | +70<br>+50 | +79<br>+50 | +96<br>+50 |
| 200 | 225 | | | | | | | | | | | | | | | |
| 225 | 250 | | | | | | | | | | | | | | | |
| 250 | 280 | ±11.5 | ±16 | ±26 | +27<br>+4 | +36<br>+4 | +56<br>+4 | +43<br>+20 | +52<br>+20 | +72<br>+20 | +57<br>+34 | +66<br>+34 | +86<br>+34 | +79<br>+56 | +88<br>+56 | +108<br>+56 |
| 280 | 315 | | | | | | | | | | | | | | | |
| 315 | 355 | ±12.5 | ±18 | ±28 | +29<br>+4 | +40<br>+4 | +61<br>+4 | +46<br>+21 | +57<br>+21 | +78<br>+21 | +62<br>+37 | +73<br>+37 | +94<br>+37 | +87<br>+62 | +98<br>+62 | +119<br>+62 |
| 355 | 400 | | | | | | | | | | | | | | | |
| 400 | 450 | ±13.5 | ±20 | ±31 | +32<br>+5 | +45<br>+5 | +68<br>+5 | +50<br>+23 | +63<br>+23 | +86<br>+23 | +67<br>+40 | +80<br>+40 | +103<br>+40 | +95<br>+68 | +108<br>+68 | +131<br>+68 |
| 450 | 500 | | | | | | | | | | | | | | | |

（续）

| 基本尺寸/mm | | 常用及优先公差带（带圈者为优先公差带）/μm | | | | | | | | | | | | | | |
|---|---|---|---|---|---|---|---|---|---|---|---|---|---|---|---|---|
| | | r | | | s | | | t | | | u | | v | x | y | z |
| 大于 | 至 | 5 | 6 | 7 | 5 | ⑥ | 7 | 5 | 6 | 7 | ⑥ | 7 | 6 | 6 | 6 | 6 |
| — | 3 | +14/+10 | +16/+10 | +20/+10 | +18/+14 | +20/+14 | +24/+14 | — | — | — | +24/+18 | +28/+18 | — | +26/+20 | — | +32/+26 |
| 3 | 6 | +20/+15 | +23/+15 | +27/+15 | +24/+19 | +27/+19 | +31/+19 | — | — | — | +31/+23 | +35/+23 | — | +36/+28 | — | +43/+35 |
| 6 | 10 | +25/+19 | +28/+19 | +34/+19 | +29/+23 | +32/+23 | +38/+23 | — | — | — | +37/+28 | +43/+28 | — | +43/+34 | — | +51/+42 |
| 10 | 14 | +31/+23 | +34/+23 | +41/+23 | +36/+28 | +39/+28 | +46/+28 | — | — | — | +44/+33 | +51/+33 | — | +51/+40 | — | +61/+50 |
| 14 | 18 | +31/+23 | +34/+23 | +41/+23 | +36/+28 | +39/+28 | +46/+28 | — | — | — | +44/+33 | +51/+33 | +50/+39 | +56/+45 | — | +71/+60 |
| 18 | 24 | +37/+28 | +41/+28 | +49/+28 | +44/+35 | +48/+35 | +56/+35 | — | — | — | +54/+41 | +62/+41 | +60/+47 | +67/+54 | +76/+63 | +86/+73 |
| 24 | 30 | +37/+28 | +41/+28 | +49/+28 | +44/+35 | +48/+35 | +56/+35 | +50/+41 | +54/+41 | +62/+41 | +61/+48 | +69/+48 | +68/+55 | +77/+64 | +88/+75 | +101/+88 |
| 30 | 40 | +45/+34 | +50/+34 | +59/+34 | +54/+43 | +59/+43 | +68/+43 | +59/+48 | +64/+48 | +73/+48 | +76/+60 | +85/+60 | +84/+68 | +96/+80 | +110/+94 | +128/+112 |
| 40 | 50 | +45/+34 | +50/+34 | +59/+34 | +54/+43 | +59/+43 | +68/+43 | +65/+54 | +70/+54 | +79/+54 | +86/+70 | +95/+70 | +97/+81 | +113/+97 | +130/+114 | +152/+136 |
| 50 | 65 | +54/+41 | +60/+41 | +71/+41 | +66/+53 | +72/+53 | +83/+53 | +79/+66 | +85/+66 | +96/+66 | +106/+87 | +117/+87 | +121/+102 | +141/+122 | +163/+144 | +191/+172 |
| 65 | 80 | +56/+43 | +62/+43 | +73/+43 | +72/+59 | +78/+59 | +89/+59 | +88/+75 | +94/+75 | +105/+75 | +121/+102 | +132/+102 | +139/+120 | +165/+146 | +193/+174 | +229/+210 |
| 80 | 100 | +66/+51 | +73/+51 | +86/+51 | +86/+71 | +93/+71 | +106/+71 | +106/+91 | +113/+91 | +126/+91 | +146/+124 | +159/+124 | +168/+146 | +200/+178 | +236/+214 | +280/+258 |
| 100 | 120 | +69/+54 | +76/+54 | +89/+54 | +94/+79 | +101/+79 | +114/+79 | +119/+104 | +126/+104 | +139/+104 | +166/+144 | +179/+144 | +194/+172 | +232/+210 | +276/+254 | +332/+310 |
| 120 | 140 | +81/+63 | +88/+63 | +103/+63 | +110/+92 | +117/+92 | +132/+92 | +140/+122 | +147/+122 | +162/+122 | +195/+170 | +210/+170 | +227/+202 | +273/+248 | +325/+300 | +390/+365 |
| 140 | 160 | +83/+65 | +90/+65 | +105/+65 | +118/+100 | +125/+100 | +140/+100 | +152/+134 | +159/+134 | +174/+134 | +215/+190 | +230/+190 | +253/+228 | +305/+280 | +365/+340 | +440/+415 |
| 160 | 180 | +86/+68 | +93/+68 | +108/+68 | +126/+108 | +133/+108 | +148/+108 | +164/+146 | +171/+146 | +186/+146 | +235/+210 | +250/+210 | +277/+252 | +335/+310 | +405/+380 | +490/+465 |
| 180 | 200 | +97/+77 | +106/+77 | +123/+77 | +142/+122 | +151/+122 | +168/+122 | +186/+166 | +195/+166 | +212/+166 | +265/+236 | +282/+236 | +313/+284 | +379/+350 | +454/+425 | +549/+520 |
| 200 | 225 | +100/+80 | +109/+80 | +126/+80 | +150/+130 | +159/+130 | +176/+130 | +200/+180 | +209/+180 | +226/+180 | +287/+258 | +304/+258 | +339/+310 | +414/+385 | +499/+470 | +604/+575 |
| 225 | 250 | +104/+84 | +113/+84 | +130/+84 | +160/+140 | +169/+140 | +186/+140 | +216/+196 | +225/+196 | +242/+196 | +313/+284 | +330/+284 | +369/+340 | +454/+425 | +549/+520 | +669/+640 |
| 250 | 280 | +117/+94 | +126/+94 | +146/+94 | +181/+158 | +190/+158 | +210/+158 | +241/+218 | +250/+218 | +270/+218 | +347/+315 | +367/+315 | +417/+385 | +507/+475 | +612/+580 | +742/+710 |
| 280 | 315 | +121/+98 | +130/+98 | +150/+98 | +193/+170 | +202/+170 | +222/+170 | +263/+240 | +272/+240 | +292/+240 | +382/+350 | +402/+350 | +457/+425 | +557/+525 | +682/+650 | +822/+790 |
| 315 | 355 | +133/+108 | +144/+108 | +165/+108 | +215/+190 | +226/+190 | +247/+190 | +293/+268 | +304/+268 | +325/+268 | +426/+390 | +447/+390 | +511/+475 | +626/+590 | +766/+730 | +936/+900 |
| 355 | 400 | +139/+114 | +150/+114 | +171/+114 | +233/+208 | +244/+208 | +265/+208 | +319/+294 | +330/+294 | +351/+294 | +471/+435 | +492/+435 | +566/+530 | +696/+660 | +856/+820 | +1036/+1000 |
| 400 | 450 | +153/+126 | +166/+126 | +189/+126 | +259/+232 | +272/+232 | +295/+232 | +357/+330 | +370/+330 | +393/+330 | +530/+490 | +553/+490 | +635/+595 | +780/+740 | +960/+920 | +1140/+1100 |
| 450 | 500 | +159/+132 | +172/+132 | +195/+132 | +279/+252 | +292/+252 | +313/+252 | +387/+360 | +400/+360 | +423/+360 | +580/+540 | +603/+540 | +700/+660 | +860/+820 | +1040/+1000 | +1290/+1250 |

### 表 A-2　常用及优先用途孔的极限偏差（尺寸至 500mm）

（摘自 GB/T 1800.1—2020 和 GB/T 1800.2—2020）

| 基本尺寸/mm 大于 | 至 | 常用及优先公差带（带圈者为优先公差带）/μm A11 | B11 | B12 | C11 | D8 | D⑨ | D10 | D11 | E8 | E9 | F6 | F7 | F⑧ | F9 |
|---|---|---|---|---|---|---|---|---|---|---|---|---|---|---|---|
| — | 3 | +330 / +270 | +200 / +140 | +240 / +140 | +120 / +60 | +34 / +20 | +45 / +20 | +60 / +20 | +80 / +20 | +28 / +14 | +39 / +14 | +12 / +6 | +16 / +6 | +20 / +6 | +31 / +6 |
| 3 | 6 | +345 / +270 | +215 / +140 | +260 / +140 | +145 / +70 | +48 / +30 | +60 / +30 | +78 / +30 | +105 / +30 | +38 / +20 | +50 / +20 | +18 / +10 | +22 / +10 | +28 / +10 | +40 / +10 |
| 6 | 10 | +370 / +280 | +240 / +150 | +300 / +150 | +170 / +80 | +62 / +40 | +76 / +40 | +98 / +40 | +130 / +40 | +47 / +25 | +61 / +25 | +22 / +13 | +28 / +13 | +35 / +13 | +49 / +13 |
| 10 | 14 | +400 / +290 | +260 / +150 | +330 / +150 | +205 / +95 | +77 / +50 | +93 / +50 | +120 / +50 | +160 / +50 | +59 / +32 | +75 / +32 | +27 / +16 | +34 / +16 | +43 / +16 | +59 / +16 |
| 14 | 18 | +400 / +290 | +260 / +150 | +330 / +150 | +205 / +95 | +77 / +50 | +93 / +50 | +120 / +50 | +160 / +50 | +59 / +32 | +75 / +32 | +27 / +16 | +34 / +16 | +43 / +16 | +59 / +16 |
| 18 | 24 | +430 / +300 | +290 / +160 | +370 / +160 | +240 / +110 | +98 / +65 | +117 / +65 | +149 / +65 | +195 / +65 | +73 / +40 | +92 / +40 | +33 / +20 | +41 / +20 | +53 / +20 | +72 / +20 |
| 24 | 30 | +430 / +300 | +290 / +160 | +370 / +160 | +240 / +110 | +98 / +65 | +117 / +65 | +149 / +65 | +195 / +65 | +73 / +40 | +92 / +40 | +33 / +20 | +41 / +20 | +53 / +20 | +72 / +20 |
| 30 | 40 | +470 / +310 | +330 / +170 | +420 / +170 | +280 / +170 | +119 / +80 | +142 / +80 | +180 / +80 | +240 / +80 | +89 / +50 | +112 / +50 | +41 / +25 | +50 / +25 | +64 / +25 | +87 / +25 |
| 40 | 50 | +480 / +320 | +340 / +180 | +430 / +180 | +290 / +130 | +119 / +80 | +142 / +80 | +180 / +80 | +240 / +80 | +89 / +50 | +112 / +50 | +41 / +25 | +50 / +25 | +64 / +25 | +87 / +25 |
| 50 | 65 | +530 / +340 | +380 / +190 | +490 / +190 | +330 / +140 | +146 / +100 | +170 / +100 | +220 / +100 | +290 / +100 | +106 / +60 | +134 / +60 | +49 / +30 | +60 / +30 | +76 / +30 | +104 / +30 |
| 65 | 80 | +550 / +360 | +390 / +200 | +500 / +200 | +340 / +150 | +146 / +100 | +170 / +100 | +220 / +100 | +290 / +100 | +106 / +60 | +134 / +60 | +49 / +30 | +60 / +30 | +76 / +30 | +104 / +30 |
| 80 | 100 | +600 / +380 | +440 / +220 | +570 / +220 | +390 / +170 | +174 / +120 | +207 / +120 | +260 / +120 | +340 / +120 | +126 / +72 | +159 / +72 | +58 / +36 | +71 / +36 | +90 / +36 | +123 / +36 |
| 100 | 120 | +630 / +410 | +460 / +240 | +590 / +240 | +400 / +180 | +174 / +120 | +207 / +120 | +260 / +120 | +340 / +120 | +126 / +72 | +159 / +72 | +58 / +36 | +71 / +36 | +90 / +36 | +123 / +36 |
| 120 | 140 | +710 / +460 | +510 / +260 | +660 / +260 | +450 / +200 | +208 / +145 | +245 / +145 | +305 / +145 | +395 / +145 | +148 / +85 | +185 / +85 | +68 / +43 | +83 / +43 | +106 / +43 | +143 / +43 |
| 140 | 160 | +770 / +520 | +530 / +280 | +680 / +280 | +460 / +210 | +208 / +145 | +245 / +145 | +305 / +145 | +395 / +145 | +148 / +85 | +185 / +85 | +68 / +43 | +83 / +43 | +106 / +43 | +143 / +43 |
| 160 | 180 | +830 / +580 | +560 / +310 | +710 / +310 | +480 / +230 | +208 / +145 | +245 / +145 | +305 / +145 | +395 / +145 | +148 / +85 | +185 / +85 | +68 / +43 | +83 / +43 | +106 / +43 | +143 / +43 |
| 180 | 200 | +950 / +660 | +630 / +340 | +800 / +340 | +530 / +240 | +242 / +170 | +285 / +170 | +355 / +170 | +460 / +170 | +172 / +100 | +215 / +100 | +79 / +50 | +96 / +50 | +122 / +50 | +165 / +50 |
| 200 | 225 | +1030 / +740 | +670 / +380 | +840 / +380 | +550 / +260 | +242 / +170 | +285 / +170 | +355 / +170 | +460 / +170 | +172 / +100 | +215 / +100 | +79 / +50 | +96 / +50 | +122 / +50 | +165 / +50 |
| 225 | 250 | +1110 / +820 | +710 / +420 | +880 / +420 | +570 / +280 | +242 / +170 | +285 / +170 | +355 / +170 | +460 / +170 | +172 / +100 | +215 / +100 | +79 / +50 | +96 / +50 | +122 / +50 | +165 / +50 |
| 250 | 280 | +1240 / +920 | +800 / +480 | +1000 / +480 | +620 / +300 | +271 / +190 | +320 / +190 | +400 / +190 | +510 / +190 | +191 / +110 | +240 / +110 | +88 / +56 | +108 / +56 | +137 / +56 | +186 / +56 |
| 280 | 315 | +1370 / +1050 | +860 / +540 | +1060 / +540 | +650 / +330 | +271 / +190 | +320 / +190 | +400 / +190 | +510 / +190 | +191 / +110 | +240 / +110 | +88 / +56 | +108 / +56 | +137 / +56 | +186 / +56 |
| 315 | 355 | +1560 / +1200 | +960 / +600 | +1170 / +600 | +720 / +360 | +299 / +210 | +350 / +210 | +440 / +210 | +570 / +210 | +214 / +125 | +265 / +125 | +98 / +62 | +119 / +62 | +151 / +62 | +202 / +62 |
| 355 | 400 | +1710 / +1350 | +1040 / +680 | +1250 / +680 | +760 / +400 | +299 / +210 | +350 / +210 | +440 / +210 | +570 / +210 | +214 / +125 | +265 / +125 | +98 / +62 | +119 / +62 | +151 / +62 | +202 / +62 |
| 400 | 450 | +1900 / +1500 | +1160 / +760 | +1390 / +760 | +840 / +440 | +327 / +230 | +385 / +230 | +480 / +230 | +630 / +230 | +232 / +135 | +290 / +135 | +108 / +68 | +131 / +68 | +165 / +68 | +223 / +68 |
| 450 | 500 | +2050 / +1650 | +1240 / +840 | +1470 / +840 | +880 / +480 | +327 / +230 | +385 / +230 | +480 / +230 | +630 / +230 | +232 / +135 | +290 / +135 | +108 / +68 | +131 / +68 | +165 / +68 | +223 / +68 |

（续）

| 基本尺寸/mm | | 常用及优先公差带（带圈者为优先公差带）/μm | | | | | | | | | | | | | |
|---|---|---|---|---|---|---|---|---|---|---|---|---|---|---|---|
| | | G | | H | | | | | | | JS | | | K | | |
| 大于 | 至 | 6 | ⑦ | 6 | ⑦ | 8 | ⑨ | 10 | 11 | 12 | 6 | 7 | 8 | 6 | ⑦ | 8 |
| — | 3 | +8 / +2 | +12 / +2 | +6 / 0 | +10 / 0 | +14 / 0 | +25 / 0 | +40 / 0 | +60 / 0 | | ±3 | ±5 | ±7 | 0 / −6 | 0 / −10 | 0 / −14 |
| 3 | 6 | +12 / +4 | +16 / +4 | +8 / +0 | +12 / +0 | +18 / +0 | +30 / +0 | +48 / +0 | +75 / +0 | | ±4 | ±6 | ±9 | +2 / −6 | +3 / −9 | +5 / −13 |
| 6 | 10 | +14 / +5 | +20 / +5 | +9 / +0 | +15 / +0 | +22 / +0 | +36 / +0 | +58 / +0 | +90 / +0 | | ±4.5 | ±7 | ±11 | +2 / −7 | +5 / −10 | +6 / −16 |
| 10 | 14 | +17 / +6 | +24 / +6 | +11 / +0 | +18 / +0 | +27 / +0 | +43 / +0 | +70 / +0 | +110 / +0 | | ±5.5 | ±9 | ±13 | +2 / −9 | +6 / −12 | +8 / −19 |
| 14 | 18 | | | | | | | | | | | | | | | |
| 18 | 24 | +20 / +7 | +28 / +7 | +13 / +0 | +21 / +0 | +33 / +0 | +52 / +0 | +84 / +0 | +130 / +0 | | ±6.5 | ±10 | ±16 | +2 / −11 | +6 / −15 | +10 / −23 |
| 24 | 30 | | | | | | | | | | | | | | | |
| 30 | 40 | +25 / +9 | +34 / +9 | +16 / 0 | +25 / 0 | +39 / 0 | +62 / 0 | +100 / 0 | +160 / 0 | +250 / 0 | ±8 | ±12 | ±19 | +3 / −13 | +7 / −18 | +12 / −27 |
| 40 | 50 | | | | | | | | | | | | | | | |
| 50 | 65 | +29 / +10 | +40 / +10 | +19 / 0 | +30 / 0 | +46 / 0 | +74 / 0 | +120 / 0 | +190 / 0 | +300 / 0 | ±9.5 | ±15 | ±23 | +4 / −15 | +9 / −21 | +14 / −32 |
| 65 | 80 | | | | | | | | | | | | | | | |
| 80 | 100 | +34 / +12 | +47 / +12 | +22 / 0 | +35 / 0 | +54 / 0 | +87 / 0 | +140 / 0 | +220 / 0 | +350 / 0 | ±11 | ±17 | ±27 | +4 / −18 | +10 / −25 | +16 / −38 |
| 100 | 120 | | | | | | | | | | | | | | | |
| 120 | 140 | +39 / +14 | +54 / +14 | +25 / 0 | +40 / 0 | +63 / 0 | +100 / 0 | +160 / 0 | +250 / 0 | +400 / 0 | ±12.5 | ±20 | ±31 | +4 / −21 | +12 / −28 | +20 / −43 |
| 140 | 160 | | | | | | | | | | | | | | | |
| 160 | 180 | | | | | | | | | | | | | | | |
| 180 | 200 | +44 / +15 | +61 / +15 | +29 / 0 | +46 / 0 | +72 / 0 | +115 / 0 | +185 / 0 | +290 / 0 | +460 / 0 | ±14.5 | +23 | +36 | +5 / −24 | +13 / −33 | +22 / −50 |
| 200 | 225 | | | | | | | | | | | | | | | |
| 225 | 250 | | | | | | | | | | | | | | | |
| 250 | 280 | +49 / +17 | +69 / +17 | +32 / 0 | +52 / 0 | +81 / 0 | +130 / 0 | +210 / 0 | +320 / 0 | +520 / 0 | ±16 | ±26 | ±40 | +5 / −27 | +16 / −36 | +25 / −56 |
| 280 | 315 | | | | | | | | | | | | | | | |
| 315 | 355 | +54 / +18 | +75 / +18 | +36 / 0 | +57 / 0 | +89 / 0 | +140 / 0 | +230 / 0 | +360 / 0 | +570 / 0 | ±18 | ±28 | ±44 | +7 / −29 | +17 / −40 | +28 / −61 |
| 355 | 400 | | | | | | | | | | | | | | | |
| 400 | 450 | +60 / +20 | +83 / +20 | +40 / 0 | +63 / 0 | +97 / 0 | +155 / 0 | +250 / 0 | +400 / 0 | +630 / 0 | ±20 | ±31 | ±48 | +8 / −32 | +18 / −45 | +29 / −68 |
| 450 | 500 | | | | | | | | | | | | | | | |

| 基本尺寸/mm | | 常用及优先公差带（带圈者为优先公差带）/μm | | | | | | | | | | | | | | |
|---|---|---|---|---|---|---|---|---|---|---|---|---|---|---|---|---|
| | | M | | | N | | | P | | R | | S | | T | | U |
| 大于 | 至 | 6 | 7 | 8 | 6 | ⑦ | 8 | 6 | ⑦ | 6 | 7 | 6 | ⑦ | 6 | 7 | ⑦ |
| — | 3 | -2 / -8 | -2 / -12 | -2 / -16 | -4 / -10 | -4 / -14 | -4 / -18 | -6 / -12 | -6 / -16 | -10 / -16 | -10 / -20 | -14 / -20 | -14 / -24 | — | — | -18 / -28 |
| 3 | 6 | -1 / -9 | 0 / -12 | +2 / -16 | -5 / -13 | -4 / -16 | -2 / -20 | -9 / -17 | -8 / -20 | -12 / -20 | -11 / -23 | -16 / -24 | -15 / -27 | — | — | -19 / -31 |
| 6 | 10 | -3 / -12 | 0 / -15 | +1 / -21 | -7 / -16 | -4 / -19 | -3 / -25 | -12 / -21 | -9 / -24 | -16 / -25 | -13 / -28 | -20 / -29 | -17 / -32 | — | — | -22 / -37 |
| 10 | 14 | -4 / -15 | 0 / -18 | 2 / -25 | -9 / -20 | -5 / -23 | -3 / -30 | -15 / -26 | -11 / -29 | -20 / -31 | -16 / -34 | -25 / -36 | -21 / -39 | — | — | -26 / -44 |
| 14 | 18 | -4 / -15 | 0 / -18 | 2 / -25 | -9 / -20 | -5 / -23 | -3 / -30 | -15 / -26 | -11 / -29 | -20 / -31 | -16 / -34 | -25 / -36 | -21 / -39 | — | — | -26 / -44 |
| 18 | 24 | -4 / -17 | 0 / -21 | +4 / -29 | -11 / -24 | -7 / -28 | -3 / -36 | -18 / -31 | -14 / -35 | -24 / -37 | -20 / -41 | -31 / -44 | -27 / -48 | — | — | -33 / -54 |
| 24 | 30 | -4 / -17 | 0 / -21 | +4 / -29 | -11 / -24 | -7 / -28 | -3 / -36 | -18 / -31 | -14 / -35 | -24 / -37 | -20 / -41 | -31 / -44 | -27 / -48 | -37 / -50 | -33 / -54 | -40 / -61 |
| 30 | 40 | -4 / -20 | 0 / -25 | +5 / -34 | -12 / -28 | -8 / -33 | -3 / -42 | -21 / -37 | -17 / -42 | -29 / -45 | -25 / -50 | -38 / -54 | -34 / -59 | -43 / -59 | -39 / -64 | -51 / -76 |
| 40 | 50 | -4 / -20 | 0 / -25 | +5 / -34 | -12 / -28 | -8 / -33 | -3 / -42 | -21 / -37 | -17 / -42 | -29 / -45 | -25 / -50 | -38 / -54 | -34 / -59 | -49 / -65 | -45 / -70 | -61 / -86 |
| 50 | 65 | -5 / -24 | 0 / -30 | +5 / -41 | -14 / -33 | -9 / -39 | -4 / -50 | -26 / -45 | -21 / -51 | -35 / -54 | -30 / -60 | -47 / -66 | -42 / -72 | -60 / -79 | -55 / -85 | -76 / -106 |
| 65 | 80 | -5 / -24 | 0 / -30 | +5 / -41 | -14 / -33 | -9 / -39 | -4 / -50 | -26 / -45 | -21 / -51 | -37 / -56 | -32 / -62 | -53 / -72 | -48 / -78 | -69 / -88 | -64 / -94 | -91 / -121 |
| 80 | 100 | -6 / -28 | 0 / -35 | +6 / -48 | -16 / -38 | -10 / -45 | -4 / -58 | -30 / -52 | -24 / -59 | -44 / -66 | -38 / -73 | -64 / -86 | -58 / -93 | -84 / -106 | -78 / -113 | -111 / -146 |
| 100 | 120 | -6 / -28 | 0 / -35 | +6 / -48 | -16 / -38 | -10 / -45 | -4 / -58 | -30 / -52 | -24 / -59 | -47 / -69 | -41 / -76 | -72 / -94 | -66 / -101 | -97 / -119 | -91 / -126 | -131 / -166 |
| 120 | 140 | -8 / -33 | 0 / -40 | +8 / -55 | -20 / -45 | -12 / -52 | -4 / -67 | -36 / -61 | -28 / -68 | -56 / -81 | -48 / -88 | -85 / -110 | -77 / -117 | -115 / -140 | -107 / -147 | -155 / -195 |
| 140 | 160 | -8 / -33 | 0 / -40 | +8 / -55 | -20 / -45 | -12 / -52 | -4 / -67 | -36 / -61 | -28 / -68 | -58 / -83 | -50 / -90 | -93 / -118 | -85 / -125 | -127 / -152 | -119 / -159 | -175 / -215 |
| 160 | 180 | -8 / -33 | 0 / -40 | +8 / -55 | -20 / -45 | -12 / -52 | -4 / -67 | -36 / -61 | -28 / -68 | -61 / -86 | -53 / -93 | -101 / -126 | -93 / -133 | -139 / -164 | -131 / -171 | -195 / -235 |
| 180 | 200 | -8 / -37 | 0 / -46 | +9 / -63 | -22 / -51 | -14 / -60 | -5 / -77 | -41 / -70 | -33 / -79 | -68 / -97 | -60 / -106 | -113 / -142 | -105 / -151 | -157 / -186 | -149 / -195 | -219 / -265 |
| 200 | 225 | -8 / -37 | 0 / -46 | +9 / -63 | -22 / -51 | -14 / -60 | -5 / -77 | -41 / -70 | -33 / -79 | -71 / -100 | -68 / -109 | -121 / -150 | -113 / -159 | -171 / -200 | -163 / -209 | -241 / -287 |
| 225 | 250 | -8 / -37 | 0 / -46 | +9 / -63 | -22 / -51 | -14 / -60 | -5 / -77 | -41 / -70 | -33 / -79 | -75 / -104 | -67 / -113 | -131 / -160 | -123 / -169 | -187 / -216 | -179 / -225 | -267 / -313 |
| 250 | 280 | -9 / -41 | 0 / -52 | +9 / -72 | -25 / -57 | -14 / -66 | -5 / -86 | -47 / -79 | -36 / -88 | -85 / -117 | -74 / -126 | -149 / -181 | -138 / -190 | -209 / -241 | -198 / -250 | -295 / -347 |
| 280 | 315 | -9 / -41 | 0 / -52 | +9 / -72 | -25 / -57 | -14 / -66 | -5 / -86 | -47 / -79 | -36 / -88 | -89 / -121 | -78 / -130 | -161 / -193 | -150 / -202 | -231 / -263 | -220 / -272 | -330 / -382 |
| 315 | 355 | -10 / -46 | 0 / -57 | +11 / -78 | -26 / -62 | -16 / -73 | -5 / -94 | -51 / -87 | -41 / -98 | -97 / -133 | -87 / -144 | -179 / -215 | -169 / -226 | -257 / -293 | -247 / -304 | -369 / -426 |
| 355 | 400 | -10 / -46 | 0 / -57 | +11 / -78 | -26 / -62 | -16 / -73 | -5 / -94 | -51 / -87 | -41 / -98 | -103 / -139 | -93 / -150 | -197 / -233 | -187 / -244 | -283 / -319 | -273 / -330 | -414 / -471 |
| 400 | 450 | -10 / -50 | 0 / -63 | +11 / -86 | -27 / -67 | -17 / -80 | -6 / -103 | -55 / -95 | -45 / -108 | -113 / -153 | -103 / -166 | -219 / -259 | -209 / -272 | -317 / -357 | -307 / -370 | -467 / -530 |
| 450 | 500 | -10 / -50 | 0 / -63 | +11 / -86 | -27 / -67 | -17 / -80 | -6 / -103 | -55 / -95 | -45 / -108 | -119 / -159 | -109 / -172 | -239 / -279 | -229 / -292 | -347 / -387 | -337 / -400 | -517 / -580 |

**表 A-3  基本尺寸 1~500mm 基孔制配合的轴和基轴制配合的孔现行、废止国标对照**

### 基孔制的轴

**间隙配合**

| 废止国标 | 现行国标 | 备注 |
|---|---|---|
| d1 | h5 | |
| db1 | g5 | g6 ①② |
| dc1 | f5,f6 | |
| d | h6 | |
| db | g6 | |
| dc | f7 | |
| dd | e8 | |
| de | d8 | |
| df | c8 | |
| d3 | h7 | ③ |
| dc3 | f8 | |
| d4 | h8,h9 | ③ |
| dc4 | f9 | |
| de4 | d9,d10 | |
| d5 | h10 | |
| d6 | h11 | |
| dc6 | d11 | |
| dd6 | b11,c10,c11 | ② |
| de6 | a11,b11 | ② |
| d7 | h12,h13 | ③ |
| dc7 | b12,c12~c13 | ② |

**过渡配合**

| 废止国标 | 现行国标 | 备注 |
|---|---|---|
| ga1 | n5 | p5① |
| gb1 | m5 | n5① |
| gc1 | k5 | m4① |
| gd1 | j5,js5 | ② |
| ga | n6 | p6① |
| gb | m6 | n6① |
| gc | k6 | |
| gd | js6 | |
| ga3 | n7 | p7① |
| gb3 | m7 | |
| gc3 | k7 | |
| gd3 | j7,js7 | ② |

**过盈配合**

| 废止国标 | 现行国标 | 备注 |
|---|---|---|
| jb1 | s5 | s6① |
| jc1 | r5 | r6① |
| jd | s7,u5,u6 | |
| je | r6,s6 | ② |
| jf | r6 | |
| jb3 | u8 | |
| jc3 | s7 | |

### 基轴制的孔

**间隙配合**

| 废止国标 | 现行国标 | 备注 |
|---|---|---|
| D1 | H6 | |
| Db1 | G6 | |
| Dc1 | F7 | |
| D | H7 | |
| Db | G7 | ② |
| Dc | F8 | ② |
| Db | GE,E9 | |
| Dc | D8,D9 | ③ |
| D3 | H8 | |
| D4 | H8,H9 | ③ |
| Dc4 | F9 | |
| De4 | D9,D10 | |
| D5 | H10 | |
| D6 | H11 | |
| Dc6 | D11 | ② |
| Dd6 | B11,C11 | ② |
| De6 | A11,C11 | ③ |
| D7 | H12,H13 | ④ |

**过渡配合**

| 废止国标 | 现行国标 | 备注 |
|---|---|---|
| Ga1 | N6 | |
| Gb1 | M6 | |
| Gc1 | K6 | |
| Gd1 | J6,JS6 | ② |
| Ga | N7 | |
| Gb | M7 | K7① |
| Gc | K7 | JS7① |
| Gd | J7 | |
| Ga3 | N8 | |
| Gb3 | M8 | |
| Gc3 | K8 | |
| Gd3 | J8 | |

**过盈配合**

| 废止国标 | 现行国标 | 备注 |
|---|---|---|
| Jd | U7,S7 | ② |
| Je | R7,R8 | ② |
| Jb3 | U8 | |

① 仅 1~3mm 尺寸分段使用。
② 不同尺寸段分别与不同的新国标符号相近似。
③ 介乎两者之间。
④ 没有适当的相近的符号。

**表 A-4  基本尺寸 1 至 500mm 标准公差**　　　　　　　　（单位：μm）

| 基本尺寸/mm | IT01 | IT0 | IT1 | IT2 | IT3 | IT4 | IT5 | IT6 | IT7 | IT8 | IT9 | IT10 | IT11 | IT12 | IT13 | IT14 | IT15 | IT16 | IT17 | IT18 |
|---|---|---|---|---|---|---|---|---|---|---|---|---|---|---|---|---|---|---|---|---|
| ≥3 | 0.3 | 0.5 | 0.8 | 1.2 | 2 | 3 | 4 | 6 | 10 | 14 | 25 | 40 | 60 | 100 | 140 | 250 | 400 | 600 | 1000 | 1400 |
| >3~6 | 0.4 | 0.6 | 1 | 1.5 | 2.5 | 4 | 5 | 8 | 12 | 18 | 30 | 48 | 75 | 120 | 180 | 300 | 480 | 750 | 1200 | 1800 |
| >6~10 | 0.4 | 0.6 | 1 | 1.5 | 2.5 | 4 | 6 | 9 | 15 | 22 | 36 | 58 | 90 | 150 | 220 | 360 | 580 | 900 | 1500 | 2200 |
| >10~18 | 0.5 | 0.8 | 1.2 | 2 | 3 | 5 | 8 | 11 | 18 | 27 | 43 | 70 | 110 | 180 | 270 | 430 | 700 | 1100 | 1800 | 2700 |
| >18~30 | 0.6 | 1 | 1.5 | 2.5 | 4 | 6 | 9 | 13 | 21 | 33 | 52 | 84 | 130 | 210 | 330 | 520 | 840 | 1300 | 2100 | 3300 |
| >30~50 | 0.6 | 1 | 1.5 | 2.5 | 4 | 7 | 11 | 16 | 25 | 39 | 62 | 100 | 160 | 250 | 390 | 620 | 1000 | 1600 | 2500 | 3900 |
| >50~80 | 0.8 | 1.2 | 2 | 3 | 5 | 8 | 13 | 19 | 30 | 46 | 74 | 120 | 190 | 300 | 460 | 740 | 1200 | 1900 | 3000 | 4600 |
| >80~120 | 1 | 1.5 | 2.5 | 4 | 6 | 10 | 15 | 22 | 35 | 54 | 87 | 140 | 220 | 350 | 540 | 870 | 1400 | 2200 | 3500 | 5400 |
| >120~180 | 1.2 | 2 | 3.5 | 5 | 8 | 12 | 18 | 25 | 40 | 63 | 100 | 160 | 250 | 400 | 630 | 100 | 1600 | 2500 | 4000 | 6300 |
| >180~250 | 2 | 3 | 4.5 | 7 | 10 | 14 | 20 | 29 | 46 | 72 | 115 | 185 | 290 | 460 | 720 | 1150 | 1850 | 2900 | 4600 | 7200 |
| >250~315 | 2.5 | 4 | 6 | 8 | 12 | 16 | 23 | 32 | 52 | 81 | 130 | 210 | 320 | 520 | 810 | 1300 | 2100 | 3200 | 5200 | 8100 |
| >315~400 | 3 | 5 | 7 | 9 | 13 | 18 | 25 | 36 | 57 | 89 | 140 | 230 | 360 | 570 | 890 | 1400 | 2300 | 3600 | 5700 | 8900 |
| >400~500 | 4 | 6 | 8 | 10 | 15 | 20 | 27 | 40 | 63 | 97 | 155 | 250 | 400 | 630 | 970 | 1550 | 2500 | 4000 | 6300 | 9700 |

# 附录 B　金属材料与热处理

## 表 B-1　常用金属材料

| 标准 | 名称 | 牌号 | 应用举例 | 说　明 |
|---|---|---|---|---|
| GB/T 700—2006 | 碳素结构钢 | Q215 | 金属结构;构件、拉杆、套圈、铆钉、螺栓、短轴、心轴、凸轮(荷重不大的)、吊钩、垫圈;渗碳零件及焊接件 | Q 表示普通碳素钢<br>215、235 表示抗拉强度括号内表示对应的旧牌号 |
| | | Q235 | 金属结构构件,心部强度要求不高的渗碳或氰化零件吊钩、拉杆、车钩、套圈、气缸、齿轮、螺栓、螺母、连杆、轮轴、楔、盖及焊接件 | |
| GB/T 699—2015 | 优质碳素结构钢 | 10 | 这种钢的屈服点和抗拉强度比值较低,塑性和韧性均高,在冷状态下,容易模压成形。一般用于拉杆、卡头、钢管、垫片、垫圈、铆钉。这种钢焊接性甚好 | 牌号的两位数字表示平均碳含量,45 钢即表示平均 $w(C)$ 为 0.45%<br>锰含量较高的钢,须加注化学元素符号"Mn"<br>$w(C) \leq 0.25\%$ 的钢是低碳钢(渗碳钢)<br>$w(C)$ 在 0.25%~0.60% 之间的碳钢是中碳钢(调质钢)<br>$w(C) > 0.60\%$ 的碳钢是高碳钢 |
| | | 15 | 塑性、韧性、焊接性和冷冲性均良好,但强度较低。用于制造受力不大,韧性要求较高的零件、紧固件、冲模锻件及不要求热处理的低负荷零件,如螺栓、螺钉、拉条、法兰盘及化工贮器、蒸汽锅炉等 | |
| | | 35 | 具有良好的强度和韧性,用于制造曲轴、转轴、轴销、杠杆、连杆、横792、星轮、圆盘、套筒、钩环、垫圈、螺钉、螺母等。一般不作焊接用 | |
| | | 45 | 用于强度要求较高的零件,如汽轮机的叶片、压缩机、泵的零件等 | |
| | | 60 | 这种钢的强度和弹性相当高,用于制造轧辊、轴、弹簧圈、弹簧、离合器、凸轮、钢绳等 | |
| | | 15Mn | 它的性能与15钢相似,但其淬透性、强度和塑性比15钢都高些。用于制造中心部分的力学性能要求较高且需渗碳的零件。这种钢焊接性好 | |
| | | 65Mn | 强度高,淬透性较好,脱碳倾向小,但有过热敏感性,易产生淬火裂纹,并有回火脆性。适宜作大尺寸的各种扁、圆弹簧,如座板簧、弹簧发条 | |
| GB/T 5613—2014 | 铸钢 | ZG310-570 | 各种形状的机件,如联轴器、轮、气缸、齿轮、齿轮圈及重负荷机架等 | "ZG"是铸钢的代号<br>310 表示屈服强度最低值<br>570 表示抗拉强度最低值 |
| GB/T 9439—2010 | 灰铸铁 | HT150 | 用于制造端盖、汽轮泵体、轴承座、阀壳、管子及管路附件、手轮;一般机床底座、床身、滑座、工作台等 | "HT"为灰铸铁的代号,后面的数字代表抗拉强度,如HT200表示抗拉强度为 200N/mm² 的灰铸铁 |
| | | HT200 | 用于制造气缸、齿轮、底架、机体、飞轮、齿条、衬筒;一般机床铸有导轨的床身及中等压力的液压筒、液压泵和阀体等 | |

（续）

| 标准 | 名称 | 牌号 | 应用举例 | 说　明 |
|---|---|---|---|---|
| GB/T 1348—2019 | 球墨铸铁 | QT500-17<br>QT450-10<br>QT400-18 | 具有较高的强度和塑性。广泛用于机械制造业中受磨损和冲击的零件，如曲轴、齿轮、气缸套、活塞环、摩擦片、中低压阀门、千斤顶座、轴承座等 | "QT"是球墨铸铁的代号，后面的数字表示强度和伸长率的大小，如 QT500-17 即表示球墨铸铁的抗拉强度为 500N/mm²；伸长率为 17% |
| GB/T 9440—2010 | 可锻铸铁 | KTH300-06 | 用于受冲击、振动等零件，如汽车零件、农机零件、机床零件以及管道配件等 | "KTH""KTB"和"KTZ"分别是黑心、白心、珠光体可锻铸铁的代号，它们后面的数字分别代表抗拉强度和伸长率 |
| | | KTB350-04<br>KTZ500-05 | 韧性较低，强度大，耐磨性好，加工性良好，可用于要求较高强度和耐磨性的重要零件，如曲轴、连杆、齿轮、凸轮轴等 | |

表 B-2　热处理名词解释

| 名词 | 代号 | 说　明 | 目　的 | 适用范围 |
|---|---|---|---|---|
| 退火 | 5111 | 加热到临界温度以上，保温一定时间，然后缓慢冷却（例如在炉中冷却） | （1）消除在前一工序（锻造、冷拉等）中所产生的内应力<br>（2）降低硬度，改善加工性能<br>（3）增加塑性和韧性<br>（4）使材料的成分或组织均匀，为以后的热处理作准备 | 完全退火适用于 $w(C)$ 0.8% 以下的铸、锻、焊、件；为消除内应力的退火主要用于铸件和焊件 |
| 正火 | 5121 | 加热到临界温度以上，保温一定时间，再在空气中冷却 | （1）细化晶粒<br>（2）与退火相比，强度略有增高，并能改善低碳钢的切削加工性能 | 用于低、中碳钢。对低碳钢常用以代替退火 |
| 淬火 | 5131 | 加热到临界温度以上，保温一定时间，再在冷却剂（水、油或盐水）中急速地冷却 | （1）提高硬度及强度<br>（2）提高耐磨性 | 用于中、高碳钢，淬火后钢件必须回火 |
| 回火 | 5141 | 经淬火后再加热到临界温度以下的某一温度，在该温度停留一定时间，然后在水、油或空气中冷却 | （1）消除淬火时产生的内应力<br>（2）增加韧性，降低硬度 | 高碳钢制作的工具、量具、刃具用低温（150～250℃）回火，弹簧用中温（270～450℃）回火 |
| 调质 | 5151 | 在 450～650℃ 进行高温回火称"调质" | 可以完全消除内应力，并获得较高的力学性能 | 用于重要的轴、齿轮，以及丝杆等零件 |
| 表面淬火 | 5210 | 用火焰或高频电流将零件表面迅速加热至临界温度以上，急速冷却 | 使零件表面获得高硬度，而心部保持一定的韧性，使零件既耐磨又能承受冲击 | 用于重要的齿轮以及曲轴、活塞、销等 |
| 渗碳 | 5310 | 在渗碳剂中加热到 900～950℃，停留一定时间，将碳渗入钢表面，深度约 0.5～2mm，再淬火后回火 | 增加零件表面的硬度和耐磨性，提高材料的疲劳强度 | 适用于 $w(C)$ 为 0.06%～0.25% 的低碳钢及低碳合金钢 |
| 渗氮 | 5330 | 使工作表面渗入氮元素 | 增加表面硬度、耐磨性、疲劳强度和耐蚀性 | 适用于含铝、铬、钼、锰等的合金钢，例如要求耐磨的主轴、量规、样板等 |
| 时效处理 | 时效 | （1）自然时效。在空气中长期存放半年到一年以上<br>（2）人工时效。加热到 500～600℃，在这个温度保持 10～20h 或更长时间 | 使铸件消除其内应力而稳定其形状尺寸 | 用于机床床身等大型铸件 |

（续）

| 名词 | 代号 | 说　明 | 目　的 | 适用范围 |
|---|---|---|---|---|
| 冰冷处理 | 冰冷 | 将淬火钢继续冷却至室温以下的处理方法 | 进一步提高硬度、耐磨性，并使其尺寸趋于稳定 | 用于滚动轴承的钢球、量规等 |
| 发蓝发黑 | 发蓝或发黑 | 氧化处理，用加热方法使工件表面形成一层氧化铁所组成的保护性薄膜 | 防腐蚀、美观 | 用于一般常见的紧固件 |
| 硬度 | HBW（布氏硬度） | 材料抵抗硬的物体压入零件表面的能力称为硬度。根据测定的方法不同，可分布氏硬度、洛氏硬度、维氏硬度、肖氏硬度等 | 硬度测定是为了检验材料经热处理后的力学性能——硬度 | 用于经退火、正火、调质的零件及铸件的硬度检查 |
| | HRC（洛氏硬度） | | | 用于经淬火、回火及表面化学热处理的零件硬度检查 |
| | HV（维氏硬度） | | | 特别适用于薄层硬化零件的硬度检查 |
| | HS（肖氏硬度） | | | 用于对铸铁轧辊的硬度检查 |

# 附录 C　螺　纹

表 C-1　普通螺纹（摘自 GB/T 193—2003、GB/T 196—2003）　（单位：mm）

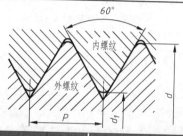

| 公称直径 $D$、$d$ | | 螺距 $P$ | | 粗牙小径 $D_1$ 或 $d_1$ | 公称直径 $D$、$d$ | | 螺距 $P$ | | 粗牙小径 $D_1$ 或 $d_1$ |
|---|---|---|---|---|---|---|---|---|---|
| 第一系列 | 第二系列 | 粗牙 | 细牙 | | 第一系列 | 第二系列 | 粗牙 | 细牙 | |
| 3 | | 0.5 | 0.35 | 2.459 | | 22 | 2.5 | 2、1.5、1、(0.75)、(0.5) | 19.292 |
| | 3.5 | (0.6) | | 2.850 | 24 | | 3 | 2、1.5、1、(0.75) | 20.752 |
| 4 | | 0.7 | 0.5 | 3.242 | | 27 | 3 | 2、1.5、1、(0.75) | 23.752 |
| 5 | | 0.8 | | 4.134 | 30 | | 3.5 | (3)、2、1.5、1、(0.75) | 26.211 |
| 6 | | 1 | 0.75、(0.5) | 4.918 | | 33 | 3.5 | (3)、2、1.5、(1)、(0.75) | 29.211 |
| 8 | | 1.25 | 1、0.75、(0.5) | 6.647 | 36 | | 4 | 3、2、1.5、(1) | 31.670 |
| 10 | | 1.5 | 1.25、1、0.75、(0.5) | 8.376 | | 39 | 4 | | 34.670 |
| 12 | | 1.75 | 1.5、1.25、1、(0.75)、(0.5) | 10.106 | 42 | | 4.5 | (4)、3、2、1.5、(1) | 37.129 |
| | 14 | 2 | 1.5、(1.25)、1、(0.75)、(0.5) | 11.836 | | 45 | 4.5 | | 40.129 |
| 16 | | 2 | 1.5、1、(0.75)、(0.5) | 13.835 | 48 | | 5 | | 42.587 |
| | 18 | 2.5 | 2、1.5、1、(0.75)、(0.5) | 15.294 | | 52 | 5 | | 46.587 |
| 20 | | 2.5 | | 17.294 | 56 | | 5.5 | 4、3、2、1.5、(1) | 50.046 |

注：1. 优先选用第一系列，括号内尺寸尽可能不用。

　　2. 第三系列未列入。

**337**

表 C-2　梯形螺纹（摘自 GB/T 5796.2—2022，GB/T 5796.3—2022）（单位：mm）

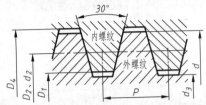

标记示例

公称直径 40mm，导程 14mm，螺距为

7mm 的双线左旋梯形螺纹：

Tr40×14（P7）LH

| 公称直径 d | | 螺距 | 中径 | 大径 | 小径 | | 公称直径 d | | 螺距 | 中径 | 大径 | 小径 | |
|---|---|---|---|---|---|---|---|---|---|---|---|---|---|
| 第一系列 | 第二系列 | P | $d_2=D_2$ | $D_4$ | $d_3$ | $D_1$ | 第一系列 | 第二系列 | P | $d_2=D_2$ | $D_4$ | $d_3$ | $D_1$ |
| 12 | | 2 | 11.00 | 12.50 | 9.50 | 10.00 | 20 | | 2 | 19.00 | 20.50 | 17.50 | 18.00 |
| | | 3 | 10.50 | 12.50 | 8.50 | 9.00 | | | 4 | 18.00 | 20.50 | 15.50 | 16.00 |
| | 14 | 2 | 13.00 | 14.50 | 11.50 | 12.00 | | 22 | 3 | 20.50 | 22.50 | 18.50 | 19.00 |
| | | 3 | 12.50 | 14.50 | 10.50 | 11.00 | | | 5 | 19.50 | 22.50 | 16.50 | 17.00 |
| 16 | | 2 | 15.00 | 16.50 | 13.50 | 14.00 | | | 8 | 18.00 | 23.00 | 13.00 | 14.00 |
| | | 4 | 14.00 | 16.50 | 11.50 | 12.00 | 24 | | 3 | 22.50 | 24.50 | 20.50 | 21.00 |
| | 18 | 2 | 17.00 | 18.50 | 15.50 | 16.00 | | | 5 | 21.50 | 24.50 | 18.50 | 19.00 |
| | | 4 | 16.00 | 18.50 | 13.50 | 14.00 | | | 8 | 20.00 | 25.00 | 15.00 | 16.00 |

表 C-3　管螺纹

55°密封管螺纹　圆柱内螺纹与圆锥外螺纹（GB/T 7306.1—2000）　　　　55°非密封管螺纹（GB/T 7307—2001）

55°密封管螺纹　圆锥内螺纹与圆锥外螺纹（GB/T 7306.2—2000）

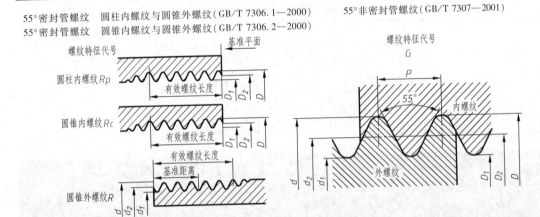

| 尺寸代号 | 每 25.4mm 内的牙数 n | 螺距 P mm | 牙高 h mm | 圆弧半径 r≈ mm | 基本直径 mm | | | 基准距离 mm | 有效螺纹长度 mm |
|---|---|---|---|---|---|---|---|---|---|
| | | | | | 大径 d=D | 中径 $d_2=D_2$ | 小径 $d_1=D_1$ | | |
| 1/16 | 28 | 0.907 | 0.581 | 0.125 | 7.723 | 7.412 | 6.561 | 4.0 | 6.5 |
| 1/8 | 28 | 0.907 | 0.581 | 0.125 | 9.728 | 9.147 | 8.566 | 4.0 | 6.5 |
| 1/4 | 19 | 1.337 | 0.856 | 0.184 | 13.157 | 12.301 | 11.445 | 6.0 | 9.7 |
| 3/8 | 19 | 1.337 | 0.856 | 0.184 | 16.662 | 15.806 | 14.950 | 6.4 | 10.1 |
| 1/2 | 14 | 1.814 | 1.162 | 0.249 | 20.955 | 19.793 | 18.631 | 8.2 | 13.2 |
| 5/8 * | 14 | 1.814 | 1.162 | 0.249 | 22.911 | 21.749 | 20.587 | | |
| 3/4 | 14 | 1.814 | 1.162 | 0.249 | 26.441 | 25.297 | 24.117 | 9.5 | 14.5 |
| 7/8 * | 14 | 1.814 | 1.162 | 0.249 | 30.201 | 29.039 | 27.877 | | |
| 1 | 11 | 2.309 | 1.479 | 0.317 | 33.249 | 31.770 | 30.291 | 10.4 | 16.8 |
| 11/8 * | 11 | 2.309 | 1.479 | 0.317 | 37.897 | 36.418 | 34.939 | | |
| 11/4 | 11 | 2.309 | 1.479 | 0.317 | 41.910 | 40.431 | 38.952 | 12.7 | 19.1 |
| 11/2 | 11 | 2.309 | 1.497 | 0.317 | 47.803 | 46.324 | 44.845 | 12.7 | 19.1 |

　　注：1. 尺寸代号有"＊"者，仅有非螺纹密封的管螺纹。

　　　　2. 用螺纹密封的管螺纹的"基本直径"为基准平面上的基本直径。

　　　　3. "基准距离""有效螺纹长度"均为用螺纹密封的管螺纹的参数。

# 附录D　常用标准件

| 表 D-1　螺栓 | （单位：mm） |

六角头螺栓　A 和 B 级（GB/T 5782—2016）　　六角头螺栓　全螺栓　A 和 B 级（GB/T 5783—2016）

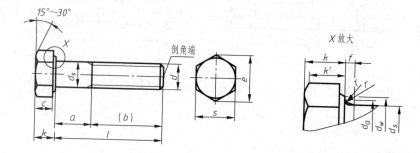

产品等级：

A 级用于 $d \leqslant 24$mm 和 $l \leqslant 10d$ 或 $l \leqslant 150$mm（按较小值）

B 级用于 $d > 24$mm 和 $l > 10d$ 或 $l > 1500$mm（按较小值）

标记示例：

螺纹规格 $d = $M12，公称长度 $l = 80$mm、性能等级为 8.8 级、表面氧化、A 级的六角螺栓：

螺栓　GB/T 5782—2016　M12×80

条件和以上相同的全螺纹、A 级的六角螺栓的标记为：

螺栓　GB/T 5783—2016　M12×80

| 螺纹规格 | | | M3 | M4 | M5 | M6 | M8 | M10 | M12 | M16 | M20 | M24 | M30 |
|---|---|---|---|---|---|---|---|---|---|---|---|---|---|
| $b$参考 | $l \leqslant 125$ | | 12 | 14 | 16 | 18 | 22 | 26 | 30 | 38 | 46 | 54 | 66 |
| | $125 < l \leqslant 200$ | | — | — | — | — | 28 | 32 | 36 | 44 | 52 | 60 | 72 |
| | $l > 200$ | | — | — | — | — | — | — | — | 57 | 65 | 73 | 85 |
| $a$（max）全螺纹 | | | 1.5 | 2.1 | 2.4 | 3 | 3.75 | 4.5 | 5.25 | 6 | 7.5 | 9 | 10.5 |
| $c$（max） | | | 0.4 | 0.4 | 0.5 | 0.5 | 0.6 | 0.6 | 0.6 | 0.8 | 0.8 | 0.8 | 0.8 |
| $d_w$（min） | A | | 4.6 | 5.9 | 6.9 | 8.9 | 11.6 | 14.6 | 16.6 | 22.5 | 28.2 | 33.6 | 43.7 |
| | B | | | | 6.7 | 8.7 | 11.4 | 14.4 | 16.4 | 22 | 27.7 | 33.2 | |
| $k$（公称） | | | 2 | 2.8 | 3.5 | 4 | 5.3 | 6.4 | 7.6 | 10 | 12.5 | 15 | 18.7 |
| $e$（min） | A | | 6.07 | 7.66 | 8.79 | 11.05 | 14.38 | 17.77 | 20.03 | 26.75 | 33.53 | 39.98 | — |
| | B | | — | — | 8.63 | 10.89 | 14.20 | 17.59 | 19.85 | 26.17 | 32.95 | 39.55 | 50.85 |
| $s$（max=公称） | | | 5.5 | 7 | 8 | 10 | 13 | 16 | 18 | 24 | 30 | 36 | 46 |
| $l$（公称） | GB/T 5782—2016 | | 20~30 | 25~40 | 25~50 | 30~60 | 35~80 | 40~100 | 45~120 | 55~160 | 70~200 | 80~240 | 90~300 |
| | GB/T 5783—2016 | | 6~30 | 8~40 | 10~50 | 12~60 | 16~80 | 20~100 | 25~100 | 35~100 | 40~100 | 40~100 | 40~100 |

注：1. 长度 $l$ 的系列为：6、8、10、12、16、20~70（5 进位）、80~160（10 进位）、180~300（20 进位）。

2. 此表经简化，删去了与画图关系不大的尺寸。

## 表 D-2　双头螺柱　　　　　　　　　　　　　　　　　　（单位：mm）

$b_m = 1d$（GB/T 897—1988）　$b_m = 1.25d$（GB/T 898—1988）
$b_m = 1.5d$（GB/T 899—1988）　$b_m = 2d$（GB/T 900—1988）

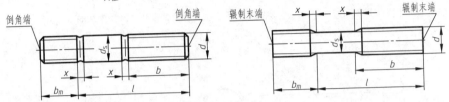

标记示例：

两端均为粗牙普通螺纹，$d = 10$mm、$l = 50$mm、性能等级为 4.8 级、不经热处理及表面处理、B 型、$b_m = 1d$ 的双头螺柱：

螺柱　GB/T 897—1988　M10×50

旋入机体一端为粗牙普通螺纹，旋入螺母一端为螺距 $P = 1$mm 的细牙螺纹，$d = 10$mm、$l = 50$mm、性能等级为 4.8 级、不经表面处理、A 型、$b_m = 1d$ 的双头螺柱：

螺柱　GB/T 897—1988　AM10-M10×1×50

两端均为粗牙普通螺纹，$d = 10$mm、$l = 50$mm、性能等级为 4.8 级、不经表面处理、B 型、$b_m = 1.25d$ 的双头螺柱；

螺柱　GB/T 898—1988　M10×50

| 螺纹规格 $d$ | $b_m$（公称） | | $d_s$ | | $x$（max） | $b$ | $l$（公称） |
|---|---|---|---|---|---|---|---|
| | GB/T 897—1988 | GB/T 898—1988 | max | min | | | |
| M5 | 5 | 6 | 5 | 4.7 | | 10 | 16~20 |
| | | | | | | 16 | 25~50 |
| M6 | 6 | 8 | 6 | 5.7 | | 10 | 20,(22) |
| | | | | | | 14 | 25,(28),30 |
| | | | | | | 18 | 35~70 |
| M8 | 8 | 10 | 8 | 7.64 | | 12 | 20 |
| | | | | | | 16 | 25,(28),30 |
| | | | | | | 22 | 35~90 |
| M10 | 10 | 12 | 10 | 9.64 | | 14 | 25,(28) |
| | | | | | | 16 | 30,(32),35 |
| | | | | | | 26 | 40~120 |
| | | | | | 1.5P | 32 | 130 |
| M12 | 12 | 15 | 12 | 11.57 | | 16 | 25,30 |
| | | | | | | 20 | 35,40 |
| | | | | | | 30 | 45~120 |
| | | | | | | 36 | 130~180 |
| M16 | 16 | 20 | 16 | 15.57 | | 20 | 30,(32),35 |
| | | | | | | 30 | 40~50 |
| | | | | | | 38 | 60~120 |
| | | | | | | 44 | 130~180 |
| M20 | 20 | 25 | 20 | 19.48 | | 25 | 35,40 |
| | | | | | | 35 | 45~60 |
| | | | | | | 46 | 70,120 |
| | | | | | | 52 | 130~200 |

注：1. $P$ 表示螺距。

2. $l$ 的长度系列：16，（18），20，（22），25，（28），30，（32），35，（38），40，45，50，（55），60，（65），70，（75），80，（85），90，（95），100~200（10 进位）。括号内的数值尽可能不用。

表 D-3 　螺钉 　　　　　　　　　　　　　　　　　（单位：mm）

开槽圆柱头螺钉（GB/T 65—2016）

开槽盘螺钉（GB/T 67—2016）

开槽沉头螺钉（GB/T 68—2016）

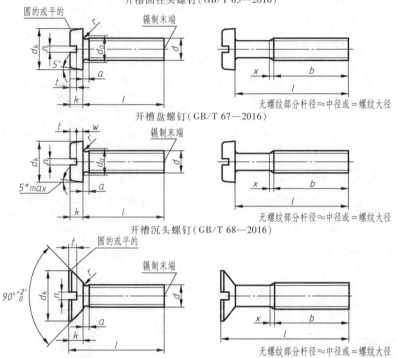

无螺纹部分杆径≈中径或＝螺纹大径

标记示例：
螺纹规格 $d$＝M5，公称长度 $l$＝20mm，性能等级为 4.8 级，不经表面处理的开槽圆柱头螺钉标记为：
螺钉　GB/T 65—2016　M5×20

| | d | | M1.6 | M2 | M2.5 | M3 | M4 | M5 | M6 | M8 | M10 |
|---|---|---|---|---|---|---|---|---|---|---|---|
| P | | GB/T 65—2016 | — | — | — | — | 0.7 | 0.8 | 1 | 1.25 | 1.5 |
| | | GB/T 67—2016、GB/T 68—2016 | 0.35 | 0.4 | 0.45 | 0.5 | | | | | |
| b | min | GB/T 65—2016 | — | — | — | — | 38 | 38 | 38 | 38 | 38 |
| | | GB/T 67—2016、GB/T 68—2016 | 25 | 25 | 25 | 25 | | | | | |
| $d_k$ | max | GB/T 65—2016 | — | — | — | — | 7 | 8.5 | 10 | 13 | 16 |
| | | GB/T 67—2016 | 3.2 | 4 | 5 | 5.6 | 8 | 9.5 | 12 | 16 | 20 |
| | | GB/T 68—2016 | 3.6 | 4.4 | 5.5 | 6.3 | 9.4 | 10.4 | 12.6 | 17.3 | 20 |
| k | min | GB/T 65—2016 | — | — | — | — | 2.6 | 3.3 | 3.9 | 5 | 6 |
| | | GB/T 67—2016 | 1 | 1.3 | 1.5 | 1.8 | 2.4 | 3 | 3.6 | 4.8 | 6 |
| | | GB/T 68—2016 | 1 | 1.2 | 1.5 | 1.65 | 2.7 | 2.7 | 3.3 | 4.65 | 5 |
| n | 公称 | GB/T 65—2016 | — | — | — | — | 2 | 1.2 | 1.6 | 2 | 2.5 |
| | | GB/T 67—2016、GB/T 68—2016 | 0.4 | 0.5 | 0.6 | 0.8 | | | | | |
| r | min | GB/T 65—2016 | — | — | — | — | 2 | 0.2 | 0.25 | 0.4 | 0.4 |
| | | GB/T 67—2016 | 0.1 | 0.1 | 0.1 | 0.1 | | | | | |
| | max | GB/T 68—2016 | 0.4 | 0.5 | 0.6 | 0.8 | 1 | 1.3 | 1.5 | 2 | 2.5 |
| t | min | GB/T 65—2016 | — | — | — | — | 1.1 | 1.3 | 1.6 | 2 | 2.4 |
| | | GB/T 67—2016 | 0.35 | 0.5 | 0.6 | 0.7 | 1 | 1.2 | 1.4 | 1.9 | 2.4 |
| | | GB/T 68—2016 | 0.32 | 0.4 | 0.5 | 0.6 | 1 | 1.1 | 1.2 | 1.8 | 2 |
| l (公称) | 商品规格范围 | GB/T 65—2016 | — | — | — | — | 5~40 | 6~50 | 8~60 | 10~80 | 12~80 |
| | | GB/T 67—2016 | 2~16 | 2.5~20 | 3~25 | 4~30 | 5~40 | 6~50 | 8~60 | 10~80 | 12~80 |
| | | GB/T 68—2016 | 2.5~16 | 3~20 | 4~25 | 5~30 | 6~40 | 8~40 | 8~60 | 10~80 | 12~80 |
| | 全螺纹范围 | GB/T 65—2016 | — | | | | $l \leqslant 40$ | | | | |
| | | GB/T 67—2016 | $l \leqslant 30$ | | | | $l \leqslant 40$ | | | | |
| | | GB/T 68—2016 | $l \leqslant 30$ | | | | $l \leqslant 45$ | | | | |
| | 系列值 | | 2、2.5、3、4、5、6、8、10、12、(14)、16、20、25、30、35、40、50、(55)、60、(65)、70、(75)、80 | | | | | | | | |

注：1. 无螺纹部分杆径≈中径或螺纹大径。
　　2. $l$ 系列值中，尽可能不采用括号内的规格。

表 D-4　紧定螺钉　　　　　　　　　　　　　　　（单位：mm）

开槽锥端紧定螺钉（GB/T 71—2018）　　　　开槽平端紧定螺钉（GB/T 73—2017）

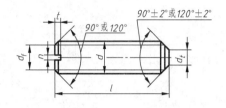

开槽凹端紧定螺钉（GB/T 74—2018）　　　　开槽圆柱紧定螺钉（GB/T 75—2018）

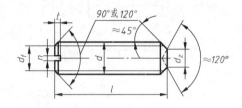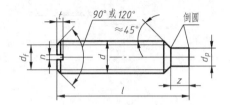

标记示例：

螺纹规格 $d$=M5，公称长度 $l$=12mm，性能等级为 14H 级，

表面氧化的开槽平端紧定螺钉：

螺钉 GB/T 73—2017　M5×12

| 螺纹规格 $d$ | | M1.2 | M1.6 | M2 | M2.5 | M3 | M4 | M5 | M6 | M8 | M10 | M12 |
|---|---|---|---|---|---|---|---|---|---|---|---|---|
| $P$ | | 0.25 | 0.35 | 0.4 | 0.45 | 0.5 | 0.7 | 0.8 | 1 | 1.25 | 1.5 | 1.75 |
| $d_f$ | ≈ | 螺纹小径 | | | | | | | | | | |
| $n$ | 公称 | 0.2 | 0.25 | 0.25 | 0.4 | 0.4 | 0.6 | 0.8 | 1 | 1.2 | 1.6 | 2 |
| $t$ | min | 0.4 | 0.56 | 0.64 | 0.72 | 0.8 | 1.12 | 1.28 | 1.6 | 2 | 2.4 | 2.8 |
| | max | 0.52 | 0.74 | 0.84 | 0.95 | 1.05 | 1.42 | 1.63 | 2 | 2.5 | 3 | 3.6 |
| $d_t$ | min | — | 0.12 | — | — | — | — | — | — | — | — | — |
| | max | | | 0.16 | 0.2 | 0.25 | 0.3 | 0.4 | 0.5 | — | 2.5 | 3 |
| $d_p$ | min | 0.35 | 0.558 | 0.75 | 1.25 | 1.75 | 2.25 | 3.2 | 3.7 | 5.2 | 6.64 | 8.14 |
| | max | 0.6 | 0.8 | 1 | 1.5 | 2 | 2.5 | 3.5 | 4 | 5.5 | 7 | 8.5 |
| $d_z$ | min | | 0.55 | 0.75 | 0.95 | 1.15 | 1.75 | 2.25 | 2.75 | 4.7 | 5.7 | 7.7 |
| | max | | 0.8 | 1 | 1.2 | 1.4 | 2 | 2.5 | 3 | 5 | 6 | 8 |
| $z$ | min | | 0.8 | 1 | 1.5 | 1.5 | 2 | 2.5 | 3 | 4 | 5 | 6 |
| | max | | 1.05 | 1.25 | 1.25 | 1.75 | 2.25 | 2.75 | 3.25 | 4.3 | 5.3 | 6.3 |
| $l$（商品规格） | GB/T 71—2018 | 2~6 | 2~8 | 3~10 | 3~12 | 4~16 | 6~20 | 8~25 | 8~30 | 10~40 | 12~50 | 14~60 |
| | GB/T 73—2017 | 2~6 | 2~8 | 2~10 | 2.5~12 | 3~16 | 4~20 | 5~25 | 6~30 | 8~40 | 10~50 | 12~60 |
| | GB/T 74—2018 | — | 2~8 | 2.5~10 | | | 4~20 | 5~25 | 6~30 | 8~40 | 10~50 | 12~60 |
| | GB/T 75—2018 | — | 2.5~8 | 3~10 | 4~12 | 5~16 | 6~20 | 8~25 | 8~30 | 10~40 | 12~50 | 14~60 |
| $l$（系列） | 公称 | 2,2.5,3,4,5,6,8,10,12,（14）,16,20,25,30,35,40,45,50,（55）,60 | | | | | | | | | | |

注：1. 尽可能不采用括号内的规格。

　　2. $P$—螺距。

　　3. M5 的锥端不要求锥端有平面部分（$d_1$），可以倒圆。

**表 D-5  六角螺母**  （单位：mm）

1 型六角螺母  A 和 B 级（GB/T 6170—2015）
1 型六角螺母  C 级（GB/T 41—2016）
允许制造的型式

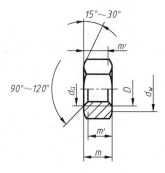 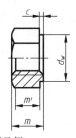 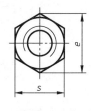

标记示例

螺纹规格 $D$=M12,性能等级为 5 级、不经表面处理、C 级的 1 型六角螺母标记为：
螺母  GB/T 41—2016  M12
螺纹规格 $D$=M12,性能等级为 8 级、不经表面处理、A 级的 1 型六角螺母标记为：
螺母  GB/T 6170—2015  M12

| $D$ | | M1.6 | M2 | M2.5 | M3 | M4 | M5 | M6 | M8 | M10 | M12 | M16 | M20 | M24 | M30 | M36 |
|---|---|---|---|---|---|---|---|---|---|---|---|---|---|---|---|---|
| $c$(max) | GB/T 41—2016 | — | — | — | — | — | | | | | | | | | | |
| | GB/T 6170—2015 | 0.2 | 0.2 | 0.3 | 0.4 | 0.4 | 0.5 | 0.5 | 0.6 | 0.6 | 0.6 | 0.8 | 0.8 | 0.8 | 0.8 | 0.8 |
| | GB/T 6172.1—2016 | — | — | — | | | | | | | | | | | | |
| | GB/T 6175—2016 | — | — | — | | | | | | | | | | | | |
| $d_w$(min) | GB/T 41—2016 | — | — | — | — | — | | | | | | | | | | |
| | GB/T 6170—2015 | 2.4 | 3.1 | 4.1 | 4.6 | 5.9 | 6.9 | 8.9 | 11.6 | 14.6 | 16.6 | 22.5 | 27.7 | 33.2 | 42.7 | 51.1 |
| | GB/T 6172.1—2016 | — | — | — | | | | | | | | | | | | |
| | GB/T 6175—2016 | — | — | — | | | | | | | | | | | | |
| $e$(min) | GB/T 41—2016 | — | — | — | — | — | 8.63 | 10.98 | 14.20 | 17.59 | 19.85 | 26.17 | | | | — |
| | GB/T 6170—2015 | 3.14 | 4.32 | 5.45 | 6.01 | 7.66 | | | | | | | 32.95 | 39.55 | 50.85 | 60.79 |
| | GB/T 6172.1—2016 | — | — | — | | | 8.79 | 11.05 | 14.38 | 17.77 | 20.03 | 26.75 | | | | |
| | GB/T 6175—2016 | — | — | — | | | | | | | | | | | | |
| $m$(max) | GB/T 41—2016 | — | — | — | — | — | 5.6 | 6.1 | 7.9 | 12.2 | 15.9 | 18.7 | 22.3 | 26.4 | 31.5 | — |
| | GB/T 6170—2015 | 1.3 | 1.6 | 2 | 2.4 | 3.2 | 4.7 | 5.2 | 6.8 | 8.4 | 10.8 | 14.8 | 18 | 21.5 | 25.6 | 31 |
| | GB/T 6172.1—2016 | — | — | — | 1.8 | 2.2 | 2.7 | 3.2 | 4 | 5 | 6 | 8 | 10 | 12 | 15 | 18 |
| | GB/T 6175—2016 | — | — | — | | | 5.1 | 5.7 | 7.5 | 9.3 | 12 | 14.1 | 20.3 | 23.9 | 28.6 | 34.7 |
| $s$(max) | GB/T 41—2016 | — | — | — | — | — | | | | | | | | | | |
| | GB/T 6170—2015 | 3.2 | 4 | 5 | 5.5 | 5.7 | 8 | 10 | 13 | 16 | 18 | 24 | 30 | 36 | 46 | 55 |
| | GB/T 6172.1—2016 | — | — | — | | | | | | | | | | | | |
| | GB/T 6175—2016 | — | — | — | | | | | | | | | | | | |

注：GB/T 41—2016、GB/T 6172.1—2016 无允许制造的型式。

表 D-6　垫圈　　　　　　　　　　　　　　　　（单位：mm）

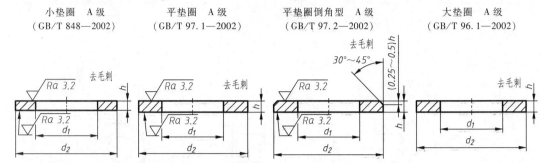

| 小垫圈　A级<br>（GB/T 848—2002） | 平垫圈　A级<br>（GB/T 97.1—2002） | 平垫圈倒角型　A级<br>（GB/T 97.2—2002） | 大垫圈　A级<br>（GB/T 96.1—2002） |

标记示例：公称尺寸 $d=8$mm，性能等级为 140HV 级，不经表面处理的平垫圈：

垫圈 GB/T 97.1—2002　8

其余标记相仿。

| 公称尺寸（螺纹规格 $d$） | | 3 | 4 | 5 | 6 | 8 | 10 | 12 | 14 | 16 | 20 | 24 | 30 | 36 |
|---|---|---|---|---|---|---|---|---|---|---|---|---|---|---|
| 内径 $d_1$ | 产品<br>等级 A | 3.2 | 4.3 | 5.3 | 6.4 | 8.4 | 10.5 | 13 | 15 | 17 | 21 | 25 | 31 | 37 |
| | B | | | 5.5 | 6.6 | 9 | 11 | 13.5 | 15.5 | 17.5 | 22 | 26 | 33 | 39 |
| GB/T 848—2002 | 外径 $d_2$ | 6 | 8 | 9 | 11 | 15 | 18 | 20 | 24 | 28 | 34 | 39 | 50 | 60 |
| | 厚度 $h$ | 0.5 | 0.5 | 1 | 1.6 | 1.6 | 1.6 | 2 | 2.5 | 2.5 | 2 | 4 | 4 | 5 |
| GB/T 97.1—2002<br>GB/T 97.2—2002[1]<br>GB/T 96.1—2002[1] | 外径 $d_2$ | 7 | 9 | 10 | 12 | 16 | 20 | 24 | 28 | 30 | 37 | 44 | 56 | 66 |
| | 厚度 $h$ | 0.5 | 0.8 | 1 | 1.6 | 1.6 | 2 | 2.5 | 2.5 | 3 | 3 | 4 | 4 | 5 |

注：GB/T 96.1—2002 主要用于规格为 M5~M36 的标准六角头螺栓、螺钉和螺母。

① 性能等级 140HV 表示材料的硬度，HV 表示维氏硬度，140 为硬度值。有 140HV，200HV 和 300HV 三种。

表 D-7　标准型弹簧垫圈　　　　　　　　　　　　（单位：mm）

标准型弹簧垫圈（GB/T 93—1987）

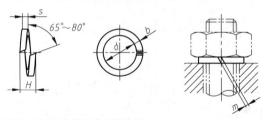

标记示例：规格 16mm，材料为 65Mn，表面氧化的标准弹簧垫圈：

垫圈　GB/T 93—1987　16

| 规格（螺纹大径） | | 4 | 5 | 6 | 8 | 10 | 12 | 16 | 20 | 24 | 30 |
|---|---|---|---|---|---|---|---|---|---|---|---|
| $d$ | min | 4.1 | 5.1 | 6.1 | 8.1 | 10.2 | 12.2 | 16.2 | 20.2 | 24.5 | 30.5 |
| | max | 4.4 | 5.4 | 6.68 | 8.68 | 10.9 | 12.9 | 16.9 | 21.04 | 25.5 | 31.5 |
| $s(b)$ | 公称 | 1.1 | 1.3 | 1.6 | 2.1 | 2.6 | 3.1 | 4.1 | 5 | 6 | 7.5 |
| | min | 1 | 1.2 | 1.5 | 2 | 2.45 | 2.95 | 3.9 | 4.8 | 5.8 | 7.2 |
| | max | 1.2 | 1.4 | 1.7 | 2.2 | 2.75 | 3.25 | 4.3 | 5.2 | 6.2 | 7.8 |
| $H$ | min | 2.2 | 2.6 | 3.2 | 4.2 | 5.2 | 6.2 | 8.2 | 10 | 12 | 15 |
| | max | 2.75 | 3.25 | 4 | 5.25 | 6.5 | 7.75 | 10.25 | 12.5 | 15 | 18.75 |
| $m\leqslant$ | | 0.55 | 0.65 | 0.8 | 1.05 | 1.3 | 1.55 | 2.05 | 2.5 | 3 | 3.75 |

表 D-8　圆柱销　　　　　　（单位：mm）

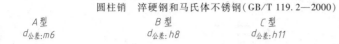

圆柱销　不淬硬钢和奥氏体不锈钢（GB/T 119.1—2000）
圆柱销　淬硬钢和马氏体不锈钢（GB/T 119.2—2000）

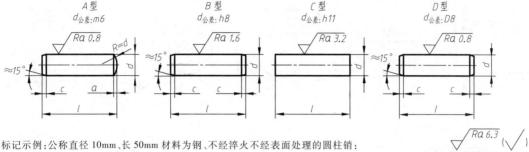

标记示例：公称直径 10mm、长 50mm 材料为钢、不经淬火不经表面处理的圆柱销：
销　GB/T 119.1—2000　A10×50

| d | 4 | 5 | 6 | 8 | 10 | 12 | 16 | 20 | 25 | 30 | 40 | 50 |
|---|---|---|---|---|----|----|----|----|----|----|----|----|
| a≈ | 0.5 | 0.63 | 0.80 | 1.0 | 1.2 | 1.6 | 2.0 | 2.5 | 3.0 | 4.0 | 5.0 | 6.3 |
| c≈ | 0.63 | 0.80 | 1.2 | 1.6 | 2.0 | 2.5 | 3.0 | 3.5 | 4.0 | 5.0 | 6.3 | 8.0 |
| 长度范围 l | 8~40 | 10~50 | 12~60 | 14~80 | 18~95 | 22~140 | 26~180 | 35~200 | 50~200 | 50~200 | 80~200 | 95~200 |
| l（系列） | 6、8、10、12、14、16、18、20、22、24、26、28、30、32、35、40、45、50、55、60、65、70、75、80、85、90、95、100、120、140、160、180、200 | | | | | | | | | | | |

表 D-9　圆锥销　　　　　　（单位：mm）

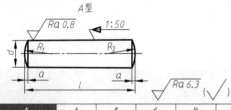

圆锥销（GB/T 117—2000）
$R_1 \approx d$
$R_2 \approx d + \dfrac{l-20}{50}$

标记示例：公称直径 10mm、长 60mm 材料为 35 钢、热处理硬度 28~38HRC、表面氧化处理的圆锥销：
销　GB/T 117—2000　10×60

| d | 4 | 5 | 6 | 8 | 10 | 12 | 16 | 20 | 25 | 30 | 40 | 50 |
|---|---|---|---|---|----|----|----|----|----|----|----|----|
| a≈ | 0.50 | 0.63 | 0.80 | 1.0 | 1.2 | 1.6 | 2.0 | 2.5 | 3.0 | 4.0 | 5.0 | 6.3 |
| 长度范围 l | 14~55 | 18~60 | 22~90 | 22~120 | 26~160 | 32~180 | 40~200 | 45~200 | 50~200 | 55~200 | 60~200 | 65~200 |
| l（系列） | 14、16、18、20、22、24、26、28、30、32、35、40、45、50、55、60、65、70、75、80、85、90、95、100、120、140、160、180、200 | | | | | | | | | | | |

表 D-10　开口销　　　　　　（单位：mm）

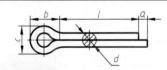

开口销（GB/T 91—2000）
$a_{min} = \dfrac{1}{2} a_{max}$

标记示例：公称直径 d=5mm、长度 l=50mm 的开口销：
销　GB/T 91—2000　5×50

| | 公称 | 0.6 | 0.8 | 1 | 1.2 | 1.6 | 2 | 2.5 | 3.2 | 4 | 5 | 6.3 | 8 | 10 | 12 |
|---|---|---|---|---|---|---|---|---|---|---|---|---|---|---|---|
| d | min | 0.4 | 0.6 | 0.8 | 0.9 | 1.3 | 1.7 | 2.1 | 2.7 | 3.5 | 4.4 | 5.7 | 7.3 | 9.3 | 11.1 |
| | max | 0.5 | 0.7 | 0.9 | 1 | 1.4 | 1.8 | 2.3 | 2.9 | 3.7 | 4.6 | 5.9 | 7.5 | 9.5 | 11.5 |
| c | max | 1 | 1.4 | 1.8 | 2 | 2.8 | 3.6 | 4.6 | 5.8 | 7.4 | 9.2 | 11.8 | 15 | 19 | 24.8 |
| | min | 0.9 | 1.2 | 1.6 | 1.7 | 2.4 | 3.2 | 4 | 5.1 | 6.5 | 8 | 10.3 | 13.1 | 16.6 | 21.7 |
| b | | 2 | 2.4 | 3 | 3 | 3.2 | 4 | 5 | 6.4 | 8 | 10 | 12.6 | 16 | 20 | 26 |
| $a_{max}$ | | 1.6 | | | | 2.5 | | | 3.2 | | 4 | | | 6.3 | | |
| 长度范围 l | | 4~12 | 5~16 | 6~20 | 8~26 | 8~32 | 10~40 | 12~50 | 14~65 | 18~80 | 22~100 | 32~120 | 40~160 | 45~20 | 70~200 |
| l（公称） | | 4、5、6、8、10、12、14、16、18、20、22、24、26、28、30、32、35、40、45、50、55、60、65、70、75、80、85、90、95、100、120、140、160、180、200 | | | | | | | | | | | | | |

注：销孔的公称直径等于 d 公称。

表 D-11 平键 (单位：mm)

平键 键槽的剖面尺寸（GB/T 1096—2003）

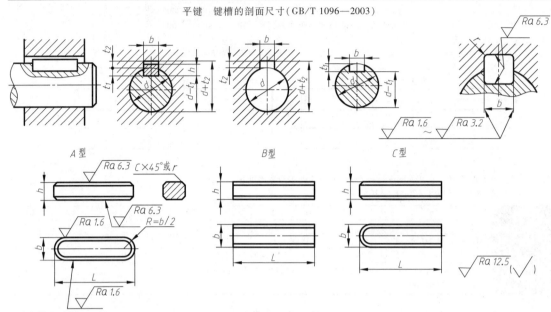

圆头普通平键（A 型）、$b=18mm$、$h=11mm$、$L=100mm$
GB/T 1096—2003 键 18×11×100
平头普通平键（B 型）、$b=18mm$、$h=11mm$、$L=100mm$
GB/T 1096—2003 键 B 18×11×100
单圆头普通平键（C 型）、$b=18mm$、$h=11mm$、$L=100mm$
GB/T 1096—2003 键 C 18×11×100

| 轴 | 键 | 键 槽 | | | | | | | | | | | |
|---|---|---|---|---|---|---|---|---|---|---|---|---|---|
| 轴颈 $d$（参考） | 公称尺寸 $b×h$ | 宽度 $b$ | | | | | | 深 度 | | | | 半径 $r$ | |
| | | 公称尺寸 $b$ | 偏 差 | | | | | 轴 $t$ | | 毂 $t_1$ | | | |
| | | | 较松键联结 | | 一般键联结 | | 较紧键联结 | | | | | | |
| | | | 轴 H9 | 毂 D10 | 轴 N9 | 毂 JS9 | 轴和毂 P9 | 公称 | 偏差 | 公称 | 偏差 | 最小 | 最大 |
| 自 6~8 | 2×2 | 2 | +0.025 | +0.060 | −0.004 | ±0.0125 | −0.006 | 1.2 | +0.1 0 | 1 | +0.1 0 | 0.08 | 0.16 |
| >8~10 | 3×3 | 3 | 0 | +0.020 | −0.029 | | −0.031 | 1.8 | | 1.4 | | | |
| >10~12 | 4×4 | 4 | +0.030 0 | +0.078 −0.030 | −0 −0.030 | ±0.015 | −0.012 −0.042 | 2.5 | | 1.8 | | | |
| >12~17 | 5×5 | 5 | | | | | | 3.0 | | 2.3 | | | |
| >17~22 | 6×6 | 6 | | | | | | 3.5 | | 2.8 | | 0.16 | 0.25 |
| >22~30 | 8×7 | 8 | +0.036 0 | +0.098 +0.040 | 0 −0.036 | ±0.018 | −0.015 −0.051 | 4.0 | | 3.3 | | | |
| >30~38 | 10×8 | 10 | | | | | | 5.0 | | 3.5 | | | |
| >38~44 | 12×8 | 12 | +0.043 0 | +0.120 +0.050 | 0 −0.043 | ±0.0215 | −0.018 −0.061 | 5.0 | | 3.3 | | 0.25 | 0.40 |
| >44~50 | 14×9 | 14 | | | | | | 5.5 | | 3.8 | | | |
| >50~58 | 16×10 | 16 | | | | | | 6.0 | +0.2 0 | 4.3 | +0.2 0 | | |
| >58~65 | 18×11 | 18 | | | | | | 7.0 | | 4.4 | | | |
| >65~75 | 20×12 | 20 | +0.052 0 | +0.149 +0.065 | 0 −0.052 | ±0.026 | −0.022 −0.074 | 7.5 | | 4.9 | | 0.40 | 0.60 |
| >75~85 | 22×14 | 22 | | | | | | 9.0 | | 5.4 | | | |
| >85~95 | 25×14 | 25 | | | | | | 9.0 | | 5.4 | | | |
| >95~110 | 28×16 | 28 | | | | | | 10.0 | | 6.4 | | | |

注：1. $(d-t_1)$ 和 $(d+t_2)$ 两组组合尺寸的偏差应按相应的 $t_1$ 和 $t_2$ 的极限偏差选取。但轴槽深 $(d-t_1)$ 偏差值应取负号 (−)。

　　2. 对于键，$b$ 的偏差按 h9、h11，$L$ 的偏差按 h14。

　　3. 长度（$L$）系列为：6、8、10、12、14、16、18、20、22、25、28、32、34、40、45、50、55、60、70、80、90、100、…、500。

## 表 D-12　深沟球轴承（摘自 GB/T 276—2013）

60000（新）
0000（旧）

标记示例

内圈孔径 $d = 60mm$、尺寸系列代号为 (0)2 的深沟球轴承：

滚动轴承　6212　GB/T 276—2013

| 轴承型号 | 尺寸/mm | | |
|---|---|---|---|
| | $d$ | $D$ | $B$ |
| 特轻（1）系列（宽度系列：正常 0） | | | |
| 606 | 6 | 17 | 6 |
| 607 | 7 | 19 | 6 |
| 608 | 8 | 22 | 7 |
| 609 | 9 | 24 | 7 |
| 6000 | 10 | 26 | 8 |
| 6001 | 12 | 28 | 8 |
| 6002 | 15 | 32 | 9 |
| 6003 | 17 | 35 | 10 |
| 6004 | 20 | 42 | 12 |
| 6005 | 25 | 47 | 12 |
| 6006 | 30 | 55 | 13 |
| 6007 | 35 | 62 | 14 |
| 6008 | 40 | 68 | 15 |
| 6009 | 45 | 75 | 16 |
| 6010 | 50 | 80 | 16 |
| 6011 | 55 | 90 | 18 |
| 6012 | 60 | 95 | 18 |
| 轻（2）系列（宽度系列：窄 0） | | | |
| 623 | 3 | 10 | 4 |
| 624 | 4 | 13 | 5 |
| 625 | 5 | 16 | 5 |
| 626 | 6 | 19 | 6 |
| 627 | 7 | 22 | 7 |
| 628 | 8 | 24 | 8 |
| 629 | 9 | 26 | 8 |
| 6200 | 10 | 30 | 9 |
| 6201 | 12 | 32 | 10 |
| 6202 | 15 | 35 | 11 |
| 6203 | 17 | 40 | 12 |
| 6204 | 20 | 47 | 14 |
| 6205 | 25 | 52 | 15 |
| 6206 | 30 | 62 | 16 |
| 6207 | 35 | 72 | 17 |
| 6208 | 40 | 80 | 18 |
| 6209 | 45 | 85 | 19 |
| 6210 | 50 | 90 | 20 |
| 6211 | 55 | 100 | 21 |
| 6212 | 60 | 110 | 22 |

| 轴承型号 | 尺寸/mm | | |
|---|---|---|---|
| | $d$ | $D$ | $B$ |
| 中（3）系列（宽度系列：窄 0） | | | |
| 634 | 4 | 16 | 5 |
| 635 | 5 | 19 | 6 |
| 636 | 6 | 22 | 7 |
| 637 | 7 | 26 | 8 |
| 638 | 8 | 28 | 9 |
| 639 | 9 | 30 | 10 |
| 6300 | 10 | 35 | 11 |
| 6301 | 12 | 37 | 12 |
| 6302 | 15 | 42 | 13 |
| 6303 | 17 | 47 | 14 |
| 6304 | 20 | 52 | 15 |
| 6305 | 25 | 62 | 17 |
| 6306 | 30 | 72 | 19 |
| 6307 | 35 | 80 | 21 |
| 6308 | 40 | 90 | 23 |
| 6309 | 45 | 100 | 25 |
| 6310 | 50 | 110 | 27 |
| 6311 | 55 | 120 | 29 |
| 6312 | 60 | 130 | 31 |
| 6313 | 65 | 140 | 33 |
| 6314 | 70 | 150 | 35 |
| 6315 | 75 | 160 | 37 |
| 6316 | 80 | 170 | 39 |
| 6317 | 85 | 180 | 41 |
| 6318 | 90 | 190 | 43 |
| 重（4）系列（宽度系列：窄 0） | | | |
| 6403 | 17 | 62 | 17 |
| 6404 | 20 | 72 | 19 |
| 6405 | 25 | 80 | 21 |
| 6406 | 30 | 90 | 23 |
| 6407 | 35 | 100 | 25 |
| 6408 | 40 | 110 | 27 |
| 6409 | 45 | 120 | 29 |
| 6410 | 50 | 130 | 31 |
| 6411 | 55 | 140 | 33 |
| 6412 | 60 | 150 | 35 |
| 6413 | 65 | 160 | 37 |
| 6414 | 70 | 180 | 42 |
| 6415 | 75 | 190 | 45 |
| 6416 | 80 | 200 | 48 |
| 6417 | 85 | 210 | 52 |
| 6418 | 90 | 225 | 54 |
| 6419 | 95 | 240 | 55 |
| 6420 | 100 | 250 | 58 |
| 6421 | 105 | 260 | 60 |
| 6422 | 110 | 280 | 65 |

表 D-13　推力球轴承（摘自 GB/T 301—2015）

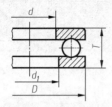

标记示例

51000（新）　内圈孔径 $d=30$mm、尺寸系列代号为 13 的推力球轴承：
8000（旧）　滚动轴承　51306　GB/T 301—1995

| 轴承代号 | 尺寸/mm | | | | 轴承代号 | 尺寸/mm | | | |
|---|---|---|---|---|---|---|---|---|---|
| | $d$ | $d_1$(min) | $D$ | $T$ | | $d$ | $d_1$(min) | $D$ | $T$ |
| 12 系 列 | | | | | 13 系 列 | | | | |
| 51200 | 10 | 12 | 26 | 11 | 51309 | 45 | 47 | 85 | 28 |
| 51201 | 12 | 14 | 28 | 11 | 51310 | 50 | 52 | 95 | 31 |
| 51202 | 15 | 17 | 32 | 12 | 51311 | 55 | 57 | 105 | 35 |
| 51203 | 17 | 19 | 35 | 12 | 51312 | 60 | 62 | 110 | 34 |
| 51204 | 20 | 22 | 40 | 14 | 51313 | 65 | 67 | 115 | 36 |
| 51205 | 25 | 27 | 47 | 15 | 51314 | 70 | 72 | 125 | 40 |
| 51206 | 30 | 32 | 52 | 16 | 51315 | 75 | 77 | 135 | 44 |
| 51207 | 35 | 37 | 62 | 18 | 51316 | 80 | 82 | 140 | 44 |
| 51208 | 40 | 42 | 68 | 19 | 51317 | 85 | 88 | 150 | 49 |
| 51209 | 45 | 47 | 73 | 20 | 51318 | 90 | 93 | 155 | 50 |
| 51210 | 50 | 52 | 78 | 22 | 51320 | 100 | 103 | 170 | 55 |
| 51211 | 55 | 57 | 90 | 25 | 14 系 列 | | | | |
| 51212 | 60 | 62 | 95 | 26 | 51405 | 25 | 27 | 60 | 24 |
| 51213 | 65 | 67 | 100 | 27 | 51406 | 30 | 32 | 70 | 28 |
| 51214 | 70 | 72 | 105 | 27 | 51407 | 35 | 37 | 80 | 32 |
| 51215 | 75 | 77 | 110 | 27 | 51408 | 40 | 42 | 90 | 34 |
| 51216 | 80 | 82 | 115 | 28 | 51409 | 45 | 47 | 100 | 39 |
| 51217 | 85 | 88 | 125 | 31 | 51410 | 50 | 52 | 110 | 43 |
| 51218 | 90 | 93 | 135 | 35 | 51411 | 55 | 57 | 120 | 48 |
| 51220 | 100 | 98 | 160 | 38 | 51412 | 60 | 62 | 130 | 51 |
| 13 系 列 | | | | | 51413 | 65 | 68 | 140 | 56 |
| 51305 | 25 | 27 | 52 | 18 | 51414 | 70 | 73 | 150 | 60 |
| 51306 | 30 | 32 | 60 | 21 | 51415 | 75 | 78 | 160 | 65 |
| 51307 | 35 | 37 | 68 | 24 | 51417 | 85 | 88 | 180 | 72 |
| 51308 | 40 | 42 | 78 | 26 | 51418 | 90 | 93 | 190 | 77 |

表 D-14　圆锥滚子轴承（摘自 GB/T 297—2015）

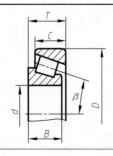

标记示例

30000（新）　内圈孔径 $d=35$mm、尺寸系列代号为 03 圆锥滚子轴承：
7000（旧）　滚动轴承　30307　GB/T 297—1994

## 超轻(9)系列

宽度系列：宽2

| d | D | B | C | T |
|---|---|---|---|---|
| 20 | 37 | 12 | 9 | 12 |
| 22 | 40 | 12 | 9 | 12 |
| 25 | 42 | 12 | 9 | 12 |
| 28 | 45 | 12 | 9 | 12 |
| 30 | 47 | 12 | 9 | 12 |
| 32 | 52 | 15 | 10 | 14 |
| 35 | 55 | 14 | 11.5 | 14 |
| 40 | 62 | 15 | 12 | 15 |
| 45 | 68 | 15 | 12 | 15 |
| 50 | 72 | 15 | 12 | 15 |
| 55 | 80 | 17 | 14 | 17 |
| 60 | 85 | 17 | 14 | 17 |
| 65 | 90 | 17 | 14 | 17 |
| 70 | 100 | 20 | 16 | 20 |
| 75 | 105 | 20 | 16 | 20 |

## 特轻(1)系列

宽度系列

| d | D | 宽2 | | | 特宽3 | | |
|---|---|---|---|---|---|---|---|
| | | B | C | T | B | C | T |
| 20 | 42 | 15 | 12 | 15 | — | — | — |
| 22 | 44 | 15 | 11.5 | 15 | — | — | — |
| 25 | 47 | 15 | 11.5 | 15 | 17 | 14 | 17 |
| 28 | 52 | 16 | 12 | 16 | — | — | — |
| 30 | 55 | 17 | 13 | 17 | 20 | 16 | 20 |
| 32 | 58 | 17 | 13 | 17 | — | — | — |
| 35 | 62 | 18 | 14 | 18 | 21 | 17 | 21 |
| 40 | 68 | 19 | 14.5 | 19 | 22 | 18 | 22 |
| 45 | 75 | 20 | 15.5 | 20 | 24 | 19 | 24 |
| 50 | 80 | 20 | 15.5 | 20 | 24 | 19 | 24 |
| 55 | 90 | 23 | 17.5 | 23 | 27 | 21 | 27 |
| 60 | 95 | 23 | 17.5 | 23 | 27 | 21 | 27 |
| 65 | 100 | 23 | 17.5 | 23 | 27 | 21 | 27 |
| 70 | 110 | 25 | 19 | 25 | 31 | 25.5 | 31 |
| 75 | 115 | 25 | 19 | 25 | 31 | 25.5 | 31 |

## 特轻(1)系列

宽度系列：特宽3

| d | D | B | C | T |
|---|---|---|---|---|
| 40 | 75 | 26 | 20.5 | 26 |
| 45 | 80 | 26 | 20.5 | 26 |
| 50 | 85 | 26 | 20 | 26 |
| 55 | 95 | 30 | 23 | 30 |
| 60 | 100 | 30 | 23 | 30 |
| 65 | 110 | 34 | 26.5 | 34 |
| 70 | 120 | 37 | 29 | 37 |
| 75 | 125 | 37 | 29 | 37 |

## 轻(2)系列

宽度系列

| d | D | 窄0 | | | 特宽3 | | | 宽0 | | |
|---|---|---|---|---|---|---|---|---|---|---|
| | | B | C | T | B | C | T | B | C | T |
| 17 | 40 | 12 | 11 | 13.25 | — | — | — | 16 | 14 | 17.25 |
| 20 | 47 | 14 | 12 | 15.25 | — | — | — | 18 | 15 | 19.25 |
| — | — | — | — | — | — | — | — | — | — | — |
| 25 | 52 | 15 | 13 | 16.25 | 22 | 18 | 22 | 18 | 16 | 19.25 |
| 28 | 58 | — | — | — | 24 | 19 | 24 | 19 | 16 | 20.25 |
| 30 | 62 | 16 | 14 | 17.25 | 25 | 19.5 | 25 | 20 | 17 | 21.25 |
| 32 | 65 | 17 | 15 | 18.25 | 26 | 20.5 | 26 | 21.5 | 17 | 22 |
| 35 | 72 | 17 | 15 | 18.25 | 28 | 22 | 28 | 23 | 19 | 24.25 |
| 40 | 80 | 18 | 16 | 19.75 | 32 | 25 | 32 | 23 | 19 | 24.75 |
| 45 | 85 | 19 | 16 | 20.75 | 32 | 25 | 32 | 23 | 19 | 24.75 |
| 50 | 90 | 20 | 17 | 21.75 | 32 | 24.5 | 32 | 23 | 19 | 24.75 |
| 55 | 100 | 21 | 18 | 22.75 | 35 | 27 | 35 | 25 | 21 | 26.75 |
| 60 | 110 | 22 | 19 | 23.75 | 38 | 29 | 38 | 28 | 24 | 29.75 |
| 65 | 120 | 23 | 20 | 24.75 | 41 | 32 | 41 | 31 | 27 | 32.75 |
| 70 | 125 | 24 | 21 | 26.25 | 41 | 32 | 41 | 31 | 27 | 33.25 |
| 75 | 130 | 25 | 22 | 27.25 | 41 | 31 | 41 | 31 | 27 | 33.25 |

## 中(3)系列　　　中(6)系列

宽度系列

| d | D | 窄0 | | | 中0 | | | 宽0 | | |
|---|---|---|---|---|---|---|---|---|---|---|
| | | B | C | T | B | C | T | B | C | T |
| 15 | 42 | 13 | 11 | 14.25 | — | — | — | — | — | — |
| 17 | 47 | 14 | 12 | 15.25 | — | — | — | 19 | 16 | 20.25 |
| 20 | 52 | 15 | 13 | 16.25 | — | — | — | 21 | 18 | 22.25 |
| — | — | — | — | — | — | — | — | — | — | — |
| 25 | 62 | 17 | 15 | 18.25 | 17 | 13 | 18.25 | 24 | 20 | 25.25 |
| 30 | 72 | 19 | 16 | 20.75 | 19 | 14 | 20.75 | 27 | 23 | 28.75 |
| 32 | 75 | — | — | — | — | — | — | 28 | 23 | 29.75 |
| 35 | 80 | 21 | 18 | 22.75 | 21 | 15 | 22.75 | 31 | 25 | 32.75 |
| 40 | 90 | 23 | 20 | 25.25 | 23 | 17 | 25.25 | 33 | 27 | 35.25 |
| 45 | 100 | 25 | 22 | 27.25 | 25 | 18 | 27.25 | 36 | 30 | 38.25 |
| 50 | 110 | 27 | 23 | 29.25 | 27 | 19 | 29.25 | 40 | 33 | 42.25 |
| 55 | 120 | 29 | 25 | 31.5 | 29 | 21 | 31.5 | 43 | 35 | 45.5 |
| 60 | 130 | 31 | 26 | 33.5 | 31 | 22 | 33.5 | 46 | 37 | 48.5 |
| 65 | 140 | 33 | 28 | 36 | 33 | 23 | 36 | 48 | 39 | 51 |
| 70 | 150 | 35 | 30 | 38 | 35 | 23 | 38 | 51 | 42 | 54 |
| 75 | 160 | 37 | 34 | 40 | 37 | 26 | 40 | 55 | 45 | 58 |

# 附录 E　常用标准件数据和标准结构

**表 E-1　标准尺寸**（摘自 GB/T 2822—2005）

| 1.0~10.0mm | | 10~100mm | | | | | |
|---|---|---|---|---|---|---|---|
| R′10 | R′20 | R10 | R20 | R40 | R10 | R20 | R40 |
| 2.0 | 2.0 | 10.0 | 10.0 | | | | 33.5 |
| | 2.2 | | 11.2 | | | 35.5 | 35.5 |
| 2.5 | 2.5 | 12.5 | 12.5 | 12.5 | | | 37.5 |
| | 2.8 | | | 13.2 | 40.0 | 40.0 | 40.0 |
| 3.0 | 3.0 | | 14.0 | 14.0 | | | 42.5 |
| | 3.5 | | | 15.0 | | 45.0 | 45.0 |
| 4.0 | 4.0 | 16.0 | 16.0 | 16.0 | | | 47.5 |
| | 4.5 | | | 17.0 | 50.0 | 50.0 | 50.0 |
| 5.0 | 5.0 | | 18.0 | 18.0 | | | 53.0 |
| | 5.5 | | | 19.0 | | 56.0 | 56.0 |
| 6.0 | 6.0 | 20.0 | 20.0 | 20.0 | | | 60.0 |
| | 7.0 | | | 21.2 | 63.0 | 63.0 | 63.0 |
| 8.0 | 8.0 | | 22.4 | 22.4 | | | 67.0 |
| | 9.0 | | | 23.6 | | 71.0 | 71.0 |
| 10.0 | 10.0 | 25.0 | 25.0 | 25.0 | | | 75.0 |
| | | | | 26.5 | 80.0 | 80.0 | 80.0 |
| | | | 28.0 | 28.0 | | | 85.0 |
| | | | | 30.0 | | 90.0 | 90.0 |
| | | | | | | | 95.0 |
| | | 31.5 | 31.5 | 31.5 | 100.0 | 100.0 | 100.0 |

注：1. 表列标准尺寸（直径、长度、高度等）系列适用于有互换性或系列化要求的主要尺寸（如安装、连接尺寸、有公差要求的配合尺寸，决定产品系列的公称尺寸等），其他结构尺寸也可采用。
　　2. 选用系列及单个尺寸时，应按 R10、R20、R40 的顺序，优先选用公比较大的基本系列尺寸及其单值。R′表示优先数的化整值系列。
　　3. 黑体字表示优先数的化整值。

**表 E-2　回转面及端面砂轮越程槽的型式及尺寸**（摘自 GB/T 6403.5—2008）　（单位：mm）

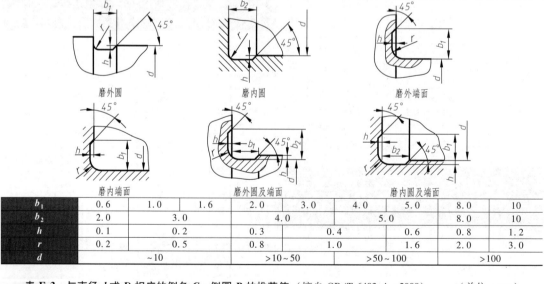

| $b_1$ | 0.6 | 1.0 | | 1.6 | 2.0 | 3.0 | 4.0 | | 8.0 | 10 |
|---|---|---|---|---|---|---|---|---|---|---|
| $b_2$ | 2.0 | | 3.0 | | 4.0 | | 5.0 | | 8.0 | 10 |
| $h$ | 0.1 | 0.2 | | 0.3 | | 0.4 | | 0.6 | 0.8 | 1.2 |
| $r$ | 0.2 | 0.5 | | 0.8 | | 1.0 | | 1.6 | 2.0 | 3.0 |
| $d$ | ~10 | | | >10~50 | | >50~100 | | | >100 | |

**表 E-3　与直径 $d$ 或 $D$ 相应的倒角 $C$、倒圆 $R$ 的推荐值**（摘自 GB/T 6403.4—2008）　（单位：mm）

| $d$ 或 $D$ | ~3 | >3~6 | >6~10 | >10~18 | >18~30 | >30~50 | >50~80 | >80~120 | >120~180 |
|---|---|---|---|---|---|---|---|---|---|
| $C$ 或 $R$ | 0.2 | 0.4 | 0.6 | 0.8 | 1.0 | 1.6 | 2.0 | 2.5 | 3.0 |
| $d$ 或 $D$ | >180~250 | >250~320 | >320~400 | >400~500 | >500~630 | >630~800 | >800~1000 | >1000~1250 | >1250~1600 |
| $C$ 或 $R$ | 4.0 | 5.0 | 6.0 | 8.0 | 10 | 12 | 16 | 20 | 25 |

表 E-4　螺纹收尾、肩距、退刀槽、倒角（摘自 GB/T 6403.4—2008）（单位：mm）

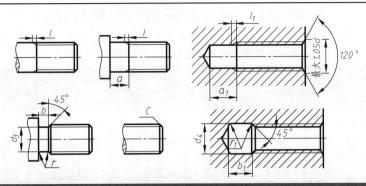

| 螺距 P | 粗牙螺纹大径 D,d | 外螺纹 螺纹收尾（不大于）一般 | 短的 | 肩距 a（不大于）一般 | 长的 | 短的 | 退刀槽 b | 退刀槽 r≈ | 退刀槽 d3 | 倒角 C | 内螺纹 螺纹收尾 l（不大于）一般 | 长的 | 肩距 a1（不大于）一般 | 长的 | 退刀槽 b1 | 退刀槽 r1≈ | 退刀槽 d4 |
|---|---|---|---|---|---|---|---|---|---|---|---|---|---|---|---|---|---|
| 0.2 | — | 0.5 | 0.25 | 0.6 | 0.8 | 0.4 | | | | 0.2 | 0.4 | 0.6 | 1.2 | 1.5 | | | |
| 0.25 | 1,1.2 | 0.6 | 0.3 | 0.75 | 1 | 0.5 | 0.75 | | | | 0.5 | 0.8 | 1.5 | 2 | | | |
| 0.3 | 1.4 | 0.75 | 0.4 | 0.9 | 1.2 | 0.6 | 0.9 | | | 0.3 | 0.6 | 0.9 | 1.8 | 2.4 | | | |
| 0.35 | 1.6,1.8 | 0.9 | 0.45 | 1.05 | 1.4 | 0.7 | 1.05 | | $d-0.6$ | | 0.7 | 1.1 | 2.2 | 2.8 | | | |
| 0.4 | 2 | 1 | 0.5 | 1.2 | 1.69 | 0.8 | 1.2 | | $d-0.7$ | 0.4 | 0.8 | 1.2 | 2.6 | 3.2 | | | |
| 0.45 | 2.2,2.5 | 1.1 | 0.6 | 1.35 | 1.8 | 0.9 | 1.35 | | $d-0.7$ | | 0.9 | 1.4 | 2.8 | 3.6 | | | |
| 0.5 | 3 | 1.25 | 0.7 | 1.5 | 2 | 1 | 1.5 | | $d-0.8$ | 0.5 | 1 | 1.5 | 3 | 4 | 2 | | $d+0.3$ |
| 0.6 | 3.5 | 1.5 | 0.75 | 1.8 | 2.4 | 1.2 | 1.8 | | $d-1$ | | 1.2 | 1.8 | 3.2 | 4.8 | | | |
| 0.7 | 4 | 1.75 | 0.9 | 2.1 | 2.8 | 1.4 | 2.1 | | $d-1.1$ | 0.6 | 1.4 | 2.1 | 3.5 | 5.6 | 3 | | |
| 0.75 | 4.5 | 1.9 | 1 | 2.25 | 3 | 1.5 | 2.25 | | $d-1.2$ | | 1.5 | 2.3 | 3.8 | 6 | | | |
| 0.8 | 5 | 2 | 1 | 2.4 | 3.2 | 1.6 | 2.4 | | $d-1.3$ | 0.8 | 1.6 | 2.4 | 4 | 6.4 | | | |
| 1 | 6,7 | 2.5 | 1.25 | 3 | 4 | 2 | 3 | $0.5P$ | $d-1.6$ | 1 | 2 | 3 | 5 | 8 | 4 | $0.5P$ | |
| 1.25 | 8 | 3.2 | 1.6 | 4 | 5 | 2.5 | 3.75 | | $d-2$ | 1.2 | 2.5 | 3.8 | 6 | 10 | 5 | | |
| 1.5 | 10 | 3.8 | 1.9 | 4.5 | 6 | 3 | 4.5 | | $d-2.3$ | 1.5 | 3 | 4.5 | 7 | 12 | 6 | | |
| 1.75 | 12 | 4.3 | 2.2 | 5.3 | 7 | 3.5 | 5.25 | | $d-2.5$ | 2 | 3.5 | 5.2 | 9 | 14 | 7 | | |
| 2 | 14,16 | 5 | 2.5 | 6 | 8 | 4 | 6 | | $d-3$ | | 4 | 6 | 10 | 16 | 8 | | |
| 2.5 | 18,20,22 | 6.3 | 3.2 | 7.5 | 10 | 5 | 7.5 | | $d-3.6$ | 2.5 | 5 | 7.5 | 12 | 18 | 10 | | $d+0.5$ |
| 3 | 24,27 | 7.5 | 3.8 | 9 | 12 | 6 | 9 | | $d-4.4$ | | 6 | 9 | 14 | 22 | 12 | | |
| 3.5 | 30,33 | 9 | 4.5 | 10.5 | 14 | 7 | 10.5 | | $d-5$ | 3 | 7 | 10.5 | 16 | 24 | 14 | | |
| 4 | 36,39 | 10 | 5 | 12 | 16 | 8 | 12 | | $d-5.7$ | | 8 | 12 | 18 | 26 | 16 | | |
| 4.5 | 42,45 | 11 | 5.5 | 13.5 | 18 | 9 | 13.5 | | $d-6.4$ | 4 | 9 | 13.5 | 21 | 29 | 18 | | |
| 5 | 48,52 | 12.5 | 6.3 | 15 | 20 | 10 | 15 | | $d-7$ | | 10 | 15 | 23 | 32 | 20 | | |
| 5.5 | 56,60 | 14 | 7 | 16.5 | 22 | 11 | 17.5 | | $d-7.7$ | 5 | 11 | 16.5 | 25 | 35 | 22 | | |
| 6 | 64,68 | 15 | 7.5 | 18 | 24 | 12 | 18 | | $d-8.3$ | | 12 | 18 | 28 | 38 | 24 | | |

注：国家标准局最近又发布了国家标准《固件——外螺纹零件的末端》GB/T 2—2001，可查阅其中的有关规定。

# 附录 F  房屋建筑图常用资料

## 表 F-1  房屋施工图常用图例（GB/T 50104—2010）

| 名称 | 楼梯 | 单面开启单扇门（包括平开或单面弹簧） | 双面开启双扇门（包括双面平开或双面弹簧） | 单层外开平开窗 | 双层内外开平开窗 |
|---|---|---|---|---|---|
| 图例 | 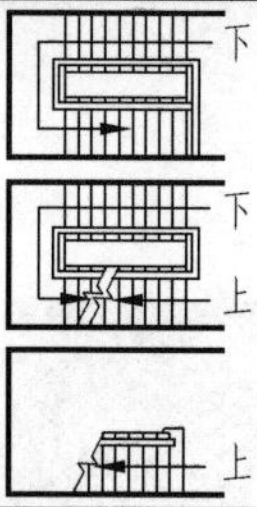 | 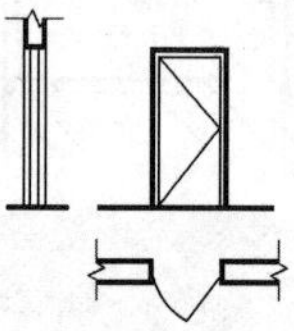 | 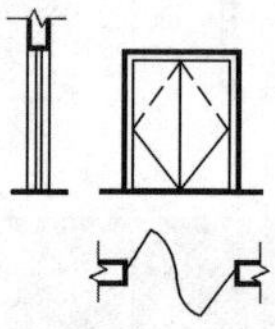 | 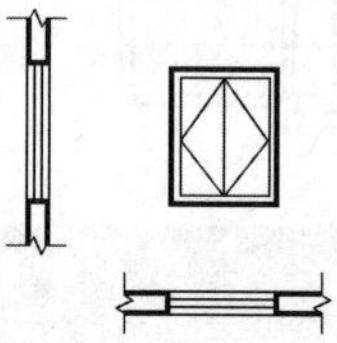 | 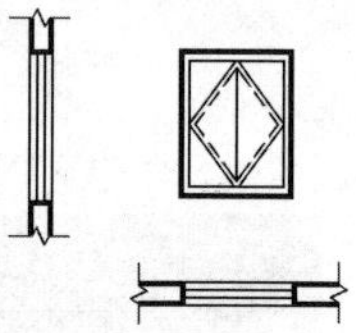 |
| 备注 | 1）上图为顶层楼梯平面，中图为中间层楼梯平面，下图为底层楼梯平面<br>2）需设置靠墙扶手或中间扶手时，应在图中表示 | 1）门的名称代号用 M 表示<br>2）平面图中，下为外、上为内门开启线为 90°、60° 或 45°，开启弧线宜绘出<br>3）立面图中，开启线实线为外开，虚线为内开。开启线交角的一侧为安装合页一侧。开启线在建筑立面图中可不表示，在立面大样图中可根据需要绘出<br>4）剖面图中，左为外、右为内<br>5）附加纱扇应以文字说明，在平、立、剖面图中均不表示 | | 1）窗的名称代号用 C 表示<br>2）平面图中，下为外、上为内<br>3）立面图中，开启线实线为外开，虚线为内开。开启线交角的一侧为安装合页一侧。开启线在建筑立面图中可不表示，在门窗立面大样图中需绘出<br>4）剖面图中，左为外、右为内。虚线仅表示开启方向，项目设计不表示<br>5）附加纱扇应以文字说明，在平、立、剖面图中均不表示<br>6）立面形式应按实际情况绘制 | |

## 表 F-2  详图符号

| 名称 | | 符号 | 名称 | | 符号 |
|---|---|---|---|---|---|
| 详图的索引标志（符号） | 详图在本图样上 | 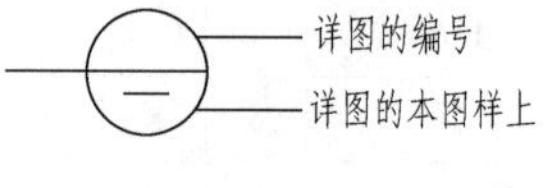 详图的编号<br>详图的本图样上<br>局部剖面详图的编号<br>剖面详图在本图样上 | 详图的标志（符号） | 标准详图较长 | 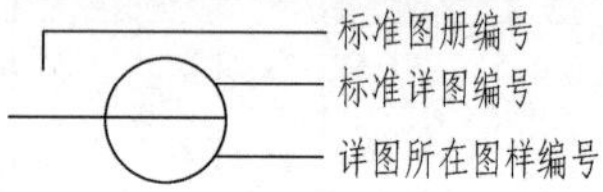 标准图册编号<br>标准详图编号<br>详图所在图样编号 |
| | 详图不在本图样上 | 详图的编号<br>详图所在的图样编号<br>局部剖面详图的编号<br>剖面详图所在的图样编号 | | 被索引的在本张图纸上 | 详图的编号 |
| | | | | 被索引的不在本张图纸上 | 详图的编号<br>被索引的图样编号 |

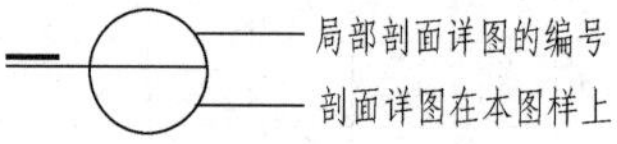

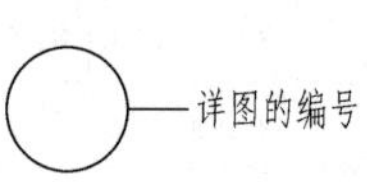

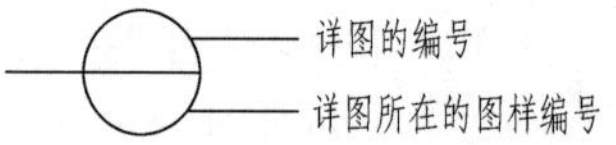

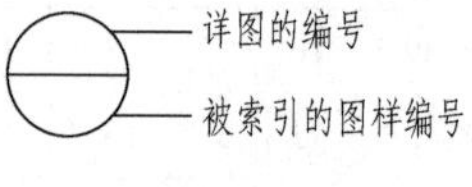

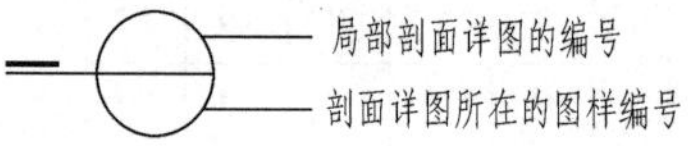

1. 详图索引符号的圆圈直径为 10mm，用细实线绘制。剖面详图的索引符号，应在被剖切的部位面出粗短画线以示剖切位置，并用引出线引出索引符号，粗短画线所在一侧为剖视方向。

2. 详图符号的圆圈直径为 14mm，用粗实线绘制。

表 F-3　总平面图图例（GB/T 50103—2010）

| 图例 | 名称 | 图例 | 名称 |
|---|---|---|---|
| 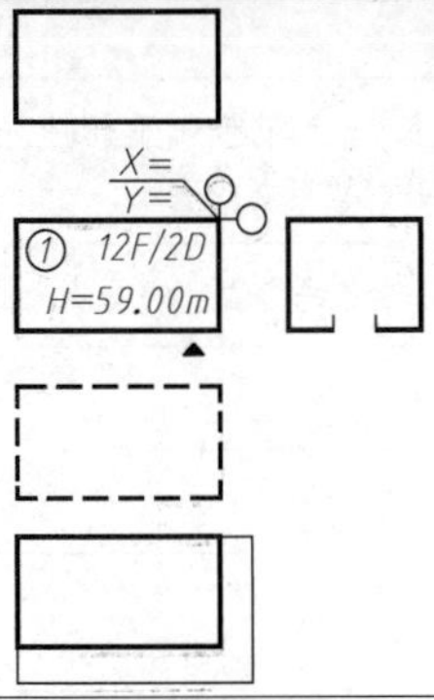 | 新建筑物 | 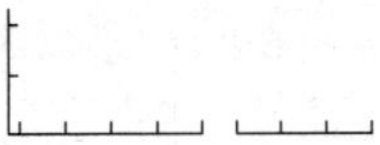 | 围墙及大门 |
|  | 原有建筑物 | 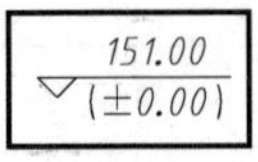 151.00<br>▽（±0.00） | 室内地坪标高 |
| | 计划扩建的预留地或建筑物 | 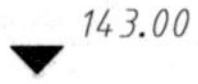 ▼ 143.00 | 室外地坪标高 |
|  | 拆除的建筑物 | 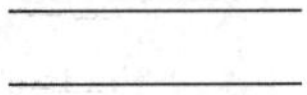 | 原有道路 |
| 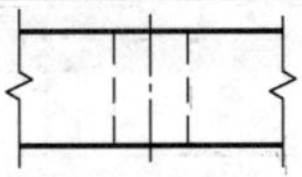 | 建筑物下面的通道 |  | 计划扩建的道路 |
| 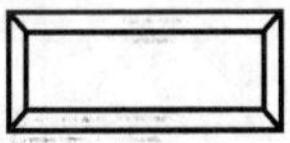 | 散状材料露天堆场 |  | 拆除的道路 |
| 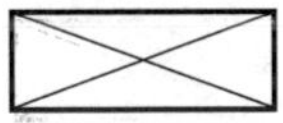 | 其他材料露天堆场或露天作业场 | 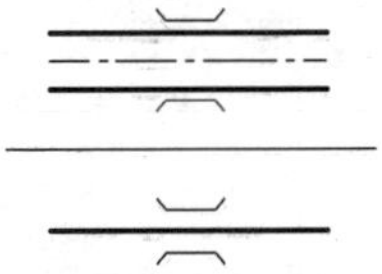 | 桥梁 |
| 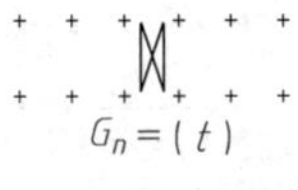 | 露天桥式起重机<br>$G_n=(t)$ |  | 填挖边坡 |
| 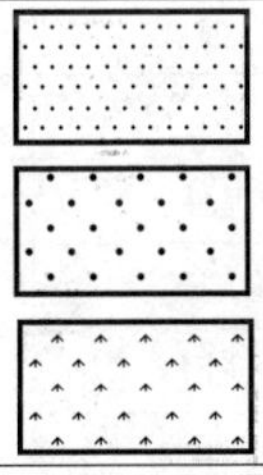 | 草坪 | 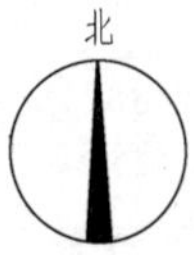 北 | 指北针 |
| 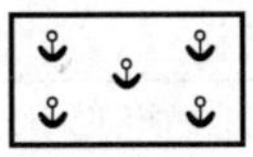 | 花卉 | 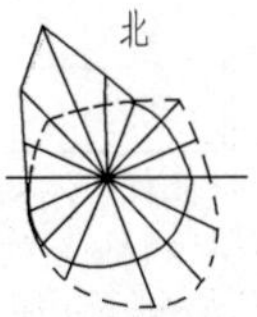 北 | 风玫瑰 |

表 F-4　钢筋图例 （GB/T 50105—2010）

| 序号 | 名称 | 图例 | 说明 |
|---|---|---|---|
| 1 | 钢筋横断面 | ● | — |
| 2 | 无弯钩的钢筋端部 | 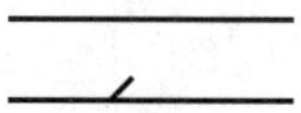  | 下图表示长、短钢筋投影重叠时，短钢筋的端部用45°斜划线表示 |
| 3 | 带半圆形弯钩的钢筋端部 |   | — |
| 4 | 带直钩的钢筋端部 |  | — |
| 5 | 带丝扣的钢筋端部 |  | — |
| 6 | 无弯钩的钢筋搭接 |  | — |
| 7 | 带半圆弯钩的钢筋搭接 |  | — |
| 8 | 带直钩的钢筋搭接 |  | — |
| 9 | 花篮螺丝钢筋接头 | 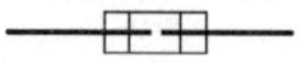  | — |
| 10 | 机械连接的钢筋接头 | 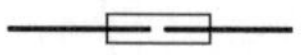  | 用文字说明机械连接的方式（如冷挤压或直螺纹等） |

表 F-5　常见构件代号 （GB/T 50105—2010）

| 序号 | 名称 | 代号 | 序号 | 名称 | 代号 | 序号 | 名称 | 代号 |
|---|---|---|---|---|---|---|---|---|
| 1 | 板 | B | 19 | 圈梁 | QL | 37 | 承台 | CT |
| 2 | 屋面板 | WB | 20 | 过梁 | GL | 38 | 设备基础 | SJ |
| 3 | 空心板 | KB | 21 | 连系梁 | LL | 39 | 桩 | ZH |
| 4 | 槽形板 | CB | 22 | 基础梁 | JL | 40 | 挡土墙 | DQ |
| 5 | 折板 | ZB | 23 | 楼梯梁 | TL | 41 | 地沟 | DG |
| 6 | 密肋板 | MB | 24 | 框架梁 | KL | 42 | 柱间支撑 | ZC |
| 7 | 楼梯板 | TB | 25 | 框支梁 | KZL | 43 | 垂直支撑 | CC |
| 8 | 盖板或沟盖板 | GB | 26 | 屋面框架梁 | WKL | 44 | 水平支撑 | SC |
| 9 | 挡雨板或檐口板 | YB | 27 | 檩条 | LT | 45 | 梯 | T |
| 10 | 吊车安全走道板 | DB | 28 | 屋架 | WJ | 46 | 雨篷 | YP |
| 11 | 墙板 | QB | 29 | 托架 | TJ | 47 | 阳台 | YT |
| 12 | 天沟板 | TGB | 30 | 天窗架 | CJ | 48 | 梁垫 | LD |
| 13 | 梁 | L | 31 | 框架 | KJ | 49 | 预埋件 | M- |
| 14 | 屋面梁 | WL | 32 | 刚架 | GJ | 50 | 天窗端壁 | TD |
| 15 | 吊车梁 | DL | 33 | 支架 | ZJ | 51 | 钢筋网 | W |
| 16 | 单轨吊车梁 | DDL | 34 | 柱 | Z | 52 | 钢筋骨架 | G |
| 17 | 轨道连接 | DGL | 35 | 框架柱 | KZ | 53 | 基础 | J |
| 18 | 车挡 | CD | 36 | 构造柱 | GZ | 54 | 暗柱 | AZ |

注：1. 预制混凝土构件、现浇混凝土构件、刚构件和木构件，一般可以采用本表中的构件代号。在绘图中，除混凝土构件可以不注明材料代号外，其他材料的构件可在构件代号前加注材料代号，并在图样中加以说明。

2. 预应力混凝土构件的代号，应在构件代号前加注"Y"，如 Y-DL 表示预应力混凝土吊车梁。

# 参 考 文 献

[1] 何铭新，钱可强，徐祖茂. 机械制图 [M]. 7 版. 北京：高等教育出版社. 2015.

[2] 谭建荣，张树有. 图学基础教程 [M]. 3 版. 北京：高等教育出版社，2019.

[3] 朱辉，单鸿波，曹桃，等. 画法几何及工程制图 [M]. 7 版. 上海：上海科学技术出版社，2013.

[4] 刘朝儒，吴志军，高政一，等. 机械制图 [M]. 5 版. 北京：高等教育出版社，2006.

[5] 张彤，刘斌，焦永和. 工程制图 [M]. 3 版. 北京：高等教育出版社，2020.

[6] 葛常清. 现代工程图学 [M]. 北京：机械工业出版社，2019.

[7] 大连理工大学工程图学教研室. 机械制图 [M]. 7 版. 北京：高等教育出版社，2013.

[8] 王冰. 工程制图 [M]. 2 版. 北京：高等教育出版社，2015.

[9] 邢邦圣. 机械制图 [M]. 北京：机械工业出版社，2021.

[10] 王成刚，赵奇平. 工程图学简明教程 [M]. 6 版. 武汉：武汉理工大学出版社，2022.

[11] 杨裕根，诸世敏. 现代工程图学 [M]. 5 版. 北京：北京邮电大学出版社，2022.